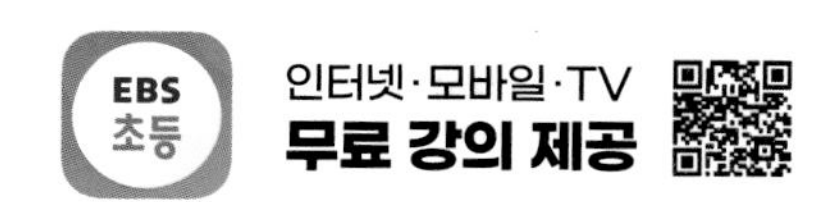

초 | 등 | 부 | 터 EBS

교과서 기본과 응용 문제를 한 번에 잡는 **교과서 기본 + 응용**

BOOK 1
본책

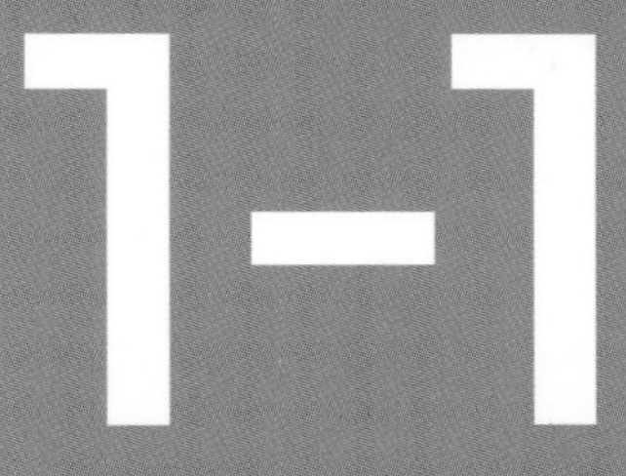

풀이책은 EBS 초등사이트(primary.ebs.co.kr)에서 다운로드 받으실 수 있습니다.

교재 내용 문의	교재 내용 문의는 EBS 초등사이트 (primary.ebs.co.kr)의 교재 Q&A 서비스를 활용하시기 바랍니다.

교 재 정오표 공 지	발행 이후 발견된 정오 사항을 EBS 초등사이트 정오표 코너에서 알려 드립니다. **교재 검색 ▶ 교재 선택 ▶ 정오표**

교재 정정 신청	공지된 정오 내용 외에 발견된 정오 사항이 있다면 EBS 초등사이트를 통해 알려 주세요. **교재 검색 ▶ 교재 선택 ▶ 교재 Q&A**

교과서 기본과 응용 문제를 한 번에 잡는 **교과서 기본+응용**

BOOK 1
본책

1-1

이 책의 구성과 특징

BOOK 1 본책

단원 도입

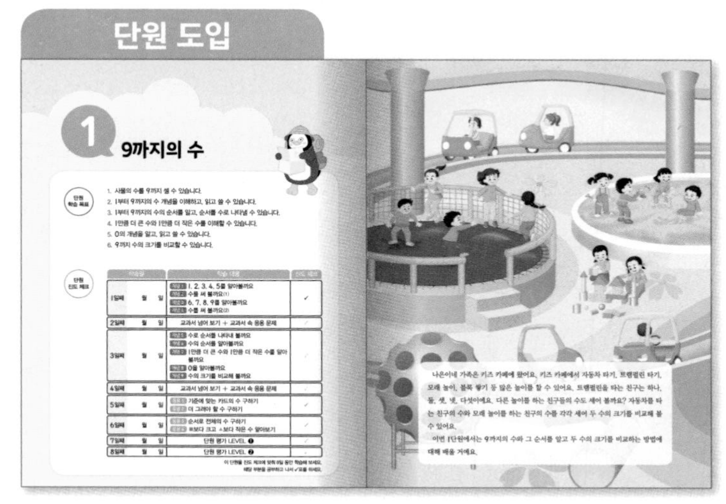

단원을 시작할 때 주어진 그림과 글을 읽으면,
공부할 내용에 대해 흥미를 갖게 됩니다.

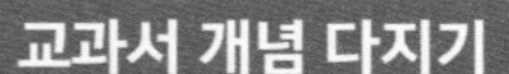

교과서 개념 다지기

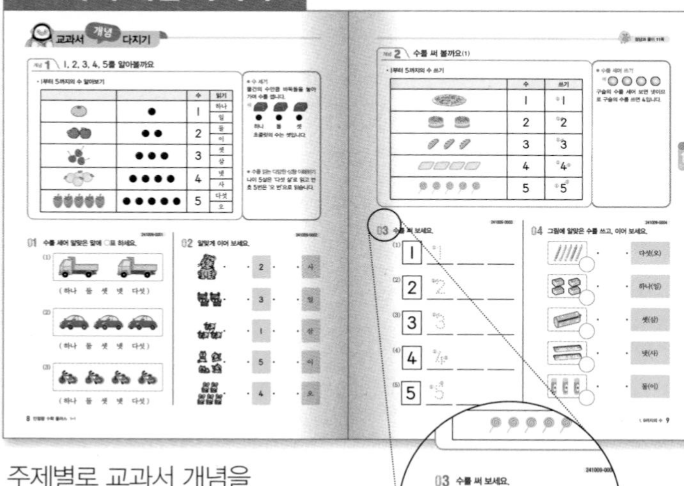

주제별로 교과서 개념을 공부하는 단계입니다.
다양한 예와 그림을 통해 핵심 개념을 쉽게 익힙니다.

주제별로 기본 원리 수준의 쉬운 문제를 풀면서 개념을 확실히 이해합니다.

교과서 넘어 보기

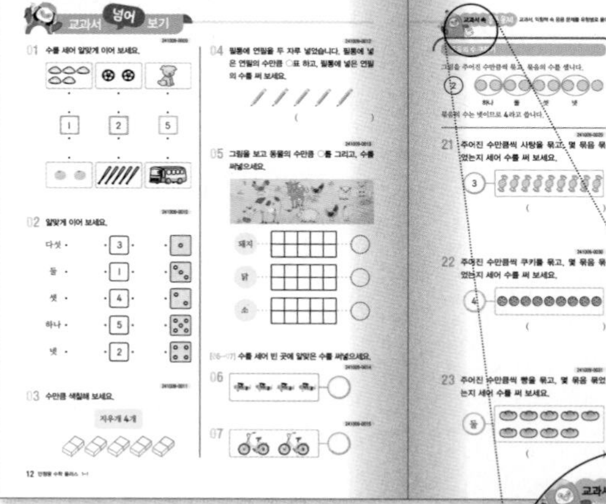

교과서와 익힘책의 기본+응용 문제를 풀면서 수학의 기본기를 다지고 문제해결력을 키웁니다.

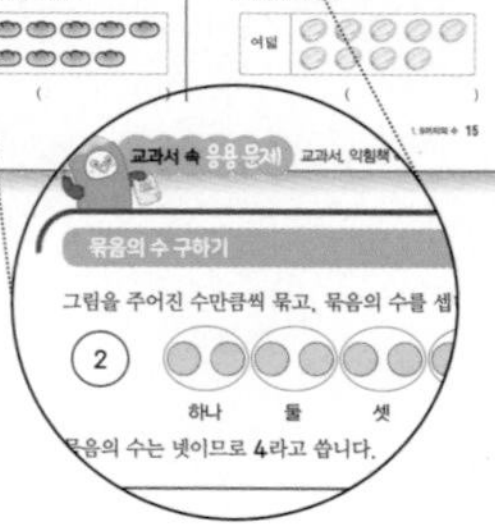

★교과서 속 응용 문제
교과서와 익힘책 속 응용 수준의 문제를 유형별로 정리하여 풀어 봅니다.

응용력 높이기

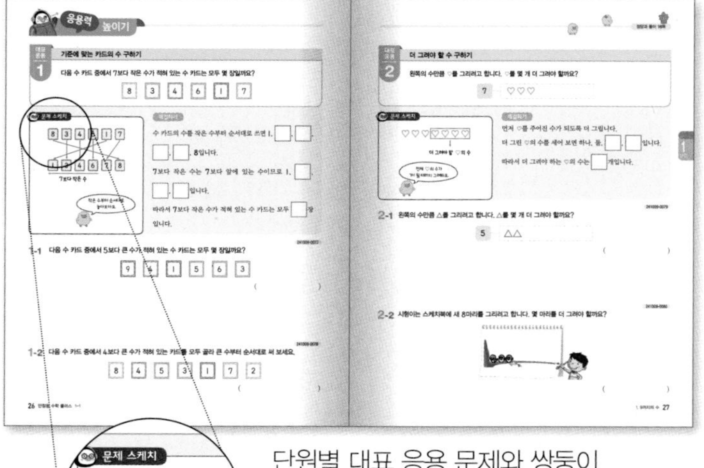

단원별 대표 응용 문제와 쌍둥이 문제를 풀어 보며 실력을 완성합니다.

★문제 스케치
문제를 이해하고 해결하기 위한 키포인트를 한눈에 확인할 수 있습니다.

단원 평가 LEVEL1, LEVEL2

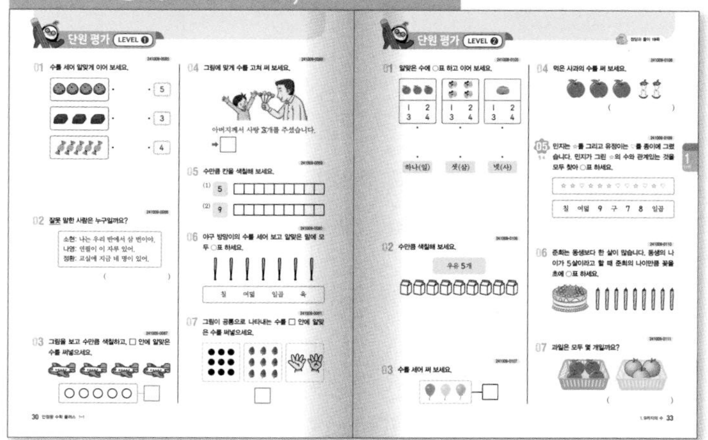

학교 단원 평가에 대비하여 단원에서 공부한 내용을 마무리하는 문제를 풀어 봅니다. 틀린 문제, 실수했던 문제는 반드시 개념을 다시 확인합니다.

BOOK 2 복습책

기본 문제 복습

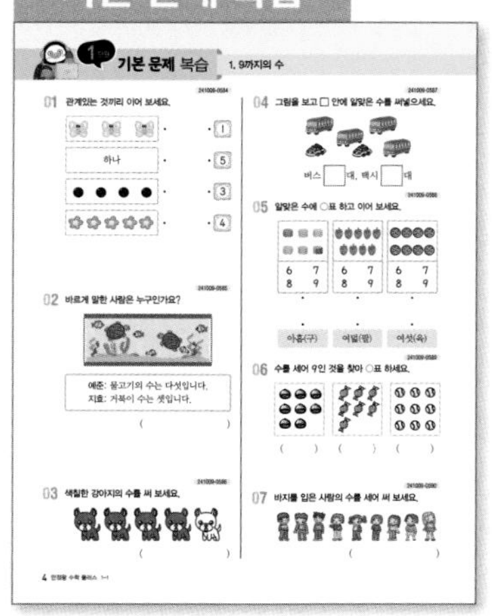

기본 문제를 통해 학습한 내용을 복습하고, 자신의 학습 상태를 확인해 봅니다.

응용 문제 복습

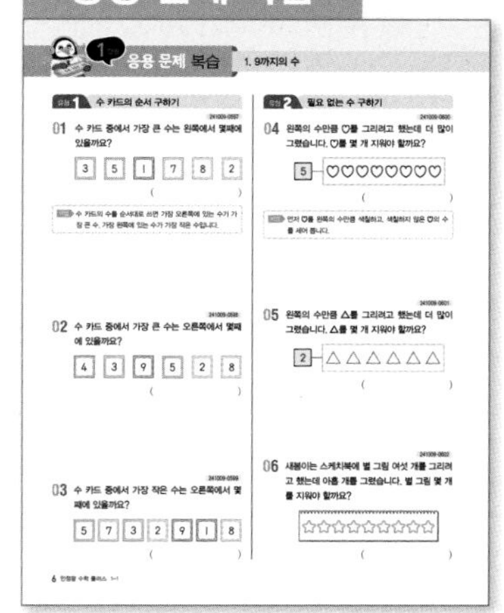

응용 문제를 통해 다양한 유형을 연습함으로써 문제해결력을 기릅니다.

단원 평가

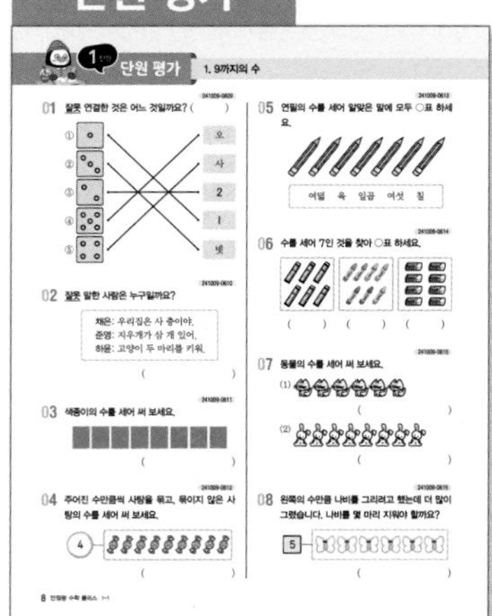

시험 직전에 단원 평가를 풀어 보면서 학교 시험에 철저히 대비합니다.

만점왕 수학 플러스로 기본과 응용을 모두 잡는 공부 비법

만점왕 수학 플러스를 효과적으로 공부하려면?

교재 200% 활용하기

각 단원이 시작될 때마다 나와 있는 **단원 진도 체크**를 참고하여 공부하면 보다 효과적으로 수학 실력을 쑥쑥 올릴 수 있어요!

응용력 높이기에서 단원별 난이도 높은 4개 대표 응용문제를 **문제 스케치**를 보면서 문제 해결의 포인트를 찾아보세요. 어려운 문제에 이미지를 활용하면 문제를 훨씬 쉽게 해결할 수 있을 거예요!

교재로 혼자 공부했는데, 잘 모르는 부분이 있나요?
만점왕 수학 플러스 강의가 있으니 걱정 마세요!

인터넷(TV) 강의로 공부하기

만점왕 수학 플러스 강의는 TV를 통해 시청하거나 EBS 초등사이트를 통해 언제 어디서든 이용할 수 있습니다.

- 방송 시간 : EBS 홈페이지 편성표 참조
- EBS 초등사이트 : primary.ebs.co.kr

인공지능 DANCHOQ
푸리봇 문|제|검|색

EBS 초등사이트와 **EBS 초등 APP** 하단의 **AI 학습도우미 푸리봇**을 통해 문항코드를 검색하면 푸리봇이 해당 문제의 해설 강의를 찾아 줍니다.

차 례

1 9까지의 수

단원 학습 목표

1. 사물의 수를 9까지 셀 수 있습니다.
2. 1부터 9까지의 수 개념을 이해하고, 읽고 쓸 수 있습니다.
3. 1부터 9까지의 수의 순서를 알고, 순서를 수로 나타낼 수 있습니다.
4. 1만큼 더 큰 수와 1만큼 더 작은 수를 이해할 수 있습니다.
5. 0의 개념을 알고, 읽고 쓸 수 있습니다.
6. 9까지 수의 크기를 비교할 수 있습니다.

단원 진도 체크

학습일	학습 내용	진도 체크
1일째 월 일	개념 1 1, 2, 3, 4, 5를 알아볼까요 개념 2 수를 써 볼까요(1) 개념 3 6, 7, 8, 9를 알아볼까요 개념 4 수를 써 볼까요(2)	✓
2일째 월 일	교과서 넘어 보기 + 교과서 속 응용 문제	✓
3일째 월 일	개념 5 수로 순서를 나타내 볼까요 개념 6 수의 순서를 알아볼까요 개념 7 1만큼 더 큰 수와 1만큼 더 작은 수를 알아볼까요 개념 8 0을 알아볼까요 개념 9 수의 크기를 비교해 볼까요	✓
4일째 월 일	교과서 넘어 보기 + 교과서 속 응용 문제	✓
5일째 월 일	응용 1 기준에 맞는 카드의 수 구하기 응용 2 더 그려야 할 수 구하기	✓
6일째 월 일	응용 3 순서로 전체의 수 구하기 응용 4 ■보다 크고 ▲보다 작은 수 알아보기	✓
7일째 월 일	단원 평가 LEVEL ❶	✓
8일째 월 일	단원 평가 LEVEL ❷	✓

이 단원을 진도 체크에 맞춰 8일 동안 학습해 보세요.
해당 부분을 공부하고 나서 ✓표를 하세요.

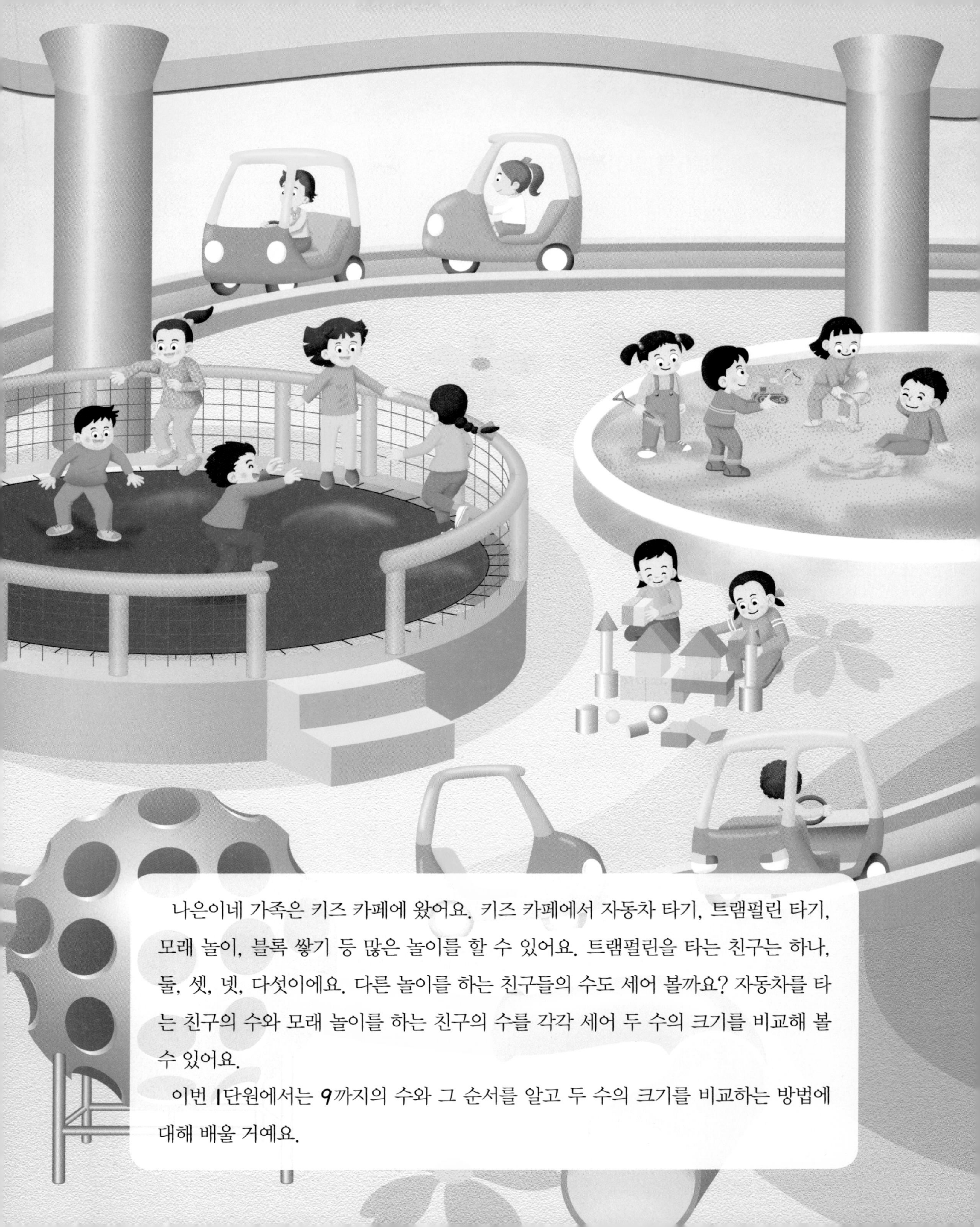

나은이네 가족은 키즈 카페에 왔어요. 키즈 카페에서 자동차 타기, 트램펄린 타기, 모래 놀이, 블록 쌓기 등 많은 놀이를 할 수 있어요. 트램펄린을 타는 친구는 하나, 둘, 셋, 넷, 다섯이에요. 다른 놀이를 하는 친구들의 수도 세어 볼까요? 자동차를 타는 친구의 수와 모래 놀이를 하는 친구의 수를 각각 세어 두 수의 크기를 비교해 볼 수 있어요.

이번 1단원에서는 9까지의 수와 그 순서를 알고 두 수의 크기를 비교하는 방법에 대해 배울 거예요.

개념 1 1, 2, 3, 4, 5를 알아볼까요

• 1부터 5까지의 수 알아보기

		수	읽기
	●	1	하나
			일
	● ●	2	둘
			이
	● ● ●	3	셋
			삼
	● ● ● ●	4	넷
			사
	● ● ● ● ●	5	다섯
			오

● 수 세기
물건의 수만큼 바둑돌을 놓아 가며 수를 셉니다.

예
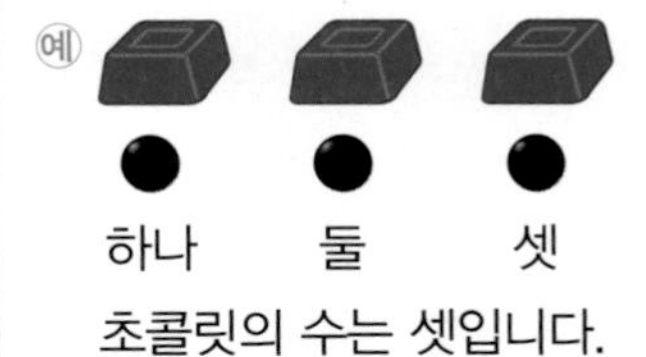

하나 둘 셋
초콜릿의 수는 셋입니다.

● 수를 읽는 다양한 상황 이해하기
나이 5살은 '다섯 살'로 읽고 번호 5번은 '오 번'으로 읽습니다.

241009-0001

01 수를 세어 알맞은 말에 ○표 하세요.

(1)

(하나 둘 셋 넷 다섯)

(2)

(하나 둘 셋 넷 다섯)

(3)

(하나 둘 셋 넷 다섯)

241009-0002

02 알맞게 이어 보세요.

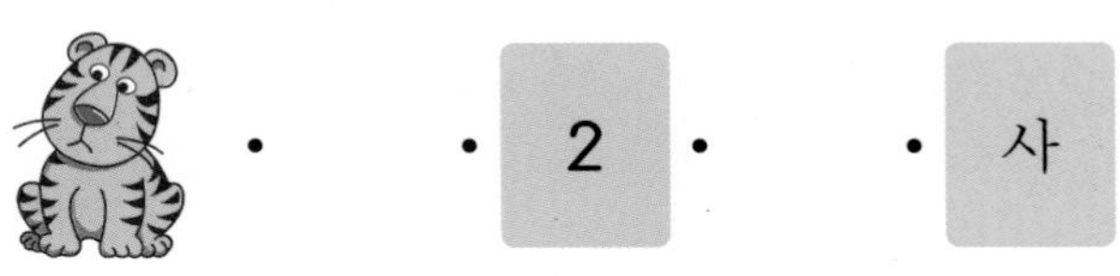

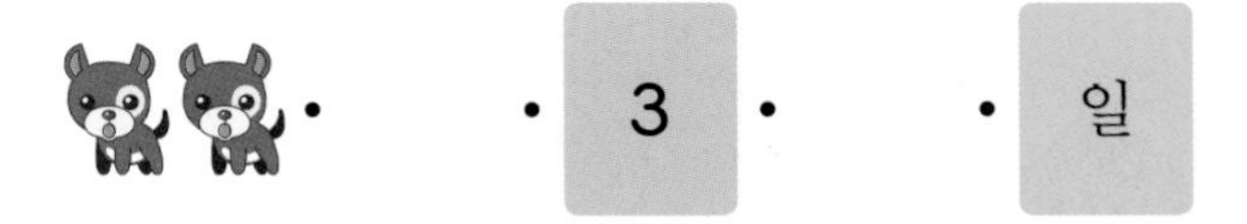

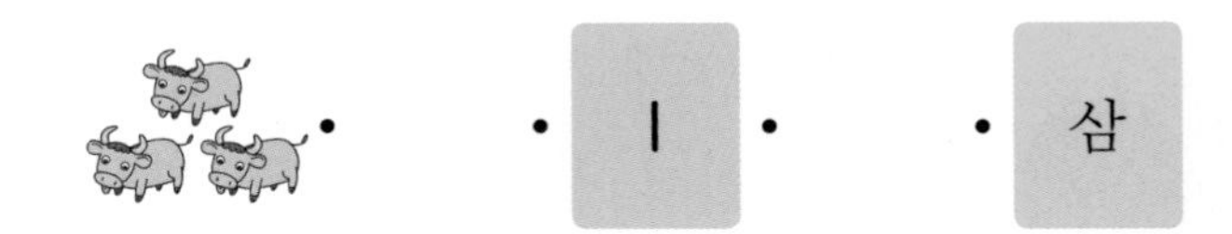

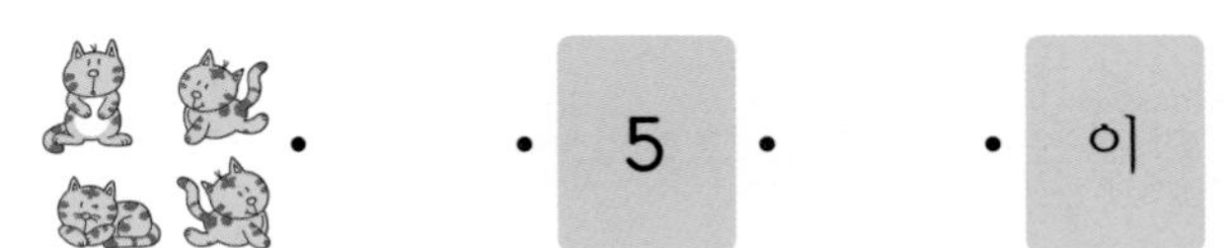

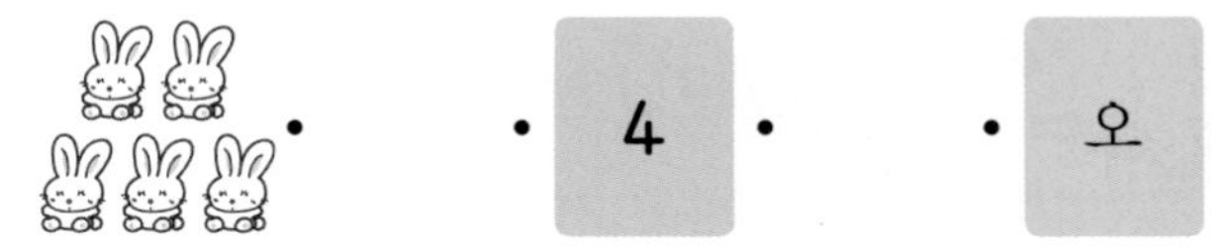

개념 2 수를 써 볼까요(1)

• 1부터 5까지의 수 쓰기

	수	쓰기
	1	①↓1
	2	①↗2
	3	①↗3
	4	①↙4↓②
	5	①↓5→②

● 수를 세어 쓰기

예  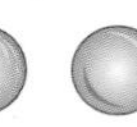 

구슬의 수를 세어 보면 넷이므로 구슬의 수를 쓰면 4입니다.

241009-0003

03 수를 써 보세요.

(1) 1 ①↓ ______ ______ ______

(2) 2  ______ ______ ______

(3) 3  ______ ______ ______

(4) 4 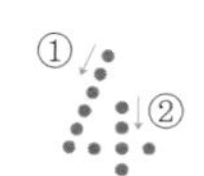 ______ ______ ______

(5) 5 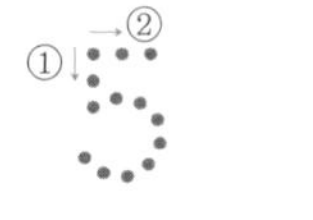 ______ ______ ______

241009-0004

04 그림에 알맞은 수를 쓰고, 이어 보세요.

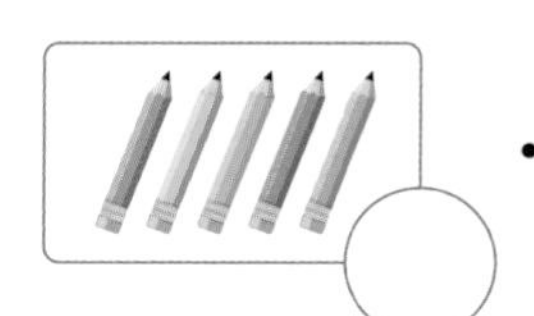 ( ) • • 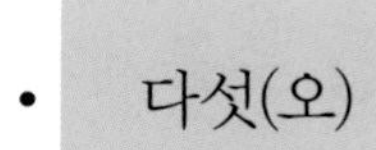

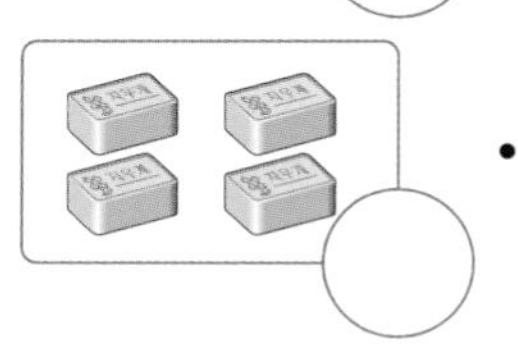 ( ) • • 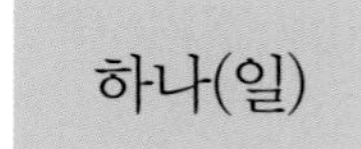

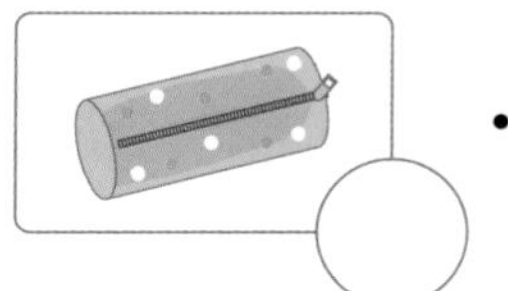 ( ) • • 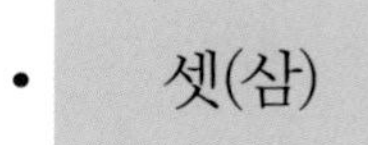

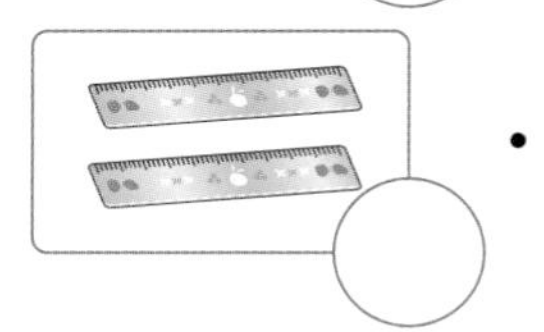 ( ) • • 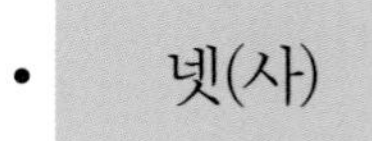

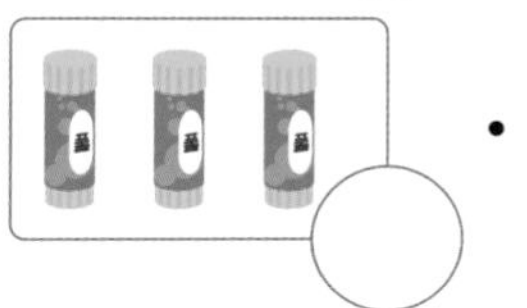 ( ) • • 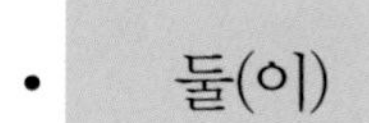

개념 3 6, 7, 8, 9를 알아볼까요

• 6부터 9까지의 수 알아보기

		수	읽기
	●●●●●●	6	여섯 / 육
	●●●●●●●	7	일곱 / 칠
	●●●●●●●●	8	여덟 / 팔
	●●●●●●●●●	9	아홉 / 구

● **수 세기**
물건의 수를 셀 때 마지막으로 센 수가 물건의 수가 됩니다.

예 

공깃돌의 수는 여섯입니다.

● **수를 읽는 다양한 상황 이해하기**
야구공 8개는 '여덟 개'로 읽고 아파트 8층은 '팔 층'으로 읽습니다.

241009-0005

05 수를 세어 알맞은 말에 ○표 하세요.

(1) 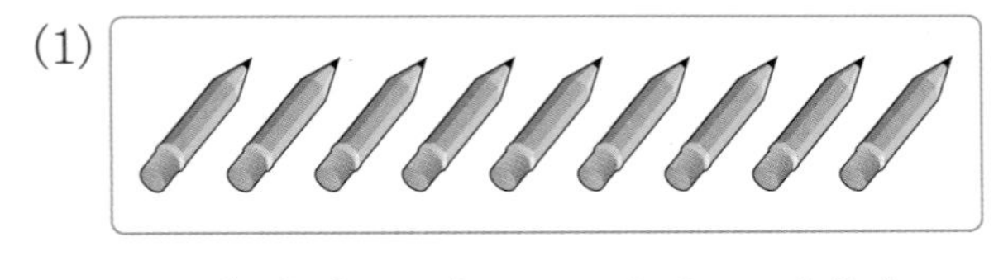

(여섯 일곱 여덟 아홉)

(2) 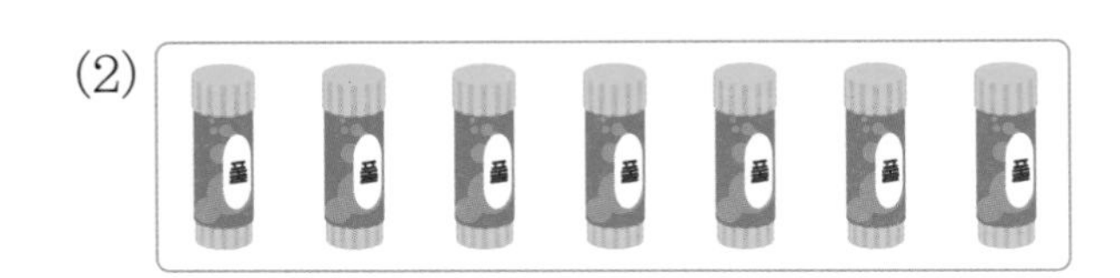

(여섯 일곱 여덟 아홉)

(3) 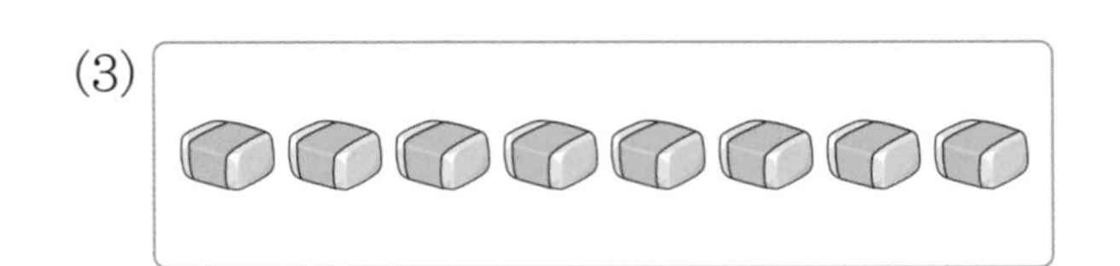

(여섯 일곱 여덟 아홉)

241009-0006

06 알맞게 이어 보세요.

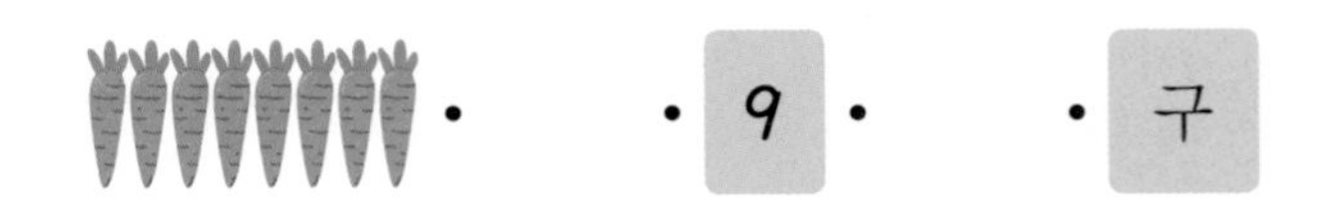

•	• 6 •	• 팔
•	• 9 •	• 구
•	• 7 •	• 육
•	• 8 •	• 칠

개념 4 수를 써 볼까요(2)

• 6부터 9까지의 수 쓰기

	수	쓰기
	6	①6
	7	①7②
	8	8①
	9	9①

● 수를 세어 쓰기

예 

배구공의 수를 세어 보면 아홉이므로 배구공의 수를 쓰면 9입니다.

1 단원

241009-0007

07 수를 써 보세요.

(1) 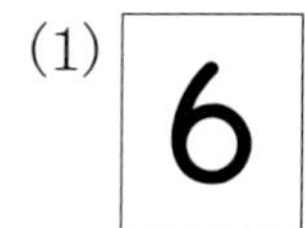 

(2) 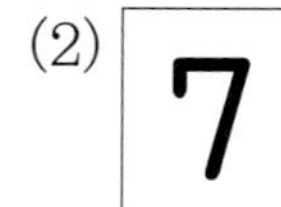 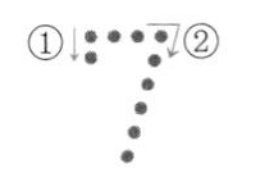

(3) 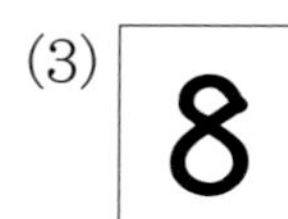 

(4) 9 

241009-0008

08 그림에 알맞은 수를 쓰고, 이어 보세요.

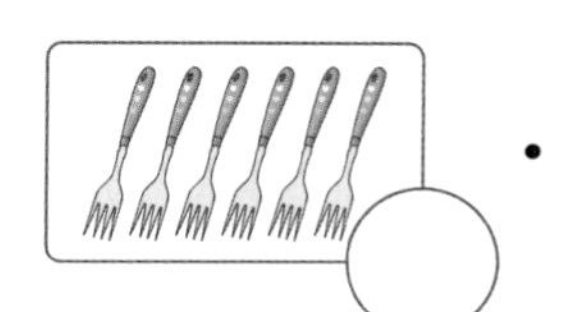 • • 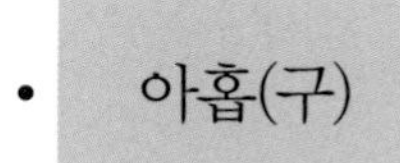

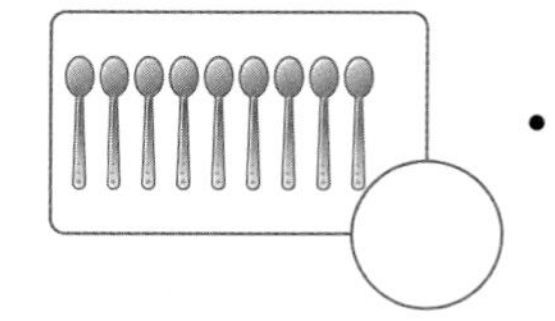 • • 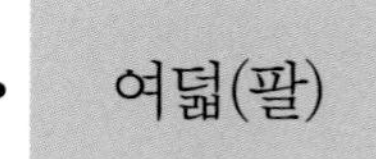

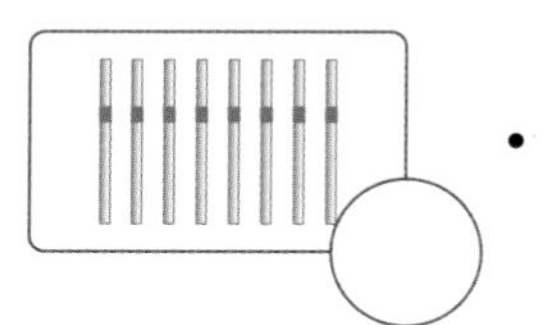 • • 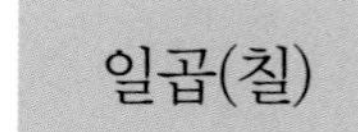

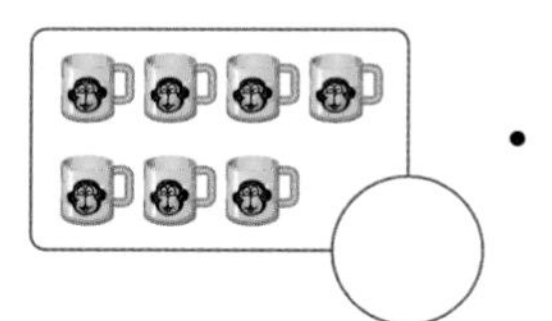 • • 여섯(육)

241009-0009

01 수를 세어 알맞게 이어 보세요.

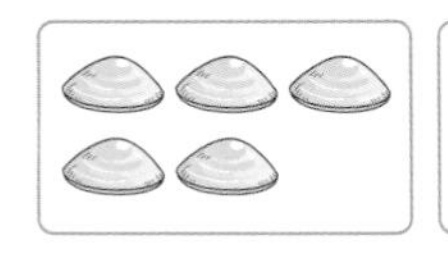  

1  

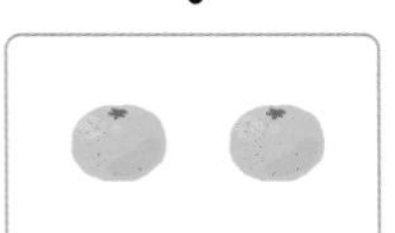 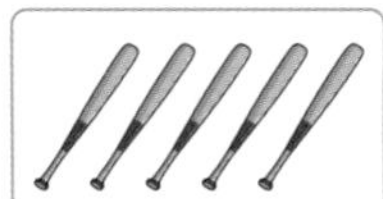 

241009-0010

02 알맞게 이어 보세요.

다섯 •	• 3 •	•
둘 •	• 1 •	•
셋 •	• 4 •	•
하나 •	• 5 •	•
넷 •	• 2 •	•

241009-0011

03 수만큼 색칠해 보세요.

지우개 4개

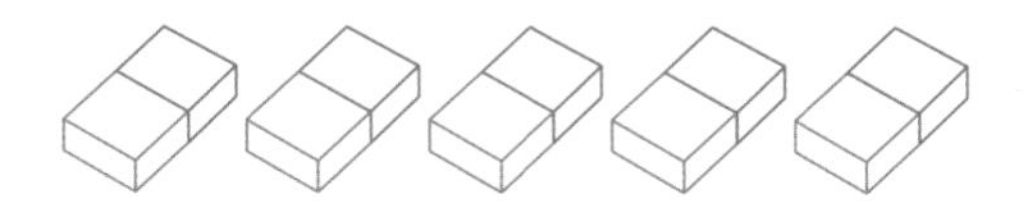

241009-0012

04 필통에 연필을 두 자루 넣었습니다. 필통에 넣은 연필의 수만큼 ○표 하고, 필통에 넣은 연필의 수를 써 보세요.

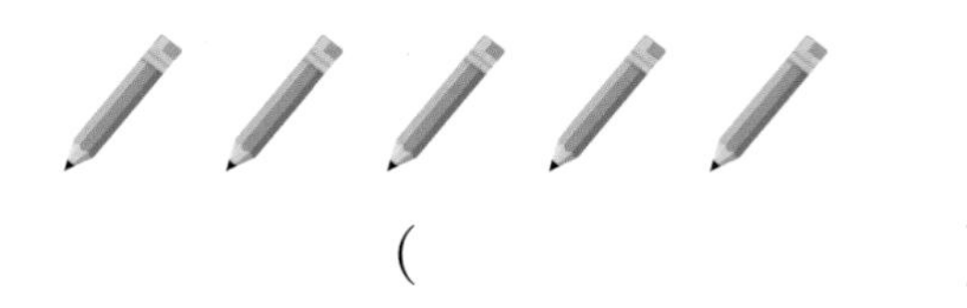

( )

241009-0013

05 그림을 보고 동물의 수만큼 ○를 그리고, 수를 써넣으세요.

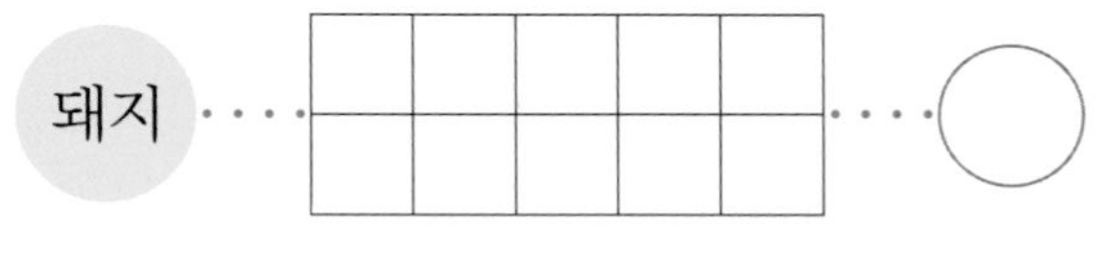

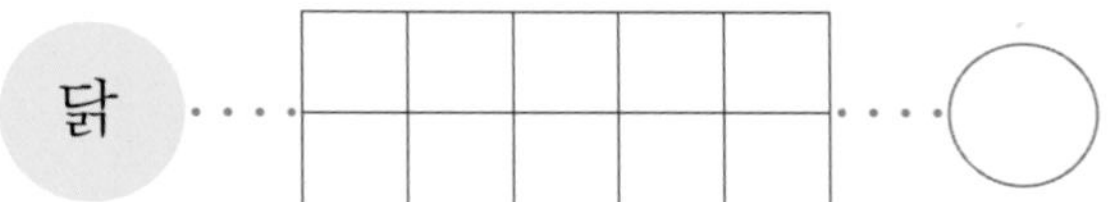

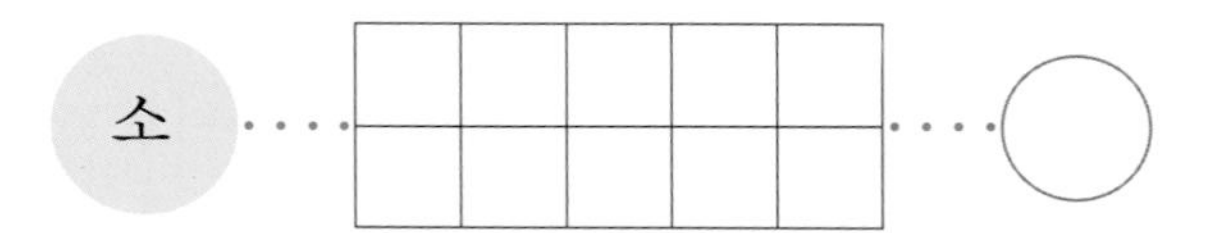

[06~07] 수를 세어 빈 곳에 알맞은 수를 써넣으세요.

241009-0014

06

241009-0015

07

241009-0016

08 그림에 알맞은 수를 쓰고, 이어 보세요.

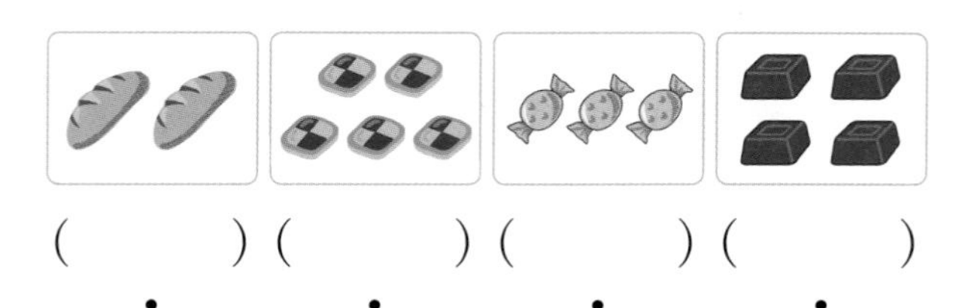

( ) ( ) ( ) ( )

셋(삼) 둘(이) 넷(사) 다섯(오)

241009-0017

09 그림을 보고 □ 안에 알맞은 수를 써넣으세요.

중요

(1) 거북은 □ 마리입니다.

(2) 물고기는 □ 마리입니다.

(3) 문어는 □ 마리입니다.

(4) 게는 □ 마리입니다.

241009-0018

10 사과의 수가 아닌 것을 찾아 써 보세요.

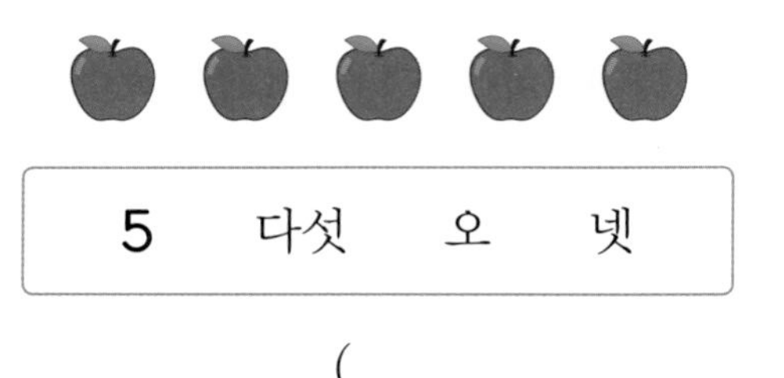

5	다섯	오	넷

( )

241009-0019

11 수를 세어 알맞게 이어 보세요.

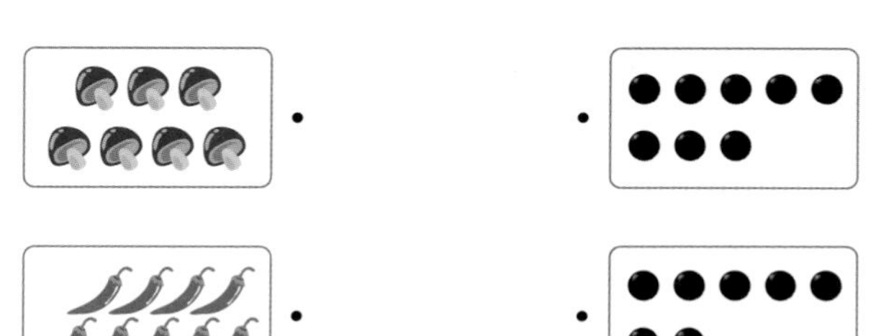

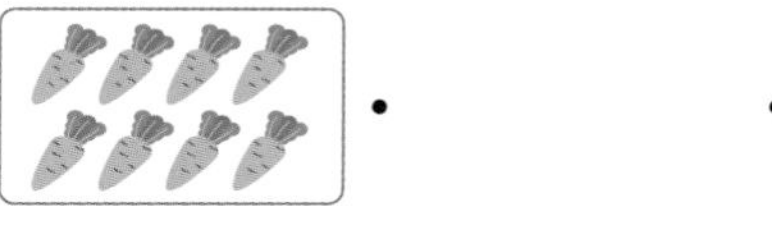

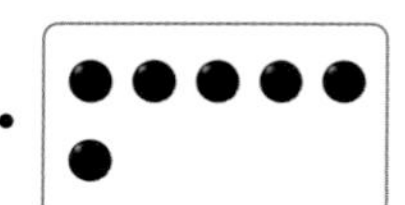

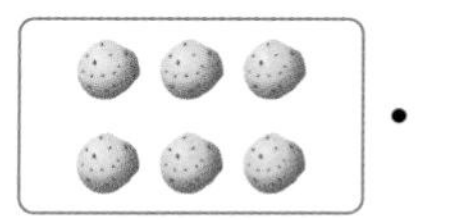

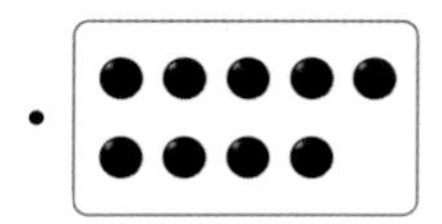

241009-0020

12 알맞은 수에 ○표 하고 이어 보세요.

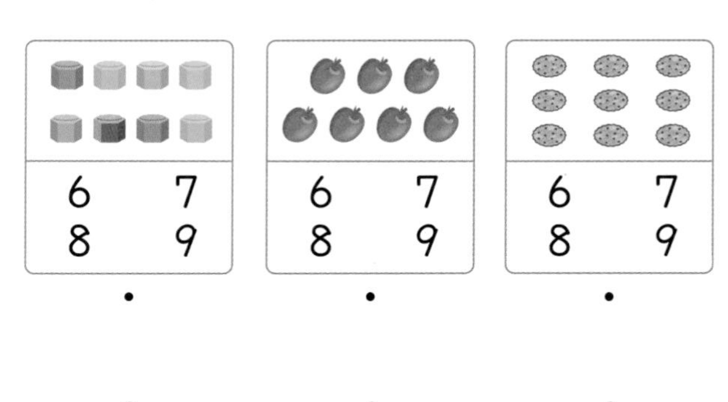

6 7 8 9	6 7 8 9	6 7 8 9

일곱(칠) 아홉(구) 여덟(팔)

241009-0021

13 수만큼 ○를 그려 보세요.

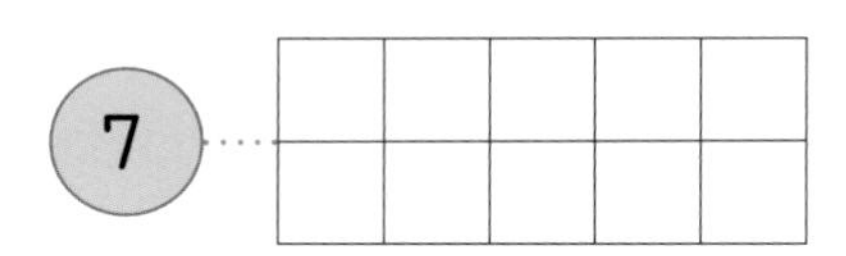

1 단원

241009-0022

14 수저통에 숟가락을 일곱 개 넣었습니다. 수저통에 넣은 숟가락의 수만큼 ○표 하세요.

241009-0023

15 그림에 맞게 수를 고쳐 써 보세요.

상자 안에 쿠키가 6개 들어 있습니다. ( )

[16~17] 수를 세어 빈 곳에 알맞은 수를 써넣으세요.

241009-0024

16

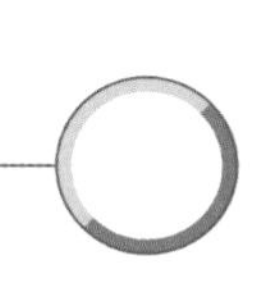

241009-0025

17

241009-0026

18 중요 그림에 알맞은 수를 쓰고, 이어 보세요.

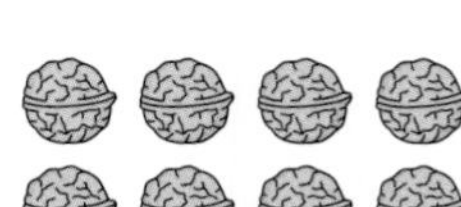

칠

팔

육

구

241009-0027

19 그림이 공통으로 나타내는 수를 □ 안에 써넣으세요.

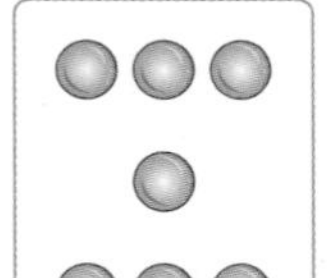

241009-0028

20 도전 나타내는 수가 다른 하나를 찾아 써 보세요.

9　　아홉　　여덟　　구

( )

정답과 풀이 11쪽

묶음의 수 구하기

그림을 주어진 수만큼씩 묶고, 묶음의 수를 셉니다.

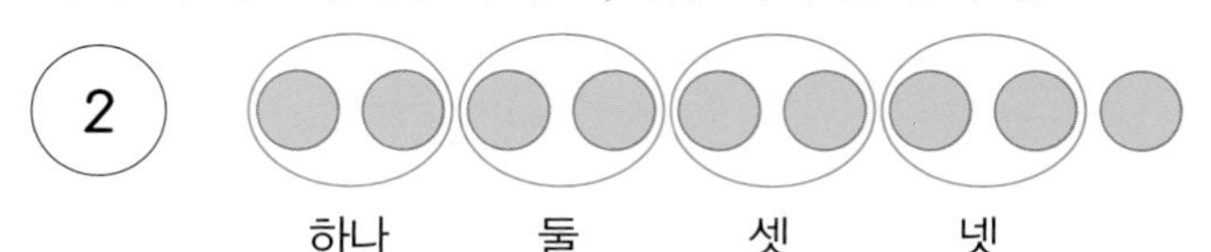

하나 둘 셋 넷

묶음의 수는 넷이므로 4라고 씁니다.

241009-0029

21 **주어진 수만큼씩 사탕을 묶고, 몇 묶음 묶었는지 세어 수를 써 보세요.**

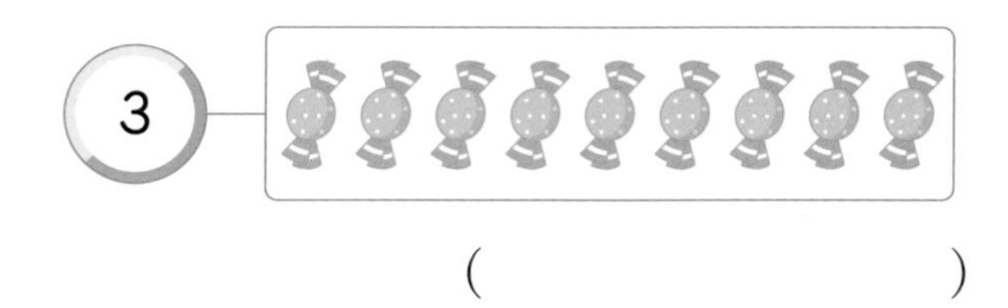

( )

241009-0030

22 **주어진 수만큼씩 쿠키를 묶고, 몇 묶음 묶었는지 세어 수를 써 보세요.**

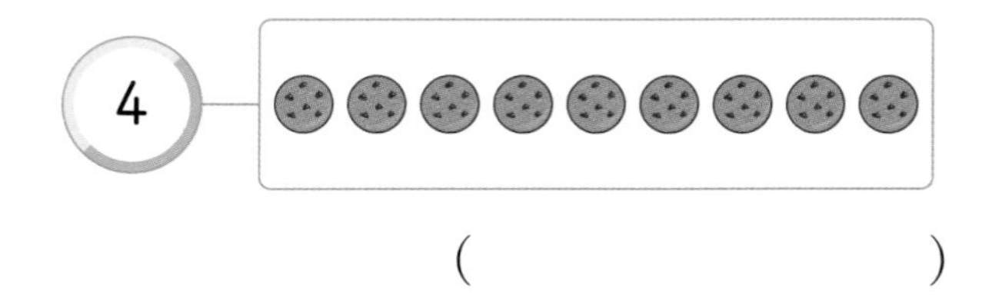

( )

241009-0031

23 **주어진 수만큼씩 빵을 묶고, 몇 묶음 묶었는지 세어 수를 써 보세요.**

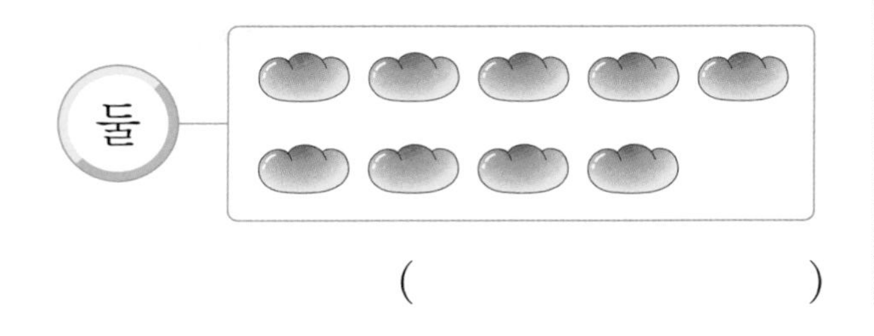

( )

수만큼 묶고 묶지 않은 수 쓰기

하나, 둘, 셋……으로 세어 구슬을 주어진 수만큼 묶고, 남은 구슬의 수를 셉니다.

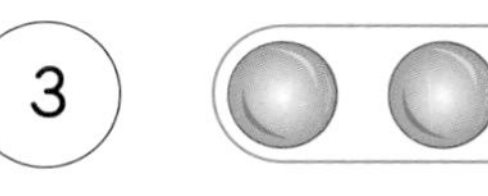

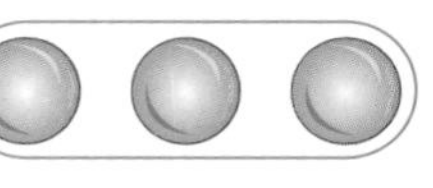
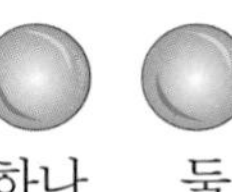

하나 둘

묶지 않은 구슬의 수는 둘이므로 2라고 씁니다.

241009-0032

24 **왼쪽의 수만큼 묶고, 묶지 않은 접시를 세어 수를 써 보세요.**

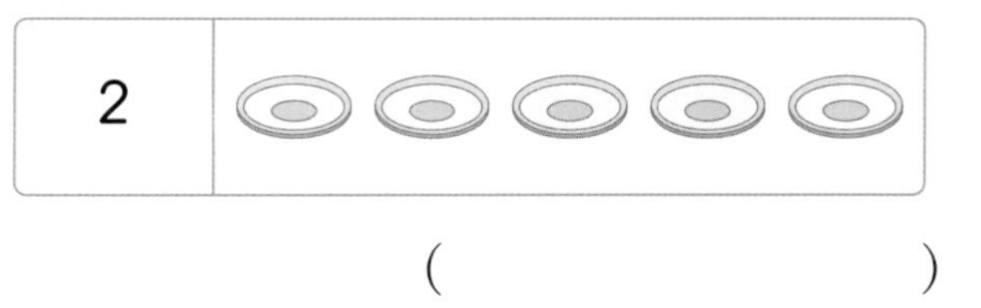

( )

241009-0033

25 **왼쪽의 수만큼 묶고, 묶지 않은 조개를 세어 수를 써 보세요.**

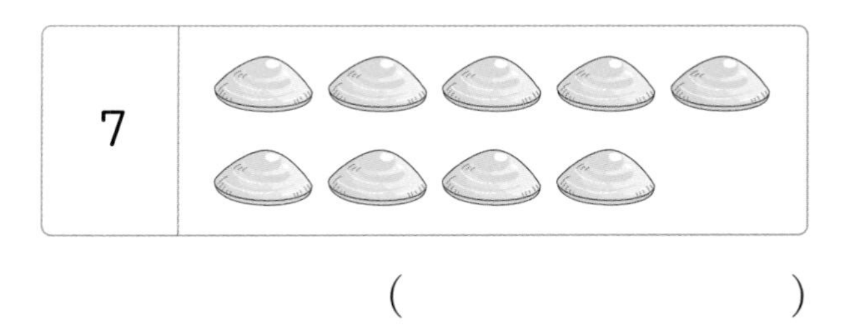

( )

241009-0034

26 **왼쪽의 수만큼 묶고, 묶지 않은 참외를 세어 수를 써 보세요.**

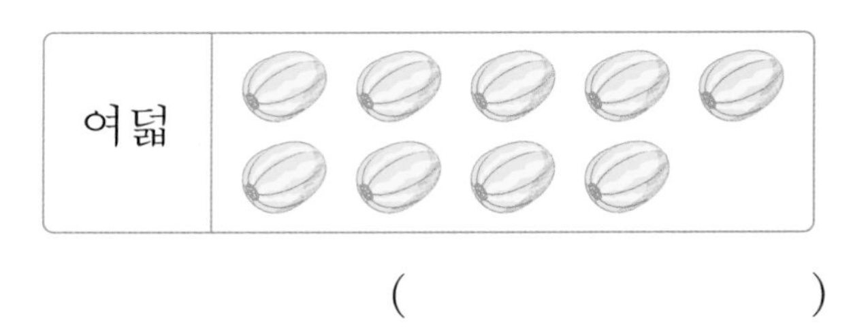

( )

개념 5 수로 순서를 나타내 볼까요

(1) 순서 알아보기

(2) 기준 넣어 순서 말하기

초록색 책은 아래에서 넷째에 있고 위에서 여섯째에 있습니다.

● 수와 순서 비교하기

수를 셀 때는 하나, 둘, 셋, 넷……아홉이라 하고 순서를 나타낼 때는 첫째, 둘째, 셋째, 넷째……아홉째라고 합니다.

넷	● ● ● ●
넷째	○ ○ ○ ●

241009-0035

01 순서에 알맞게 ○표 하세요.

(1) 셋째

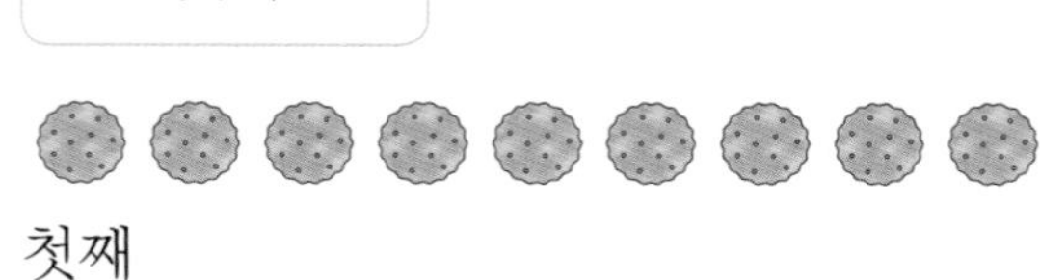

첫째

(2) 다섯째

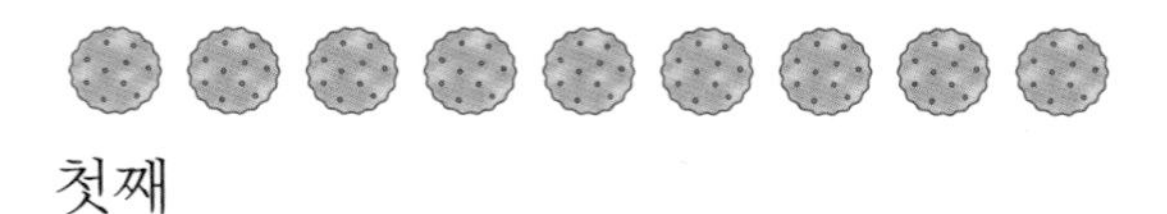

첫째

(3) 아홉째

첫째

241009-0036

02 순서에 알맞게 색칠해 보세요.

(1) 왼쪽에서 넷째

(2) 왼쪽에서 둘째

(3) 오른쪽에서 셋째

개념 6 수의 순서를 알아볼까요

(1) 1부터 9까지의 수의 순서 알아보기

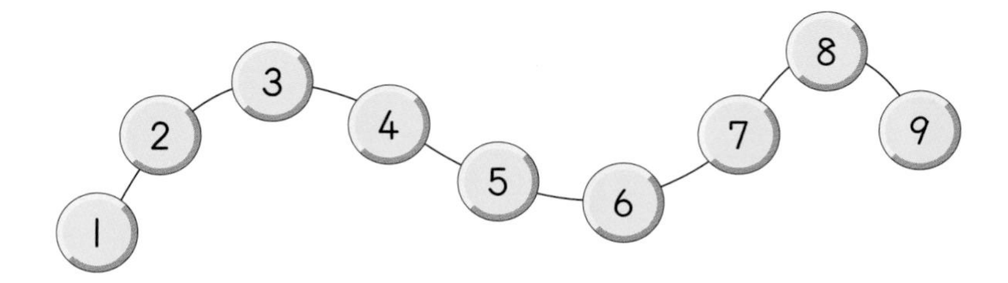

(2) 수를 순서대로 잇기

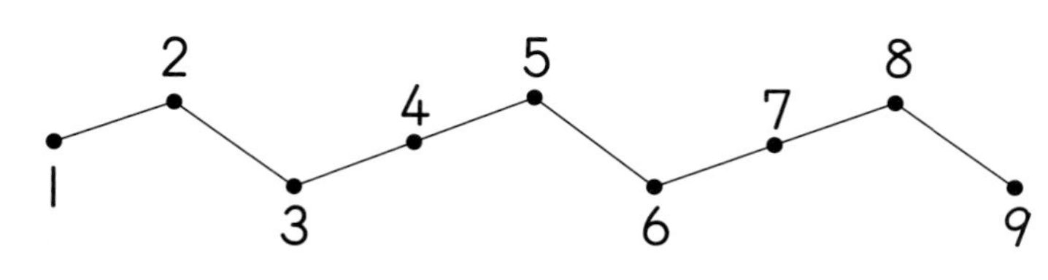

● 1부터 9까지의 순서 쓰기
1 다음에 2, 2 다음에 3, 3 다음에 4……가 있으므로 1부터 9까지의 수를 순서대로 쓰면 1, 2, 3, 4, 5, 6, 7, 8, 9입니다.

● 수를 순서대로 잇기
1, 2, 3, 4, 5, 6, 7, 8, 9의 순서로 점을 이어서 그림을 완성합니다.

1 단원

241009-0037

03 순서에 알맞게 수를 써 보세요.

(1)

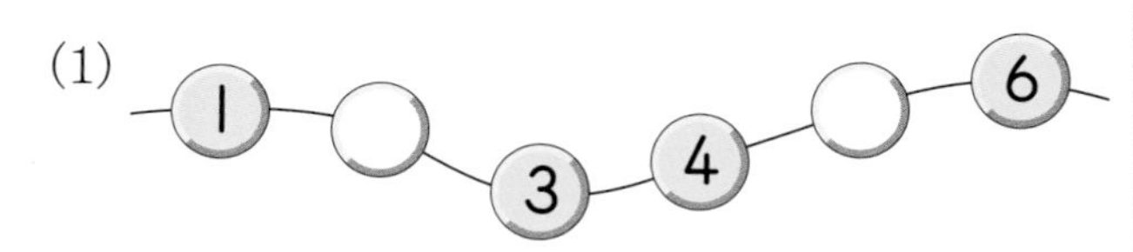

(2)

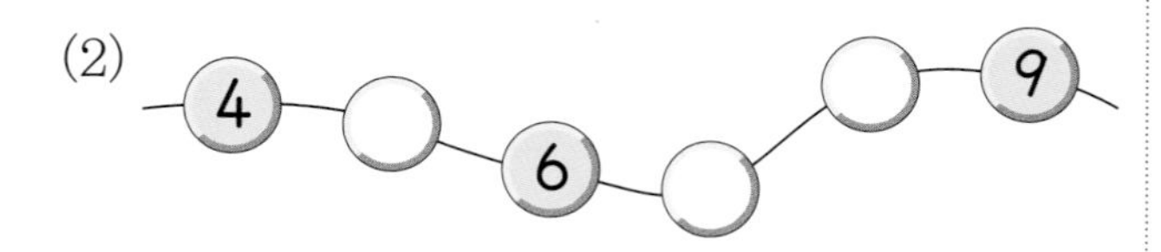

(3)

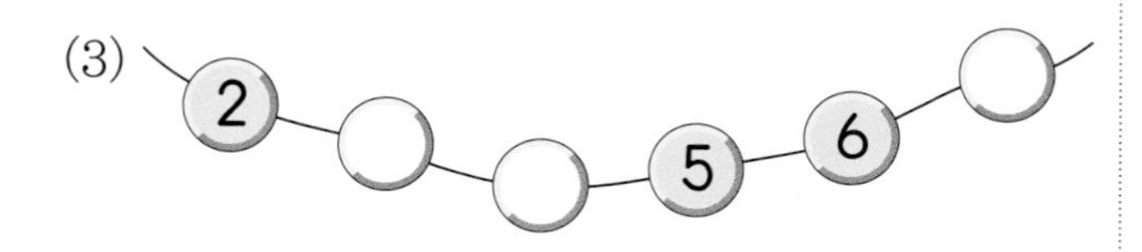

(4)

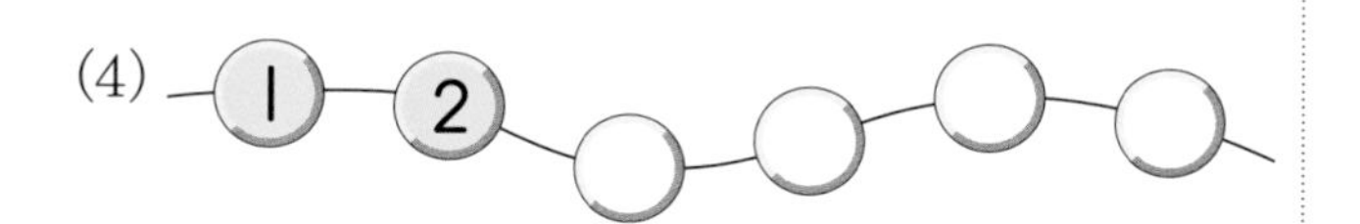

241009-0038

04 수를 순서대로 이어 보세요.

(1)

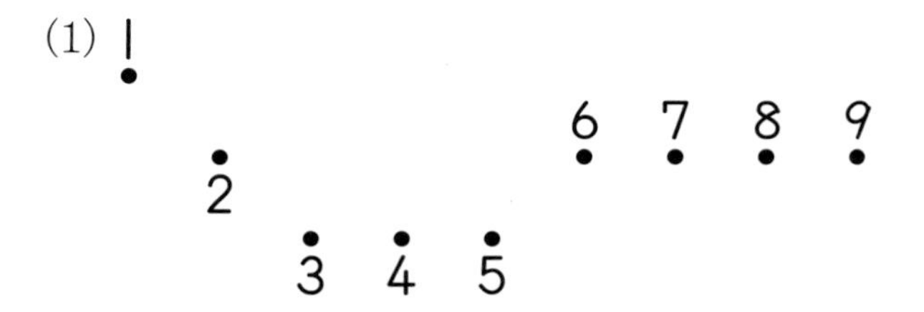

(2)

1 2 3

6 5 4

7 8 9

(3)

9

8

1 7

2 6 5

3 4

개념 7 I만큼 더 큰 수와 I만큼 더 작은 수를 알아볼까요

(1) I만큼 더 큰 수와 I만큼 더 작은 수 알아보기

I만큼 더 작은 수　　　　I만큼 더 큰 수

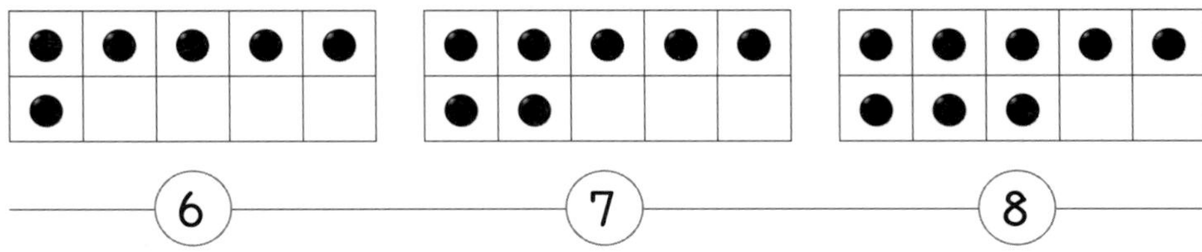

6　　7　　8

7보다 I만큼 더 작은 수는 6이고, 7보다 I만큼 더 큰 수는 8입니다.

(2) 수의 순서로 I만큼 더 큰 수, I만큼 더 작은 수 알아보기

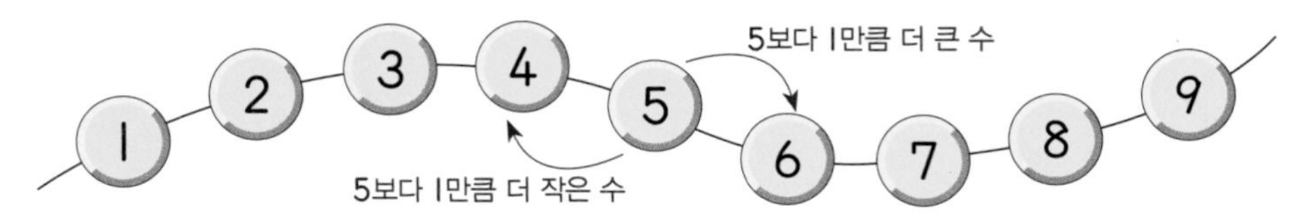

바로 앞의 수가 I만큼 더 작은 수, 바로 뒤의 수가 I만큼 더 큰 수입니다.

- 'I만큼 더 큰' 넣어 말하기
  4는 3보다 I만큼 더 큽니다.
  4는 3보다 I만큼 더 큰 수입니다.
  3보다 I만큼 더 큰 수는 4입니다.

- 'I만큼 더 작은' 넣어 말하기
  4는 5보다 I만큼 더 작습니다.
  4는 5보다 I만큼 더 작은 수입니다.
  5보다 I만큼 더 작은 수는 4입니다.

- 6, 7, 8에서 6은 7보다 I만큼 더 작은 수이고, 8은 7보다 I만큼 더 큰 수입니다.

241009-0039

05 그림을 보고 □ 안에 알맞은 수를 써넣으세요.

(1) I　　I보다 I만큼 더 큰 수

I보다 I만큼 더 큰 수는 □입니다.

(2) 5　　5보다 I만큼 더 작은 수

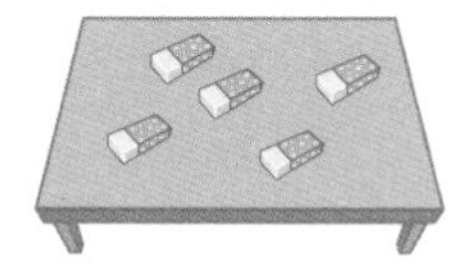

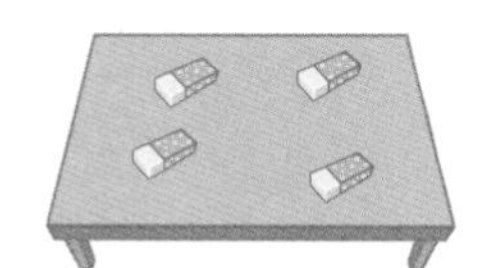

5보다 I만큼 더 작은 수는 □입니다.

241009-0040

06 □ 안에 알맞은 수를 써넣으세요.

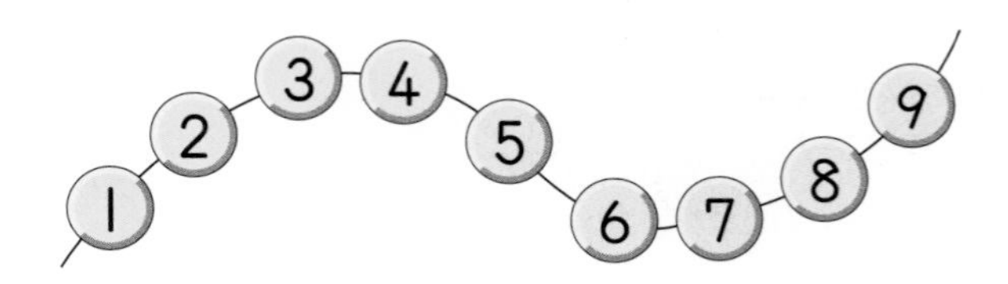

(1) 4보다 I만큼 더 큰 수는 □입니다.

(2) 5보다 I만큼 더 작은 수는 □입니다.

(3) 8보다 I만큼 더 큰 수는 □입니다.

(4) 9보다 I만큼 더 작은 수는 □입니다.

개념 8 0을 알아볼까요

(1) 0 알아보기

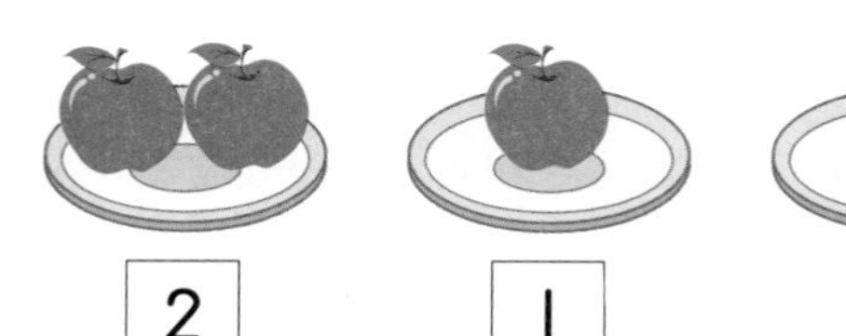

2	1	0

아무것도 없는 것을 0이라 쓰고 영이라고 읽습니다.

수	쓰기	읽기
0	①0	영

(2) 수의 순서로 0 알아보기

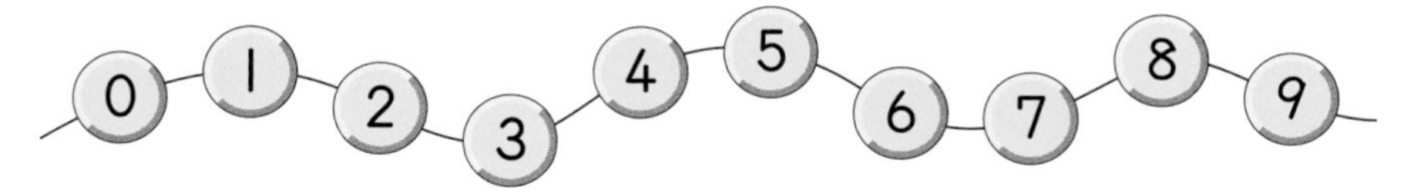

0은 1보다 1만큼 더 작은 수입니다.

● 1보다 1만큼 더 작은 수 알아보기

1보다 1만큼 더 작은 수, 즉 아무것도 없는 것을 0이라 쓰고 영이라고 읽습니다. 0을 공이라고 읽지 않도록 주의합니다.

241009-0041

07 수를 써 보세요.

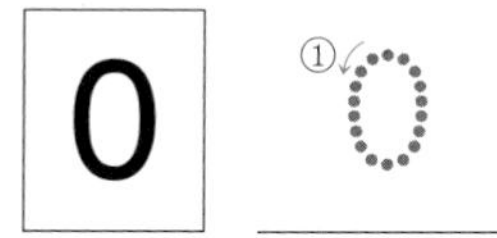

241009-0042

08 관계있는 것끼리 이어 보세요.

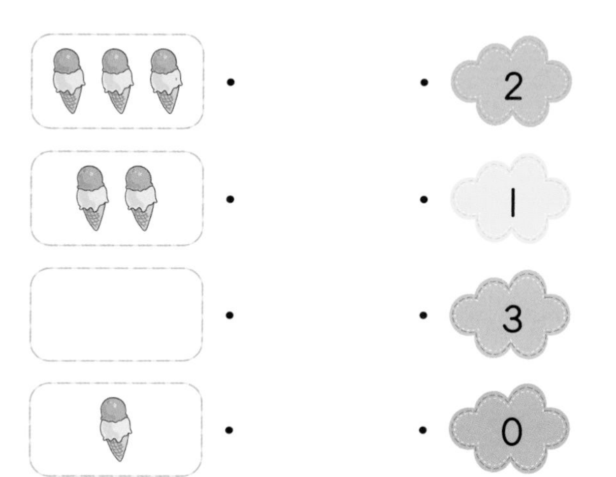

241009-0043

09 빈 곳에 알맞은 수를 써넣으세요.

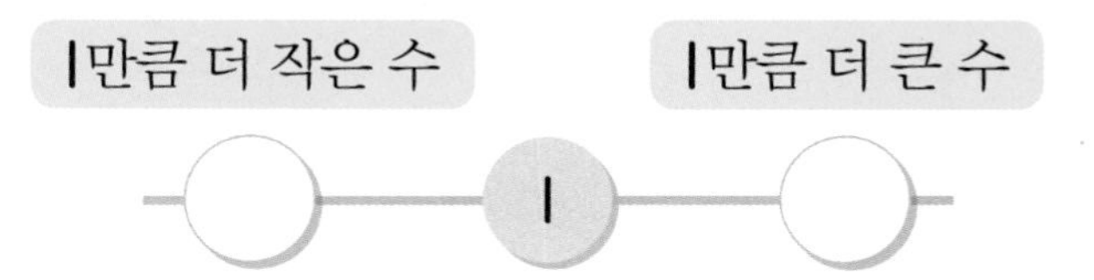

241009-0044

10 장미꽃의 수를 세어 보고 □ 안에 알맞은 수를 써넣으세요.

1 단원

개념 9 수의 크기를 비교해 볼까요

(1) 물건의 수 비교하기

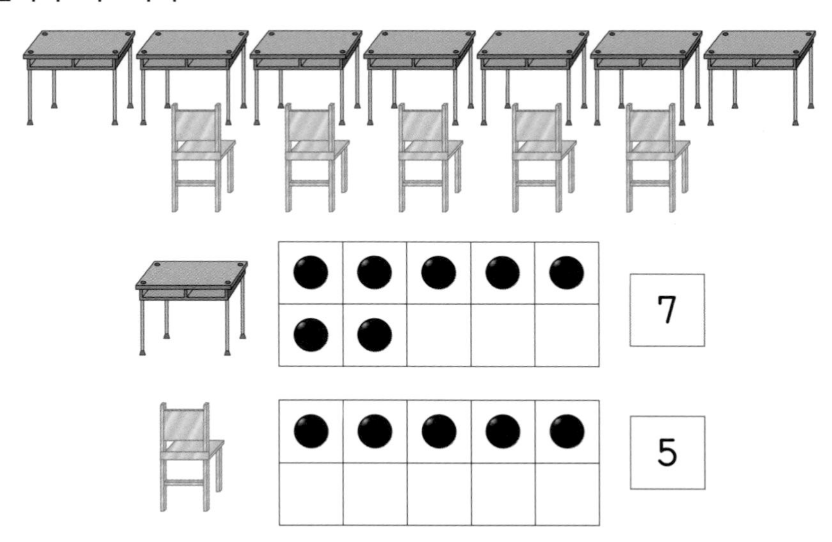

• 책상은 의자보다 많습니다. ➡ 7은 5보다 큽니다.

• 의자는 책상보다 적습니다. ➡ 5는 7보다 작습니다.

(2) 수의 순서로 두 수의 크기 비교하기

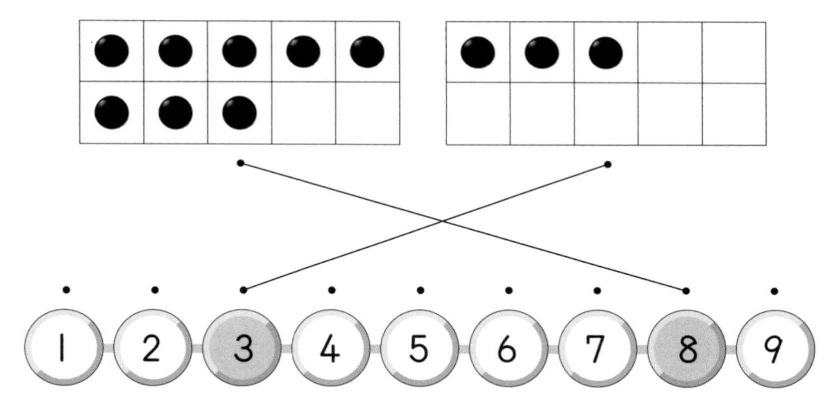

8은 3보다 큽니다. 3은 8보다 작습니다.

➡ 수를 순서대로 썼을 때 뒤에 있을수록 큰 수이고, 앞에 있을수록 작은 수입니다.

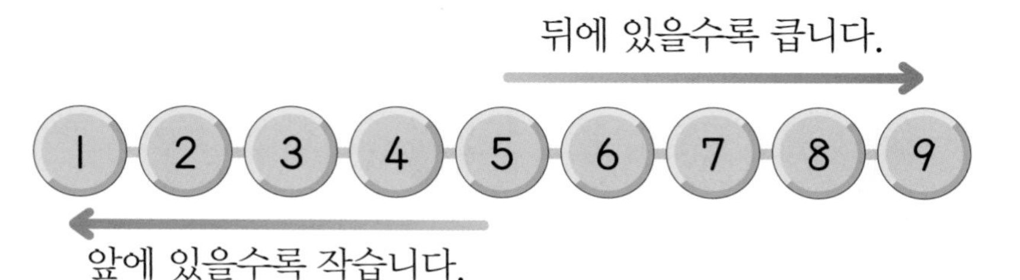

● **수의 크기 비교**
물건의 수를 비교할 때는 '많습니다', '적습니다'로 말하지만 수의 크기를 비교할 때는 '큽니다', '작습니다'로 말합니다.

● **두 가지 방법으로 두 수의 크기 비교하기**
■가 ▲보다 클 때,
┌ ■는 ▲보다 큽니다.
└ ▲는 ■보다 작습니다.

241009-0045

11 그림을 보고 모자와 목도리의 수만큼 ○를 그리고, □ 안에 알맞은 수를 써넣어 알맞은 말에 ○표 하세요.

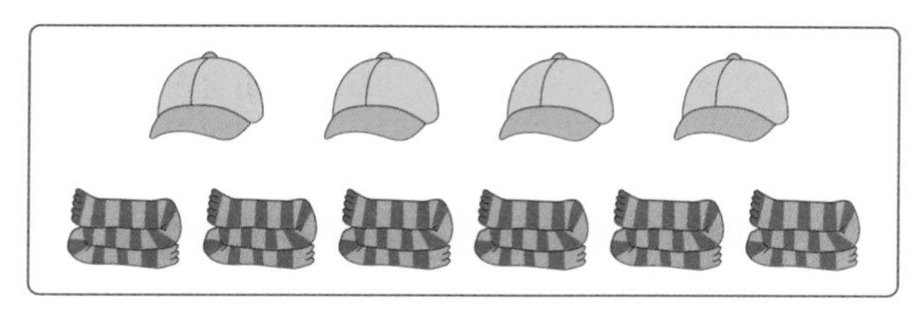

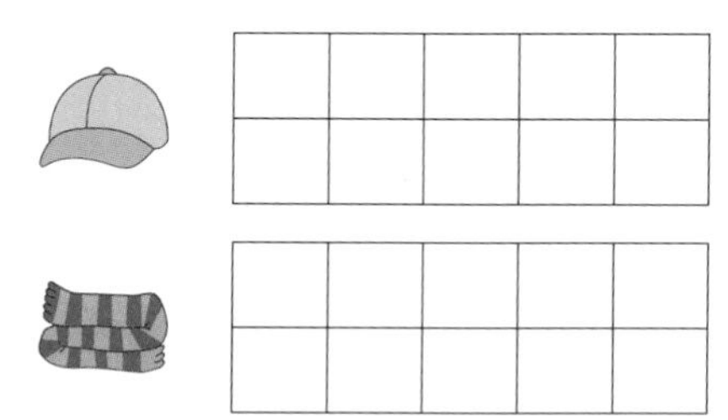

모자는 목도리보다
(많습니다 , 적습니다).
4는 □ 보다 (큽니다 , 작습니다).

목도리는 모자보다
(많습니다 , 적습니다).
□ 은 4보다 (큽니다 , 작습니다).

241009-0046

12 수만큼 ○를 그리고 두 수의 크기를 비교하여 알맞은 말에 ○표 하세요.

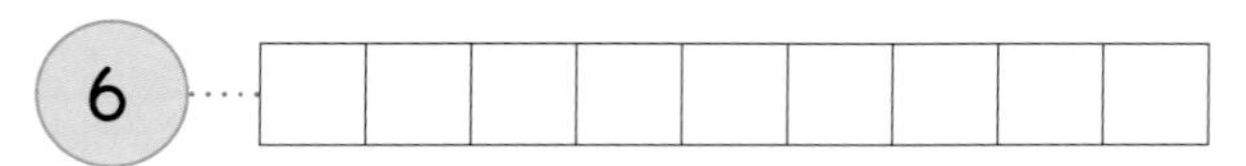

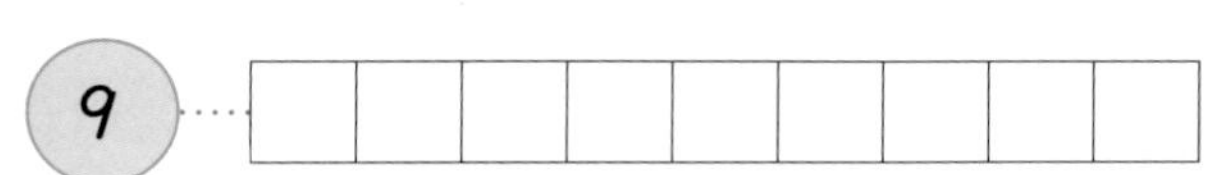

6은 9보다 (큽니다 , 작습니다).
9는 6보다 (큽니다 , 작습니다).

241009-0047

13 바둑돌의 수를 세어 알맞게 이어 보고, 알맞은 말에 ○표 하세요.

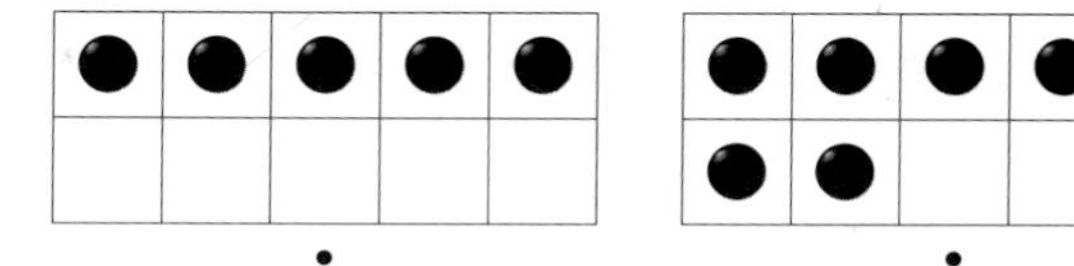

7은 5보다 (작습니다 , 큽니다).

241009-0048

14 3보다 큰 수에 모두 색칠해 보세요.

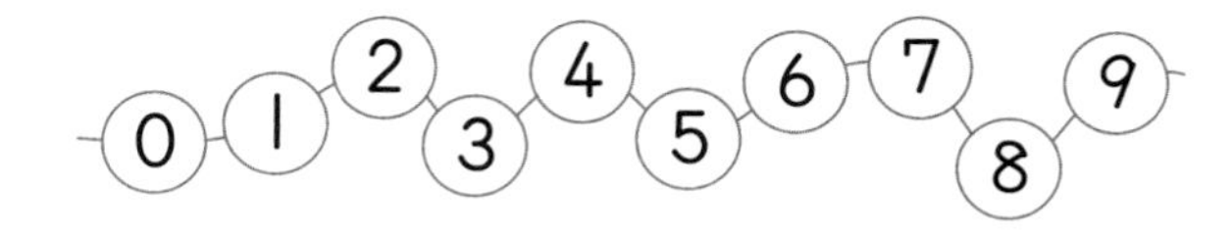

241009-0049

15 그림을 보고 더 작은 수에 △표 하세요.

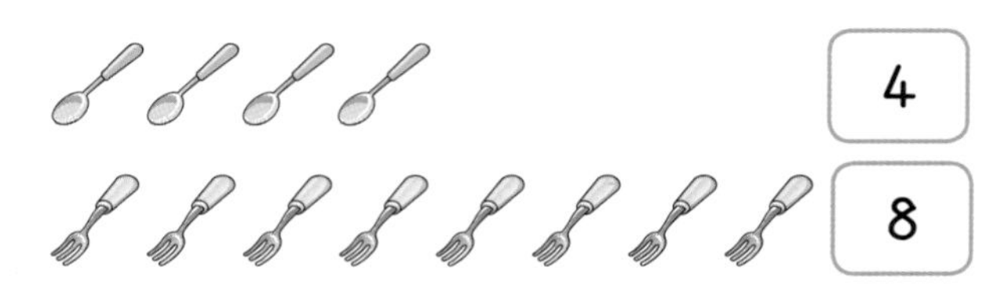

241009-0050

16 더 큰 수에 ○표, 더 작은 수에 △표 하세요.

(1) 8 2　　(2) 5 9

[27~28] 순서에 알맞게 이어 보세요.

241009-0051

27

셋째 일곱째 다섯째

241009-0052

28

위에서 넷째 쌓기나무

아래에서 둘째 쌓기나무

위에서 다섯째 쌓기나무

아래에서 여덟째 쌓기나무

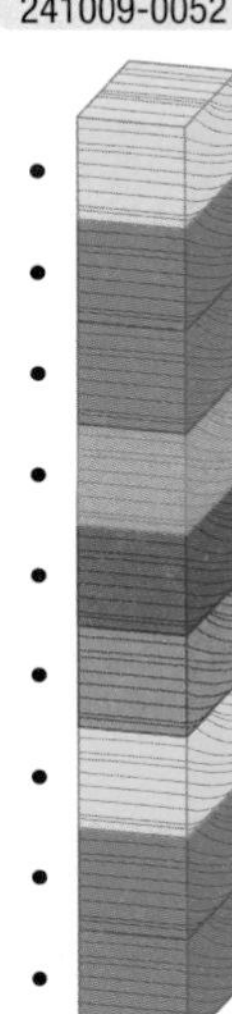

241009-0053

29 알맞게 색칠해 보세요.

(1)

셋(삼)	○○○○○○○○○
셋째	○○○○○○○○○

(2)

여섯(육)	○○○○○○○○○
여섯째	○○○○○○○○○

241009-0054

30 순서에 맞게 □ 안에 알맞은 수를 써넣으세요.

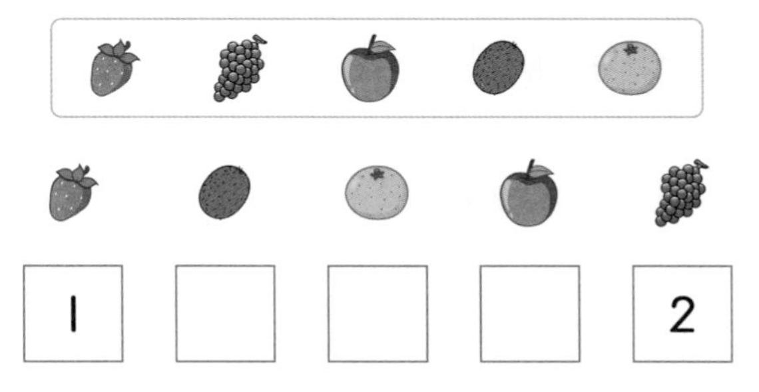

241009-0055

31 서랍장의 노란색 서랍에 바지를 넣으려고 합니다. 바르게 말한 사람은 누구일까요?

혜진: 바지를 아래에서 둘째, 위에서 넷째에 넣어야 해.
준영: 바지를 아래에서 넷째, 위에서 둘째에 넣어야 해.

( )

241009-0056

32 아파트의 층수를 수의 순서대로 빈칸에 써넣으세요.

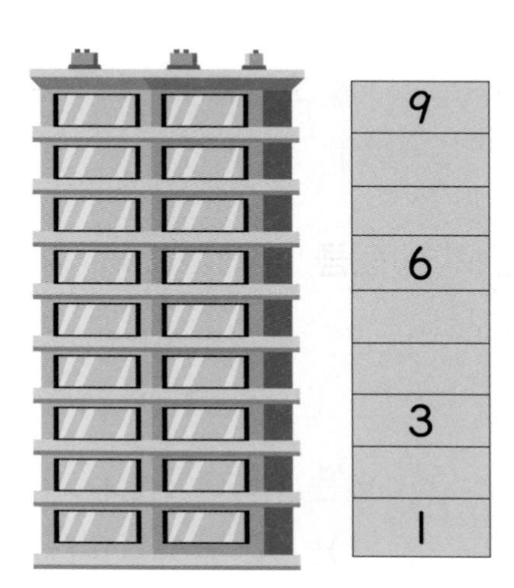

241009-0057

33 수를 순서대로 이어 보세요.

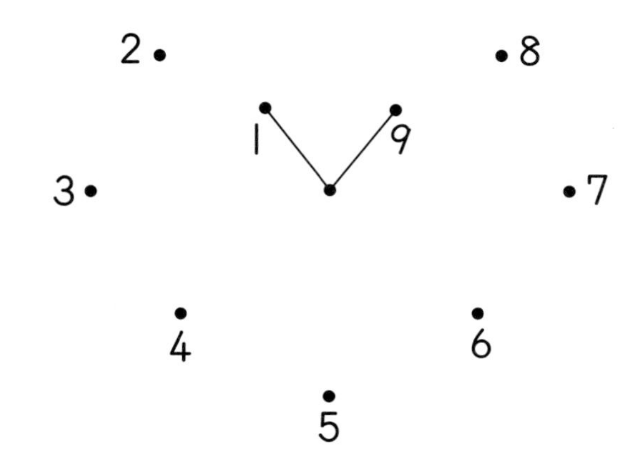

241009-0058

34 사물함의 번호를 순서대로 써넣으려고 합니다. 수현이의 사물함 번호를 써 보세요.

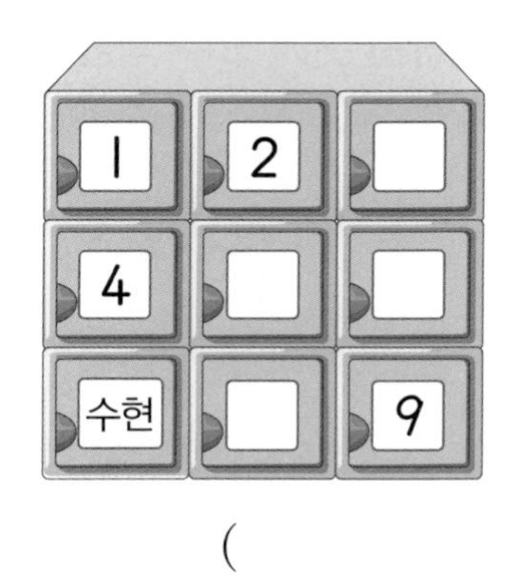

(　　　　　　　　)

241009-0059

35 순서를 거꾸로 하여 수를 써 보세요.

(1)

(2)

241009-0060

36 3보다 1만큼 더 작은 수를 나타낸 것에 ○표 하세요.

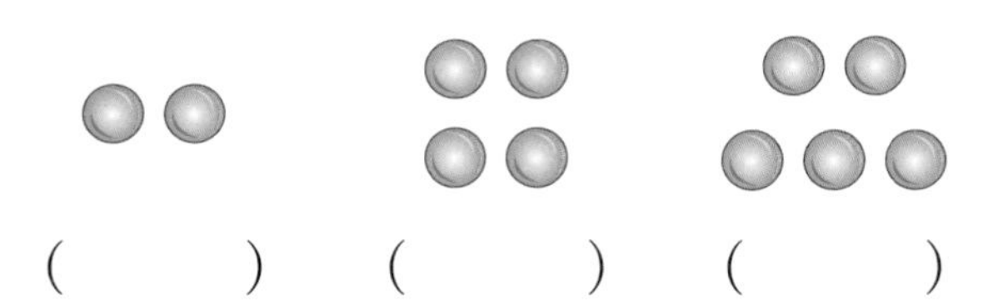

(　　)　(　　)　(　　)

241009-0061

37 □ 안에 알맞은 수를 써넣으세요.

(1) 5보다 1만큼 더 큰 수는 □ 입니다.

(2) 8보다 1만큼 더 작은 수는 □ 입니다.

241009-0062

38 중요 빈 곳에 알맞은 수를 써넣으세요.

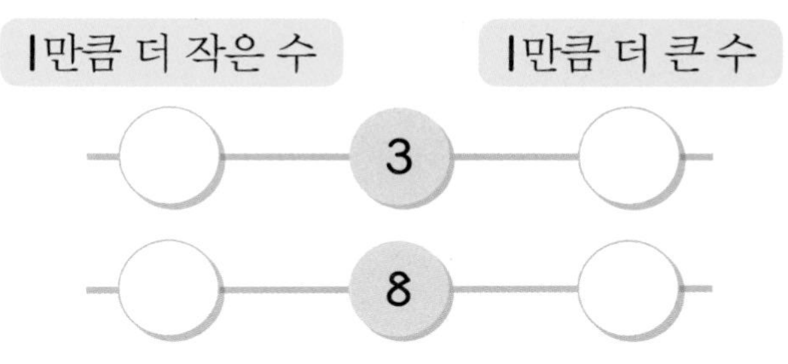

241009-0063

39 □ 안에 알맞은 수를 써넣으세요.

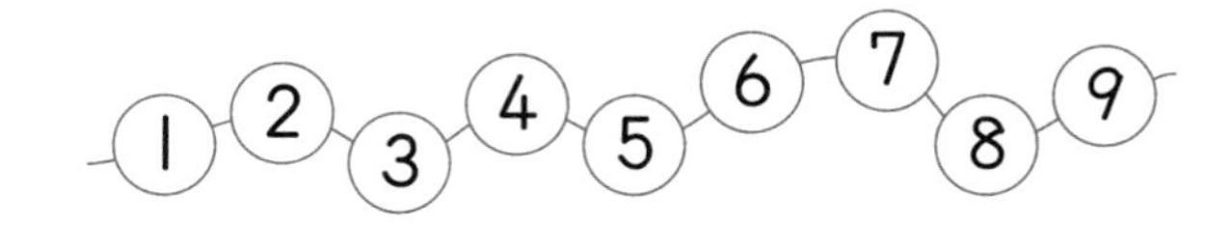

□ 는 3보다 1만큼 더 작은 수이고 1보다 1만큼 더 큰 수입니다.

241009-0064

40 자물쇠의 번호를 찾아 빈칸에 써넣으세요.

- 위에서 첫째 수는 8보다 1만큼 더 큰 수입니다.
- 아래에서 첫째 수는 4보다 1만큼 더 작은 수입니다.

241009-0065

41 중요 □ 안에 귤의 수를 써넣으세요.

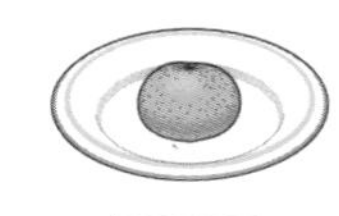

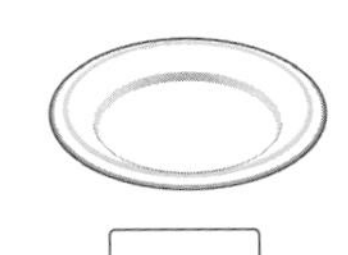

□ □ □

241009-0066

42 ♥에 알맞은 수를 써 보세요.

- 2보다 1만큼 더 작은 수는 ◆입니다.
- ◆보다 1만큼 더 작은 수는 ♥입니다.

(　　　　　　)

241009-0067

43 가장 큰 수에 ○표 하세요.

5보다 1만큼 더 큰 수	(　　)
8보다 1만큼 더 작은 수	(　　)
7보다 1만큼 더 큰 수	(　　)

241009-0068

44 수만큼 ○를 그리고, 알맞은 말에 ○표 하세요.

4 | | | | | | | | | |

9 | | | | | | | | | |

4는 9보다 (큽니다 , 작습니다).
9는 4보다 (큽니다 , 작습니다).

241009-0069

45 바둑돌의 수를 세어 알맞게 이어 보고, □ 안에 알맞은 수를 써넣으세요.

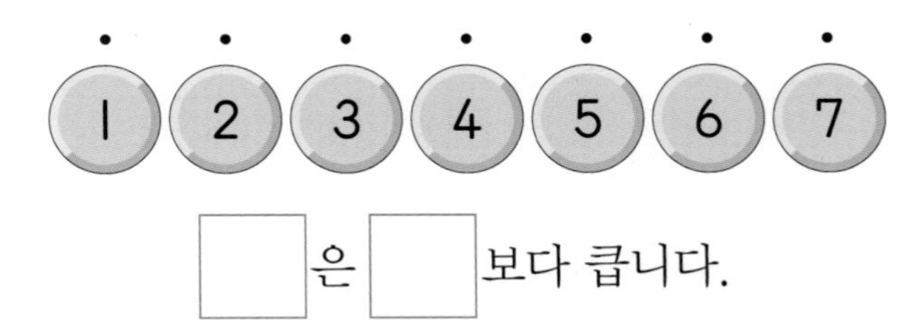

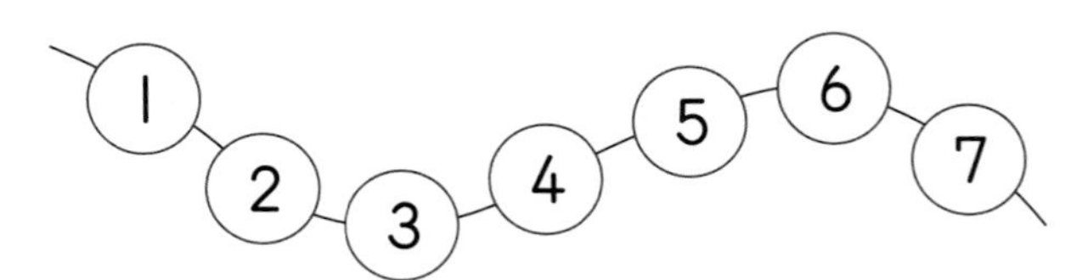

□은 □보다 큽니다.

241009-0070

46 4보다 작은 수에 모두 색칠해 보세요.

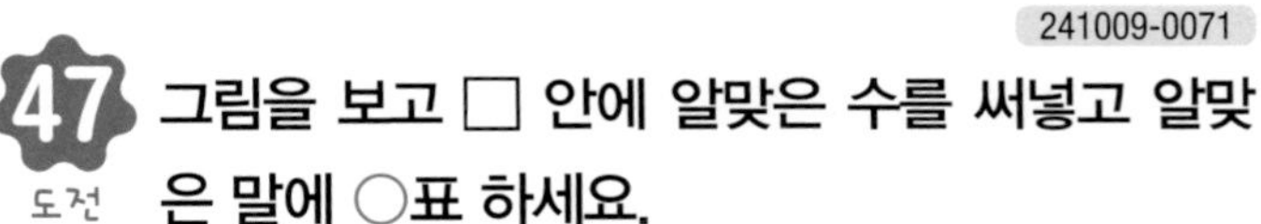

241009-0071

47 도전 그림을 보고 □ 안에 알맞은 수를 써넣고 알맞은 말에 ○표 하세요.

택시 □　버스 □　자전거 □

- 버스는 자전거보다 (많습니다 , 적습니다).

□은/는 □보다 작습니다.

- 택시는 자전거보다 (많습니다 , 적습니다).

□은/는 □보다 큽니다.

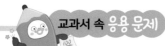

가장 큰 수와 가장 작은 수 알아보기

수를 순서대로 썼을 때 가장 큰 수는 가장 뒤에 있는 수이고, 가장 작은 수는 가장 앞에 있는 수입니다.

예 6, 9, 2 중 가장 큰 수와 가장 작은 수 찾기

2, 6, 9

가장 작은 수 ← 2, 9 → 가장 큰 수

241009-0072

48 □ 안에 알맞은 수를 써넣으세요.

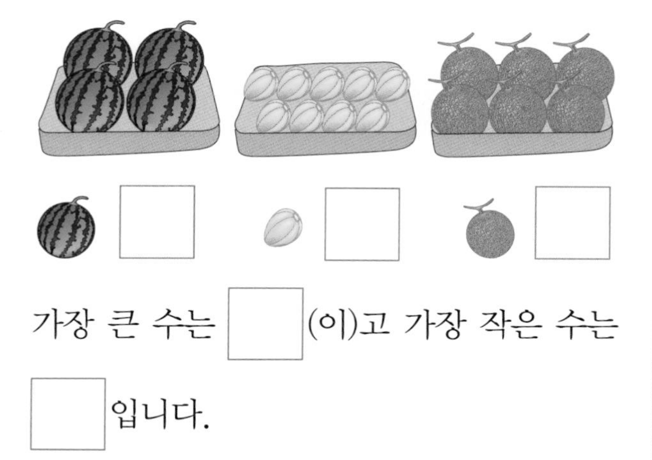

가장 큰 수는 □(이)고 가장 작은 수는 □입니다.

241009-0073

49 □ 안에 알맞은 수를 써넣으세요.

가장 큰 수는 □(이)고 가장 작은 수는 □입니다.

수의 크기 비교의 활용

실생활에서 수의 크기를 비교합니다.

노란색 공이 8개, 파란색 공이 6개 있습니다. 무슨 색 공이 더 많을까요?

1 2 3 4 5 6 7 8 9

수의 순서에서 8은 6의 뒤에 있으므로 8은 6보다 큽니다. 따라서 노란색 공이 더 많습니다.

241009-0074

50 지성이는 빨간색 색종이를 3장, 노란색 색종이를 5장 가지고 있습니다. 지성이는 무슨 색 색종이를 더 적게 가지고 있을까요?

( )

241009-0075

51 은서는 지난주에 동화책을 7권, 위인전을 4권 읽었습니다. 은서는 동화책과 위인전 중 어느 책을 더 많이 읽었을까요?

( )

241009-0076

52 초콜릿을 인성이는 5개, 슬아는 8개, 서준이는 9개 먹었습니다. 누가 초콜릿을 가장 많이 먹었을까요?

( )

응용력 높이기

대표 응용 1 기준에 맞는 카드의 수 구하기

다음 수 카드 중에서 7보다 작은 수가 적혀 있는 수 카드는 모두 몇 장일까요?

8 3 4 6 1 7

문제 스케치

8 3 4 6 1 7

1 3 4 6 7 8

7보다 작은 수

작은 수부터 순서대로 놓아보아요.

해결하기

수 카드의 수를 작은 수부터 순서대로 쓰면 1, ☐, ☐, ☐, ☐, 8입니다.

7보다 작은 수는 7보다 앞에 있는 수이므로 1, ☐, ☐, ☐입니다.

따라서 7보다 작은 수가 적혀 있는 수 카드는 모두 ☐장입니다.

241009-0077

1-1 다음 수 카드 중에서 5보다 큰 수가 적혀 있는 수 카드는 모두 몇 장일까요?

9 4 1 5 6 3

(　　　　　　　　)

241009-0078

1-2 다음 수 카드 중에서 4보다 큰 수가 적혀 있는 카드를 모두 골라 큰 수부터 순서대로 써 보세요.

8 4 5 3 1 7 2

(　　　　　　　　)

대표 응용 2

더 그려야 할 수 구하기

왼쪽의 수만큼 ♡를 그리려고 합니다. ♡를 몇 개 더 그려야 할까요?

7 — ♡♡♡

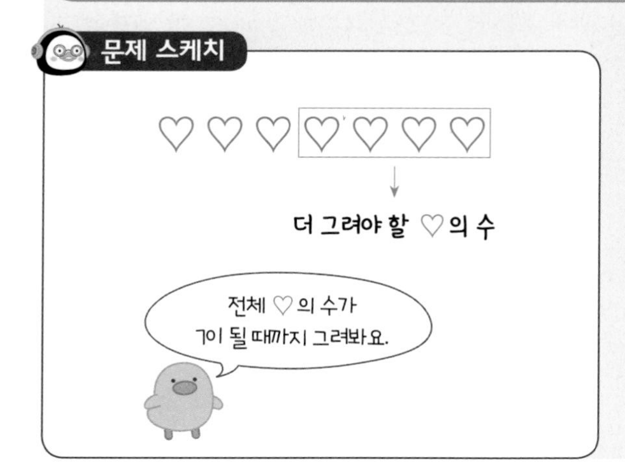

문제 스케치
더 그려야 할 ♡의 수
전체 ♡의 수가
7이 될 때까지 그려봐요.

해결하기

먼저 ♡를 주어진 수가 되도록 더 그립니다.

더 그린 ♡의 수를 세어 보면 하나, 둘, ☐, ☐ 입니다.

따라서 더 그려야 하는 ♡의 수는 ☐ 개입니다.

241009-0079

2-1 왼쪽의 수만큼 △를 그리려고 합니다. △를 몇 개 더 그려야 할까요?

5 — △△

(　　　　　　)

241009-0080

2-2 시형이는 스케치북에 새 8마리를 그리려고 합니다. 몇 마리를 더 그려야 할까요?

(　　　　　　)

대표 응용 3 순서로 전체의 수 구하기

수아는 앞에서 다섯째, 뒤에서 셋째에 줄을 서 있습니다. 줄을 서 있는 사람은 모두 몇 명일까요?

문제 스케치

(앞)
첫째 둘째 셋째 넷째 다섯째
○ ○ ○ ○ 수아 ○ ○
셋째 둘째 첫째
(뒤)

해결하기

수아는 앞에서 다섯째에 서 있으므로 수아 앞에 ☐ 명이 서 있습니다.

수아는 뒤에서 셋째에 서 있으므로 수아 뒤에 ☐ 명이 서 있습니다.

따라서 줄을 서 있는 사람은 모두 ☐ 명입니다.

241009-0081

3-1 지오는 아쿠아리움 입장을 위해 줄을 섰습니다. 지오는 앞에서 넷째, 뒤에서 셋째에 줄을 서 있습니다. 줄을 서 있는 사람은 모두 몇 명일까요?

(　　　　　　　　)

241009-0082

3-2 성빈이와 효주는 친구들과 달리기를 하고 있습니다. 성빈이는 앞에서 첫째, 뒤에서 일곱째로 달리고, 효주는 뒤에서 둘째로 달리고 있습니다. 효주보다 앞에서 달리고 있는 사람은 모두 몇 명일까요?

(　　　　　　　　)

정답과 풀이 16쪽

대표 응용 4

■보다 크고 ▲보다 작은 수 알아보기

2보다 크고 8보다 작은 수는 모두 몇 개일까요?

문제 스케치

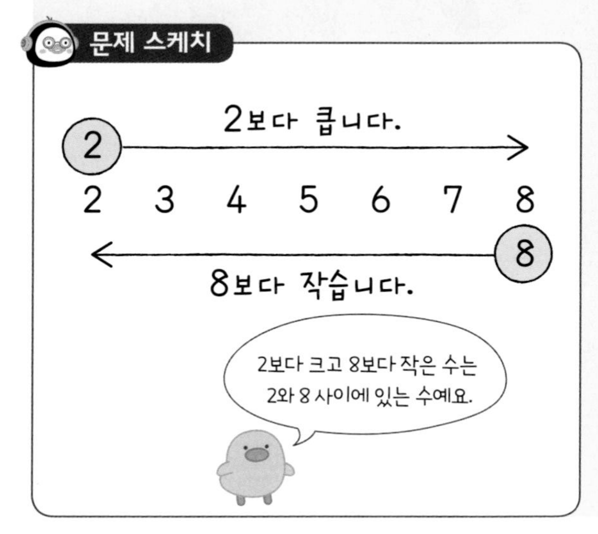

2보다 큽니다.
2
2 3 4 5 6 7 8
8
8보다 작습니다.
2보다 크고 8보다 작은 수는
2와 8 사이에 있는 수예요.

해결하기

2부터 8까지의 수를 순서대로 쓰면 2, 3, 4, 5, 6, 7, 8입니다.

2보다 큰 수는 2보다 뒤에 있는 수이고, 8보다 작은 수는 8보다 앞에 있는 수이므로 2보다 크고 8보다 작은 수는 ☐, ☐, ☐, ☐, ☐입니다. 따라서 2보다 크고 8보다 작은 수는 모두 ☐개입니다.

241009-0083

4-1 3보다 크고 6보다 작은 수는 모두 몇 개일까요?

(   )

241009-0084

4-2 다음을 만족하는 수는 모두 몇 개일까요?

- 1보다 크고 8보다 작은 수입니다.
- 3보다 1만큼 더 큰 수보다 큰 수입니다.

(   )

1 단원

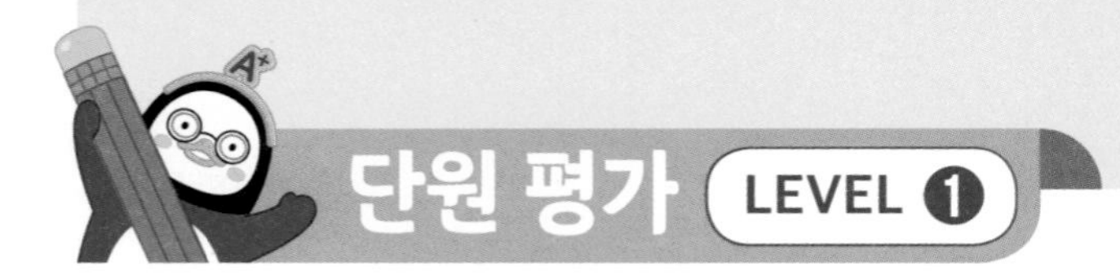

단원 평가 LEVEL ❶

241009-0085

01 수를 세어 알맞게 이어 보세요.

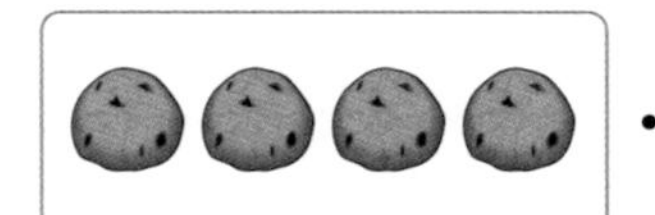

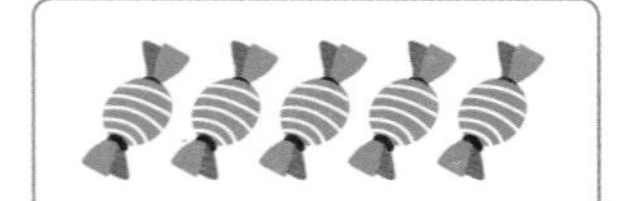

•	• 5
•	• 3
•	• 4

241009-0086

02 잘못 말한 사람은 누구일까요?

소현: 나는 우리 반에서 삼 번이야.
나영: 연필이 이 자루 있어.
정환: 교실에 지금 네 명이 있어.

( )

241009-0087

03 그림을 보고 수만큼 색칠하고, □ 안에 알맞은 수를 써넣으세요.

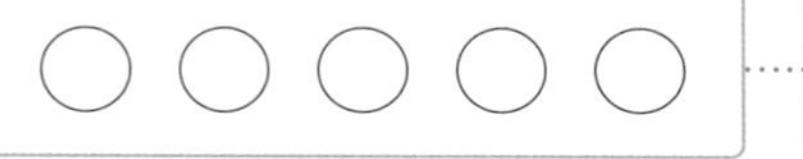

241009-0088

04 그림에 맞게 수를 고쳐 써 보세요.

아버지께서 사탕 3개를 주셨습니다.

241009-0089

05 수만큼 칸을 색칠해 보세요.

(1) 5 □□□□□□□□□

(2) 9 □□□□□□□□□

241009-0090

06 야구 방망이의 수를 세어 보고 알맞은 말에 모두 ○표 하세요.

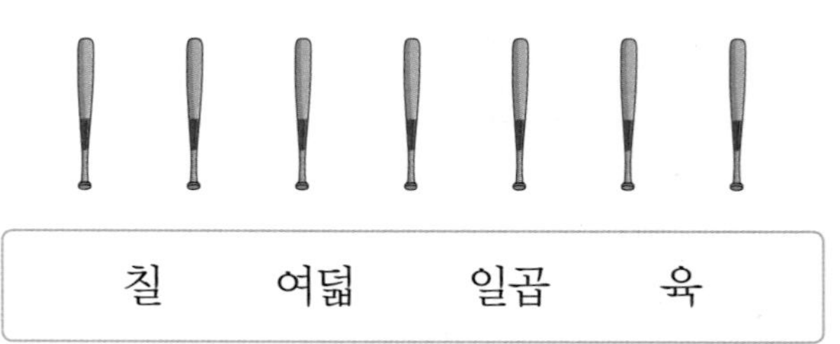

칠　　여덟　　일곱　　육

241009-0091

07 그림이 공통으로 나타내는 수를 □ 안에 써넣으세요.

□

241009-0092

그림을 보고 □ 안에 알맞은 수를 써넣으세요.

(1) 자전거는 □ 대입니다.

(2) 걷는 사람은 □ 명입니다.

241009-0093

09 매표소에서 찬호네 모둠 학생들이 줄을 서서 기다리고 있습니다. 성연이는 오른쪽에서 몇째에 서 있나요?

찬호 성연 영주 유빈 재현 상민

(　　　　　　)

241009-0094

10 알맞게 색칠해 보세요.

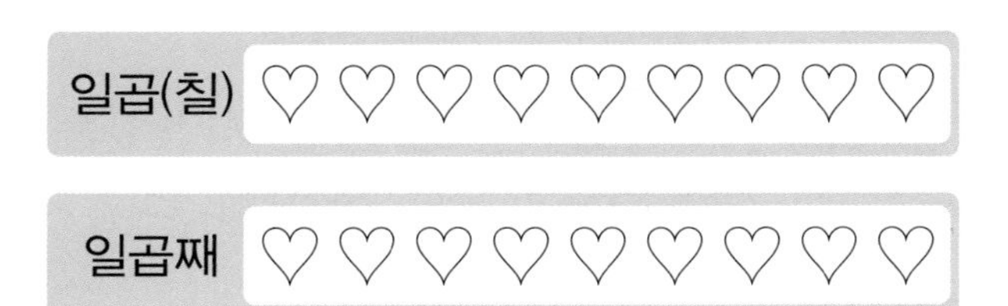

241009-0095

11 왼쪽에서 다섯째에 있는 크레파스는 오른쪽에서 몇째에 있을까요?

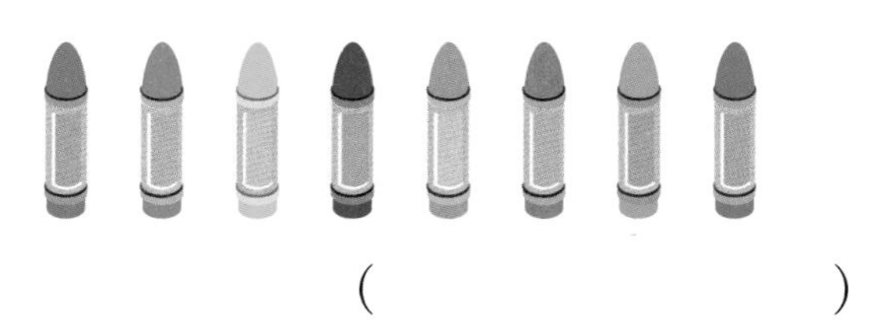

(　　　　　　)

241009-0096

12 순서에 알맞게 수를 써 보세요.

241009-0097

13 순서를 거꾸로 하여 수를 써 보세요.

241009-0098

14 사물함의 번호를 순서대로 써넣으려고 합니다. 하윤이와 민혁이의 사물함 번호를 써 보세요.

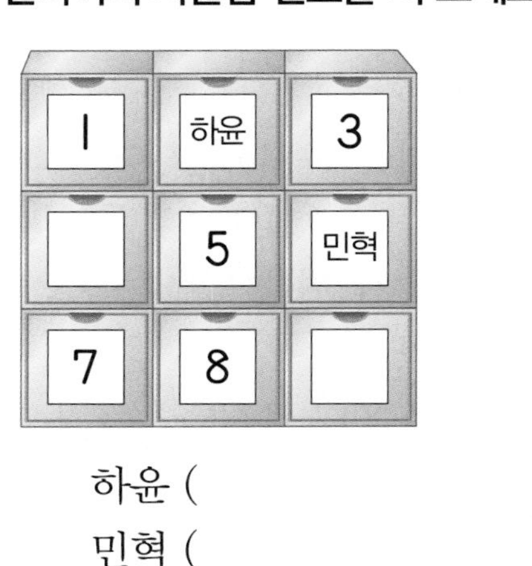

하윤 (　　　　　　)

민혁 (　　　　　　)

241009-0099

중요

빈 곳에 알맞은 수를 써넣으세요.

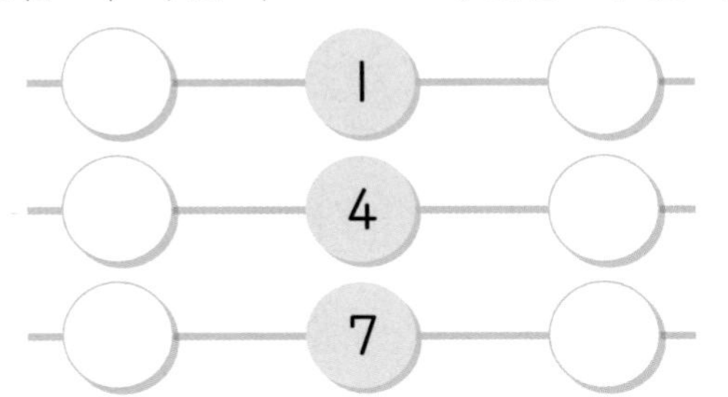

241009-0100

16 **알맞게 이어 보세요.**

●●●●●●● ·　　　　· 

넷 ·　　　　· 

5 ·　　　　· 

 ·　　　　· 

241009-0101

서술형

두 번째로 큰 수를 구해 보세요.

6	5	3	8

풀이

(1) 작은 수부터 순서대로 쓰면 3, (　　　), (　　　), (　　　)입니다.

(2) 수가 뒤에 있을수록 큰 수이므로 가장 큰 수는 (　　　)입니다.

(3) 두 번째로 큰 수는 가장 큰 수 앞에 있는 (　　　)입니다.

답 ____________

241009-0102

18 **접시에 놓인 배 5개를 남김없이 모두 나누어 먹었습니다. 남은 배는 몇 개일까요?**

(　　　　　　)

241009-0103

19 도전

보기와 같이 빈칸에 알맞은 수를 쓰고, 더 큰 수에 ○표 하세요.

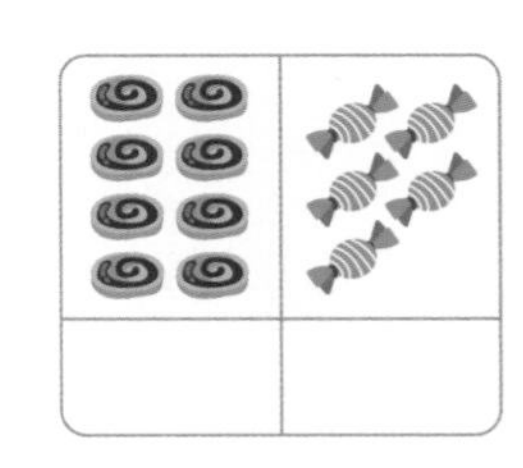

241009-0104

20 서술형

다음 수 카드 중에서 6보다 큰 수가 적혀 있는 수 카드는 모두 몇 장일까요?

9	2	6	3	7	8

풀이

(1) 수 카드의 수를 작은 수부터 순서대로 쓰면 2, (　　　), (　　　), (　　　), (　　　), 9입니다.

(2) 6보다 큰 수는 6보다 뒤에 있는 수이므로 (　　　), (　　　), (　　　)입니다.

(3) 따라서 6보다 큰 수가 적혀 있는 수 카드는 모두 (　　　)장입니다.

답 ____________

정답과 풀이 19쪽

241009-0105

01 알맞은 수에 ○표 하고 이어 보세요.

	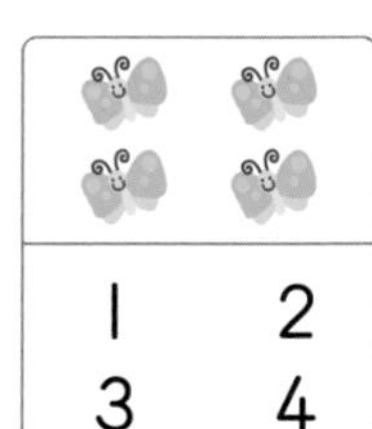	
1 2 3 4	1 2 3 4	1 2 3 4
•	•	•
•	•	•
하나(일)	셋(삼)	넷(사)

241009-0106

02 수만큼 색칠해 보세요.

우유 5개

241009-0107

03 수를 세어 써 보세요.

241009-0108

04 먹은 사과의 수를 써 보세요.

   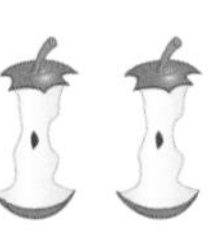

(　　　　　　　　)

241009-0109

05 중요 민지는 ☆를 그리고 유정이는 ♡를 종이에 그렸습니다. 민지가 그린 ☆의 수와 관계있는 것을 모두 찾아 ○표 하세요.

☆ ☆ ♡ ☆ ☆ ☆ ♡ ♡ ☆ ♡ ☆ ♡

칠　여덟　9　구　7　8　일곱

241009-0110

06 준희는 동생보다 한 살이 많습니다. 동생의 나이가 5살이라고 할 때 준희의 나이만큼 꽃을 초에 ○표 하세요.

 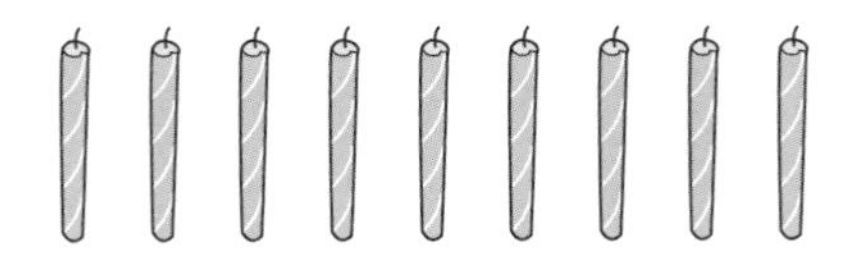

241009-0111

07 과일은 모두 몇 개일까요?

(　　　　　　　　)

1 단원

241009-0112

08 왼쪽의 수만큼 묶고, 묶지 않은 복숭아의 수를 세어 빈칸에 써넣으세요.

241009-0113

09 뒤에서 다섯째로 달리고 있는 동물에 ○표 하세요.

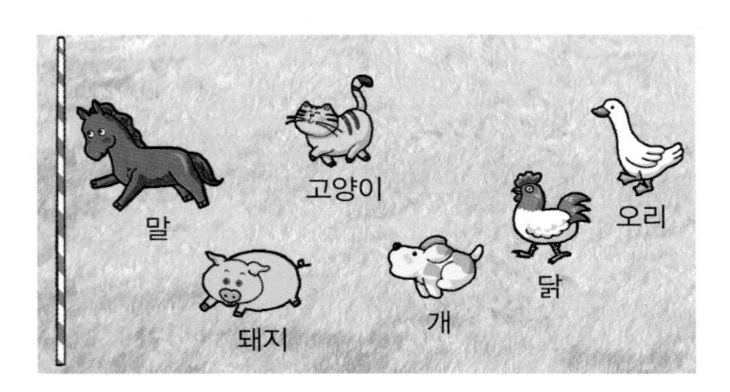

241009-0114

10 (중요) □ 안에 알맞은 수를 써넣으세요.

6
5
2
1
7
4
9

(1) 아래에서 둘째에 있는 수는 □입니다.

(2) 위에서 셋째에 있는 수는 □입니다.

(3) 위에서 세었을 때와 아래에서 세었을 때 순서가 같은 수는 □입니다.

241009-0115

11 놀이공원 매표소 앞에서 사람들이 줄을 서 있습니다. 지우는 앞에서 셋째, 뒤에서 셋째에 서 있습니다. 줄을 서 있는 사람은 모두 몇 명일까요?

( )

241009-0116

12 순서를 거꾸로 하여 수를 써 보세요.

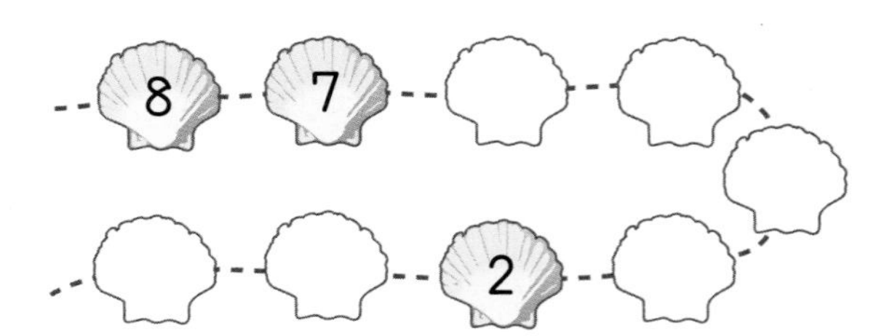

241009-0117

13 큰 수부터 순서대로 쓸 때, 두 번째로 쓰는 수를 써 보세요.

4 6 3 8 1 7

( )

241009-0118

14 다음은 진서네 현관문의 비밀번호입니다. 비밀번호를 찾아 빈칸에 써넣으세요.

첫째로 누를 수: 3보다 1만큼 더 큰 수
넷째로 누를 수: 8보다 1만큼 더 작은 수

첫째	둘째	셋째	넷째
	8	3	

정답과 풀이 19쪽

241009-0119

15 수의 크기를 잘못 비교한 사람은 누구일까요?

> 유진: 5는 1보다 큽니다.
> 정현: 6은 9보다 작습니다.
> 민수: 4는 7보다 큽니다.

( )

241009-0120

16 승객 9명이 버스를 타고 가다가 첫 번째 정류장에서 5명이 내리고, 두 번째 정류장에서 4명이 내렸습니다. 지금 버스에 타고 있는 승객은 몇 명일까요?

( )

241009-0121

17 서술형

어떤 수보다 1만큼 더 큰 수는 4입니다. 어떤 수보다 1만큼 더 작은 수는 얼마인지 구해 보세요.

풀이

(1) 어떤 수보다 1만큼 더 큰 수가 4이므로 어떤 수는 4보다 ( )만큼 더 작은 수입니다.

(2) 어떤 수는 ( )입니다.

(3) 따라서 어떤 수인 ( )보다 1만큼 더 작은 수는 ( )입니다.

답 ________

241009-0122

18 하준이와 현서는 색종이로 배를 접고 있습니다. 하준이는 5개, 현서는 4개 접었다면 누가 배를 더 많이 접었을까요?

( )

241009-0123

19 서술형

다른 수를 말하고 있는 사람은 누구인지 써 보세요.

4보다 1만큼 더 큰 수예요.	7보다 1만큼 더 작은 수예요.	6보다 1만큼 더 작은 수예요.

풀이

(1) 4보다 1만큼 더 큰 수는 ( )입니다.

(2) 7보다 1만큼 더 작은 수는 ( )입니다.

(3) 6보다 1만큼 더 작은 수는 ( )입니다.

(4) 따라서 다른 수를 말하고 있는 사람은 ( )입니다.

답 ________

241009-0124

20 도전

서준이가 설명하는 수를 써 보세요.

- 2보다 크고 6보다 작은 수예요.
- 3보다 1만큼 더 큰 수보다 커요.

( )

1 단원

2 여러 가지 모양

단원 학습 목표

1. 일상생활에서 [상자 모양], [원기둥 모양], [공 모양] 모양을 찾고 같은 모양끼리 모을 수 있습니다.
2. 상자에 있는 물건을 만지면서 [상자 모양], [원기둥 모양], [공 모양] 모양의 특징을 설명할 수 있습니다.
3. [상자 모양], [원기둥 모양], [공 모양] 모양의 물건을 쌓아보고 굴려보며 특징을 설명할 수 있습니다.
4. [상자 모양], [원기둥 모양], [공 모양] 모양의 특징을 알고 여러 가지 모양을 만들 수 있습니다.

단원 진도 체크

학습일	학습 내용	진도 체크
1일째 월 일	개념 1 여러 가지 모양을 찾아볼까요 개념 2 여러 가지 모양을 알아볼까요 개념 3 여러 가지 모양으로 만들어 볼까요	✓
2일째 월 일	교과서 넘어 보기 + 교과서 속 응용 문제	✓
3일째 월 일	응용 1 같은 모양끼리 모으기 응용 2 모양의 특징 설명하기	✓
4일째 월 일	응용 3 사용한 모양과 개수 알기 응용 4 사용한 모양의 수 비교하기	✓
5일째 월 일	단원 평가 LEVEL ❶	✓
6일째 월 일	단원 평가 LEVEL ❷	✓

이 단원을 진도 체크에 맞춰 6일 동안 학습해 보세요.
해당 부분을 공부하고 나서 ✓표를 하세요.

준서는 물건을 사러 마트에 왔어요. 마트에는 , , 모양의 물건이 많네요.

모양의 과자도 있고, 모양의 음료수도 쌓여 있어요. 모양의 사탕은 바구니에 담겨져 있네요. , , 모양의 물건을 더 찾아볼까요?

이번 2단원에서는 , , 모양을 알아보고 , , 모양을 이용하여 여러 가지 모양을 만들어 볼 거예요.

개념 1 여러 가지 모양을 찾아볼까요

• ▢, ▢, ○ 모양 찾기

● 같은 모양 찾기
같은 모양을 찾을 때에는 색깔, 크기는 달라도 모양이 같으면 같은 모양이라고 할 수 있습니다.

241009-0125

01 왼쪽과 같은 모양을 찾아 ○표 하세요.

(1)

( ) ( )

(2)

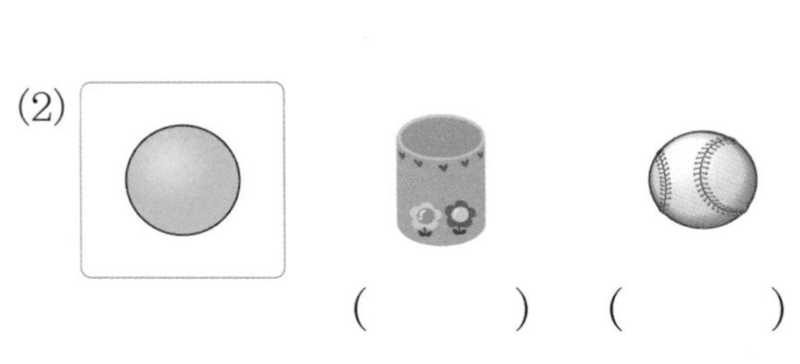

( ) ( )

(3)

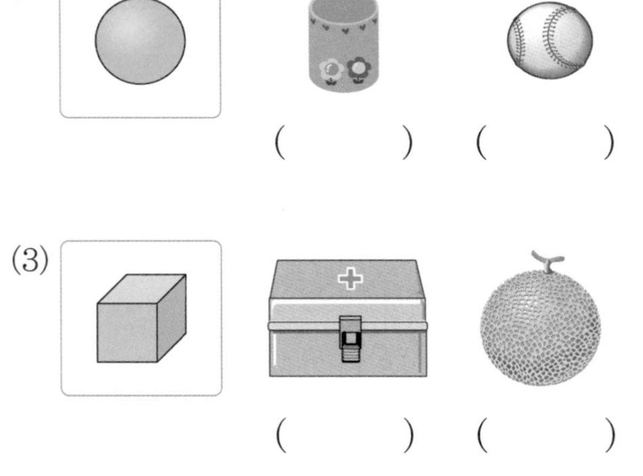

( ) ( )

241009-0126

02 같은 모양끼리 이어 보세요.

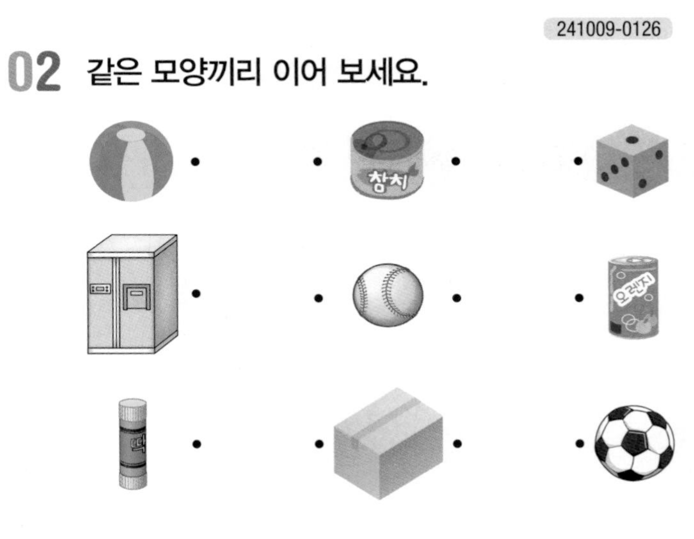

241009-0127

03 모양이 다른 물건을 찾아 ○표 하세요.

( ) ( ) ( ) ( )

개념 2 여러 가지 모양을 알아볼까요

(1) □, ▯, ○ 모양을 만져보고 쌓아보고 굴려보기

(2) □, ▯, ○ 모양 알아보기

모양	□	▯	○
만져보기	평평한 부분과 뾰족한 부분이 있습니다.	평평한 부분과 둥근 부분이 있습니다.	전체가 둥급니다.
쌓아보기	잘 쌓을 수 있습니다.	세우면 쌓을 수 있습니다.	쌓을 수 없습니다.
굴려보기	잘 굴러가지 않습니다.	눕혀서 굴리면 잘 굴러갑니다.	여러 방향으로 잘 굴러갑니다.

● 모양 알아맞히기

- 뾰족한 부분이 보이므로 □ 모양입니다.
- 평평한 부분과 둥근 부분이 보이므로 ▯ 모양입니다.
- 둥근 부분만 보이므로 ○ 모양입니다.

241009-0128

04 비밀 상자 속에 있는 물건에 ○표 하세요.

(1)

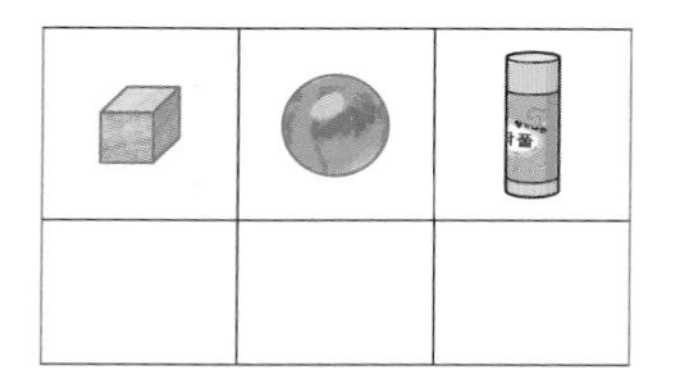

(2)

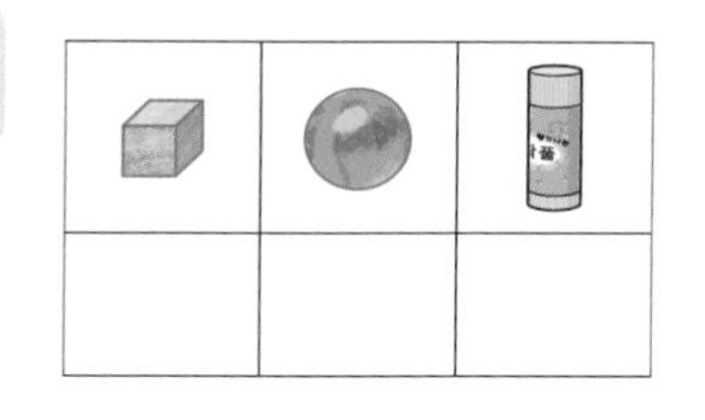

241009-0129

05 잘 굴러가는 모양에 모두 ○표 하세요.

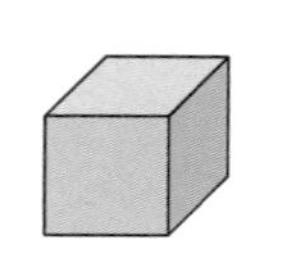 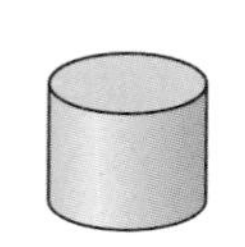 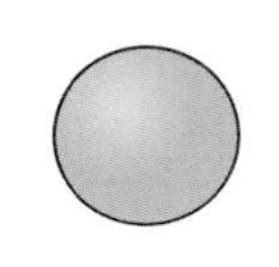

( ) ( ) ( )

241009-0130

06 쌓을 수 있는 모양에 모두 ○표 하세요.

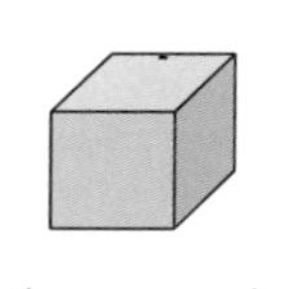 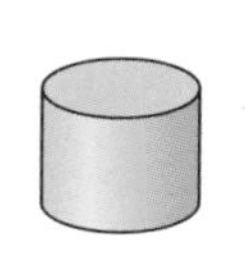 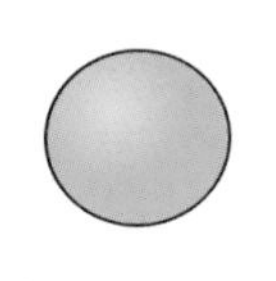

( ) ( ) ( )

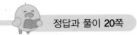

여러 가지 모양으로 만들어 볼까요

• , , 모양으로 만들기

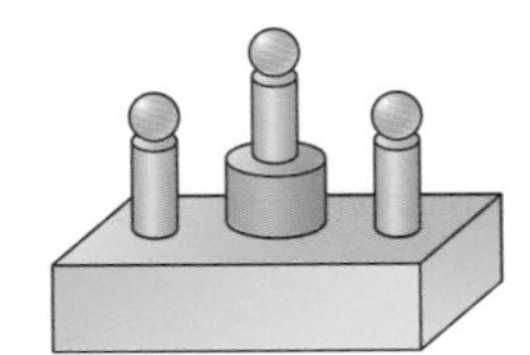

, , 모양으로 만들었습니다.

모양 1개, 모양 4개, 모양 3개를 이용하였습니다.

• , , 모양의 특징

모양: 잘 쌓을 수 있습니다.

모양: 쌓을 수 있고, 한쪽 방향으로 굴러갑니다.

모양: 쌓을 수 없고, 굴러갑니다.

241009-0131

07 사용한 모양을 모두 찾아 ○표 하세요.

(1)

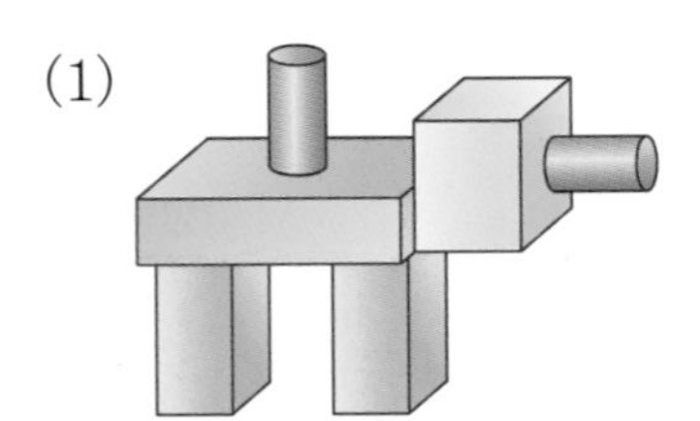

(, ,)

(2)

(, ,)

(3)

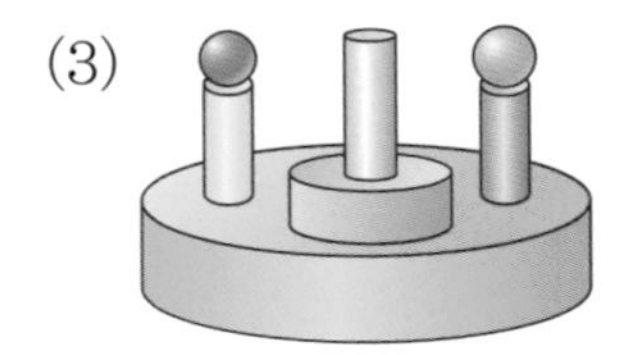

(, ,)

241009-0132

08 , , 모양을 각각 몇 개 사용했는지 세어 보세요.

(1)

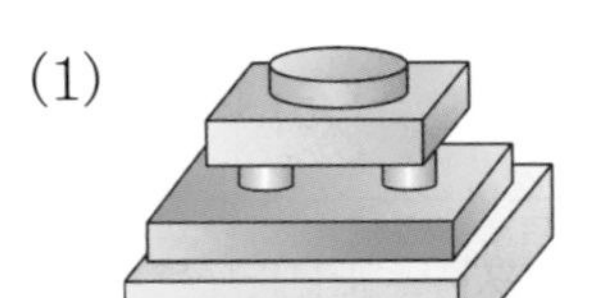

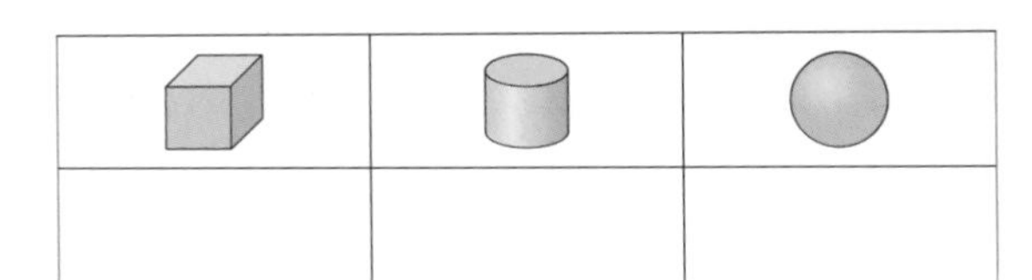

(2)

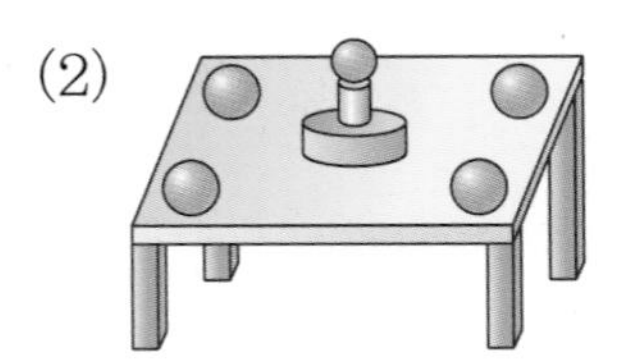

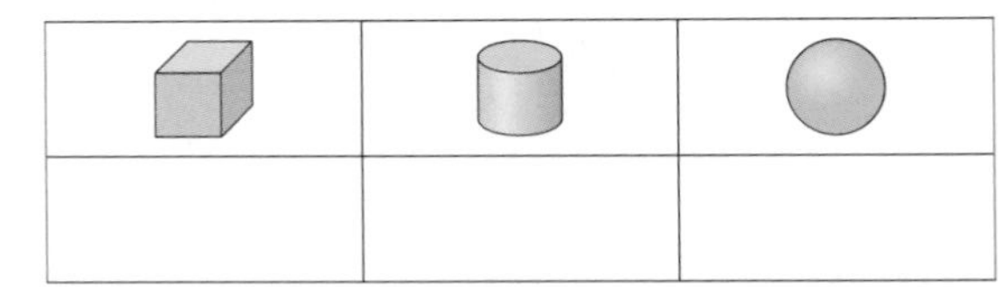

(3)

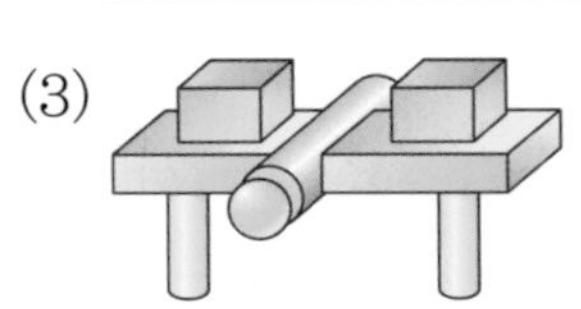

241009-0133

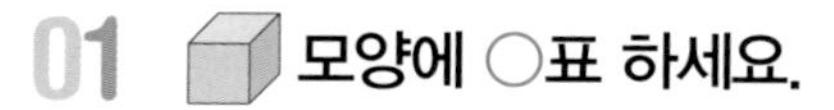
01 모양에 ○표 하세요.

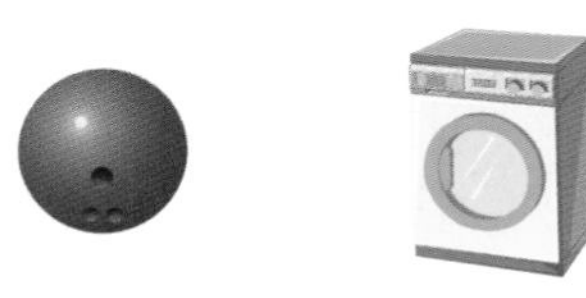

(　　　) (　　　) (　　　)

241009-0134

02 모양에 ○표 하세요.

(　　　) (　　　) (　　　)

241009-0135

03 모양에 ○표 하세요.

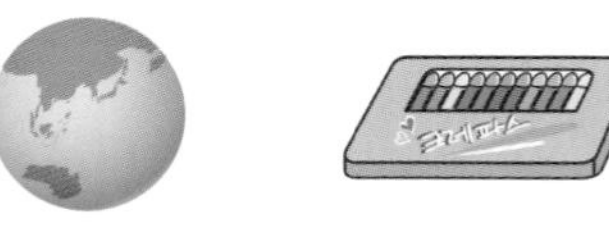
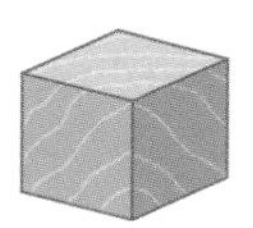

(　　　) (　　　) (　　　)

241009-0136

04 축구공과 같은 모양의 물건을 찾아 ○표 하세요.

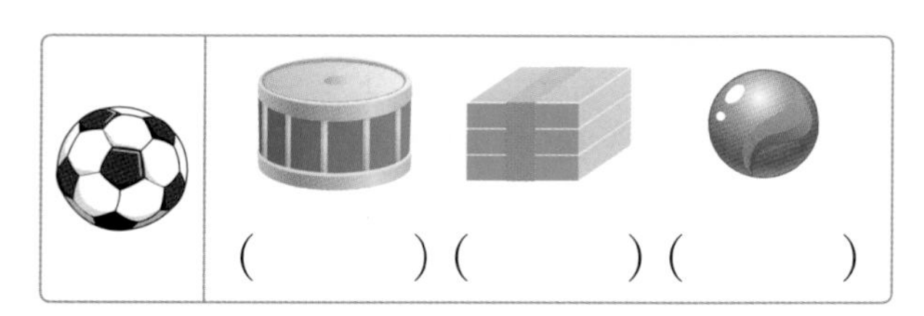

(　　　) (　　　) (　　　)

241009-0137

05 같은 모양끼리 모은 사람은 누구일까요?

(　　　　　　)

241009-0138

06 같은 모양끼리 이어 보세요.

중요

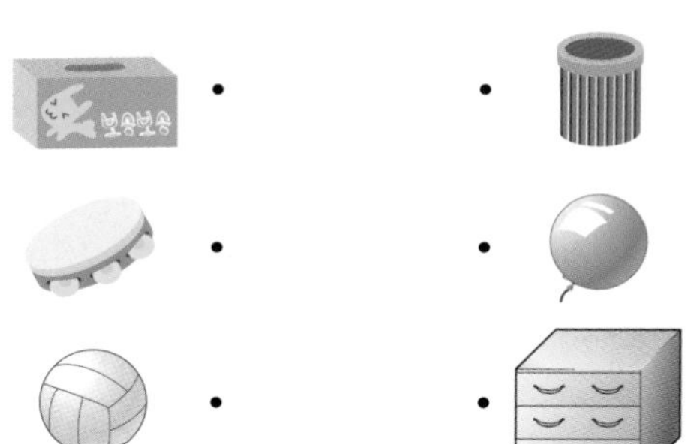

241009-0139

07 풀과 같은 모양의 물건을 모두 찾아 ○표 하세요.

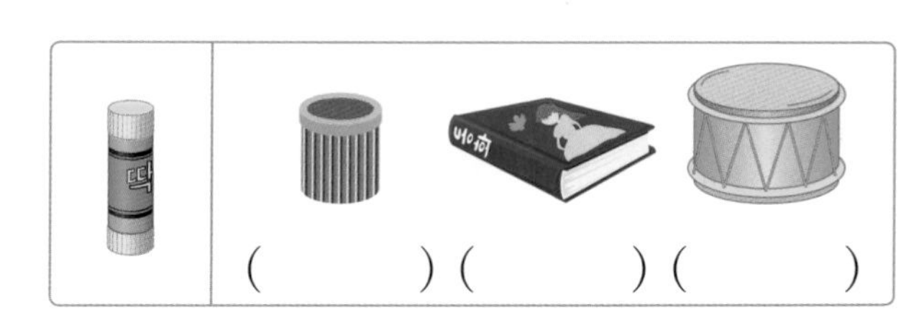

(　　　) (　　　) (　　　)

2 단원

241009-0140

08 태훈이가 모은 모양에 ○표 하세요.

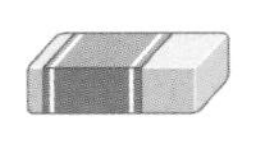 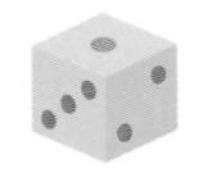 

(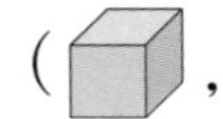, , )

241009-0141

09 서로 같은 모양을 모은 사람은 누구일까요?

정민 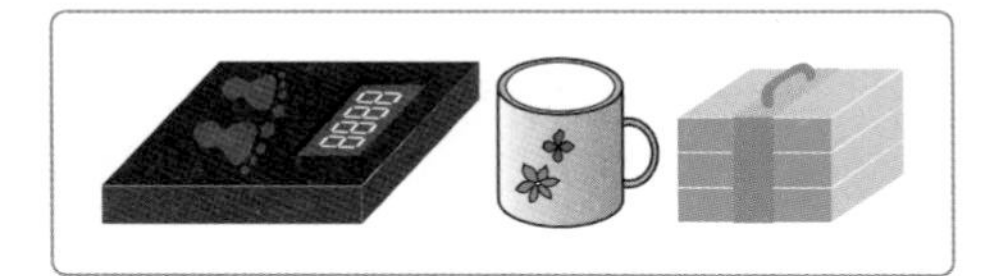

준석   

( )

241009-0142

10 식탁 위의 물건들 중 □ 모양에 □표, ▯ 모양에 △표, ○ 모양에 ○표 하세요.

241009-0143

11 비밀 상자 속의 물건을 만져보고 설명한 것입니다. 알맞은 모양에 ○표 하세요.

평평한 부분이 있습니다.
둥근 부분이 있습니다.

(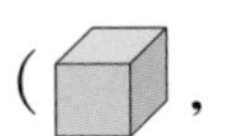, , 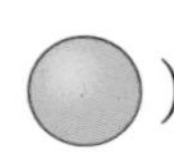)

241009-0144

12 비밀 상자 속에 있는 물건의 일부분을 나타낸 것입니다. 물건에 알맞은 모양을 이어 보세요.

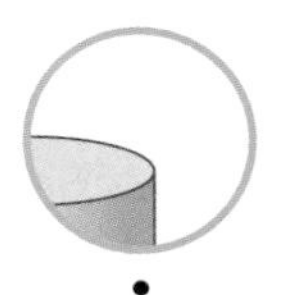  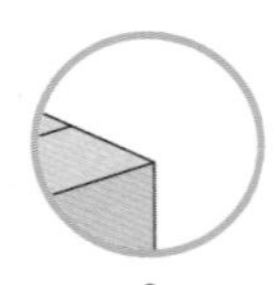

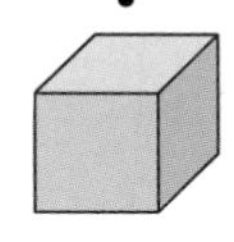 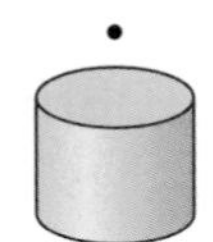 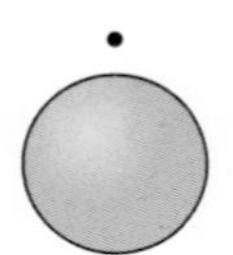

241009-0145

13 비밀 상자 속에 숨겨진 모양은 ○입니다. 바르게 설명한 사람은 누구일까요?

지환: 뾰족한 부분이 있어.
주원: 전체가 둥글어.
석원: 쌓을 수 있어.

( )

241009-0146

14 쌓을 수 있는 물건에 모두 ○표 하세요.

( ) ( ) ( )

241009-0147

15 잘 굴러가지 않는 물건에 ○표 하세요.

( ) ( ) ( )

241009-0148

16 쌓을 수 있고 잘 굴러가는 물건에 ○표 하세요.

( ) ( ) ( )

241009-0149

17 여러 가지 모양으로 놀이를 할 때 쌓기 어려운 물건에 ○표 하세요.

( ) ( ) ( )

( ) ( ) ( )

241009-0150

18 알맞은 것끼리 이어 보세요.

 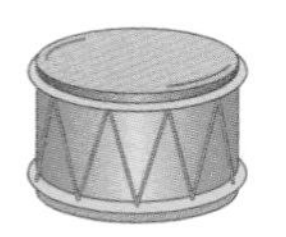 

• • •

• • •

잘 굴러가서 쌓을 수 없어요.	굴러가지만 쌓을 수 있어요.	잘 굴러가지 않고 쌓을 수 있어요.

241009-0151

19 그림의 상황을 보고 어떤 일이 생길지 바르게 말한 사람을 써 보세요.

지원: 굴러가지 않아서 축구를 할 수 없어요.
재희: 재미있게 축구를 할 수 있어요.

( )

241009-0152

20 사용한 모양을 모두 찾아 ○표 하세요.

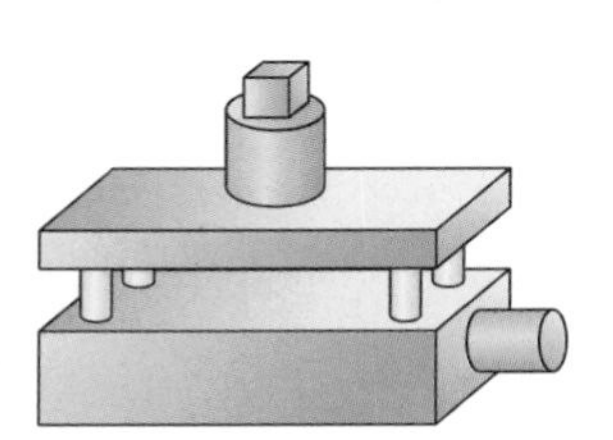

(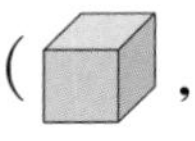, , )

2 단원

241009-0153

21 모양과 모양을 사용하여 만든 것에 ○표 하세요.

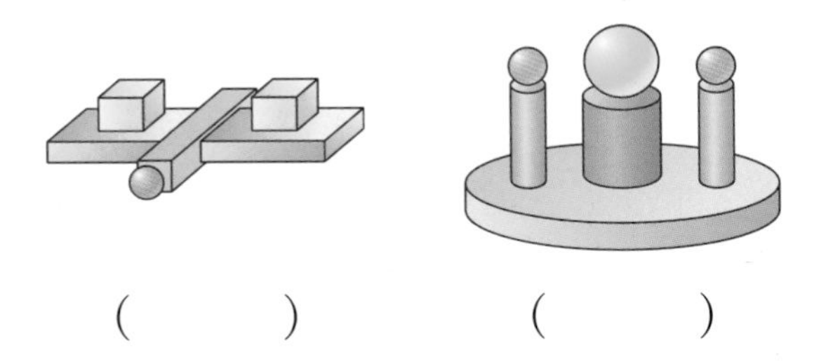

( )　　( )

241009-0154

22 , , 모양을 모두 사용하여 만든 모양을 찾아 기호를 써 보세요.

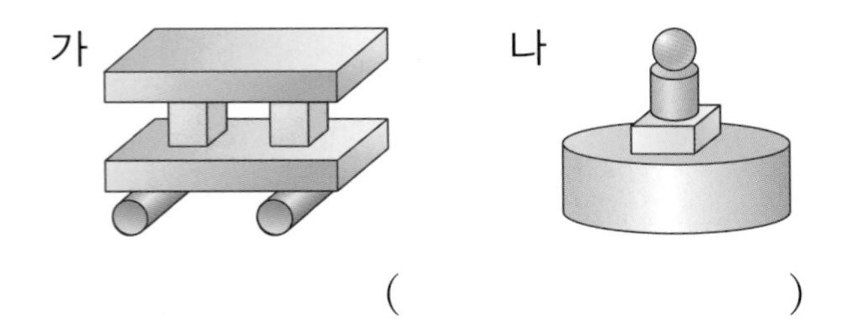

( )

241009-0155

23 도전 , , 모양 중 가장 많이 사용한 모양을 찾아 ○표 하세요.

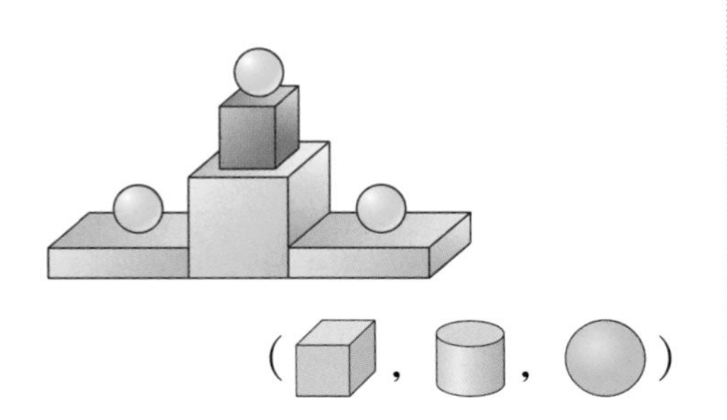

(, ,)

241009-0156

24 중요 , , 모양을 각각 몇 개 사용했는지 세어 보세요.

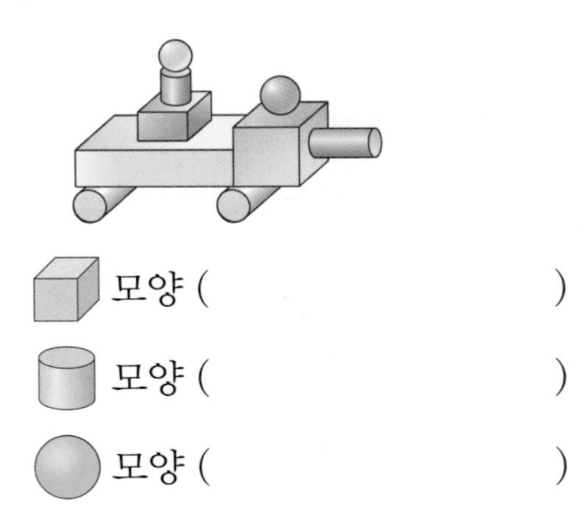

모양 ( )

모양 ( )

모양 ( )

241009-0157

25 주어진 모양을 모두 사용하여 만든 모양을 찾아 이어 보세요.

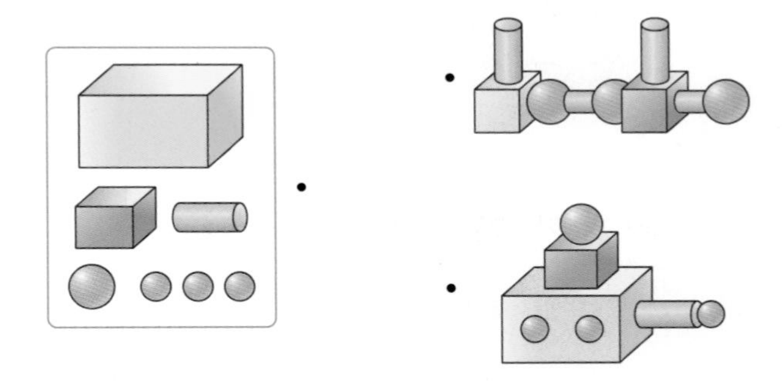

241009-0158

26 서로 다른 부분을 모두 찾아 ○표 하세요.

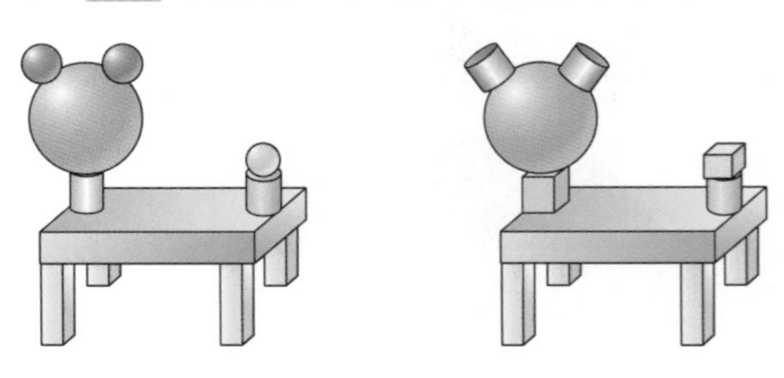

정답과 풀이 21쪽

같은 모양 찾기

모양: 평평한 부분과 뾰족한 부분이 있습니다.

모양: 평평한 부분과 둥근 부분이 있습니다.

모양: 둥근 부분만 있습니다.

241009-0159

27 블록 놀이를 하고 있습니다. 블록과 같은 모양을 모두 골라 ○표 하세요.

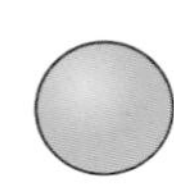

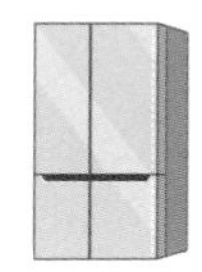

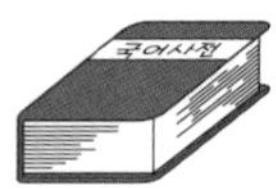

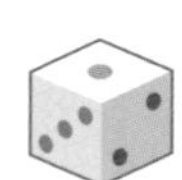

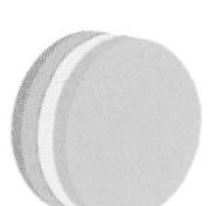

241009-0160

28 위 27의 그림에서 사용한 블록과 같은 모양을 따라 길을 가면 어디에 도착할까요?

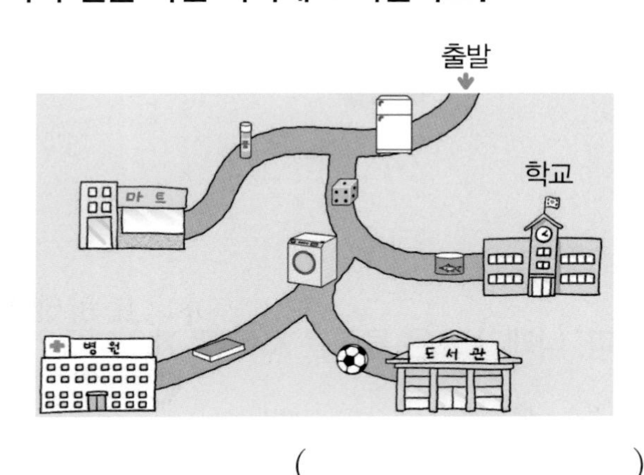

(　　　　　　　　)

사용한 , , 모양의 수를 세어 보기

, , 모양의 수를 셀 때는 빠뜨리거나 두 번 세지 않도록 모양별로 표시를 다르게 하면서 세어 봅니다.

241009-0161

29 만든 모양을 찾아 이어 보세요.

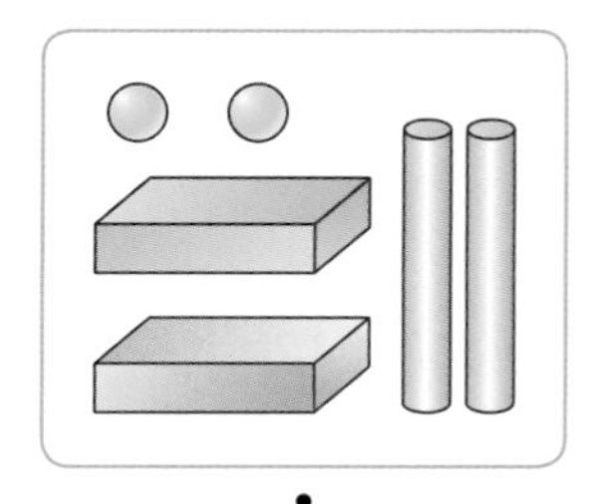

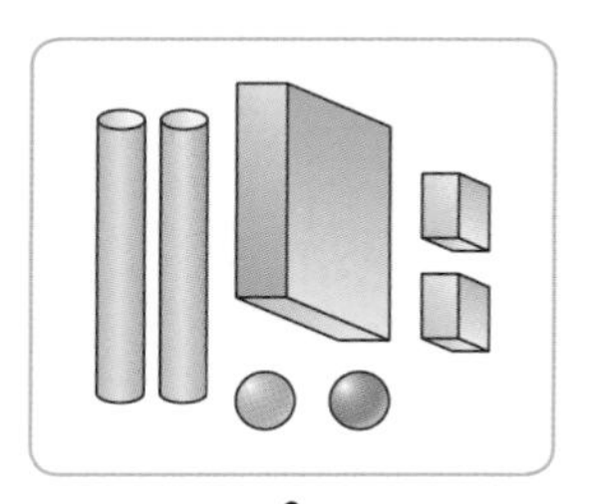

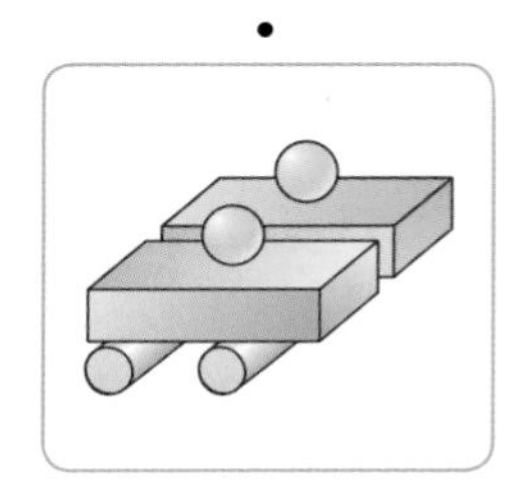

241009-0162

30 모양 4개, 모양 3개, 모양 3개를 사용하여 모양을 만든 사람은 누구일까요?

찬호

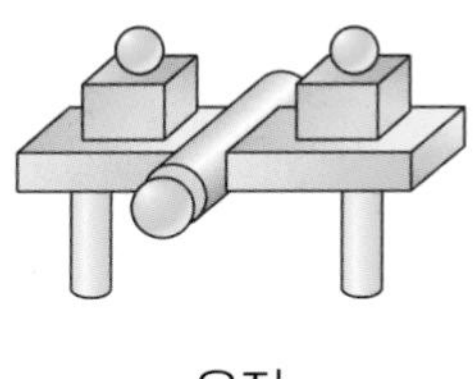
유진

(　　　　　　　　)

대표 응용 1

같은 모양끼리 모으기

희철이는 ◻ 모양과 같은 모양의 물건을 모으고 있습니다. 모두 찾아 기호를 써 보세요.

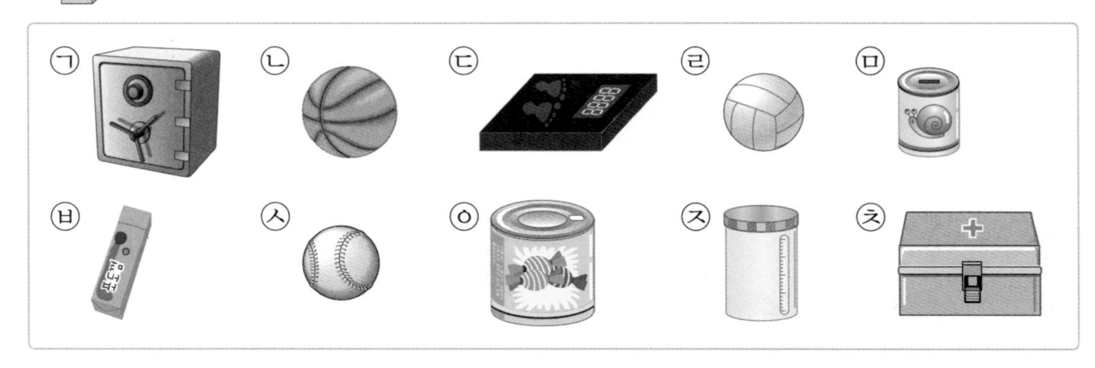

문제 스케치

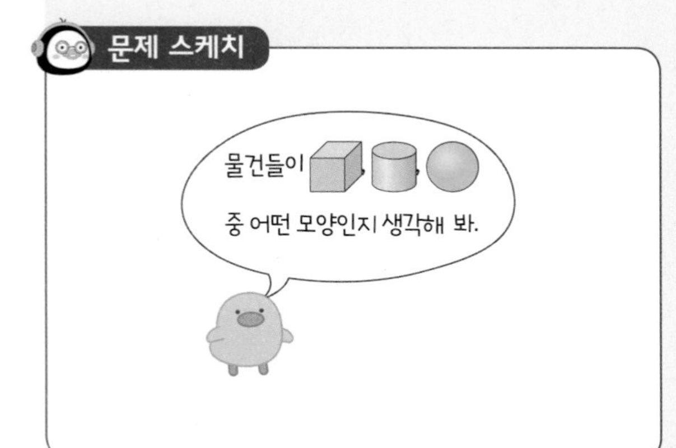

해결하기

색깔이나 크기는 달라도 모양이 같은 물건을 찾습니다. ◻ 모양은 뾰족한 부분이 있고 ◻와 ◯ 모양은 뾰족한 부분이 없습니다. 뾰족한 부분이 있는 물건을 찾아 기호로 쓰면 ☐, ☐, ☐, ☐ 입니다.

241009-0163

1-1 영아는 ◻ 모양과 같은 모양의 물건을 모으고 있습니다. 모두 찾아 기호를 써 보세요.

㉠  ㉡  ㉢  ㉣  ㉤ 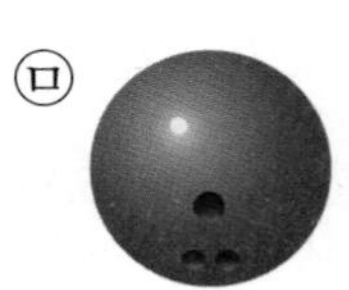 ㉥ 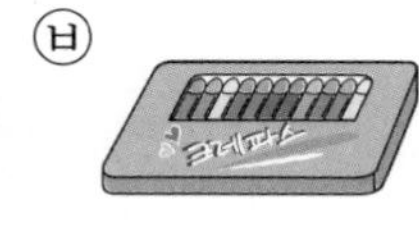

(　　　　　　　　)

241009-0164

1-2 나래는 ◯ 모양과 같은 모양의 물건을 모으고 있습니다. 나래가 모은 물건은 모두 몇 개일까요?

㉠ 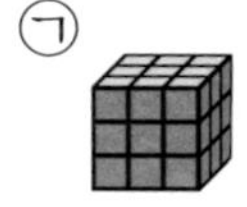 ㉡ 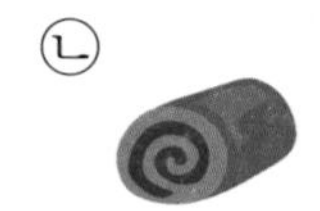 ㉢  ㉣  ㉤  ㉥ 

(　　　　　　　　)

대표 응용 2

모양의 특징 설명하기

모은 물건의 모양을 바르게 설명한 사람은 누구일까요?

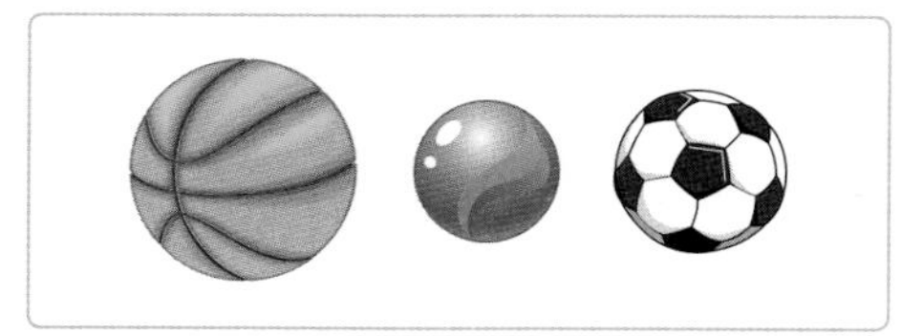

높이 쌓을 수 있어.

잘 굴러가.

하임

성민

문제 스케치

해결하기

□, □, ○ 모양 중 높이 쌓을 수 있는 모양은 (□, □, ○)이고, 잘 굴러가는 모양은 (□, □, ○)입니다. 모은 물건의 모양은 (□, □, ○) 모양으로 ○ 모양은 쌓을 수 없고 잘 굴러가는 모양입니다. 따라서 바르게 설명한 사람은 [   ] 입니다.

241009-0165

2-1 모은 물건의 모양을 바르게 설명한 사람은 누구일까요?

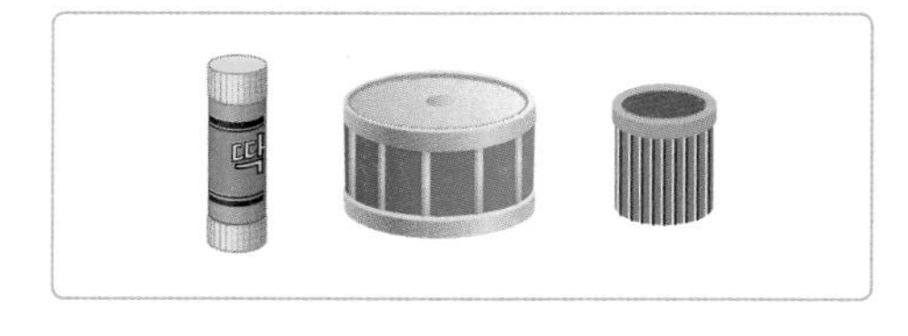

평평하고 뾰족한 부분이 있어.

눕히면 굴러가고 쌓을 수도 있어.

태훈

승현

(   )

241009-0166

2-2 모은 물건의 모양의 특징을 설명해 보세요.

설명

대표 응용 3

사용한 모양과 개수 알기

모양을 만드는 데 가장 많이 사용한 모양을 찾고 몇 개 사용하였는지 구해 보세요.

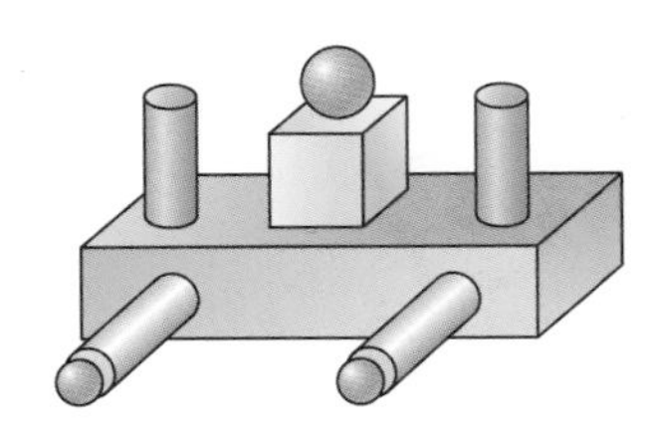

문제 스케치

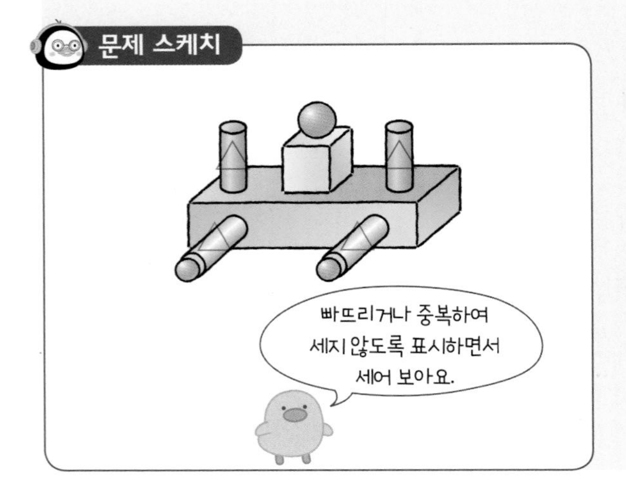

빠뜨리거나 중복하여
세지 않도록 표시하면서
세어 보아요.

해결하기

사용한 (□) 모양은 □개, (□) 모양은 □개, (○) 모양은 □개입니다.

따라서 가장 많이 사용한 모양은 (□ , □ , ○) 모양으로 □개입니다.

241009-0167

3-1 모양을 만드는 데 가장 많이 사용한 모양에 ○표 하고, 몇 개 사용하였는지 구해 보세요.

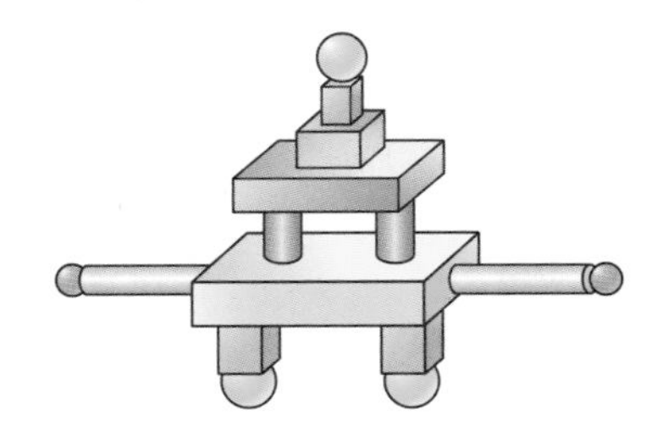

가장 많이 사용한 모양 (□ , □ , ○)

사용한 개수 (   )

241009-0168

3-2 모양을 만드는 데 가장 적게 사용한 모양에 ○표 하고, 몇 개 사용하였는지 구해 보세요.

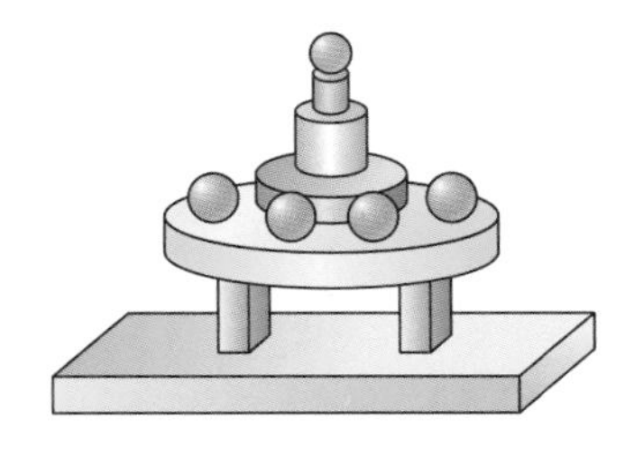

가장 적게 사용한 모양 (□ , □ , ○)

사용한 개수 (   )

대표 응용 4 사용한 모양의 수 비교하기

가장 많이 사용한 모양과 가장 적게 사용한 모양의 수를 세어 차를 구해 보세요.

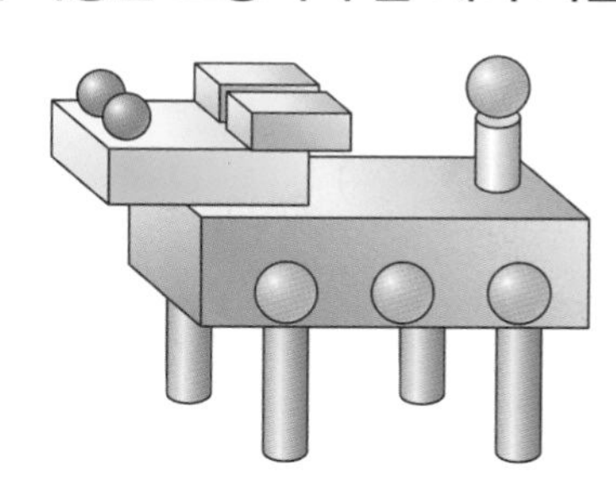

문제 스케치

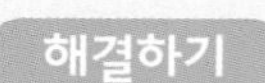
해결하기

사용한 모양은 □개이고, 모양은 □개이며, 모양은 □개입니다. 가장 많이 사용한 모양은 (, ,) 모양으로 □개이고, 가장 적게 사용한 모양은 (, ,) 모양으로 □개이므로 차를 구하면 □입니다.

241009-0169

4-1 오른쪽 모양을 만드는 데 가장 많이 사용한 모양과 가장 적게 사용한 모양의 수를 세어 차를 구해 보세요.

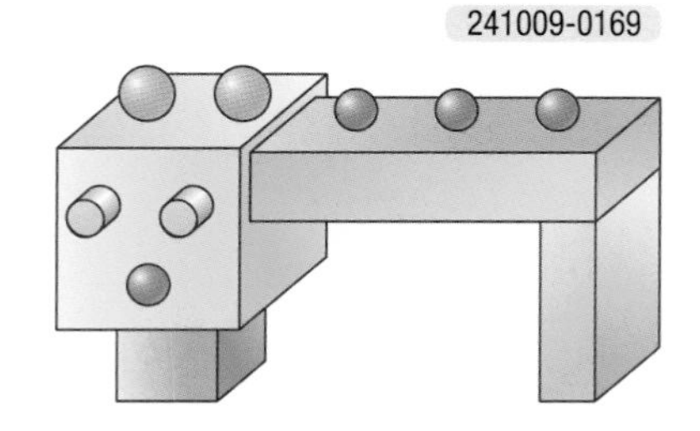

( )

241009-0170

4-2 오른쪽 모양을 만드는 데 가장 많이 사용한 모양과 두 번째로 많이 사용한 모양의 수를 세어 차를 구해 보세요.

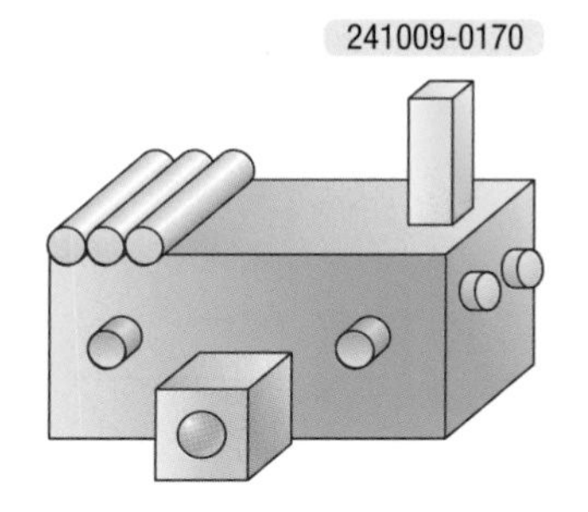

( )

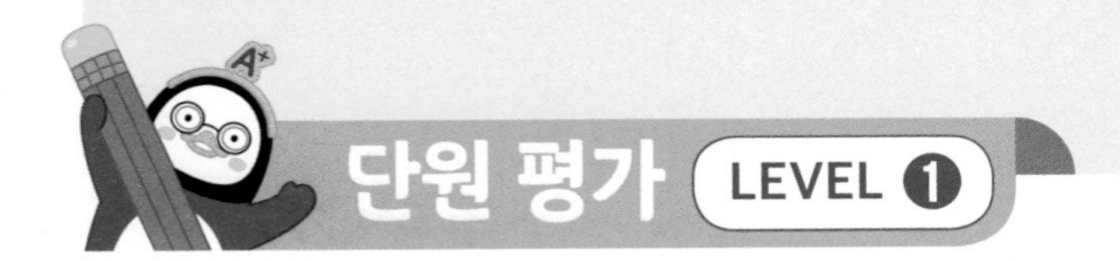

241009-0171

01 왼쪽과 같은 모양에 ○표 하세요.

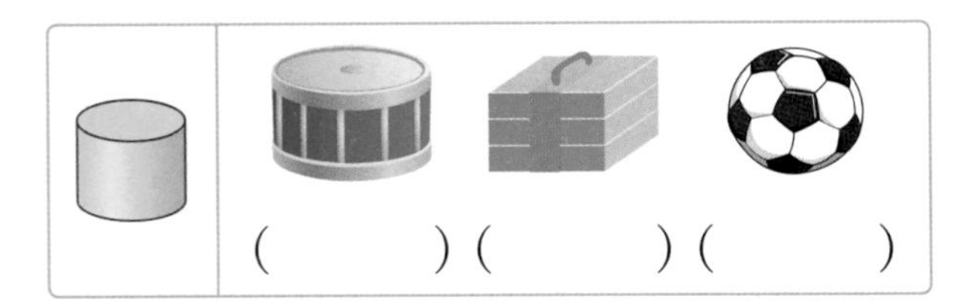

( ) ( ) ( )

241009-0172

02 와 같은 모양에 모두 ○표 하세요.

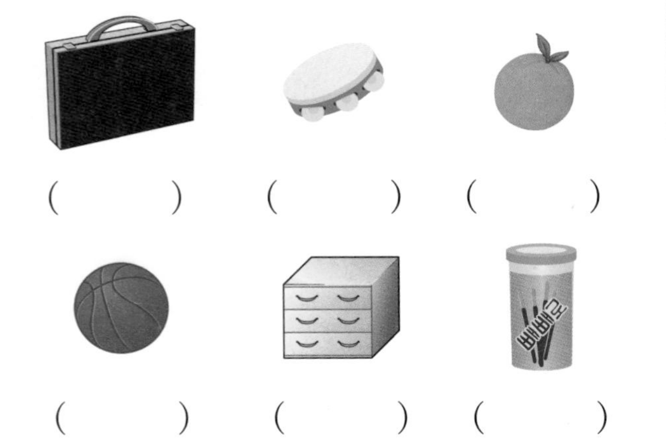

( ) ( ) ( )

( ) ( ) ( )

241009-0173

03 ◯은 모두 몇 개일까요?

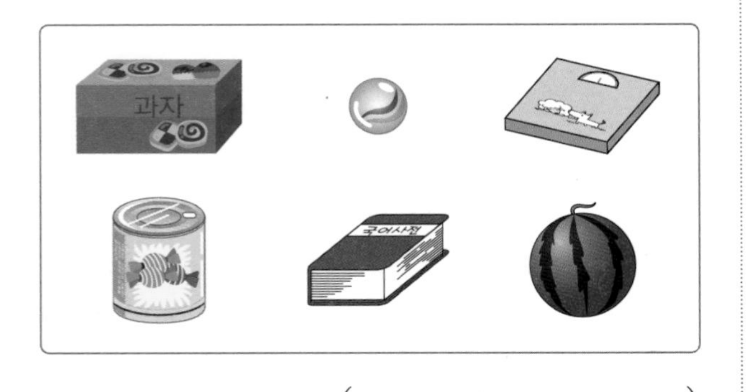

( )

241009-0174

04 중요 같은 모양을 찾아 이어 보세요.

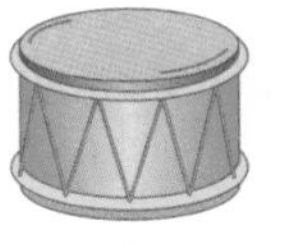

241009-0175

05 어떤 모양의 물건을 모아 놓은 것입니다. 알맞은 모양에 ○표 하세요.

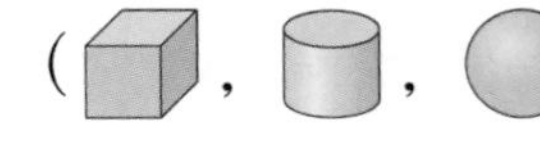

241009-0176

06 모양에 □표, 모양에 △표, 모양에 ○표 하세요.

( ) ( ) ( )

241009-0177

07 모양이 다른 하나에 ○표 하세요.

( ) ( ) ( )

241009-0178

08 비밀 상자 속에 들어 있는 모양에 ○표 하세요.

평평한 부분과 뾰족한 부분이 있어.

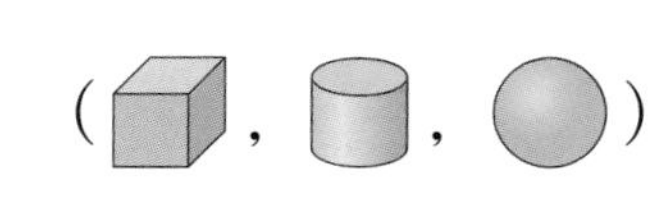

241009-0179

09 어떤 모양의 일부분인지 ○표 하세요.

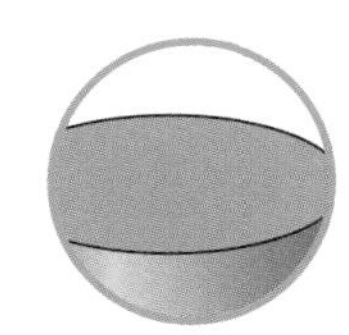

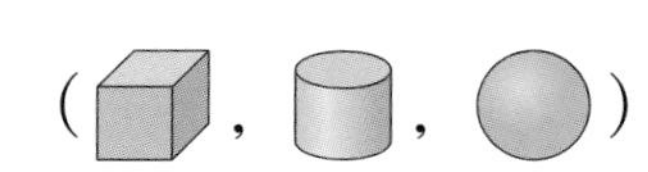

241009-0180

10 평평한 부분이 있어서 쌓을 수 있으며 잘 굴러가지 않는 물건은 모두 몇 개일까요?

서술형

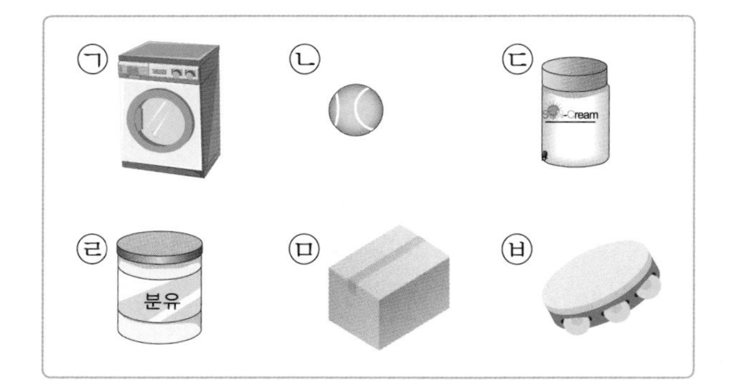

풀이

(1) ▢, ▢, ○ 모양 중 평평한 부분이 있어서 쌓을 수 있으며 잘 굴러가지 않는 것은 (　　　) 모양입니다.

(2) 평평한 부분이 있어서 쌓을 수 있으며 잘 굴러가지 않는 물건을 찾아 기호를 쓰면 (　　　), (　　　)입니다.

(3) 따라서 조건에 알맞은 물건은 모두 (　　　)개입니다.

답 

241009-0181

11 일부분의 모양을 보고 같은 모양의 물건을 이어 보세요.

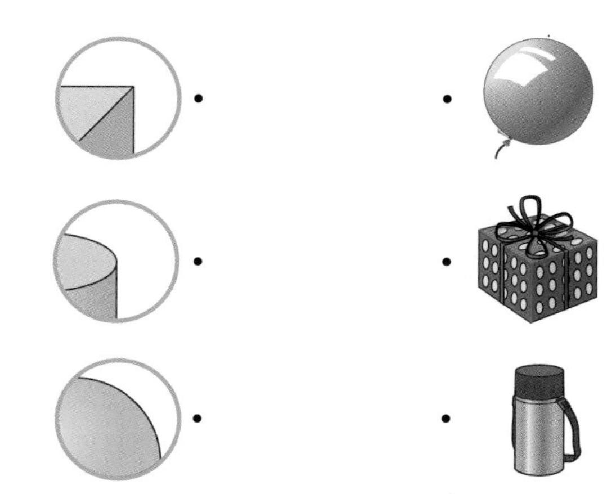

[12~14] 그림을 보고 물음에 답하세요.

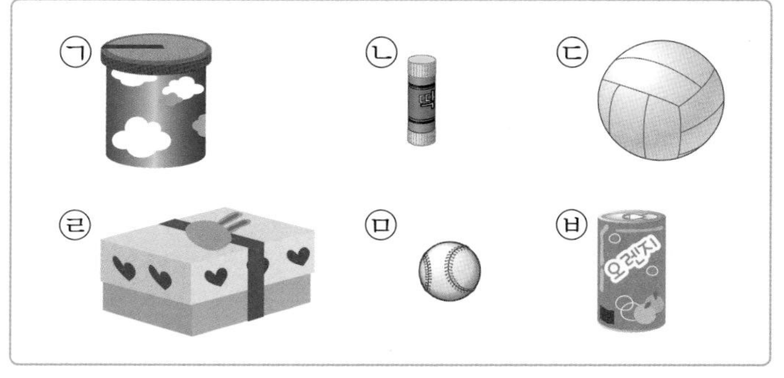

241009-0182

12 평평한 부분과 뾰족한 부분이 있는 물건을 찾아 기호를 써 보세요.

(　　　　　　　　)

241009-0183

13 어느 방향으로도 잘 굴러가는 물건을 모두 찾아 기호를 써 보세요.

(　　　　　　　　)

241009-0184

14 한쪽 방향으로만 잘 굴러가는 물건은 모두 몇 개일까요?

(　　　　　　　　)

2 단원

[15~16] 건우와 주형이가 만든 모양입니다. 물음에 답하세요.

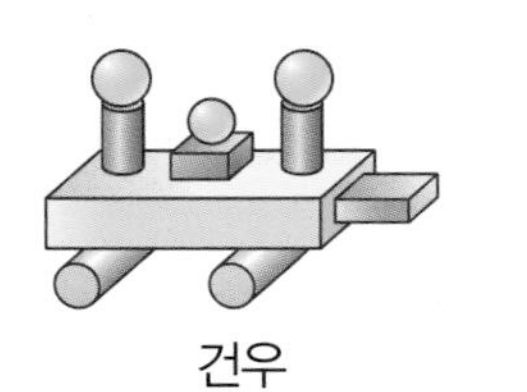
건우

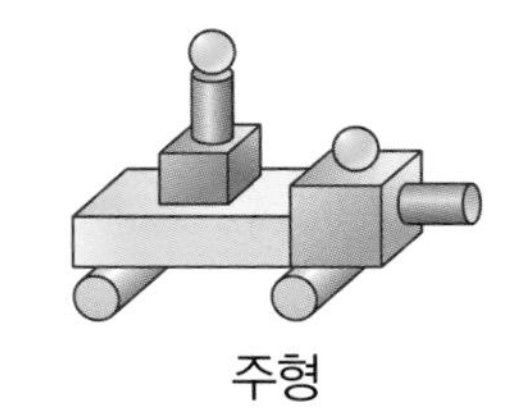
주형

241009-0185

15 모양 3개, 모양 4개, 모양 2개를 사용하여 만든 사람은 누구일까요?

( )

241009-0186

16 여러 방향으로 잘 굴러가는 모양을 더 많이 사용한 사람은 누구일까요?

( )

241009-0187

서술형

17 모양을 만드는 데 가장 많이 사용한 모양과 가장 적게 사용한 모양을 찾아 그 수의 차를 구해 보세요.

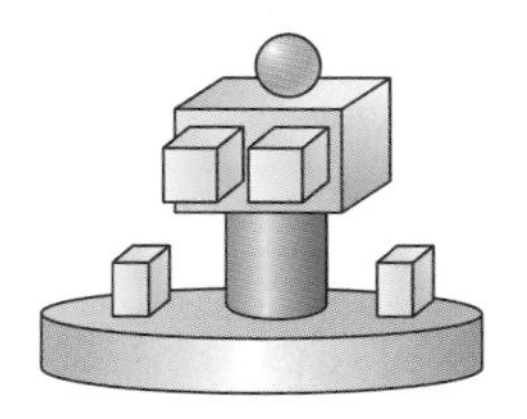

풀이

(1) , , 중 가장 많이 사용한 모양은 ( )모양으로 ( )개 사용했습니다.

(2) , , 중 가장 적게 사용한 모양은 ( )모양으로 ( )개 사용했습니다.

(3) 가장 많이 사용한 모양과 가장 적게 사용한 모양 수의 차는 ( )입니다.

답 ______________

241009-0188

18 주어진 모양을 사용하여 만든 모양을 이어 보세요.

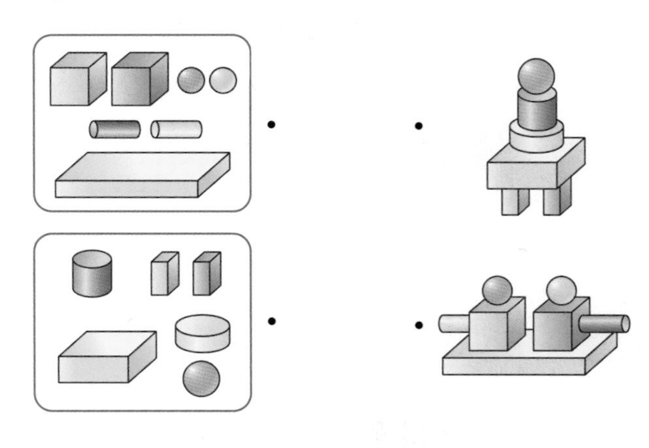

241009-0189

19 중요 , , 모양을 각각 몇 개씩 사용했는지 세어 보세요.

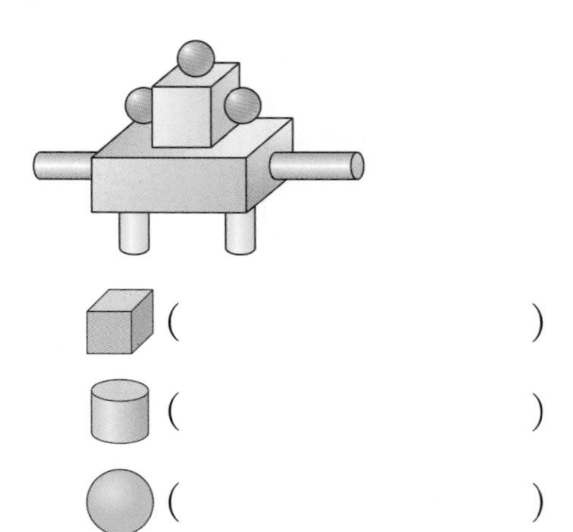

( )

( )

( )

241009-0190

20 도전 모양을 만드는 데 잘 굴러가지 않는 모양은 몇 개 사용했는지 구해 보세요.

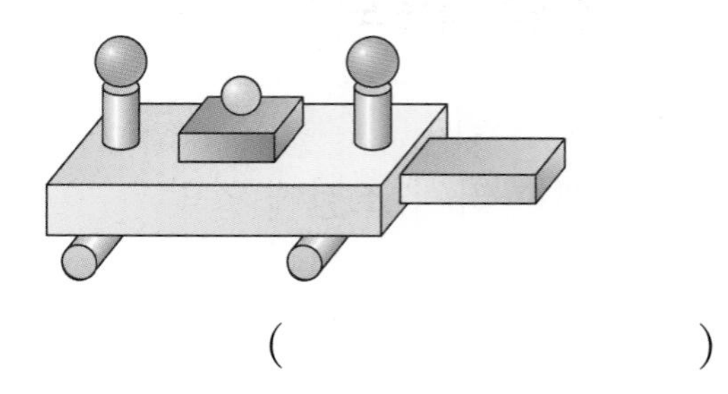

( )

단원 평가 LEVEL ❷

정답과 풀이 24쪽

[01~03] 물건의 모양을 보고 물음에 답하세요.

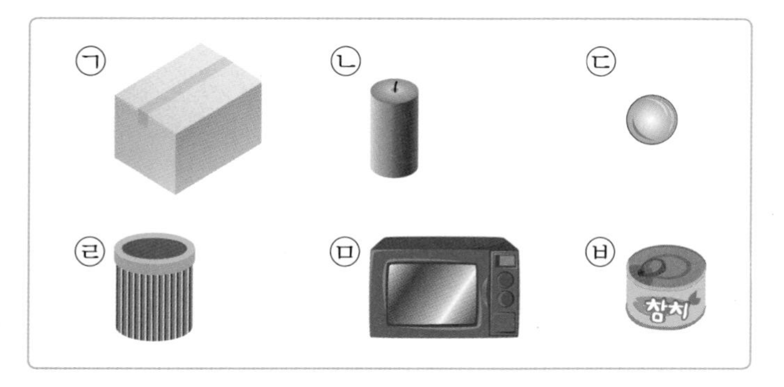

241009-0191

01 모양의 물건을 모두 찾아 기호를 써 보세요.

(　　　　　　　　　　)

241009-0192

02 모양의 물건은 모두 몇 개인가요?

(　　　　　　　　　　)

241009-0193

03 같은 모양끼리 모았을 때 가장 많은 모양에 ○표 하세요.

241009-0194

04 왼쪽과 같은 모양에 ○표 하세요.

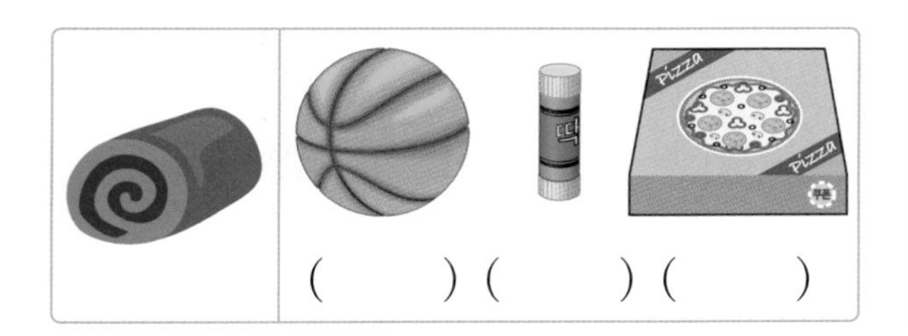

(　　)(　　)(　　)

241009-0195

05 같은 모양을 찾아 이어 보세요.

중요

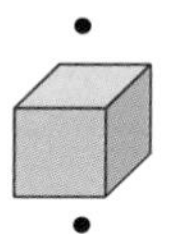
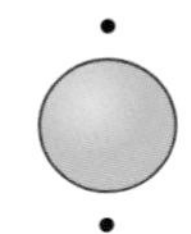
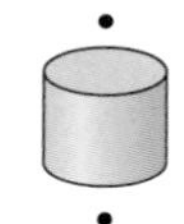

241009-0196

06 모양이 나머지와 다른 하나에 ○표 하세요.

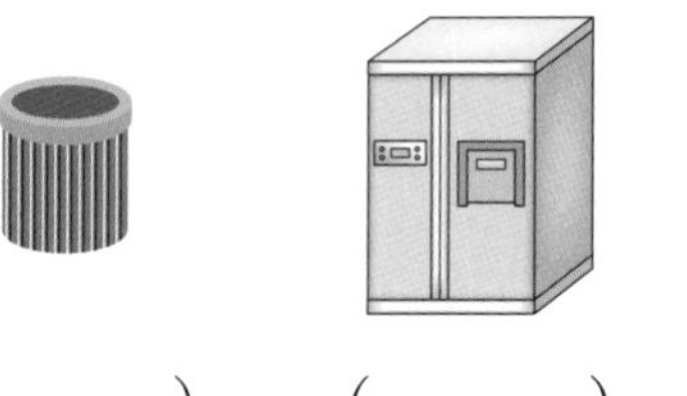

(　　)(　　)(　　)

241009-0197

07 서로 다른 모양을 모은 사람은 누구일까요?

지수

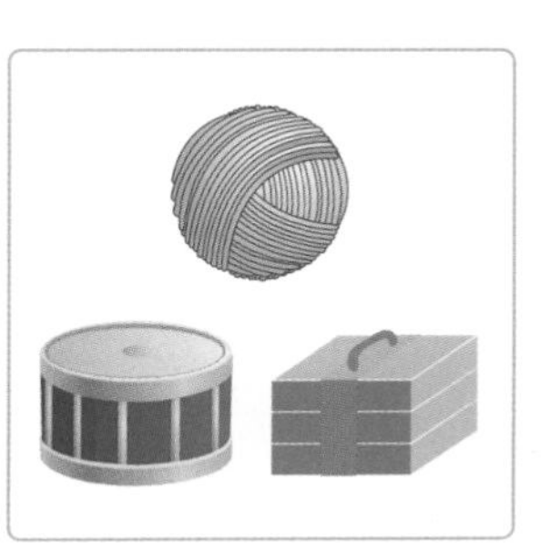

채은

(　　　　　　　　　　)

241009-0198

08 중요 **비밀 상자 속에 들어 있는 모양에 ○표 하세요.**

전체가 모두 둥글어.

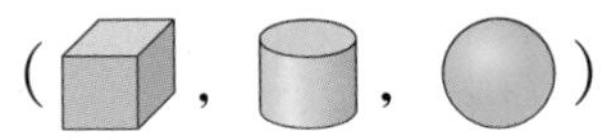 

241009-0199

09 **오른쪽 그림은 어떤 모양의 일부분입니다. 이 모양에 알맞은 물건을 찾아 ○표 하세요.**

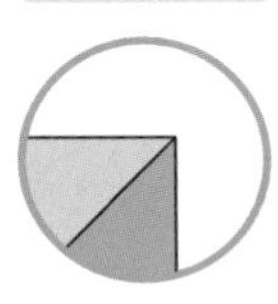

(　　) (　　) (　　)

241009-0200

10 **그림을 보고 모양의 특징을 바르게 말한 사람은 누구일까요?**

빛나: 눕혀서는 쌓을 수가 없어.
윤호: 모든 방향으로 쌓을 수 있어.

(　　　　　　)

[11~13] 그림을 보고 물음에 답하세요.

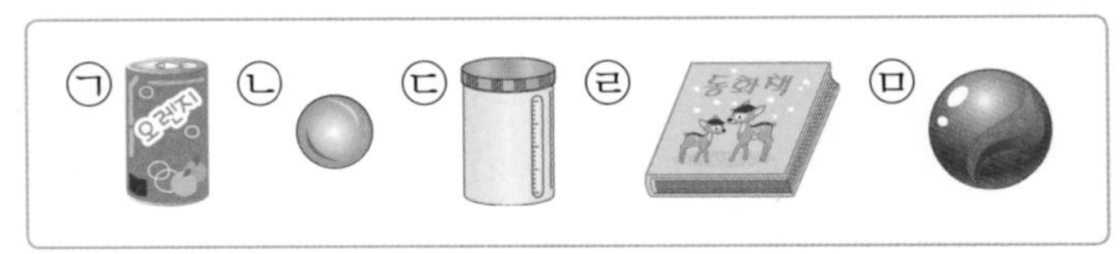

241009-0201

11 **쌓을 수 있는 물건을 모두 찾아 기호를 써 보세요.**

(　　　　　　)

241009-0202

12 **모든 방향으로 잘 굴러가는 물건을 모두 찾아 기호를 써 보세요.**

(　　　　　　)

241009-0203

13 **위 12에서 고른 물건을 쌓지 못하는 이유에 대해서 바르게 설명한 사람은 누구일까요?**

은영: 평평해서 잘 굴러가.
현정: 전체가 둥글어서 쌓을 수 없어.

(　　　　　　)

241009-0204

14 서술형 **모양을 만드는 데 가장 많이 사용한 모양은 어떤 모양일까요?**

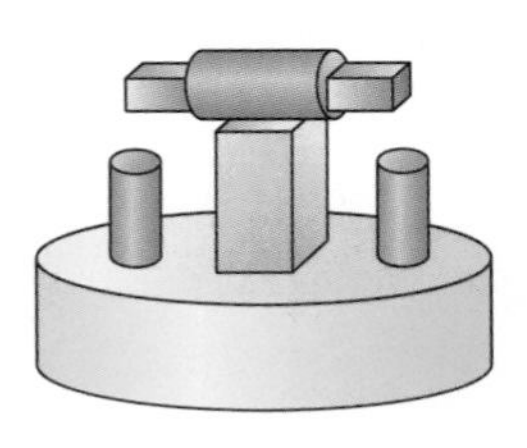

풀이

(1) 모양은 (　　　)개 사용하였습니다.

(2) 모양은 (　　　)개 사용하였습니다.

(3) 모양은 (　　　)개 사용하였습니다.

(4) 가장 많이 사용한 모양은 (　　　) 모양입니다.

답 ______________

241009-0205

15 모양을 만드는 데 사용하지 않은 모양에 ○표 하세요.

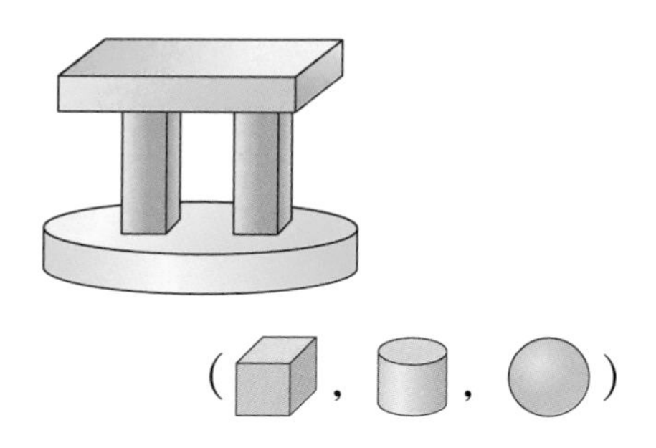

(, ,)

241009-0206

16 , , 모양을 각각 몇 개씩 사용했는지 세어 보세요.

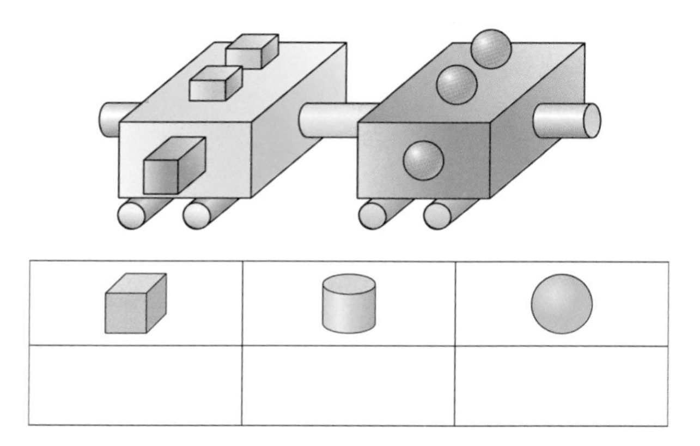

241009-0207

17 모양을 만드는 데 뾰족한 부분이 있는 모양을 몇 개 사용하였는지 구해 보세요.

서술형

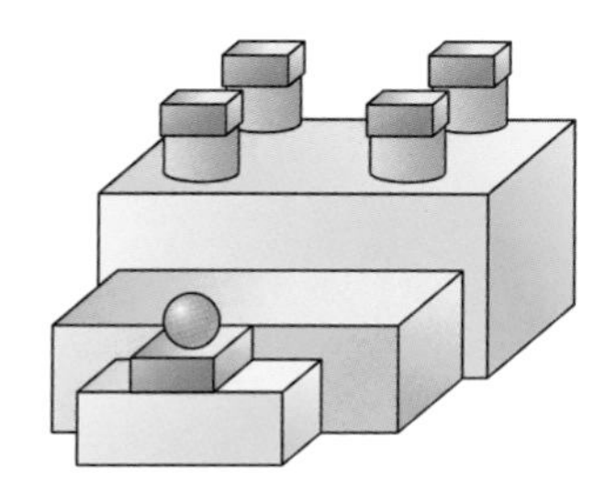

풀이

(1) , , 중 뾰족한 부분이 있는 모양은 (   ) 모양입니다.

(2) 모양은 (   )개 사용했습니다.

답 ________________

[18~19] 영진이와 준서가 각각 만든 모양입니다. 물음에 답하세요.

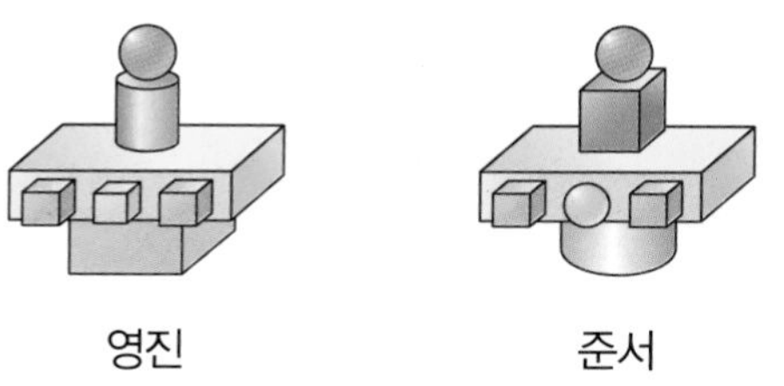

241009-0208

18 다음 모양을 모두 사용하여 모양을 만든 사람은 누구일까요?

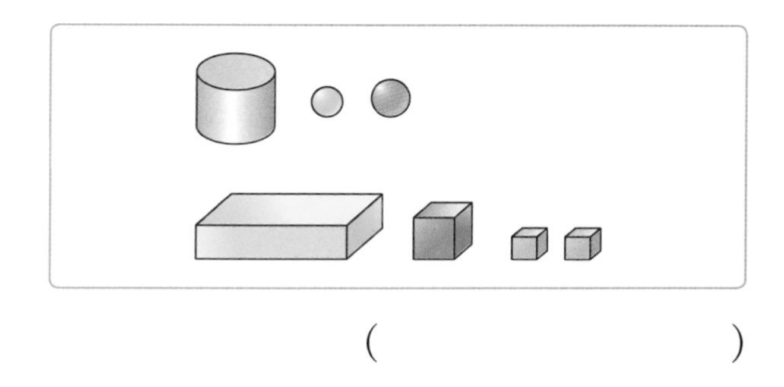

(   )

241009-0209

19 위의 두 사람이 만든 모양에서 서로 다른 부분을 모두 찾아 ○표 하세요.

241009-0210

20 모양을 만드는 데 가장 많이 사용한 모양은 어떤 모양이고 몇 개 사용했는지 구해 보세요.

도전

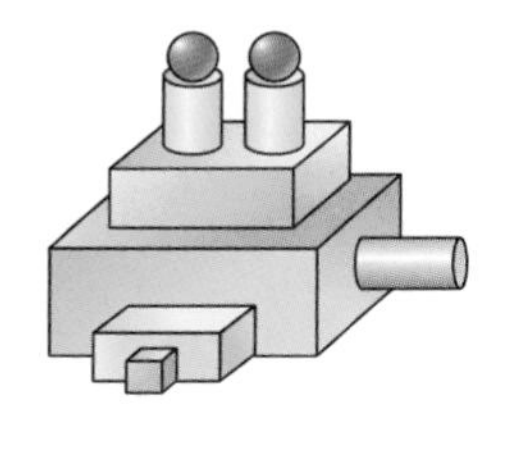

(,   )

덧셈과 뺄셈

단원 학습 목표

1. 9 이하의 수의 범위에서 모으기와 가르기를 할 수 있습니다.
2. 상황에 맞는 덧셈식과 뺄셈식을 쓰고 읽을 수 있습니다.
3. 두 수의 합이 9 이하인 덧셈을 여러 가지 방법으로 할 수 있습니다.
4. 한 자리 수의 뺄셈을 여러 가지 방법으로 할 수 있습니다.
5. 0을 더하거나 뺄 수 있습니다.

단원 진도 체크

학습일			학습 내용	진도 체크
1일째	월	일	개념 1 모으기와 가르기를 해 볼까요(1) 개념 2 모으기와 가르기를 해 볼까요(2) 개념 3 이야기를 만들어 볼까요	✓
2일째	월	일	교과서 넘어 보기 + 교과서 속 응용 문제	✓
3일째	월	일	개념 4 덧셈을 알아볼까요 개념 5 덧셈을 해 볼까요(1) 개념 6 덧셈을 해 볼까요(2)	✓
4일째	월	일	교과서 넘어 보기 + 교과서 속 응용 문제	✓
5일째	월	일	개념 7 뺄셈을 알아볼까요 개념 8 뺄셈을 해 볼까요(1) 개념 9 뺄셈을 해 볼까요(2) 개념 10 0이 있는 덧셈과 뺄셈을 해 볼까요 개념 11 덧셈과 뺄셈을 해 볼까요	✓
6일째	월	일	교과서 넘어 보기 + 교과서 속 응용 문제	✓
7일째	월	일	응용 1 조건에 맞는 수 구하기 응용 2 결과가 같은 식 만들기	✓
8일째	월	일	응용 3 수 카드로 차가 가장 큰(작은) 뺄셈식 만들기 응용 4 잘못 계산한 식 바르게 구하기	✓
9일째	월	일	단원 평가 LEVEL ❶	✓
10일째	월	일	단원 평가 LEVEL ❷	✓

이 단원을 진도 체크에 맞춰 10일 동안 학습해 보세요.
해당 부분을 공부하고 나서 ✓표를 하세요.

지연이네 가족은 할머니 집을 방문했어요. 할머니 집에는 색이 다른 귀여운 강아지와 장난꾸러기 고양이들이 있고, 병아리를 보살피는 암탉, 수탉도 있어요. 나무 위에는 자유로이 날아다니는 새들도 있어요. 지연이는 할머니 집을 둘러보며 동물들이 몇 마리인지 더해 보고, 어느 동물이 더 많은지 알아보았어요.

이번 **3**단원에서는 *9*까지의 수의 모으기와 가르기를 배우고, 이를 기초로 한 덧셈과 뺄셈에 대해 배울 거예요.

개념 1 모으기와 가르기를 해 볼까요(1)

(1) 모으기

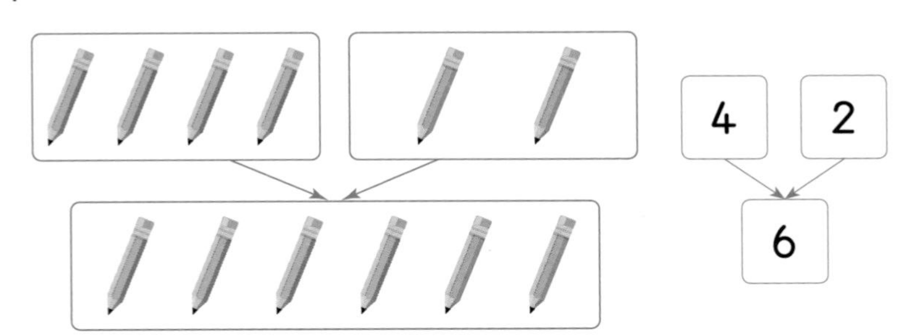

➡ 4와 2를 모으기 하면 6이 됩니다.

(2) 가르기

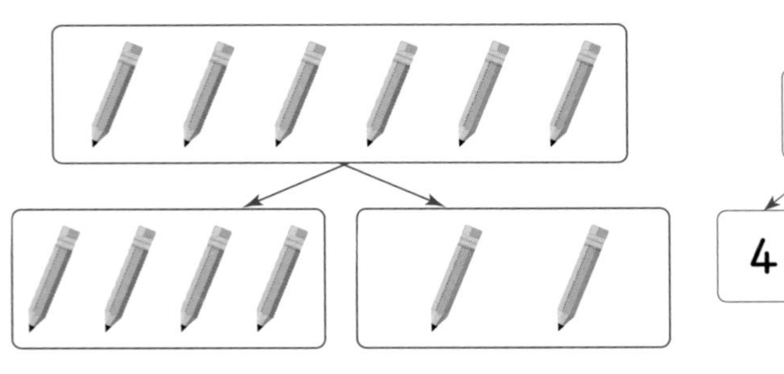

➡ 6은 4와 2로 가르기 할 수 있습니다.

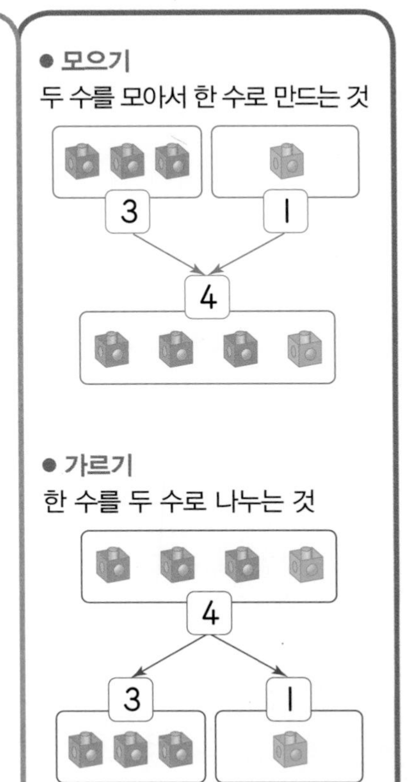

● 모으기
두 수를 모아서 한 수로 만드는 것
3
1
4
● 가르기
한 수를 두 수로 나누는 것
4
3
1

241009-0211

01 모으기를 해 보세요.

(1)

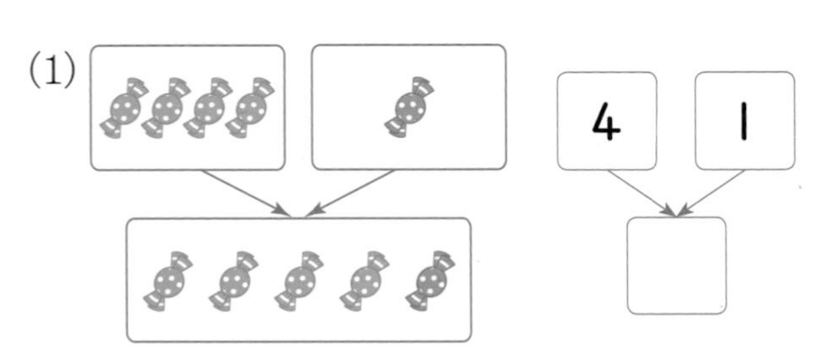

(2)

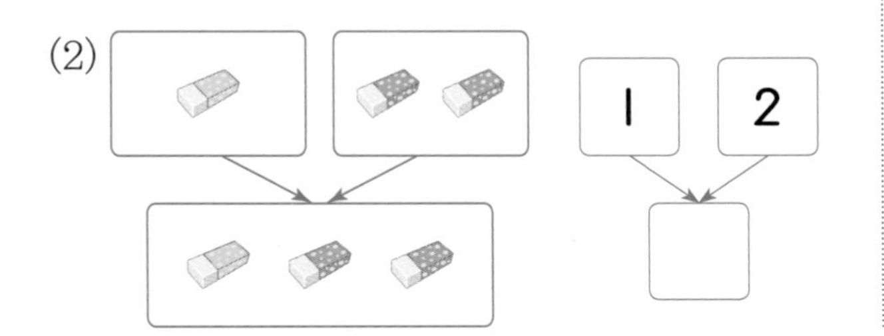

241009-0212

02 가르기를 해 보세요.

(1)

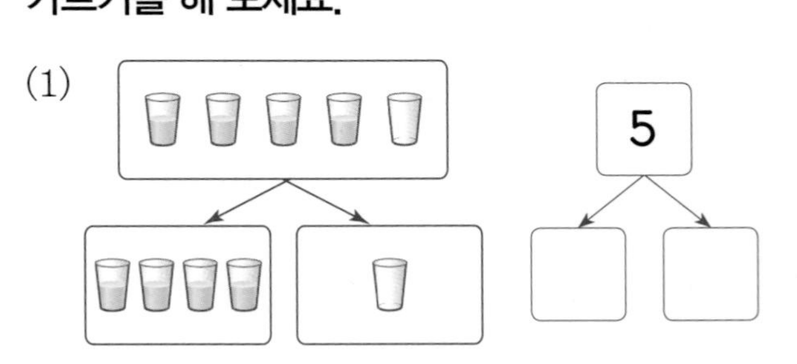

(2)

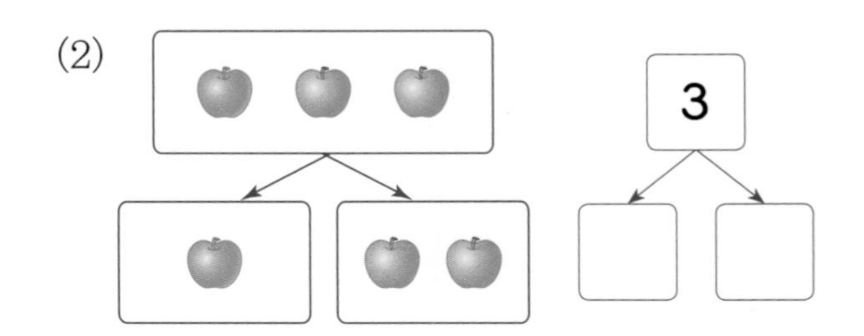

241009-0213

03 모으기와 가르기를 해 보세요.

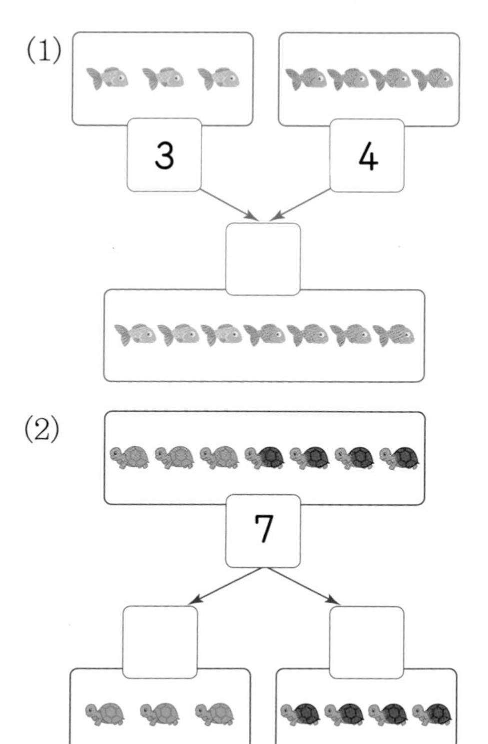

241009-0214

04 모으기와 가르기를 해 보세요.

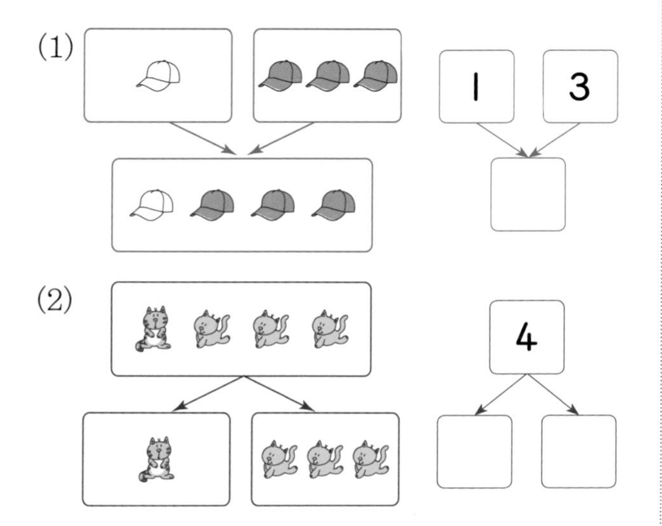

241009-0215

05 모으기를 해 보세요.

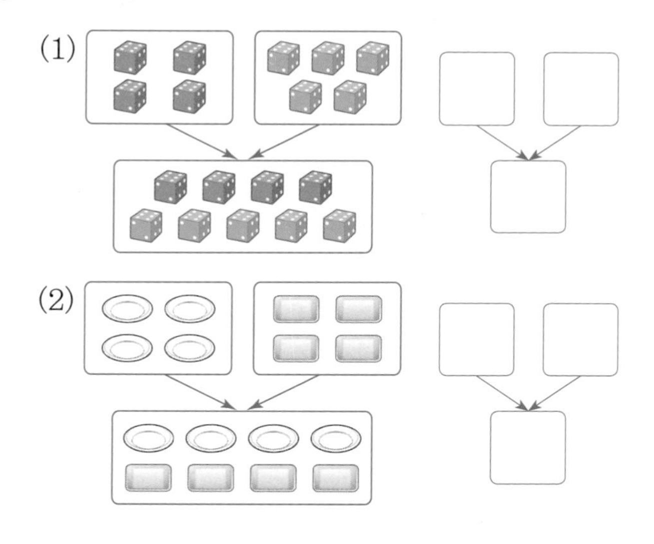

241009-0216

06 가르기를 해 보세요.

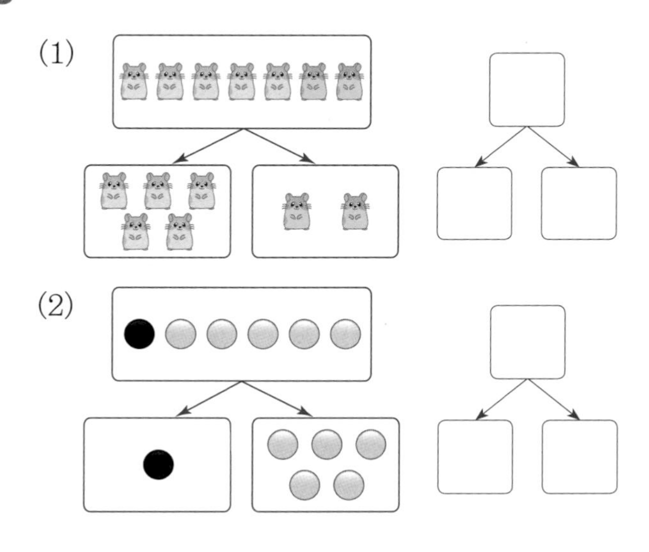

3 단원

개념 2 모으기와 가르기를 해 볼까요(2)

(1) 두 수를 6이 되도록 모으기

  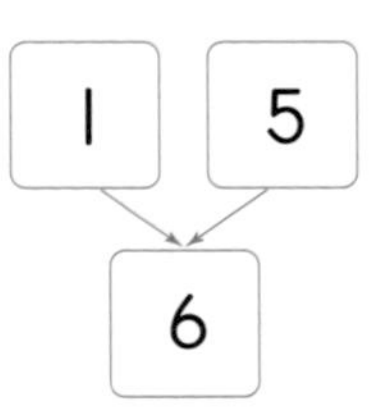

금붕어 1마리와 금붕어 5마리를 모으기 하면 6마리가 됩니다.

  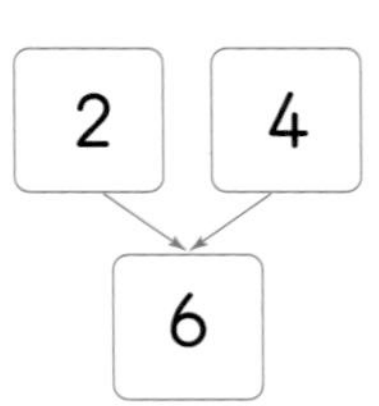

금붕어 2마리와 금붕어 4마리를 모으기 하면 6마리가 됩니다.

  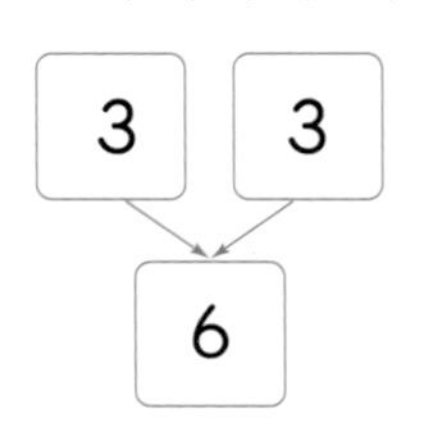

금붕어 3마리와 금붕어 3마리를 모으기 하면 6마리가 됩니다.

(2) 4를 두 수로 가르기

4	4	
●●●●	1	3
●●●●	2	2
●●●●	3	1

→ 1과 3으로 가르기 할 수 있습니다.
→ 2와 2로 가르기 할 수 있습니다.
→ 3과 1로 가르기 할 수 있습니다.

● 두 수를 모아서 7 만들기

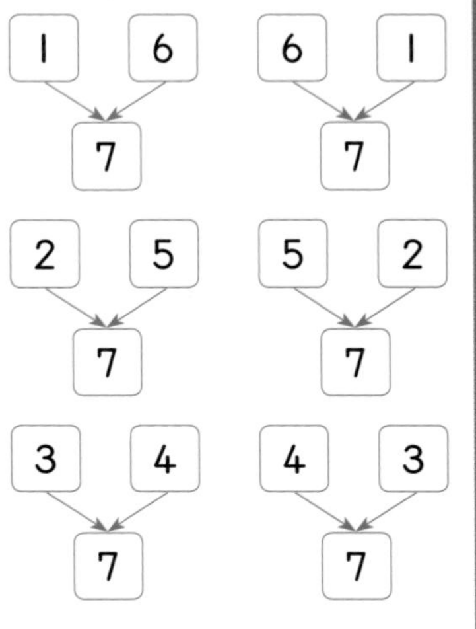

● 5를 두 수로 가르기

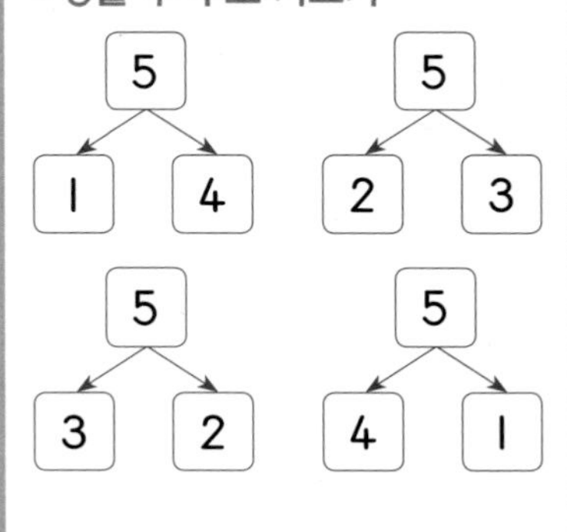

241009-0217

07 모으기를 해 보세요.

(1)

  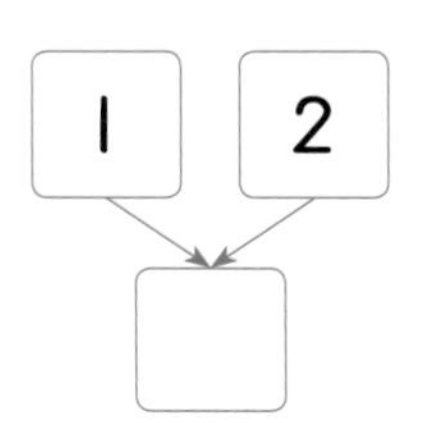

(2)

  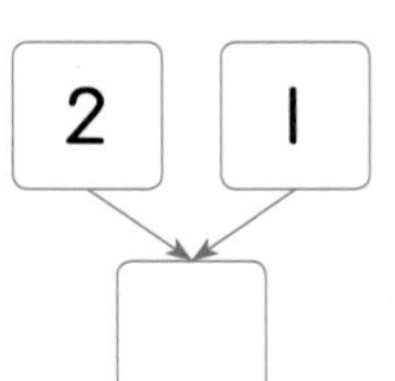

241009-0218

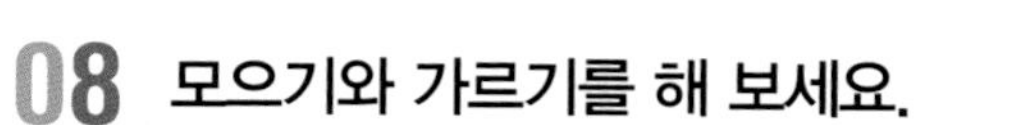

08 모으기와 가르기를 해 보세요.

(1)

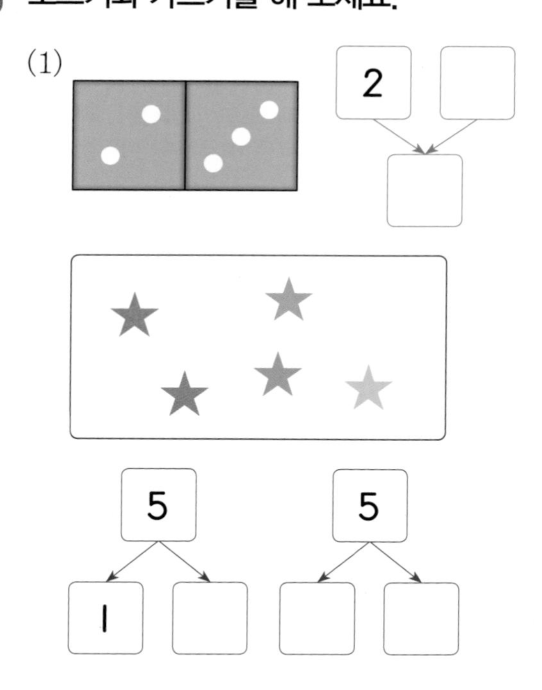

(2)

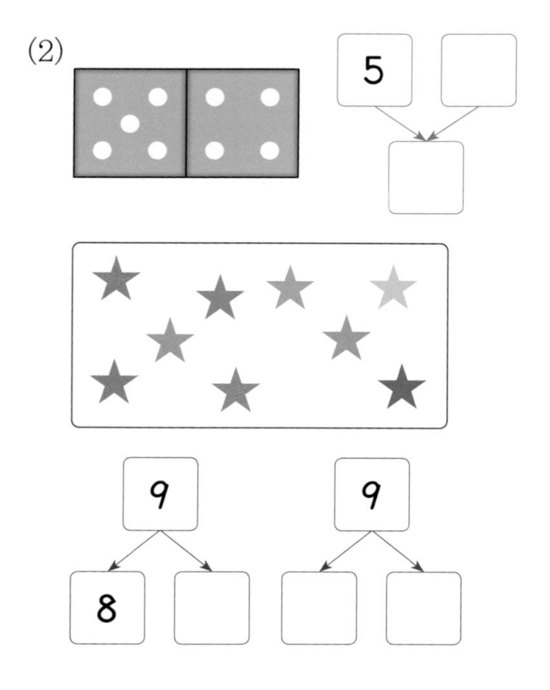

241009-0219

09 8을 가르기 해 보세요.

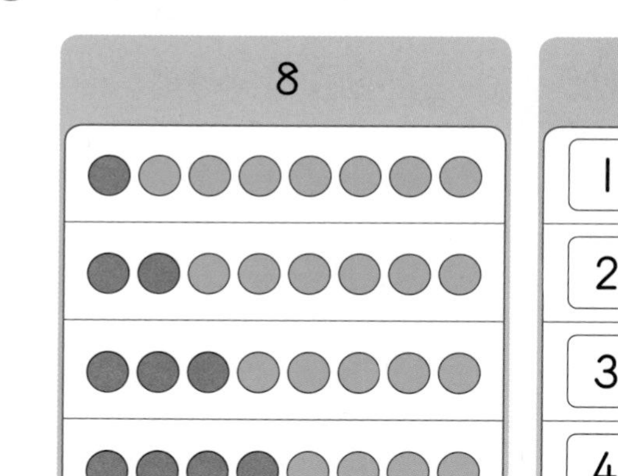

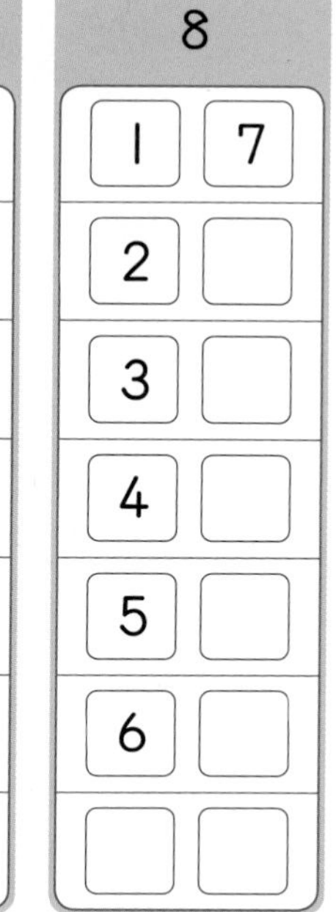

241009-0220

10 모으기를 해 보세요.

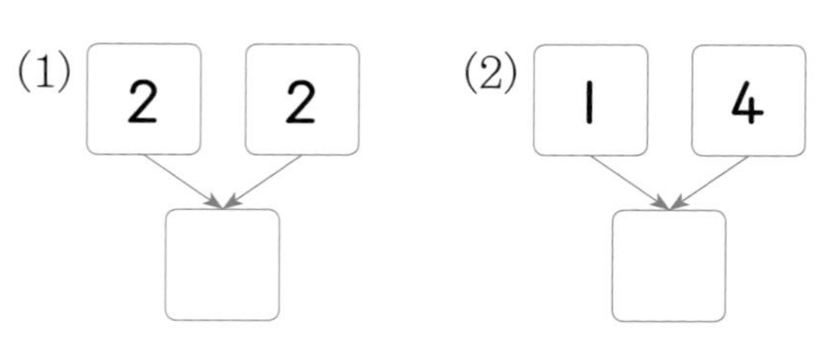

241009-0221

11 가르기를 해 보세요.

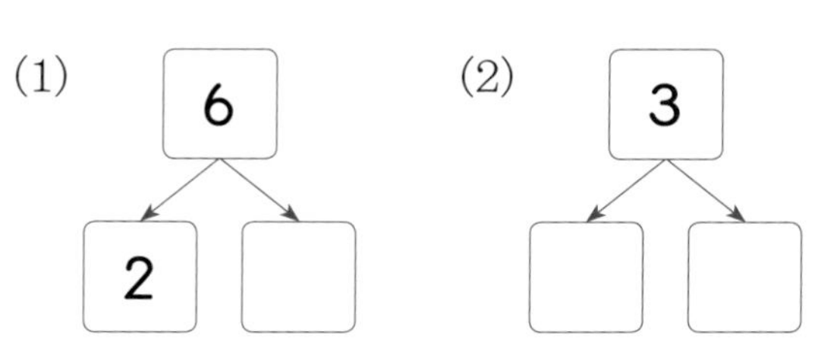

개념 3 이야기를 만들어 볼까요

(1) **그림을 보고 덧셈 이야기 만들기**

① 분홍색 꽃이 5송이, 노란색 꽃이 3송이 있으므로 꽃은 모두 8송이입니다.

② 꽃 위에 앉은 벌이 3마리, 날아오는 벌이 2마리 있으므로 벌은 모두 5마리가 되었습니다.

(2) **그림을 보고 뺄셈 이야기 만들기**

① 풍선이 9개 있었는데 풍선 3개가 날아가서 가지고 있는 풍선은 6개가 남았습니다.

② 분홍색 꽃이 5송이, 노란색 꽃이 3송이 있으므로 분홍색 꽃이 노란색 꽃보다 2송이 더 많습니다.

● 그림을 보고 이야기를 만들 때 모형, 바둑돌, 빨대, 손가락 등을 이용하면 편리합니다.

예 덧셈 이야기 만들기

분홍색 꽃의 수

●●●●● ➡ 5송이

노란색 꽃의 수

○○○ ➡ 3송이

전체 꽃의 수

●●●●●○○○

➡ 8송이

241009-0222

12 **그림을 보고 이야기를 만들려고 합니다. □ 안에 알맞은 수를 써넣으세요.**

(1)

소방차가 2대, 버스가 □대 있으므로 소방차와 버스는 모두 □대입니다.

(2)

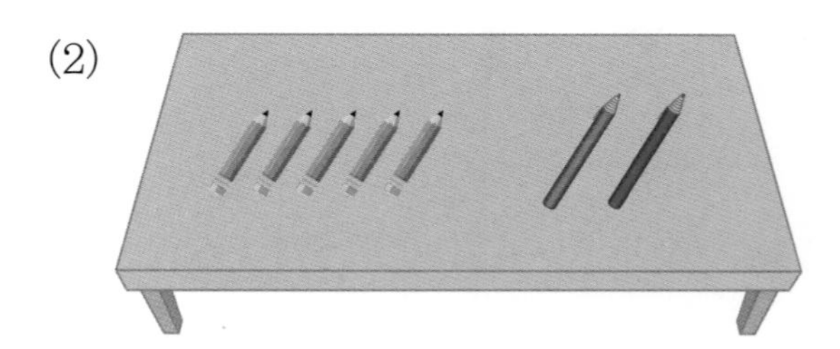

책상 위에 연필이 5자루, 색연필이 □자루 있으므로 연필은 색연필보다 □자루 더 많습니다.

[13~14] 그림을 보고 덧셈 이야기를 만들려고 합니다. □ 안에 알맞은 수를 써넣으세요.

241009-0223

13

말이 □ 마리, 양이 □ 마리 있으므로 말과 양은 모두 □ 마리입니다.

241009-0224

14

(1) 빨간색 꽃은 □ 송이, 분홍색 꽃은 □ 송이 피어 있으므로 꽃은 모두 □ 송이입니다.

(2) 꽃에 벌이 □ 마리 앉아 있었는데 □ 마리가 더 날아와서 벌은 모두 □ 마리가 되었습니다.

[15~16] 그림을 보고 뺄셈 이야기를 만들려고 합니다. □ 안에 알맞은 수를 써넣으세요.

241009-0225

15

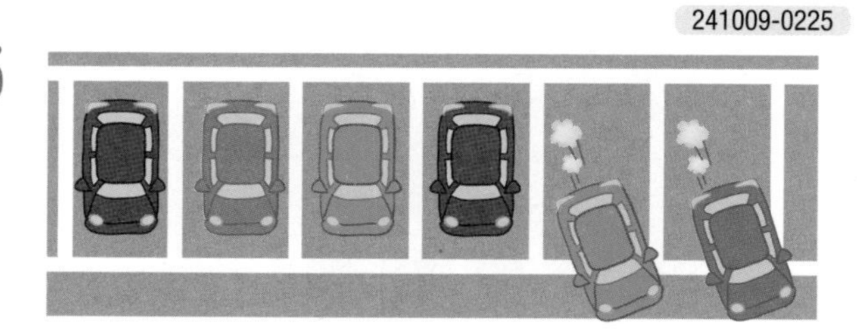

주차장에 자동차가 □ 대 세워져 있었습니다. 그중에서 □ 대의 자동차가 빠져나가고 남은 자동차는 □ 대입니다.

241009-0226

16

(1) 빨간색 유니폼을 입은 아이가 □ 명, 노란색 유니폼을 입은 아이가 □ 명 있으므로 빨간색 유니폼을 입은 아이가 노란색 유니폼을 입은 아이보다 □ 명 더 많습니다.

(2) 농구공을 들고 있는 아이가 □ 명, 들고 있지 않은 아이가 □ 명이므로 농구공을 들고 있는 아이가 들고 있지 않은 아이보다 □ 명 더 많습니다.

3 단원

241009-0227

01 모으기와 가르기를 해 보세요.

(1)

(2)

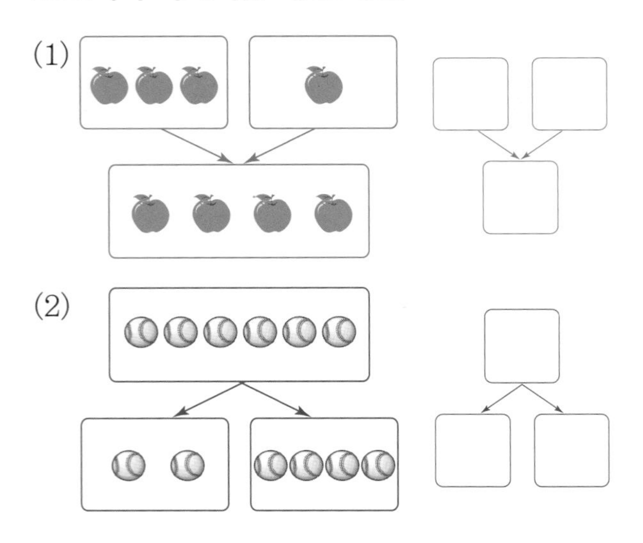

241009-0228

02 모으기를 해 보세요.

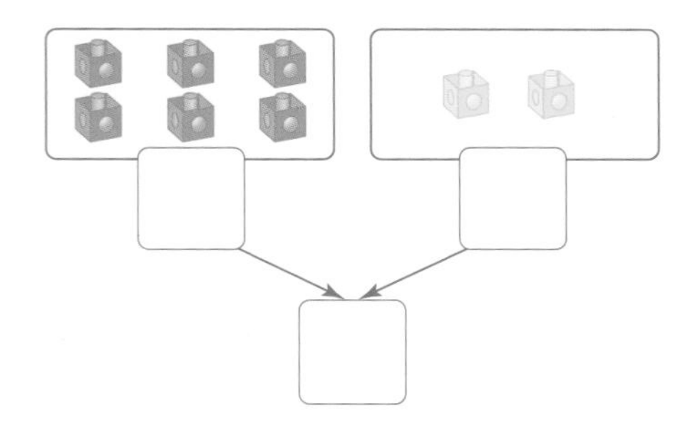

241009-0229

03 모으기를 해 보세요.

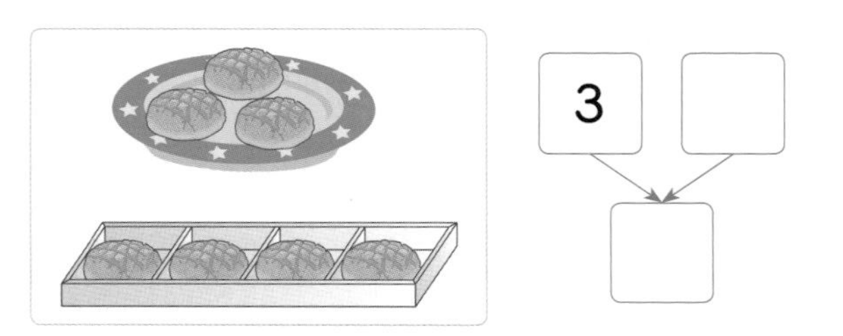

241009-0230

04 가르기를 해 보세요.

241009-0231

05 가르기를 해 보세요.

중요

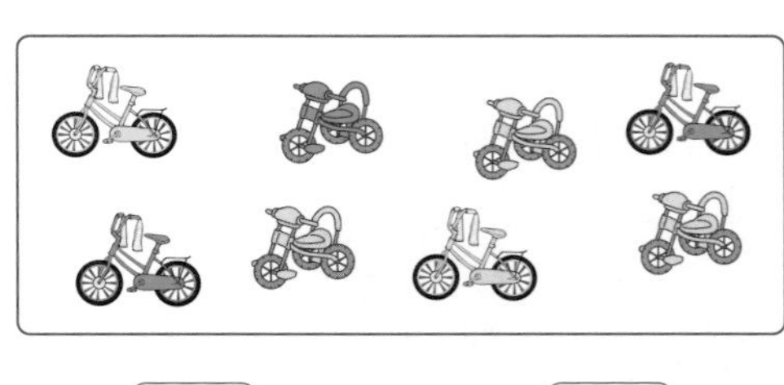

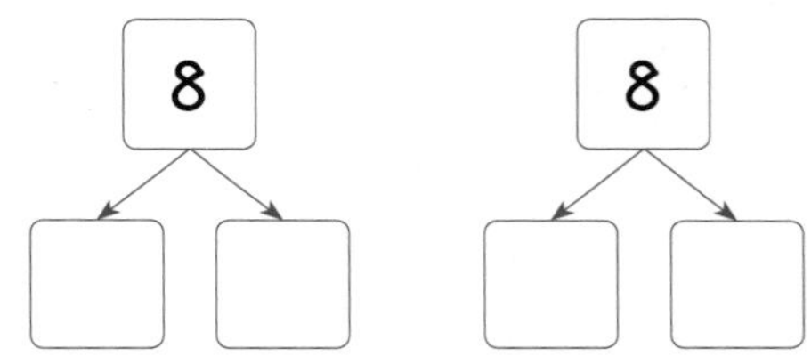

241009-0232

06 보다 에 더 많게 가르기를 해 보세요.

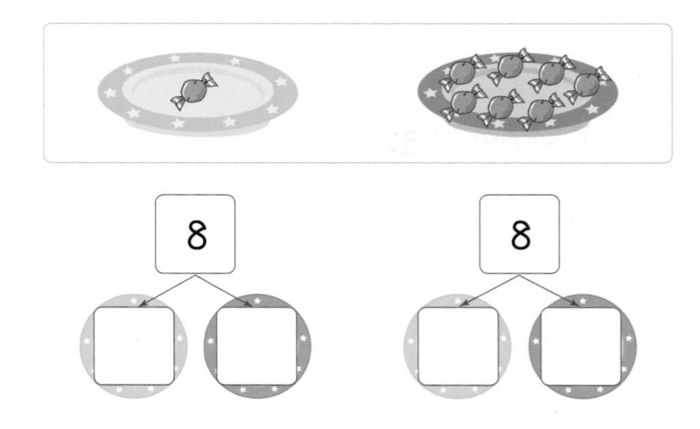

241009-0233

07 알맞게 색칠하고 7을 가르기 해 보세요.

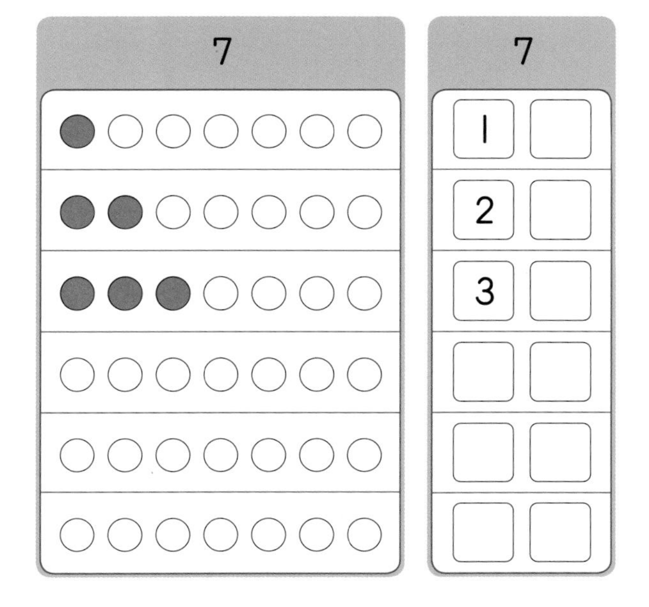

241009-0234

08 6을 가르기 해 보세요.

중요

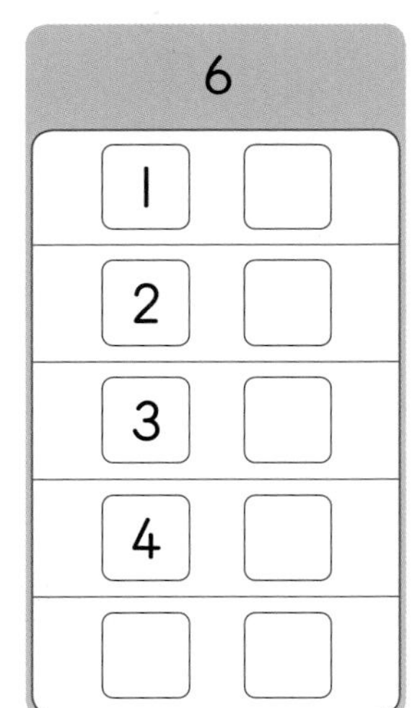

241009-0235

09 모으기와 가르기를 해 보세요.

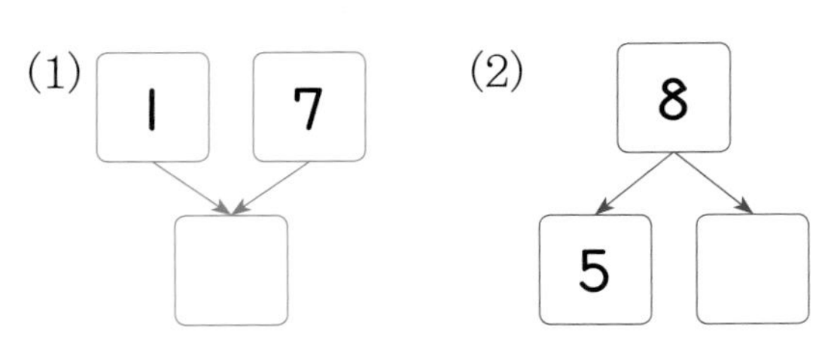

241009-0236

10 모으기를 하여 4가 되는 두 수를 찾아 써 보세요.

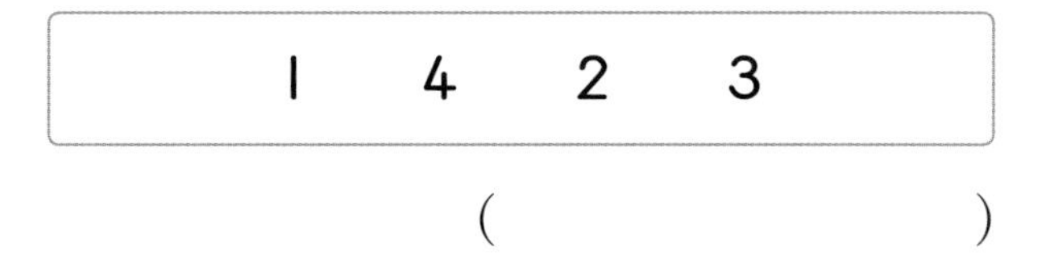

( )

241009-0237

11 9를 가르기 해 보세요.

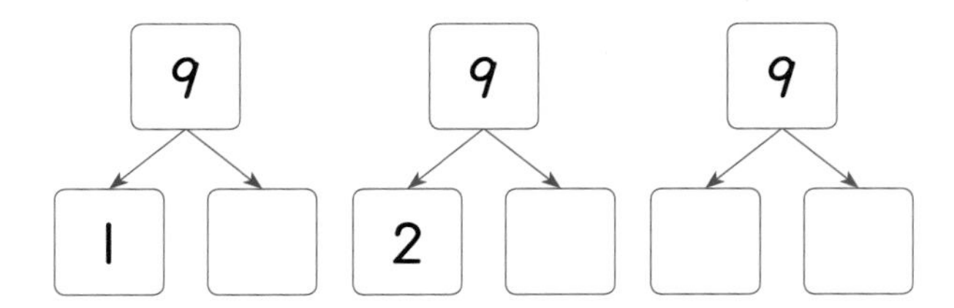

241009-0238

12 모으기를 하여 7이 되도록 두 수를 ◯로 모두 묶어 보세요.

1	6	5
2	3	2
6	4	2

241009-0239

13 모으기를 하여 8이 되도록 두 수를 ◯로 모두 묶어 보세요.

도전

3	1	1	6
2	2	1	2
5	3	2	2
2	4	4	3

3 단원

241009-0240

14 친구들이 두 수를 모으기 하였습니다. 모으기를 잘못한 친구의 이름을 써 보세요.

> 정원: 1과 4를 모으기 하면 5가 돼.
> 민우: 5와 3을 모으기 하면 8이 돼.
> 태연: 2와 4를 모으기 하면 7이 돼.

(　　　　　　　　)

241009-0241

15 5를 위와 아래의 두 수로 가르기를 하려고 합니다. 빈칸에 알맞은 수를 써넣으세요.

5	1		3	
		3		1

241009-0242

16 그림을 보고 덧셈 이야기를 만들려고 합니다. □ 안에 알맞은 수를 써넣으세요.

(1) 아이스크림 가게 앞에 아이는 □명, 어른은 □명 있으므로 줄을 선 사람은 모두 □명입니다.

(2) 아이스크림 가게 앞에 남자는 □명, 여자는 □명 있으므로 줄을 선 사람은 모두 □명입니다.

241009-0243

17 16의 그림을 보고 뺄셈 이야기를 만들려고 합니다. □ 안에 알맞은 수를 써넣으세요.

(1) 아이스크림 가게 앞에 아이는 □명, 어른은 □명 있으므로 아이는 어른보다 □명 더 많습니다.

(2) 아이스크림 가게 앞에 남자는 □명, 여자는 □명 있으므로 여자는 남자보다 □명 더 많습니다.

241009-0244

18 그림을 보고 덧셈 이야기를 만들어 보세요.

____

____

241009-0245

19 그림을 보고 뺄셈 이야기를 만들어 보세요.

____

____

정답과 풀이 25쪽

모으기와 가르기의 활용

모으기 또는 가르기를 이용하여 문제를 해결합니다.

241009-0246

20 준현이는 과자 4개를 형과 똑같이 나누어 먹으려고 합니다. 준현이는 과자를 몇 개 먹을 수 있을까요?

( )

241009-0247

21 쿠폰 8개가 있으면 연필 한 자루로 바꿀 수 있습니다. 민상이에게 쿠폰 5개가 있다면 쿠폰을 몇 개 더 모아야 연필 한 자루로 바꿀 수 있을까요?

( )

241009-0248

22 장난감 자동차를 현호는 3개 가지고 있고 민주는 4개 가지고 있습니다. 현호와 민주가 가진 장난감 자동차는 모두 몇 개일까요?

( )

수를 연속하여 가르기와 모으기

예 5를 가르기 한 후 다시 2를 가르기

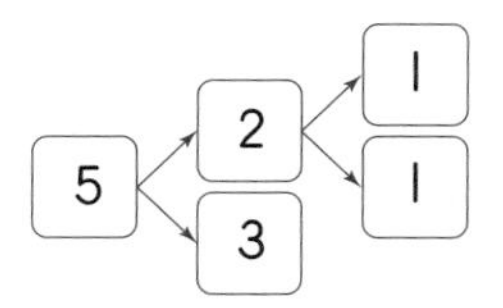

241009-0249

23 빈칸에 알맞은 수를 써넣으세요.

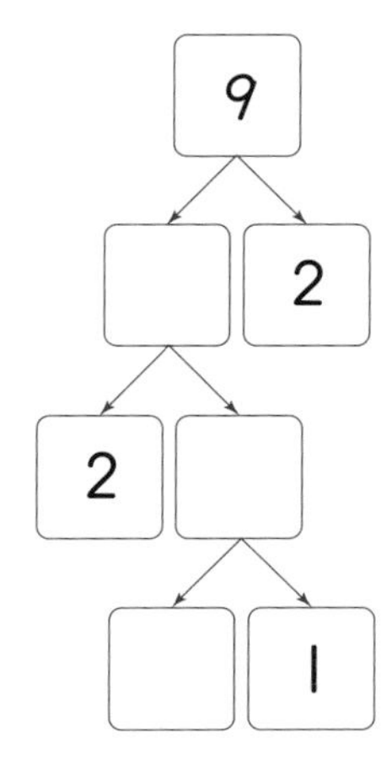

241009-0250

24 빈칸에 알맞은 수를 써넣으세요.

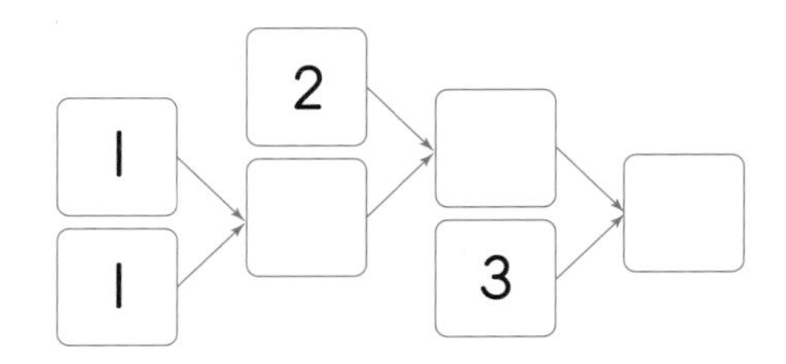

241009-0251

25 ㉠에 알맞은 수를 구해 보세요.

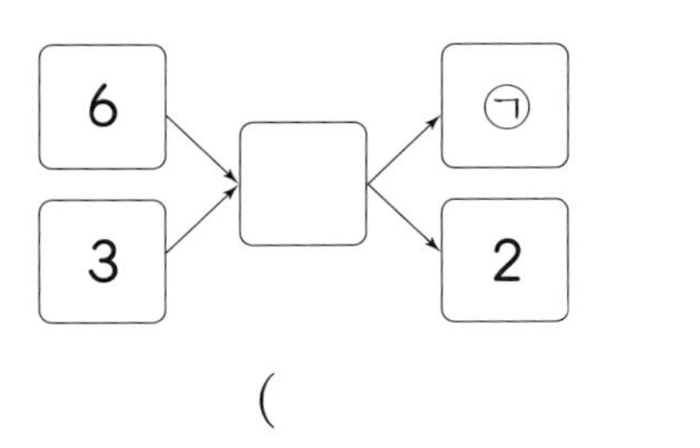

( )

덧셈을 알아볼까요

• 덧셈식 상황

더하기는 ＋로, 같다는 ＝로 나타냅니다.

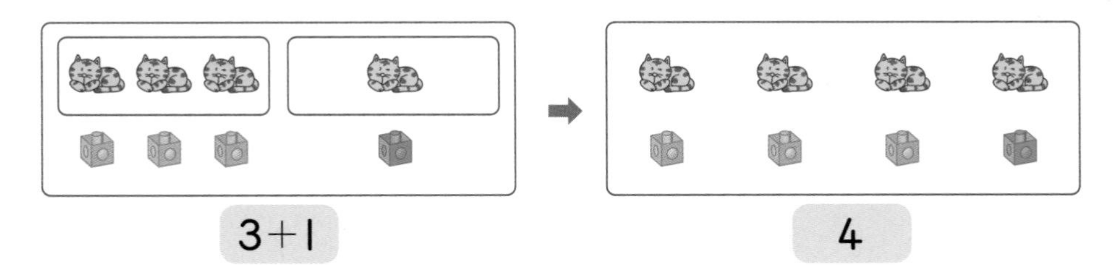

3＋1 → 4

쓰기 3＋1＝4

읽기 3 더하기 1은 4와 같습니다.

3과 1의 합은 4입니다.

● ■＋●＝★ 읽기
• ■ 더하기 ●는 ★과 같습니다.
• ■와 ●의 합은 ★입니다.

241009-0252

01 그림에 알맞은 덧셈식을 쓰고 읽어 보세요.

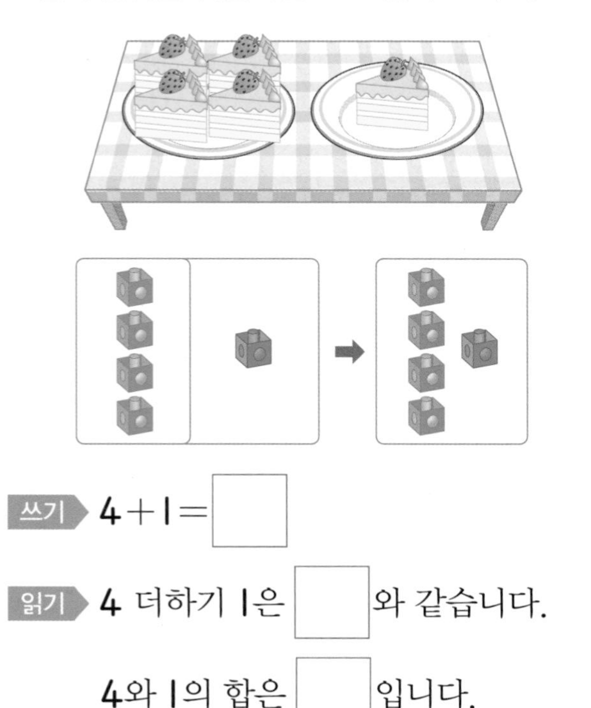

쓰기 4＋1＝☐

읽기 4 더하기 1은 ☐와 같습니다.

4와 1의 합은 ☐입니다.

241009-0253

02 그림에 알맞은 덧셈식을 쓰고 읽어 보세요.

쓰기 4＋3＝☐

읽기 4 더하기 ☐은 ☐과 같습니다.

4와 ☐의 합은 ☐입니다.

개념 5 덧셈을 해 볼까요(1)

(1) 수 세기를 이용하여 덧셈하기

나무 위에 다람쥐가 4마리, 오르려고 하는 다람쥐가 2마리입니다.

① 1, 2, 3, 4, 5, 6으로 1부터 하나씩 세면 다람쥐는 6마리입니다.

② 4부터 5, 6으로 이어서 세면 다람쥐는 6마리입니다.

➡ 4+2=6

(2) 그림 그리기를 이용하여 덧셈하기

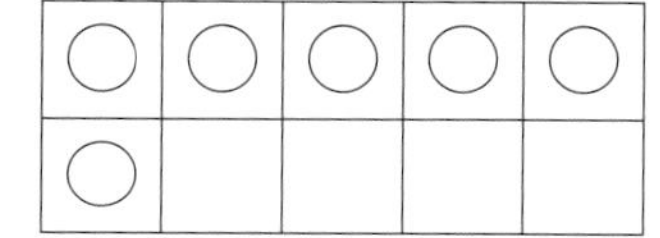

다람쥐의 수만큼 ○를 그리면 ○ 4개에 ○ 2개가 더 있으므로 4부터 5, 6으로 이어서 세면 다람쥐는 6마리입니다.

➡ 4+2=6

● 모으기를 이용하여 덧셈하기

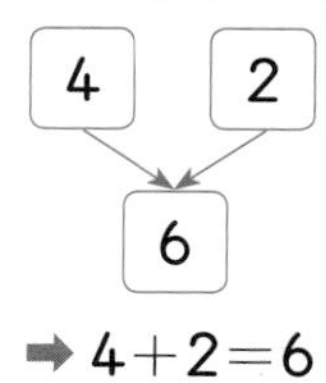

➡ 4+2=6

● 수 세기를 이용하여 덧셈하기

3 4 5

➡ 3+2=5

● 그림 그리기를 이용하여 덧셈하기

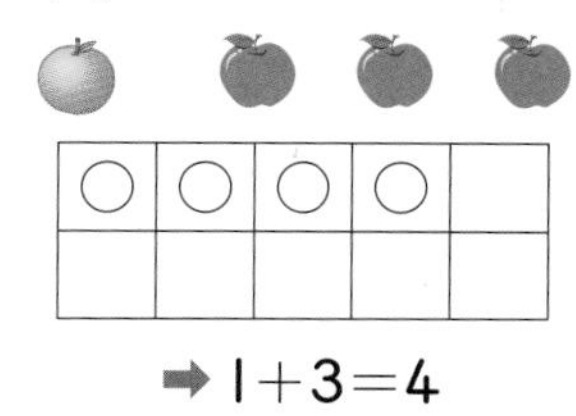

➡ 1+3=4

241009-0254

03 자동차의 수를 알아보려고 합니다. □ 안에 알맞은 수를 써넣으세요.

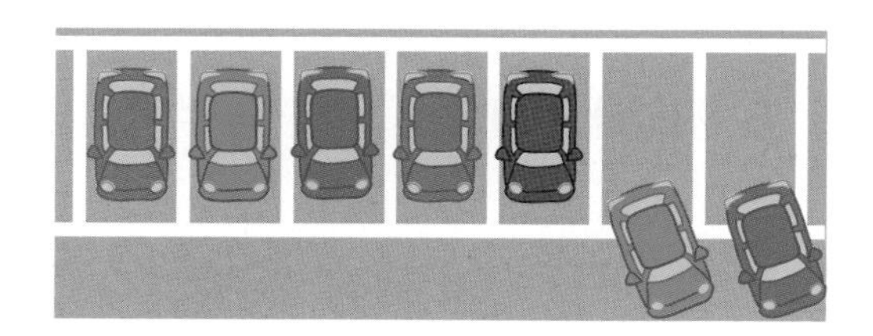

자동차의 수를 5부터 □, □로 이어서 세면 자동차는 □대입니다.

5+□=□

241009-0255

04 인형의 수를 알아보려고 합니다. 물음에 답하세요.

(1) 인형의 수만큼 ○를 그려 보세요.

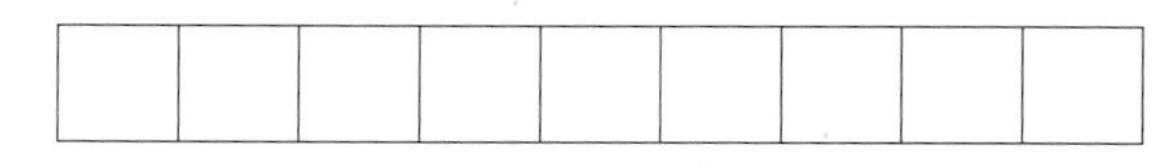

(2) 모으기를 하고 덧셈을 해 보세요.

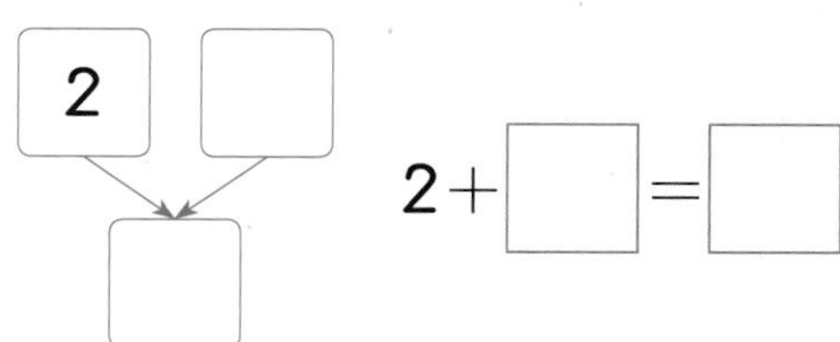

2+□=□

3 단원

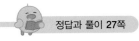

개념 6 덧셈을 해 볼까요(2)

(1) 모으기를 이용하여 덧셈하기

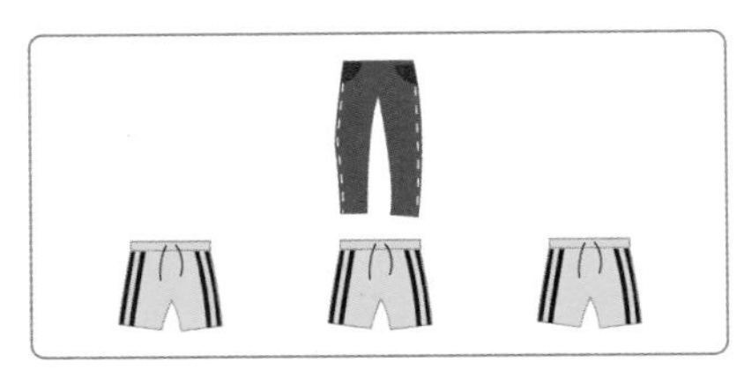

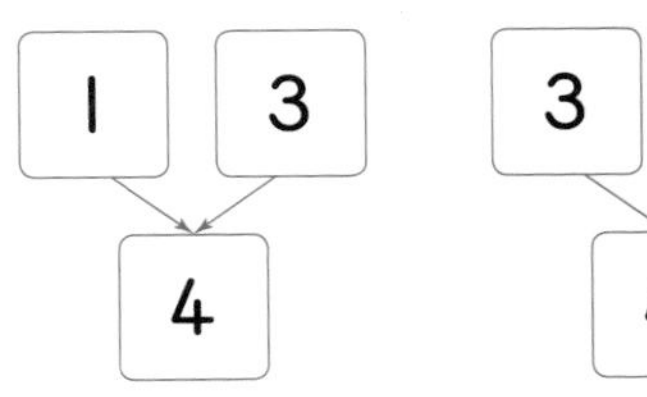

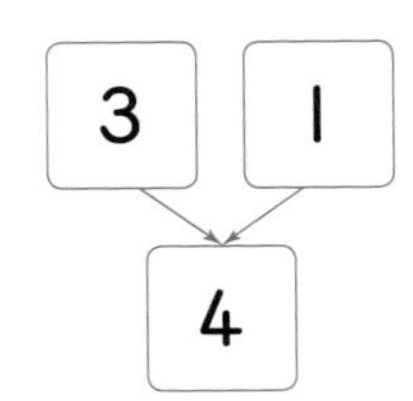

① 청바지 1개와 반바지 3개를 더하면 4개가 됩니다. ➡ $1+3=4$

② 반바지 3개와 청바지 1개를 더하면 4개가 됩니다. ➡ $3+1=4$

➡ 수의 순서를 바꾸어 더해도 합은 같습니다.

(2) 더하는 수가 바뀌는 경우

$5+1=6$ ⇄ $5+2=7$ ⇄ $5+3=8$ ⇄ $5+4=9$

➡ 더하는 수가 1씩 커지면 합도 1씩 커집니다.

⬅ 더하는 수가 1씩 작아지면 합도 1씩 작아집니다.

(3) 합이 같은 경우

$1+4=5$ ⇄ $2+3=5$ ⇄ $3+2=5$ ⇄ $4+1=5$

➡ 1씩 커지는 수에 1씩 작아지는 수를 더하면 합이 같습니다.

⬅ 1씩 작아지는 수에 1씩 커지는 수를 더하면 합이 같습니다.

● 순서를 바꾸어 덧셈식 쓰기

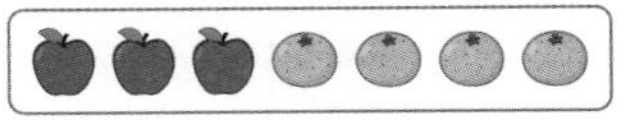

과일의 수는 모두 몇 개인가요?

➡ $3+4=7$

$4+3=7$

● 가르기를 활용하여 합이 같은 덧셈식 쓰기

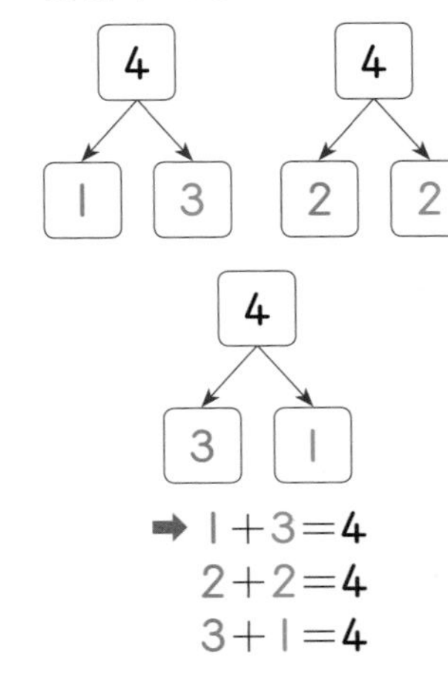

➡ $1+3=4$

$2+2=4$

$3+1=4$

241009-0256

05 그림에 맞게 모으기를 하고 덧셈을 해 보세요.

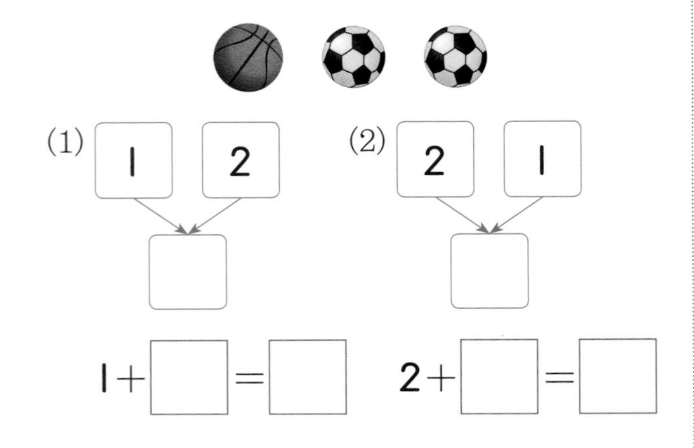

(1) 1, 2 → □

$1+\square=\square$

(2) 2, 1 → □

$2+\square=\square$

241009-0257

06 덧셈을 해 보세요.

(1) $4+1=\square$

$4+2=\square$

$4+3=\square$

$4+4=\square$

(2) $6+3=\square$

$5+4=\square$

$4+5=\square$

$3+6=\square$

정답과 풀이 27쪽

241009-0258

26 □ 안에 알맞은 수를 써넣으세요.

쓰기 4+□=□

읽기 □ 더하기 □ 은 □ 와 같습니다.

□ 와 □ 의 합은 □ 입니다.

241009-0259

27 알맞은 것끼리 이어 보세요.

• 4+3=7

• 2+3=5

241009-0260

28 덧셈식을 써 보세요.

(1)

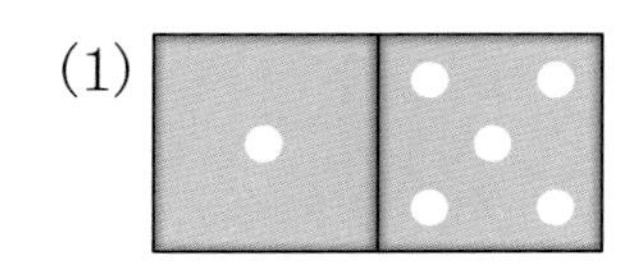

1+□=□

(2)

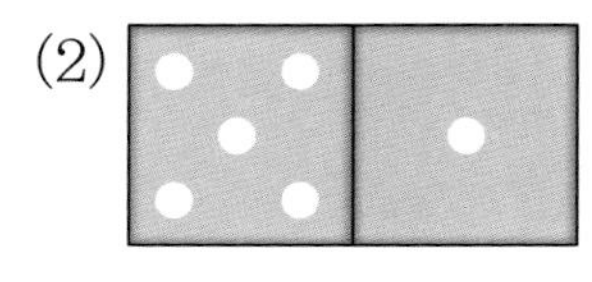

5+□=□

241009-0261

29 그림을 보고 덧셈식을 써 보세요.

□+□=□

241009-0262

30 모양의 수를 세어 보고 덧셈식을 써 보세요.

중요

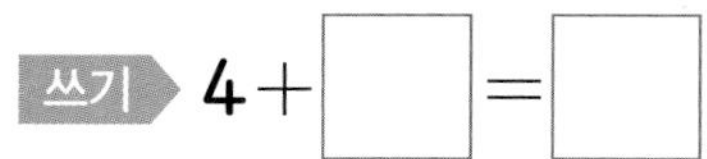

모양: □개, 모양: □개

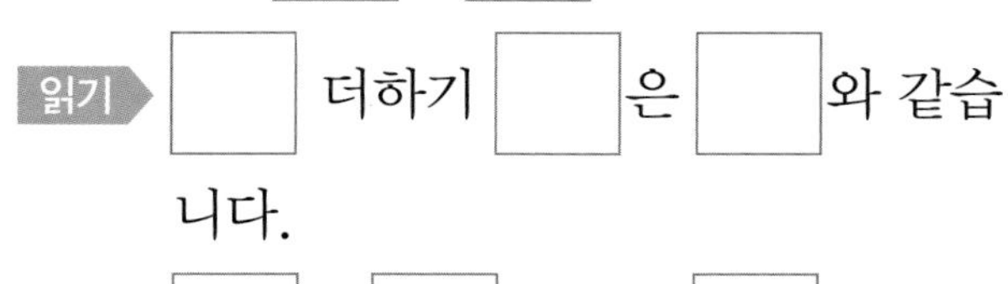

□+□=□

241009-0263

31 칠판 지우개와 분필의 수만큼 ○를 그리고 덧셈식을 써 보세요.

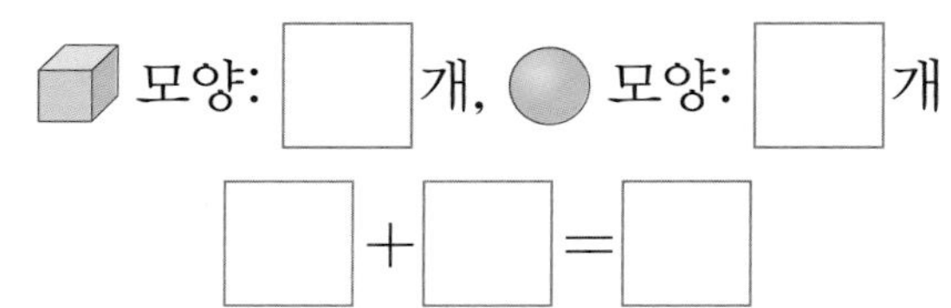

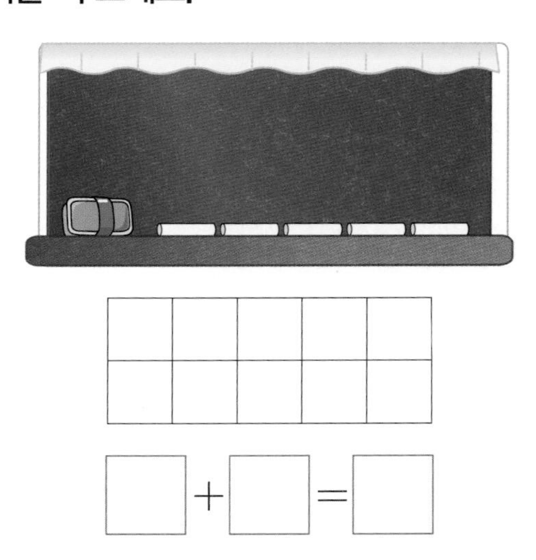

□+□=□

3 단원

241009-0264

32 ○를 그려 덧셈을 해 보세요.

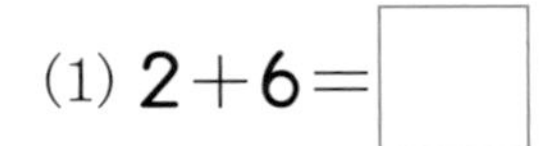

(1) $2+6=\square$

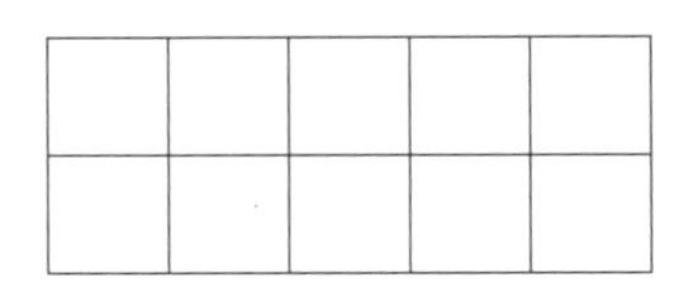

(2) $6+3=\square$

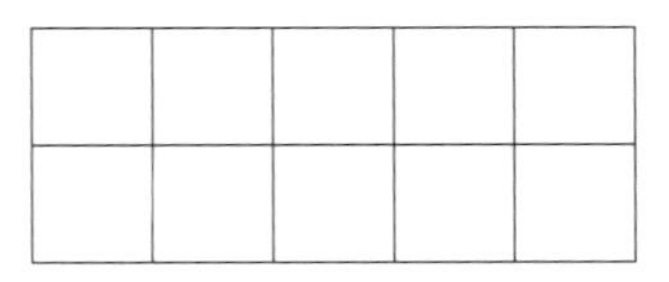

241009-0265

33 그림을 보고 덧셈식을 써 보세요.

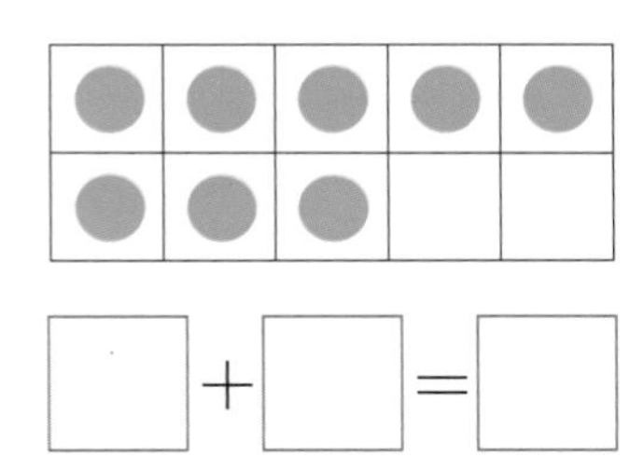

$\square+\square=\square$

241009-0266

34 그림을 보고 덧셈식을 써 보세요.

중요

$\square+\square=\square$

$\square+\square=\square$

241009-0267

35 그림을 보고 덧셈식을 써 보세요.

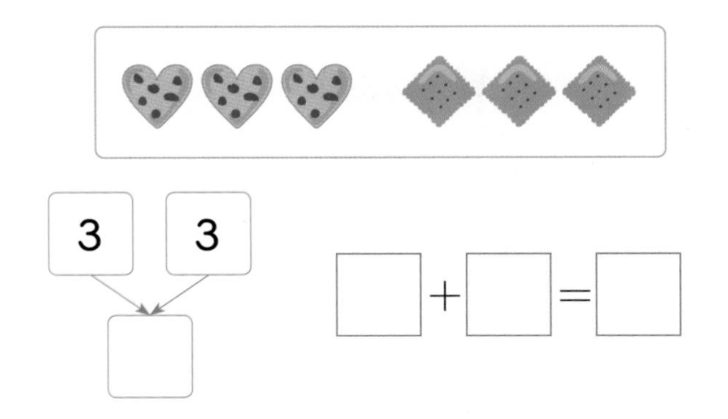

241009-0268

36 모으기를 하고 덧셈식을 써 보세요.

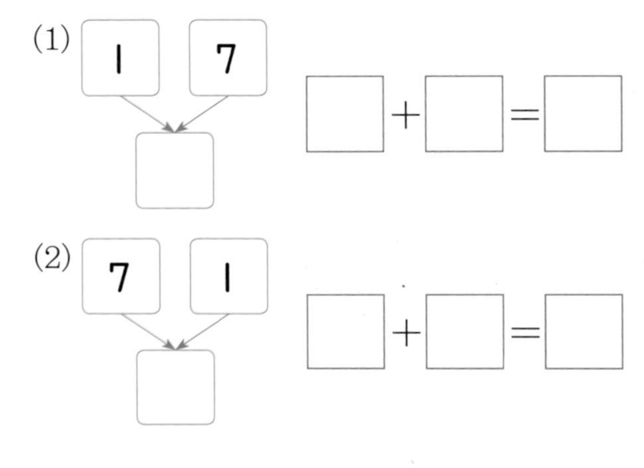

241009-0269

37 합이 같은 덧셈식이 되도록 □ 안에 알맞은 수를 써넣으세요.

교과서, 익힘책 속 응용 문제를 유형별로 풀어 보세요.

정답과 풀이 27쪽

241009-0270

38 □ 안에 알맞은 수를 써넣으세요.

(1) $3+\square=5$ (2) $3+\square=6$

(3) $3+\square=7$ (4) $3+\square=8$

241009-0271

39 □ 안에 들어갈 수가 나머지와 다른 하나는 어느 것일까요? (   )

① $3+4=\square$ ② $2+5=\square$

③ $1+6=\square$ ④ $4+3=\square$

⑤ $5+3=\square$

241009-0272

40 □ 안에 들어갈 수가 3인 것을 찾아 기호를 써 보세요.

㉠ $2+\square=6$ ㉡ $2+\square=5$

(   )

241009-0273

41 도전 수 카드에 적힌 두 수의 합이 선우와 다른 친구의 이름을 써 보세요.

선우		상민		아름	
2	6	4	4	5	4

(   )

덧셈의 활용

모두, 더~, 합하여, ~만큼 더 큰 … 등

➡ 더하기(+)를 사용한 식 만들기
➡ 답 구하기

241009-0274

42 다음을 읽고 대한민국이 받은 금메달은 모두 몇 개인지 덧셈식을 써 보세요.

대한민국이 태권도에서 금메달 3개를 받았고, 양궁에서 금메달 2개를 받았습니다.

$\square+\square=\square$

241009-0275

43 버스에 승객이 2명 있었습니다. 이번 버스 정류장에서 5명이 더 탔다면 버스에 있는 승객은 모두 몇 명일까요?

(   )

241009-0276

44 현경이는 3보다 6만큼 더 큰 수를 스케치북에 썼습니다. 현경이가 쓴 수는 무엇일까요?

(   )

개념 7 뺄셈을 알아볼까요

• 뺄셈식 상황

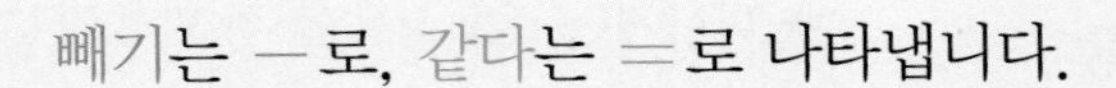

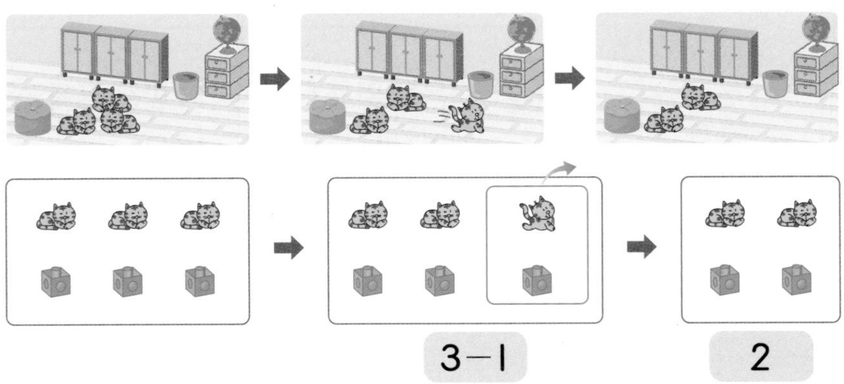

3−1   2

쓰기 3−1=2

읽기 3 빼기 1은 2와 같습니다.

3과 1의 차는 2입니다.

● ■−●=★ 읽기
- ■ 빼기 ●는 ★과 같습니다.
- ■와 ●의 차는 ★입니다.

241009-0277

01 그림에 알맞은 뺄셈식을 쓰고 읽어 보세요.

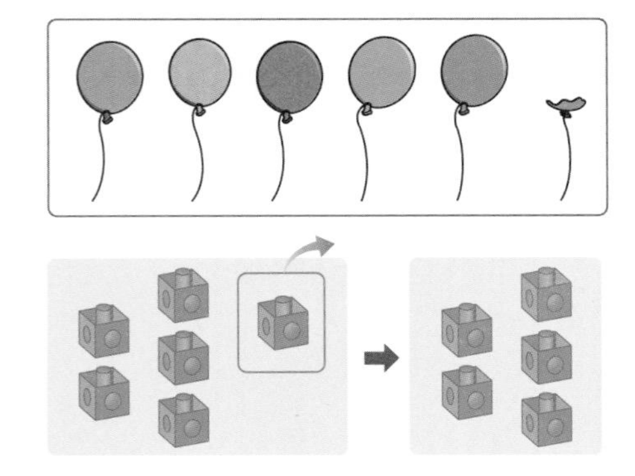

쓰기 6−1=□

읽기 6 빼기 1은 □와 같습니다.

6과 1의 차는 □입니다.

241009-0278

02 그림에 알맞은 뺄셈식을 쓰고 읽어 보세요.

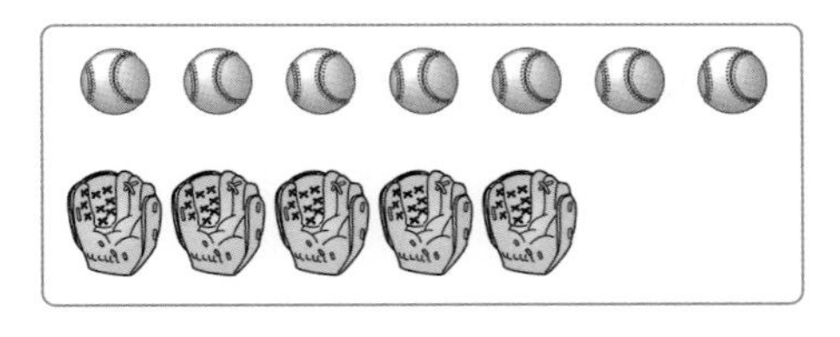

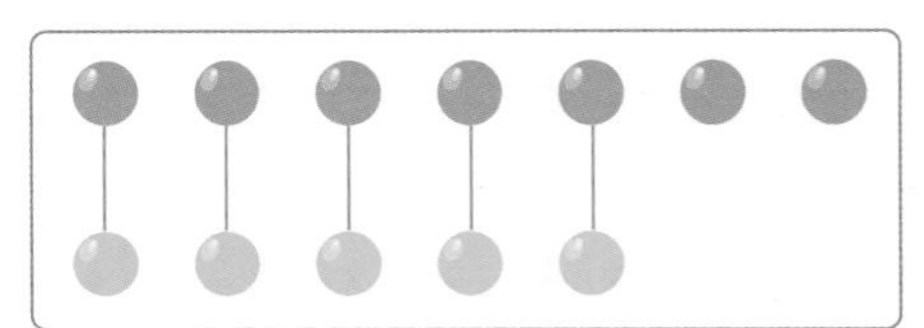

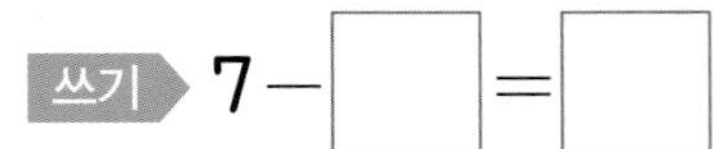

쓰기 7−□=□

읽기 7 빼기 □는 □와 같습니다.

7과 □의 차는 □입니다.

개념 8 뺄셈을 해 볼까요(1)

(1) **그림을 그려 뺄셈하기 ①**

귤 5개 중에서 3개를 먹으면 2개가 남습니다. ➡ $5-3=2$

(2) **그림을 그려 뺄셈하기 ②**

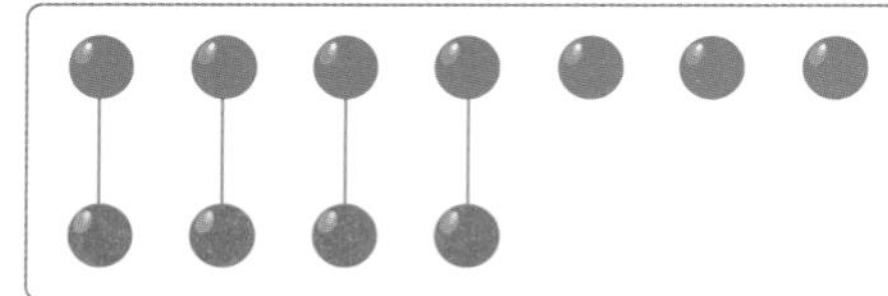

파란색 장미는 7송이이고 빨간색 장미는 4송이이므로 파란색 장미가 3송이 더 많습니다. ➡ $7-4=3$

● **가르기를 이용하여 뺄셈하기**

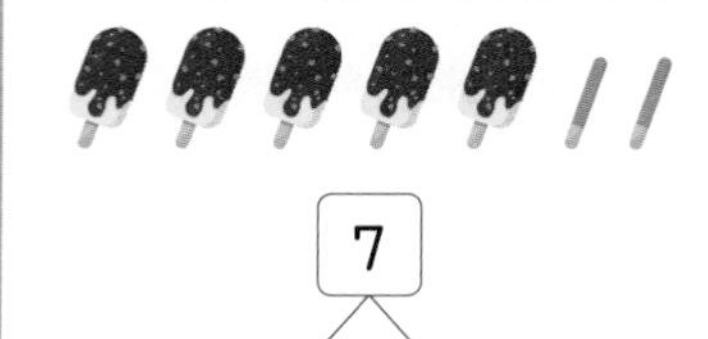

7 → 2, 5

아이스크림 7개 중에 2개를 먹었더니 아이스크림 5개가 남았습니다. ➡ $7-2=5$

241009-0279

03 **먹지 않은 음료수의 수를 알아보려고 합니다. 물음에 답하세요.**

(1) 먹은 음료수의 수만큼 ○를 /로 지워 보세요.

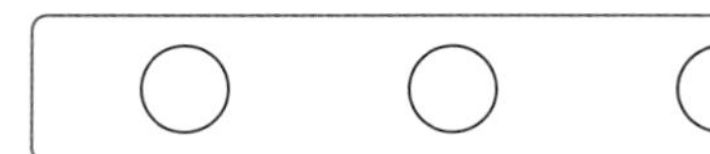

(2) 가르기를 하고 뺄셈을 해 보세요.

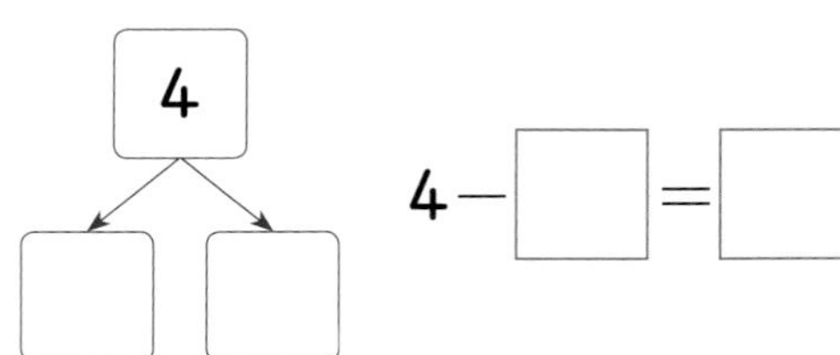

4 → □, □

$4-\square=\square$

241009-0280

04 **장난감 자동차는 인형보다 몇 개 더 많은지 알아보려고 합니다. 물음에 답하세요.**

(1) ●와 ●를 하나씩 짝 지어 보세요.

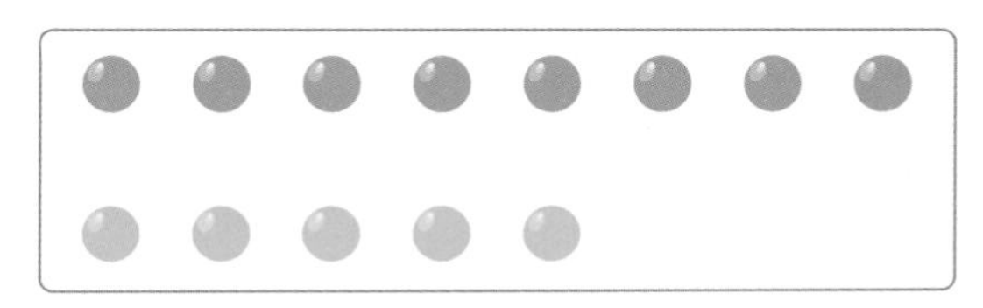

(2) 뺄셈을 해 보세요.

$8-\square=\square$

개념 9 뺄셈을 해 볼까요(2)

(1) 그림에 맞는 뺄셈식 쓰기

예 빨간색 자전거 수와 노란색 자전거 수의 차 구하기

➡ 5－3＝2 → 색이 다른 자전거 수 비교

➡ 8－5＝3 → 전체 자전거 중에서 노란색 자전거 수 구하기

➡ 8－3＝5 → 전체 자전거 중에서 빨간색 자전거 수 구하기

(2) 빼는 수가 바뀌는 경우

6－1＝5 ⇄ 6－2＝4 ⇄ 6－3＝3 ⇄ 6－4＝2

➡ 빼는 수가 1씩 커지면 차는 1씩 작아집니다.

⬅ 빼는 수가 1씩 작아지면 차는 1씩 커집니다.

(3) 차가 같은 경우

9－7＝2 ⇄ 8－6＝2 ⇄ 7－5＝2 ⇄ 6－4＝2

➡ 1씩 작아지는 수에서 1씩 작아지는 수를 빼면 차가 같습니다.

⬅ 1씩 커지는 수에서 1씩 커지는 수를 빼면 차가 같습니다.

● **같은 상황에서 여러 가지 뺄셈식 찾기**

색이 다른 자전거 수를 비교할 수도 있고, 전체 자전거 수에서 한 색의 자전거 수를 빼면 다른 색의 자전거 수를 구할 수도 있습니다.

● **모으기를 활용하여 차가 같은 뺄셈식 쓰기**

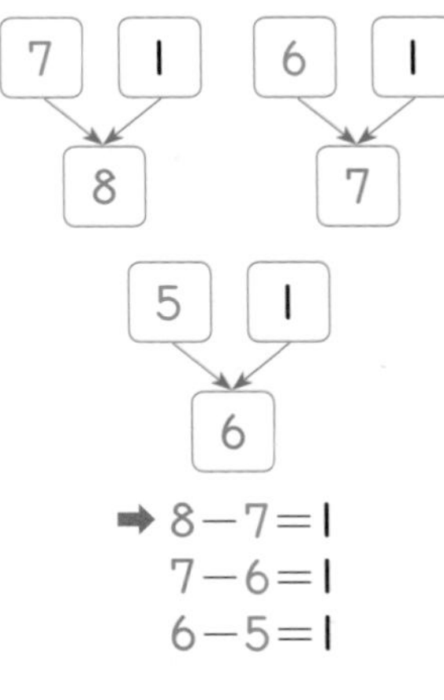

➡ 8－7＝1
7－6＝1
6－5＝1

241009-0281

05 그림에 맞는 여러 가지 뺄셈식을 써 보세요.

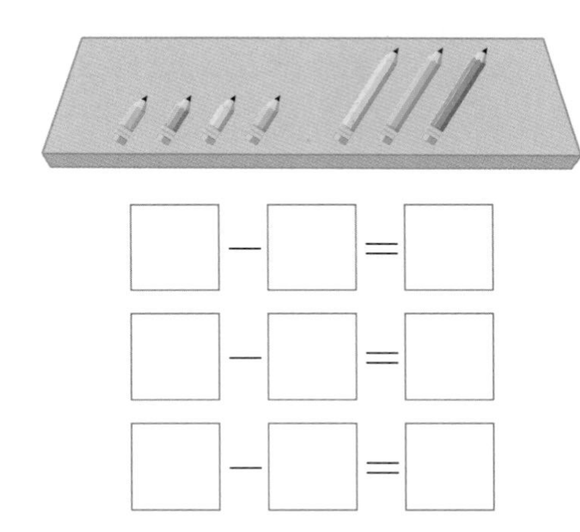

□－□＝□

□－□＝□

□－□＝□

241009-0282

06 뺄셈을 해 보세요.

(1) 5－1＝□
5－2＝□
5－3＝□
5－4＝□

(2) 9－4＝□
8－3＝□
7－2＝□
6－1＝□

개념 10 0이 있는 덧셈과 뺄셈을 해 볼까요

(1) 0이 있는 덧셈하기

① 0에 어떤 수를 더하면 어떤 수입니다.

➡ $0+4=4$

② 어떤 수에 0을 더하면 어떤 수입니다.

➡ $4+0=4$

(2) 0이 있는 뺄셈하기

① 어떤 수에서 0을 빼면 어떤 수입니다.

➡ $4-0=4$

② 어떤 수에서 어떤 수를 빼면 0입니다.

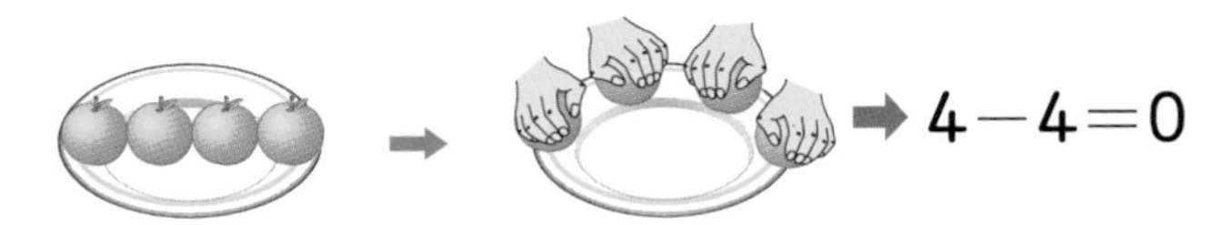

➡ $4-4=0$

● 0이 있는 덧셈하기

① 0에 어떤 수를 더하면 어떤 수입니다.
➡ 0+■=■

② 어떤 수에 0을 더하면 어떤 수입니다.
➡ ■+0=■

● 0이 있는 뺄셈하기

① 어떤 수에서 0을 빼면 어떤 수입니다.
➡ ■−0=■

② 어떤 수에서 어떤 수를 빼면 0입니다.
➡ ■−■=0

3 단원

241009-0283

07 빵의 수를 세어 덧셈을 해 보세요.

(1)

$5+0=$ □

(2)

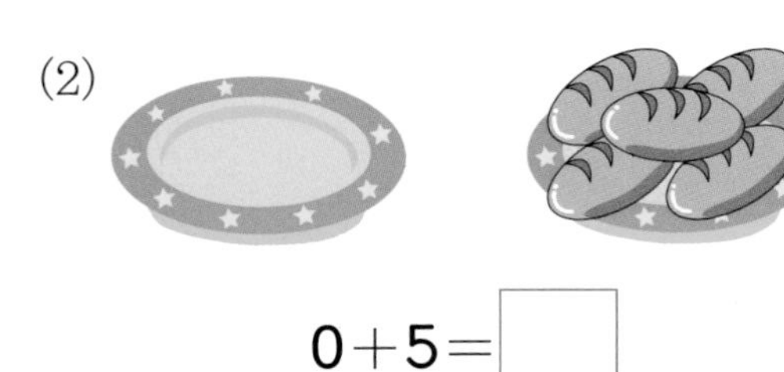

$0+5=$ □

241009-0284

08 귤의 수를 세어 뺄셈을 해 보세요.

(1)

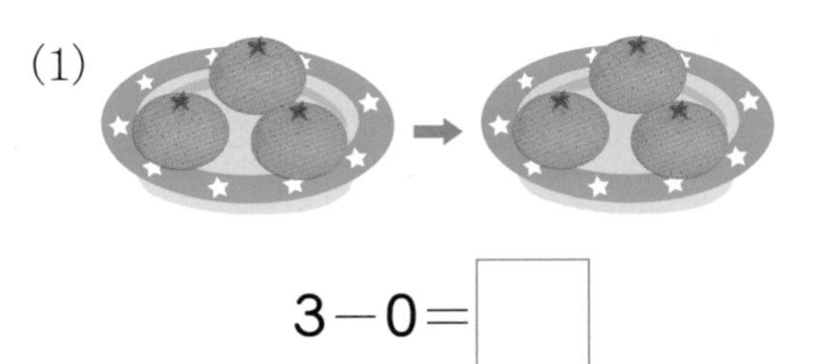

$3-0=$ □

(2)

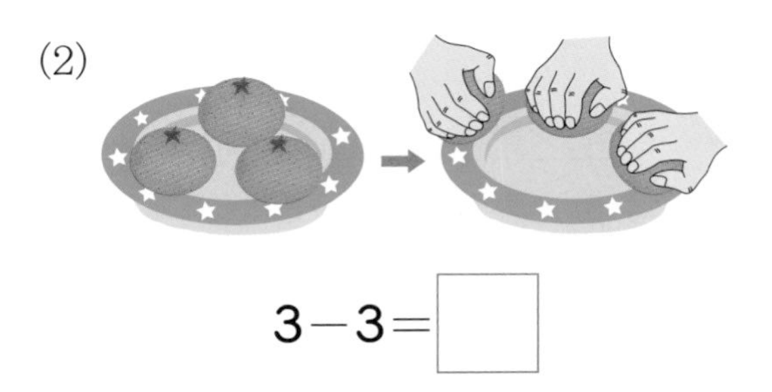

$3-3=$ □

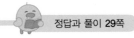

개념 11 덧셈과 뺄셈을 해 볼까요

(1) 합이 8이 되는 덧셈을 다양하게 표현하기

십 배열판에 그려서 표현하기	모으기로 표현하기
➡ 1+7=8	7, 1 → 8 ➡ 7+1=8
그림으로 표현하기	**덧셈식으로 표현하기**
➡ 6+2=8	0+8=8 3+5=8 6+2=8 1+7=8 4+4=8 7+1=8 2+6=8 5+3=8 8+0=8

(2) 차가 2가 되는 뺄셈을 다양하게 표현하기

십 배열판에 그려서 표현하기	가르기로 표현하기
➡ 5−3=2	6 → 4, 2 ➡ 6−4=2
덜어 내는 그림으로 표현하기	**뺄셈식으로 표현하기**
➡ 4−2=2	2−0=2 5−3=2 8−6=2 3−1=2 6−4=2 9−7=2 4−2=2 7−5=2

● 8을 손가락으로 표현하기

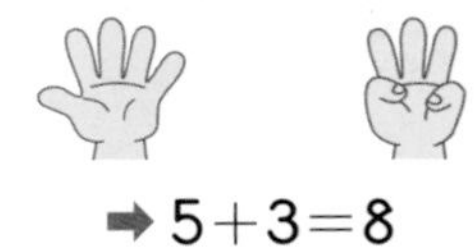

➡ 5+3=8

● 8을 도미노로 표현하기

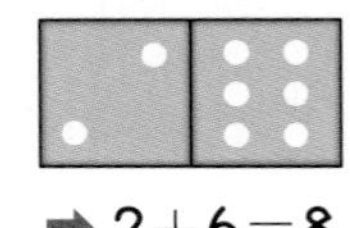

➡ 2+6=8

● 2를 비교하는 그림으로 표현하기

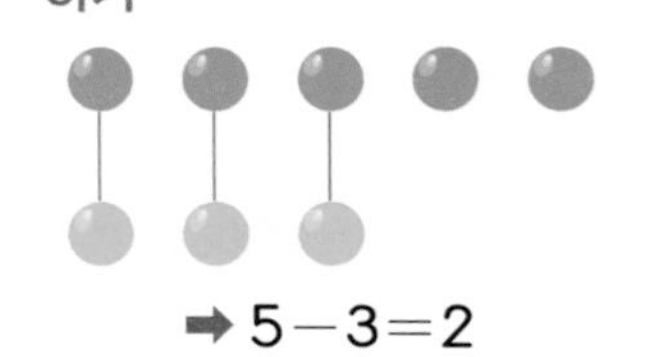

➡ 5−3=2

241009-0285

09 합이 5가 되는 덧셈을 찾아 ○표 하세요.

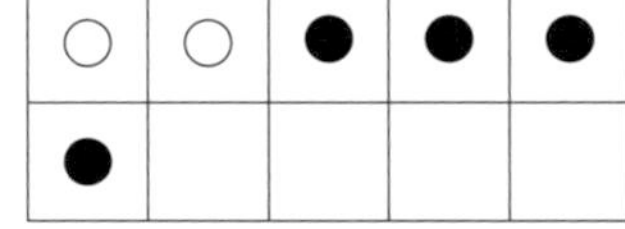

(　　　)

(　　　)

241009-0286

10 차가 5가 되는 뺄셈을 찾아 ○표 하세요.

(　　　)

(　　　)

정답과 풀이 29쪽

241009-0287

45 그림에 알맞은 뺄셈식을 쓰고 읽어 보세요.

쓰기 6－4＝□

읽기 6 □ 4는 □와 같습니다.

6과 4의 □는 □입니다.

241009-0288

46 알맞은 것끼리 이어 보세요.

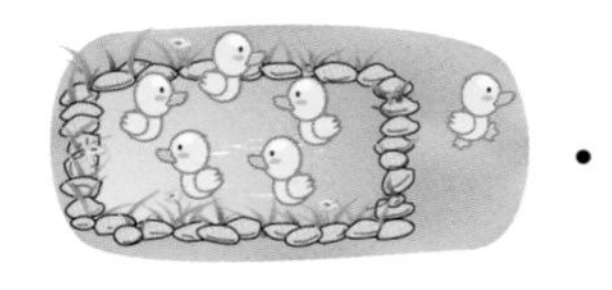

• • 6－1＝5

• • 5－2＝3

241009-0289

47 날고 있는 종이비행기는 몇 개인지 뺄셈식을 써 보세요.

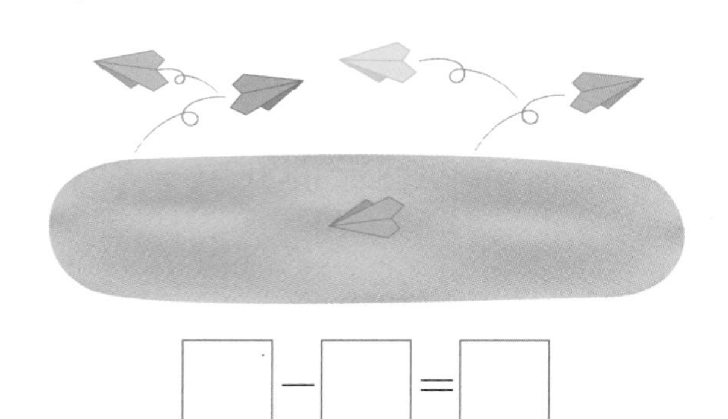

□－□＝□

241009-0290

48 (직육면체) 모양은 (원기둥) 모양보다 몇 개 더 많은지 뺄셈식을 써 보세요.

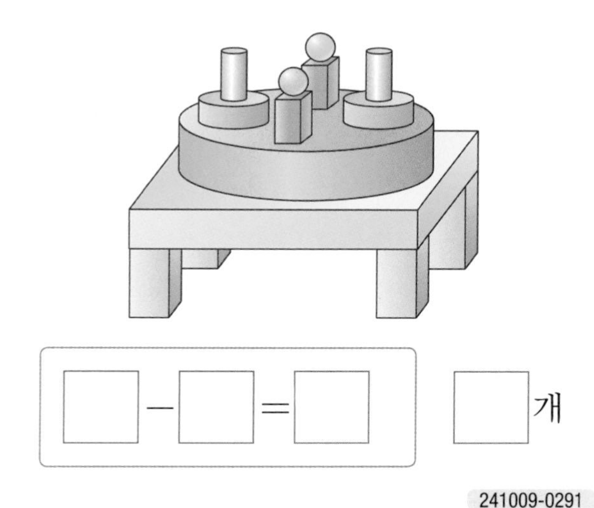

□－□＝□ □개

241009-0291

49 그림을 그려 뺄셈을 해 보세요.

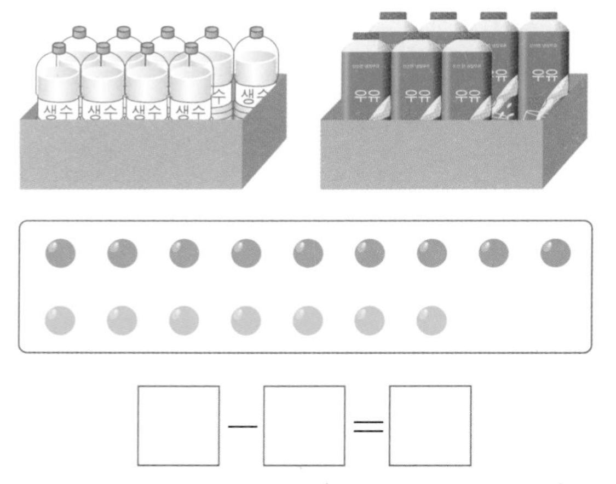

□－□＝□

241009-0292

50 그림과 수빈이의 말을 보고 알맞은 뺄셈식을 써 보세요.

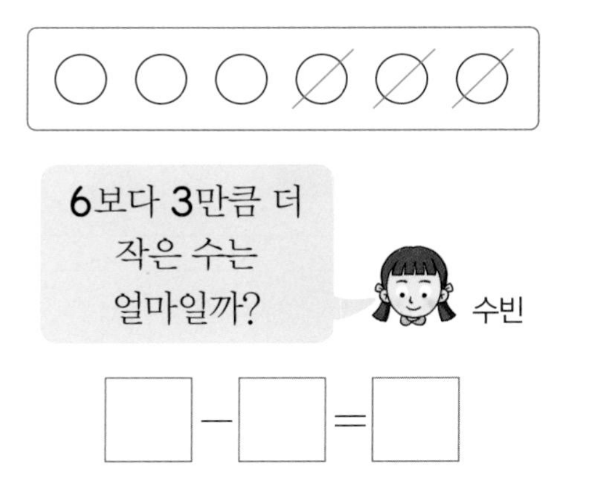

6보다 3만큼 더 작은 수는 얼마일까?
수빈

□－□＝□

3 단원

241009-0293

51 그림을 보고 알맞은 뺄셈식을 써 보세요.

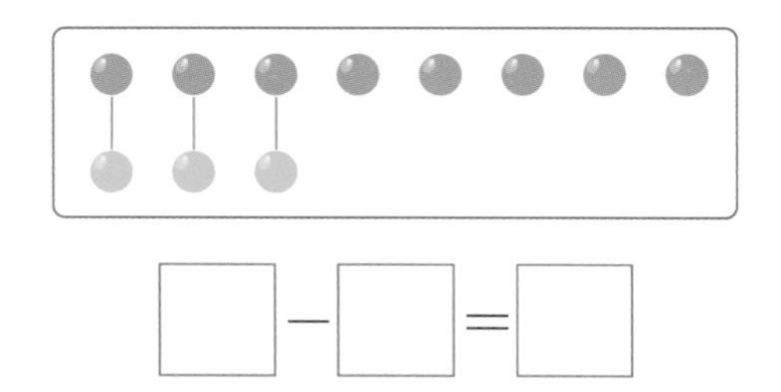

□ − □ = □

241009-0294

52 식에 알맞은 그림을 그려 뺄셈을 해 보세요.

(1) 9 − 6 = □

(2) 4 − 3 = □

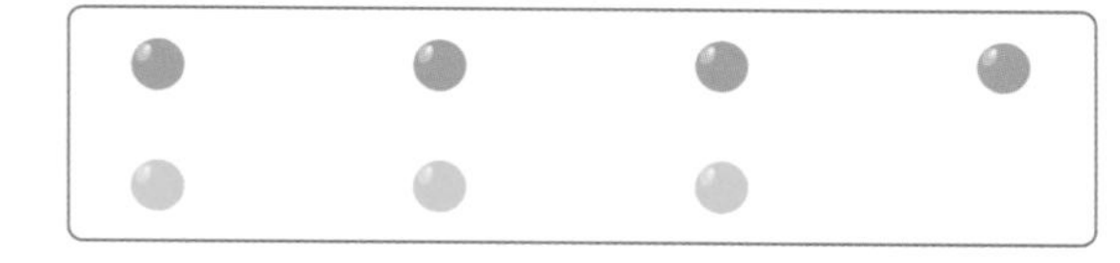

241009-0295

53 그림을 보고 뺄셈식을 2개 써 보세요.

중요

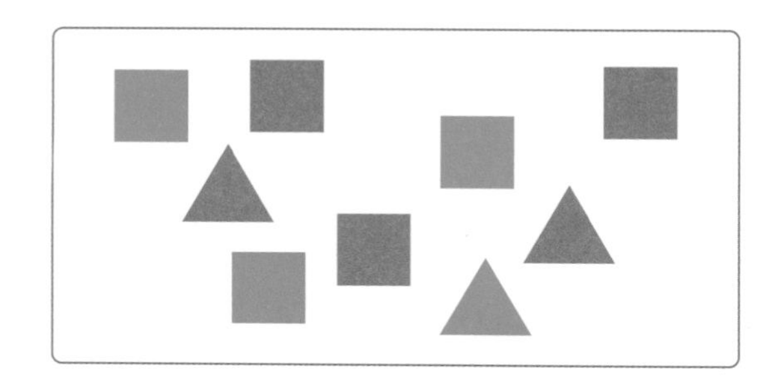

□ − □ = □

□ − □ = □

241009-0296

54 그림에 맞게 가르기를 하고 뺄셈식을 써 보세요.

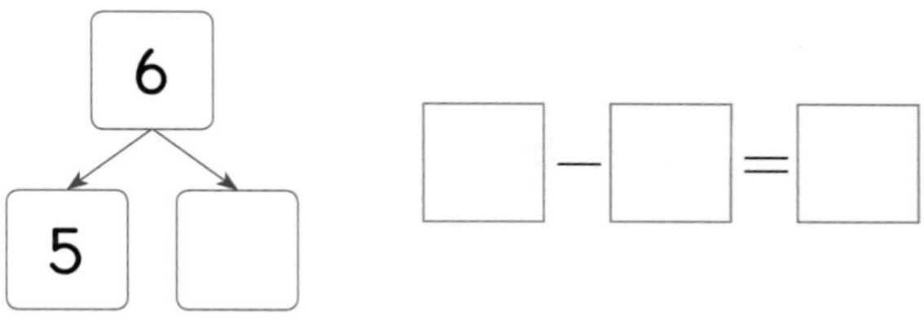

□ − □ = □

241009-0297

55 가르기를 하고 뺄셈식을 써 보세요.

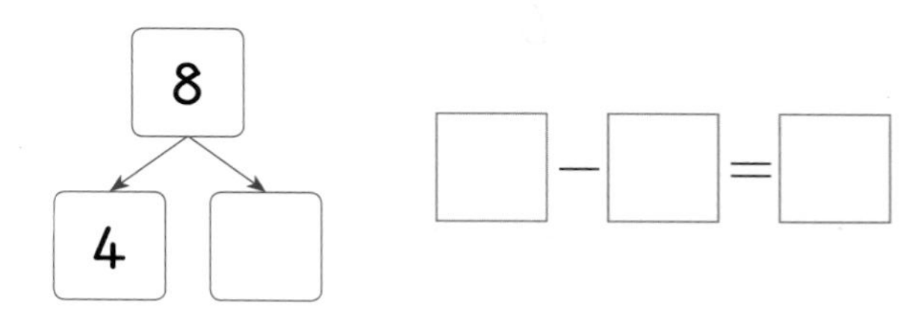

□ − □ = □

241009-0298

56 민오가 말하는 뺄셈식이 되도록 □ 안에 알맞은 수를 써넣으세요.

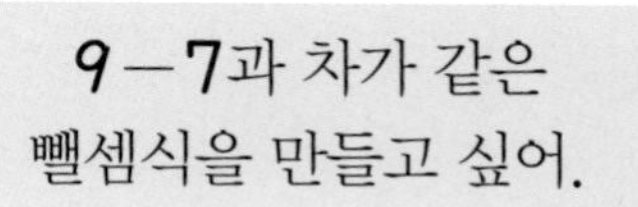

9 − 7과 차가 같은
뺄셈식을 만들고 싶어.

6 − □

241009-0299

57 빈칸에 알맞은 수를 써넣으세요.

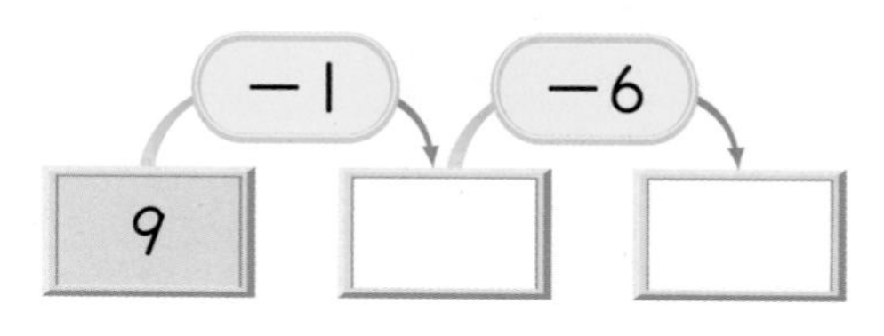

241009-0300

58 덧셈을 해 보세요.

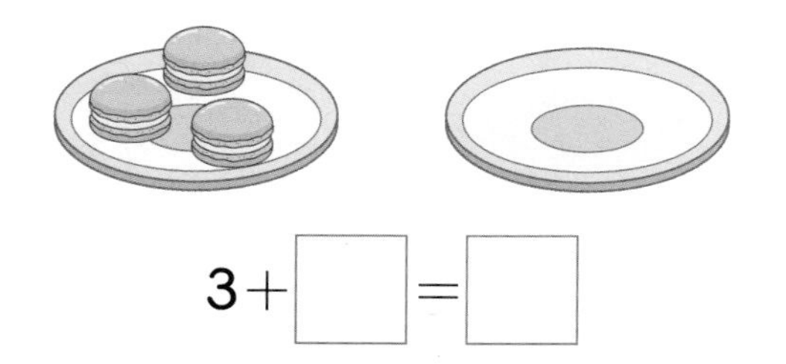

$3+\square=\square$

241009-0301

59 뺄셈을 해 보세요.

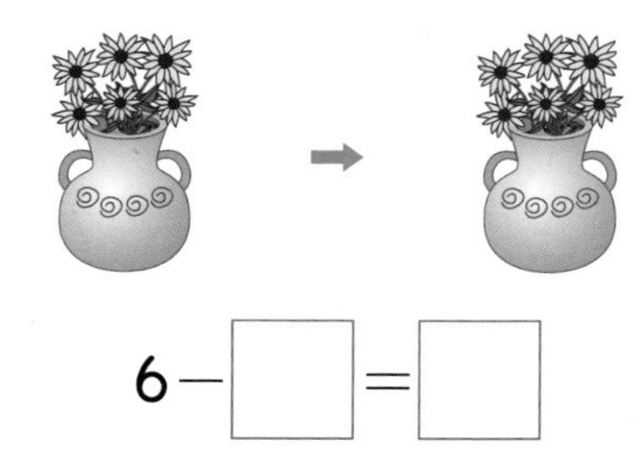

$6-\square=\square$

241009-0302

60 덧셈과 뺄셈을 해 보세요.

(1) $2+0=\square$ (2) $0+2=\square$

(3) $8-0=\square$ (4) $6-6=\square$

241009-0303

61 합과 차가 같은 것끼리 이어 보세요.

$9-0$ •	• $7-7$
$0+6$ •	• $0+9$
$1-1$ •	• $6-0$

241009-0304

62 알맞은 덧셈식을 써 보세요.

(1)  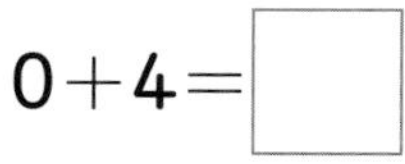

$0+4=\square$

(2) 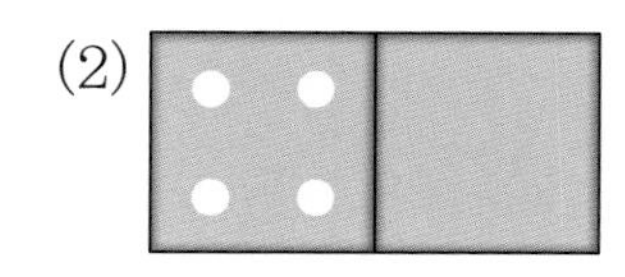 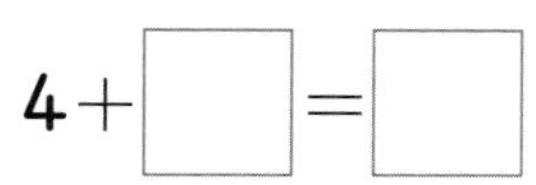

$4+\square=\square$

241009-0305

63 그림을 보고 알맞은 뺄셈식을 써 보세요.

$\square-\square=\square$

241009-0306

64 □ 안에 $+$, $-$를 알맞게 써넣으세요.

(1) $5\ \square\ 4=9$ (2) $4\ \square\ 2=2$

(3) $1\ \square\ 7=8$ (4) $8\ \square\ 7=1$

241009-0307

65 중요 4를 덧셈과 뺄셈으로 바르게 나타낸 것을 모두 찾아 ○표 하세요.

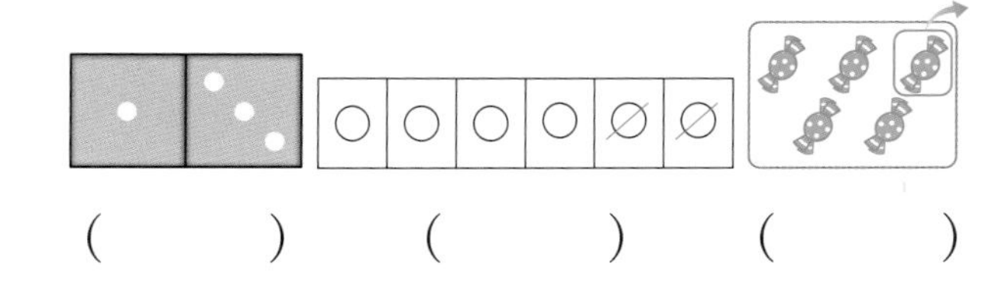

(　　)　(　　)　(　　)

3 단원

241009-0308

66 덧셈과 뺄셈을 해 보세요.

(1) $5+2=\square$

$5+3=\square$

$5+4=\square$

(2) $8-3=\square$

$8-4=\square$

$8-5=\square$

241009-0309

67 □ 안에 알맞은 수를 써넣고 합과 차가 같은 것끼리 이어 보세요.

$3+6=\square$ •	• $5-3=\square$
$5+2=\square$ •	• $8-1=\square$
$1+1=\square$ •	• $9-0=\square$

241009-0310

68 이야기를 읽고 알맞은 뺄셈식을 써 보세요.

귤 2개를 먹었어.

$\square-\square=\square$

241009-0311

69 이야기를 읽고 알맞은 덧셈식을 써 보세요.

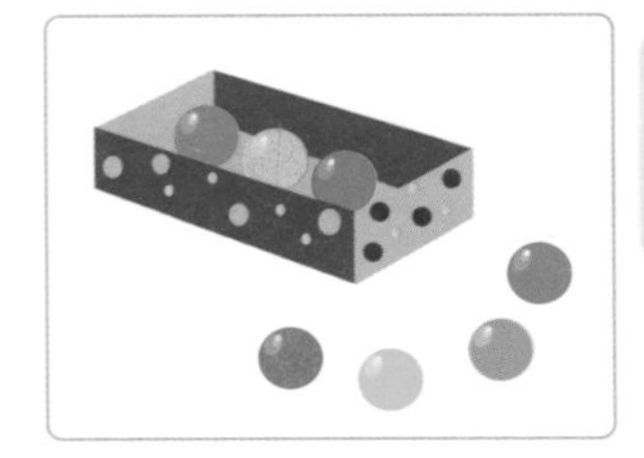

상자 속에는 구슬이 3개 있어.

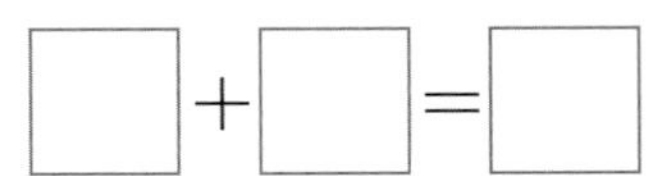

$\square+\square=\square$

241009-0312

70 사탕을 4개 더 그리고 알맞은 덧셈식을 써 보세요.

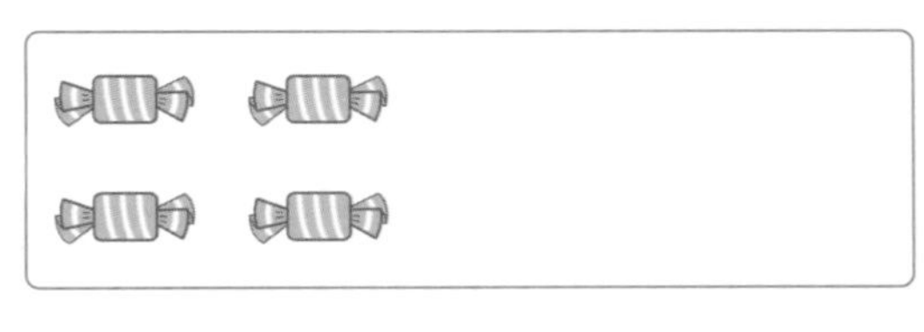

$\square+\square=\square$

241009-0313

71 세 수를 모두 이용하여 뺄셈식을 2개 써 보세요.

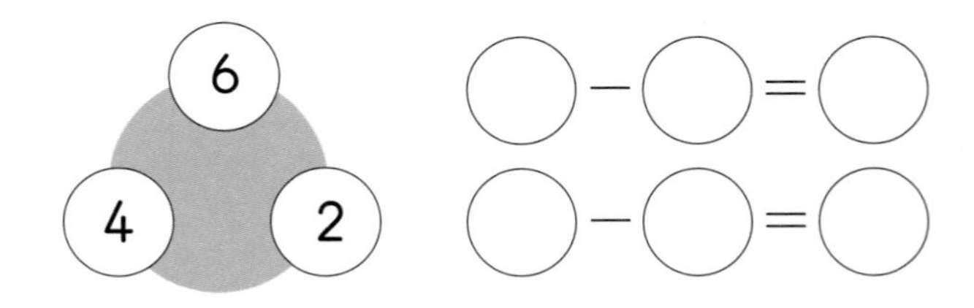

$\bigcirc-\bigcirc=\bigcirc$

$\bigcirc-\bigcirc=\bigcirc$

241009-0314

72 도전 세 수를 모두 이용하여 덧셈식을 2개 써 보세요.

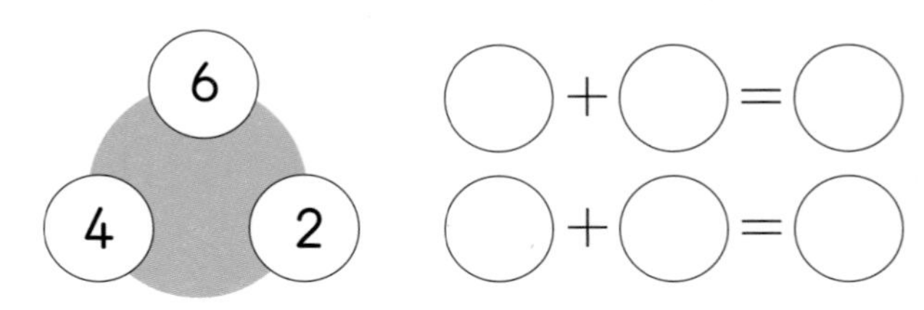

$\bigcirc+\bigcirc=\bigcirc$

$\bigcirc+\bigcirc=\bigcirc$

세 수로 덧셈식과 뺄셈식 만들기

- 세 수로 덧셈식 만들기

  2 5 3 $2+3=5$, $3+2=5$

  ➡ 가장 큰 수인 5가 두 수의 합이 됩니다.

- 세 수로 뺄셈식 만들기

  4 3 7 $7-3=4$, $7-4=3$

  ➡ 가장 큰 수인 7에서 다른 두 수를 뺍니다.

241009-0315

73 수 카드의 수를 모두 이용하여 덧셈식과 뺄셈식을 1개씩 써 보세요.

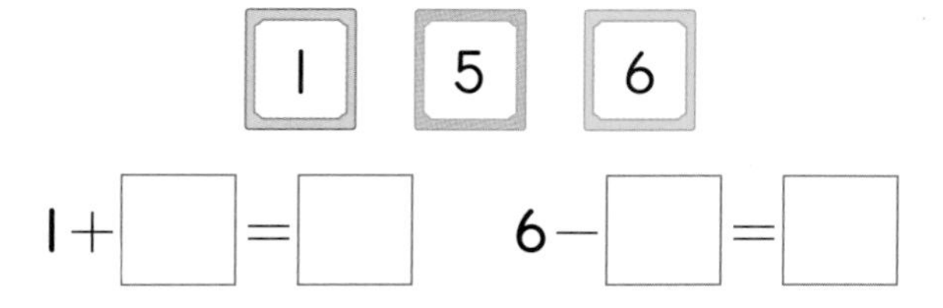

241009-0316

74 수 카드의 수를 모두 이용하여 덧셈식과 뺄셈식을 1개씩 써 보세요.

2 8 6

$6+\square=\square$ $8-\square=\square$

241009-0317

75 수 카드의 수를 모두 이용하여 덧셈식과 뺄셈식을 1개씩 써 보세요.

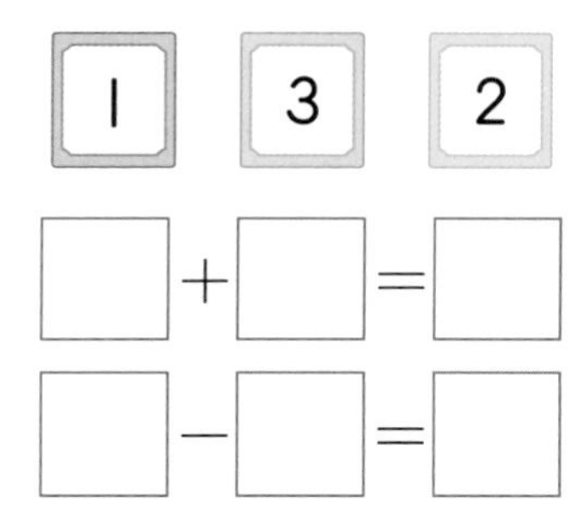

덧셈과 뺄셈의 활용

- 덧셈식의 문제인 경우 더하기(+)를 사용한 식을 만들어 답을 구합니다.
- 뺄셈식의 문제인 경우 빼기(−)를 사용한 식을 만들어 답을 구합니다.

241009-0318

76 강아지 간식 6개를 3마리의 강아지에게 1개씩 나누어 주었습니다. 남은 강아지 간식은 몇 개일까요?

( )

241009-0319

77 주희는 풍선을 3개 가지고 있고, 5명의 친구는 풍선을 1개씩 가지고 있습니다. 주희와 친구들이 가지고 있는 풍선은 모두 몇 개일까요?

( )

241009-0320

78 스케치북에 쓴 수의 합을 구하는 놀이를 하고 있습니다. 미나와 현욱이가 쓴 수의 합은 얼마일까요?

나는 5보다 3만큼 더 작은 수를 썼어.

나는 5보다 1만큼 더 큰 수를 썼어.

( )

3 단원

응용력 높이기

대표 응용 1 조건에 맞는 수 구하기

㉢에 알맞은 수를 구해 보세요.

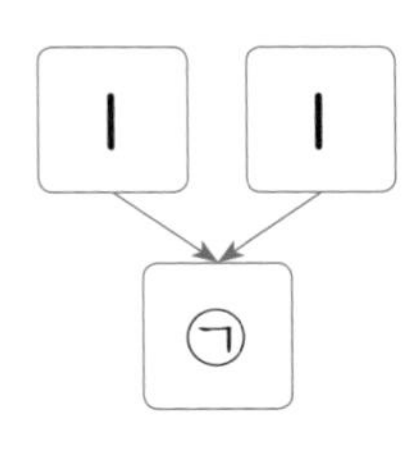

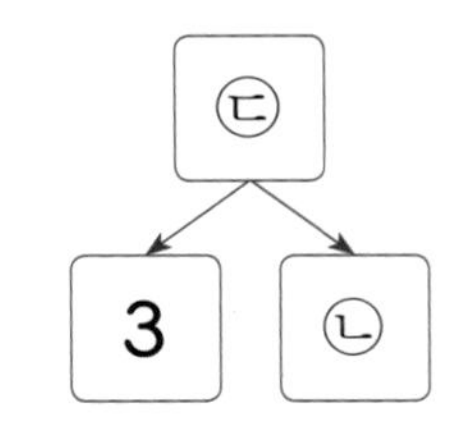

㉡은 ㉠보다 2만큼 더 큰 수야.

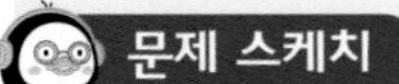

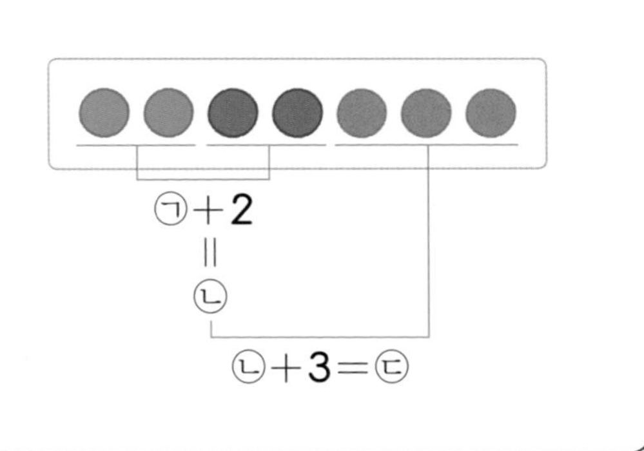

해결하기

㉠은 1과 1을 모으기 한 수이므로 1+1=□입니다.

㉡은 ㉠보다 2만큼 더 큰 수이므로 □+2=□입니다.

3과 ㉡으로 가르기 할 수 있는 수는 □이므로 ㉢은 □입니다.

241009-0321

1-1 ㉢에 알맞은 수를 구해 보세요.

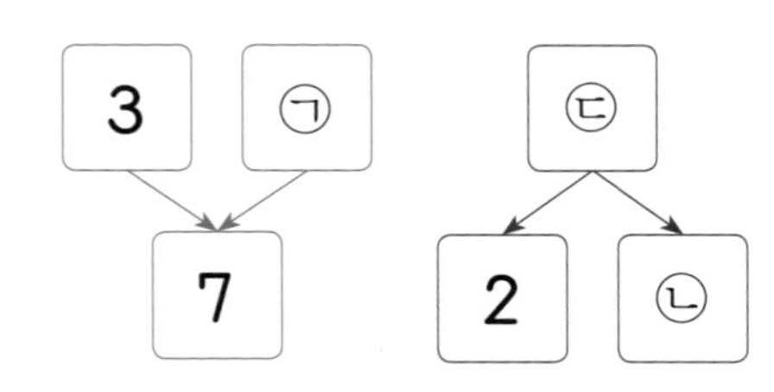

㉡은 ㉠보다 3만큼 더 작은 수야.

( )

241009-0322

1-2 ㉣에 알맞은 수를 구해 보세요.

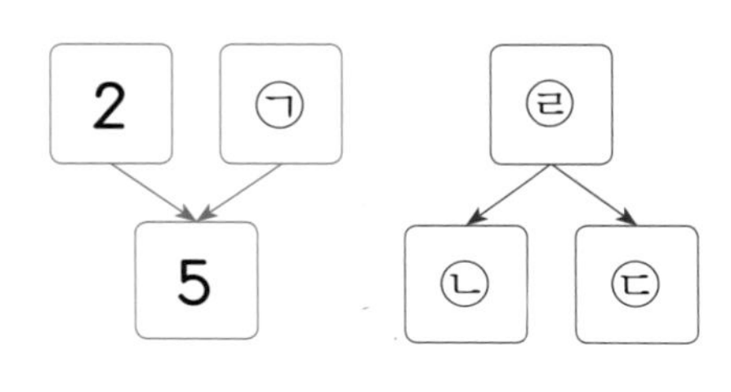

㉠에서 ㉡을 빼면 0이야.

㉢은 ㉡보다 2만큼 더 큰 수야.

( )

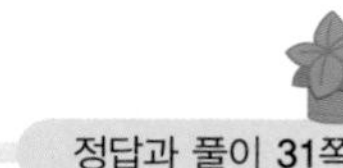
정답과 풀이 31쪽

대표 응용 2

결과가 같은 식 만들기

1부터 9까지의 수를 사용하여 두 수의 차가 6인 뺄셈식을 3개 만들어 보세요.

9 − □ = 6

8 − □ = 6

7 − □ = 6

문제 스케치

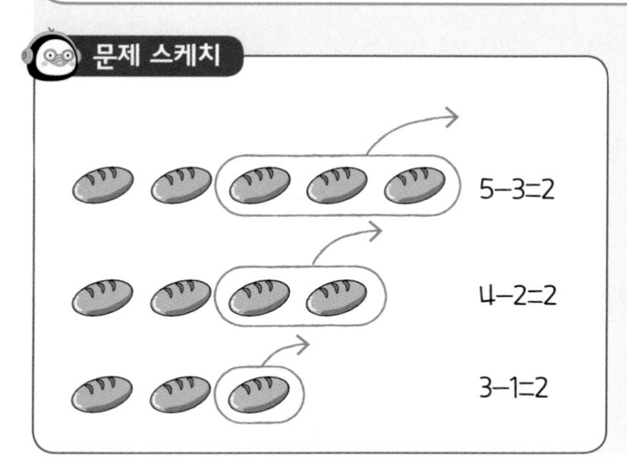

해결하기

9는 3과 6으로 가르기 할 수 있습니다. ➡ 9 − □ = 6

1씩 작아지는 수에서 1씩 작아지는 수를 빼면 차가 같습니다.

따라서 두 수의 차가 6인 뺄셈식을 만들면 9 − □ = 6, 8 − □ = 6, 7 − □ = 6입니다.

3 단원

241009-0323

2-1 1부터 9까지의 수를 사용하여 두 수의 합이 8인 덧셈식을 3개 만들어 보세요. (단, 같은 수를 여러 번 사용할 수 있습니다.)

□ + □ = 8　　□ + □ = 8　　□ + □ = 8

241009-0324

2-2 1부터 9까지의 수를 사용하여 두 수의 합 또는 차가 4인 계산식을 2개씩 만들어 보세요. (단, 같은 수를 여러 번 사용할 수 있습니다.)

□ + □ = 4　　□ + □ = 4

□ − □ = 4　　□ − □ = 4

대표 응용 3

수 카드로 차가 가장 큰(작은) 뺄셈식 만들기

수 카드 중에서 2장을 골라 한 번씩만 사용하여 두 수의 차가 가장 큰 뺄셈식을 만들어 보세요.

7 8 4 3

문제 스케치

8 > 7 > 4 > 3

멀리 떨어질수록 차가 커요.

해결하기

두 수의 차가 가장 크려면 가장 큰 수에서 가장 작은 수를 빼야 합니다.

가장 큰 수는 □이고, 가장 작은 수는 □입니다. 따라서 차가 가장 큰 뺄셈식은 □ − □ = □입니다.

241009-0325

3-1 수 카드 중에서 2장을 골라 한 번씩만 사용하여 두 수의 차가 가장 작은 뺄셈식을 만들어 보세요.

1 8 4 5

□ − □ = □

241009-0326

3-2 수 카드 중에서 3장을 골라 한 번씩만 사용하여 두 수의 차가 가장 큰 뺄셈식을 만들어 보세요.

0 1 2 3 4 5 6 7 8 9

□ − □ = □

대표 응용 4

잘못 계산한 식 바르게 구하기

어떤 수에서 3을 빼야 할 것을 잘못하여 더했더니 8이 되었습니다. 바르게 계산하면 얼마인지 구해 보세요.

문제 스케치

〈잘못 계산한 식〉 (어떤 수)$+3=8$
↓
어떤 수 구하기
↓
〈바르게 계산한 식〉 (어떤 수)-3

해결하기

(어떤 수)$+3=8$에서 $5+3=8$이므로 어떤 수는 ☐입니다. 따라서 바르게 계산하면 어떤 수에서 3을 빼어서 ☐$-3=$☐입니다.

241009-0327

4-1 어떤 수에 2를 더해야 할 것을 잘못하여 뺐더니 4가 되었습니다. 바르게 계산하면 얼마인지 구해 보세요.

(　　　　　　　)

3 단원

241009-0328

4-2 2와 2를 모으기 하면 ㉠이 됩니다. 어떤 수에서 ㉠을 빼야 할 것을 잘못하여 더했더니 9가 되었습니다. 바르게 계산하면 얼마인지 구해 보세요.

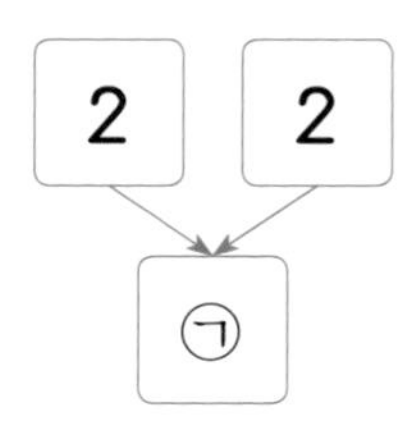

(　　　　　　　)

단원 평가 LEVEL ❶

241009-0329

01 모으기를 해 보세요.

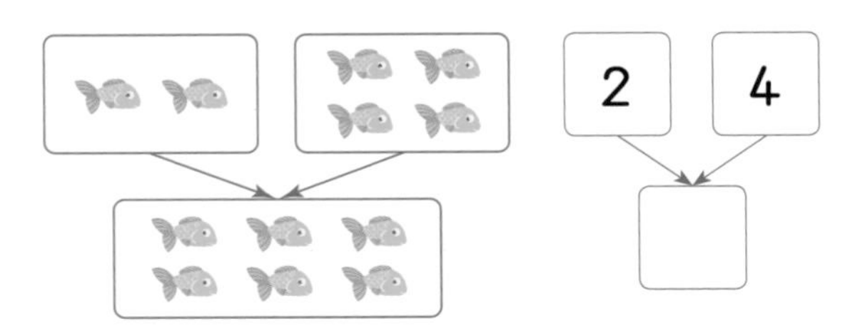

241009-0330

02 가르기를 해 보세요.

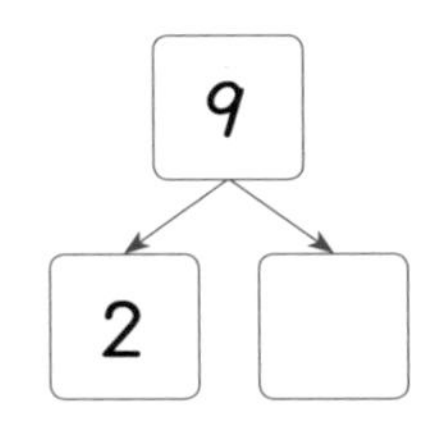

241009-0331

03 수 카드의 수를 모으기 했을 때 모으기 한 수가 진우와 다른 사람은 누구일까요?

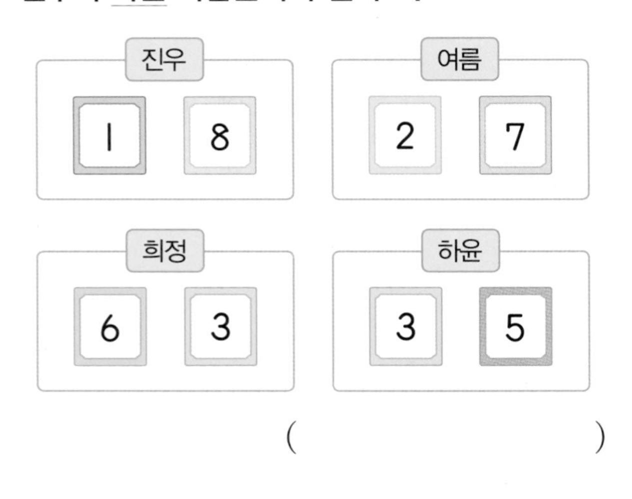

(   )

241009-0332

04 9를 위, 아래의 두 수로 가르기 하려고 합니다. 가르기 한 수로 알맞은 것끼리 이어 보세요.

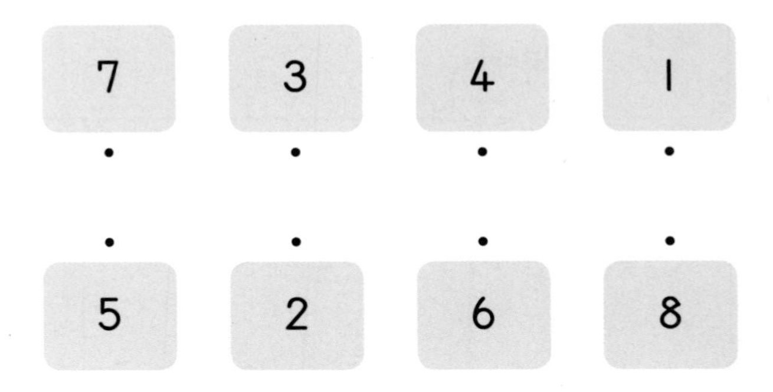

241009-0333

05 그림을 보고 덧셈 이야기를 만들어 보세요.

펭귄이 얼음 위에 □마리 있고, 물속에 □마리 있으므로 펭귄은 모두 □마리입니다.

241009-0334

06 식을 보고 알맞은 말에 ○표 하세요.

2+5=7

(1) 2 (더하기 , 빼기) 5는 7과 같습니다.

(2) 2와 5의 (합 , 차)은/는 7입니다.

241009-0335

07 중요 덧셈식을 써 보세요.

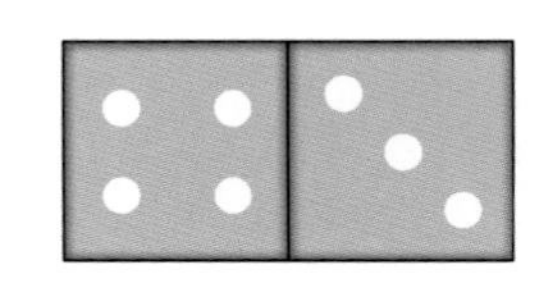

4+□=□

241009-0336

08 합이 5인 두 수를 찾아 같은 색으로 색칠하고 덧셈식을 써 보세요.

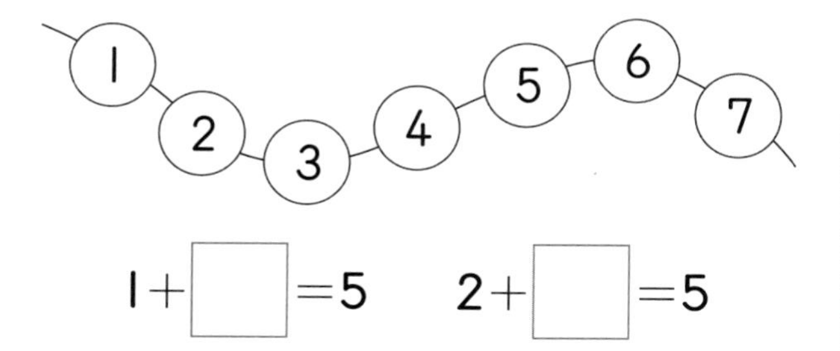

$1+\square=5$ $2+\square=5$

241009-0337

09 서술형 수 카드 중에서 2장을 골라 한 번씩만 사용하여 두 수의 합이 가장 큰 덧셈식을 만들어 보세요.

1 2 3 4

풀이

(1) 두 수의 합이 가장 크려면 가장 큰 수와 두 번째로 큰 수를 더하면 됩니다.

(2) 가장 큰 수는 (　　　)이고, 두 번째로 큰 수는 (　　　)입니다.

(3) 따라서 두 수의 합이 가장 큰 덧셈식을 만들면

(　　　)+(　　　)=(　　　)입니다.

답 ______________

241009-0338

10 알맞은 것끼리 이어 보세요.

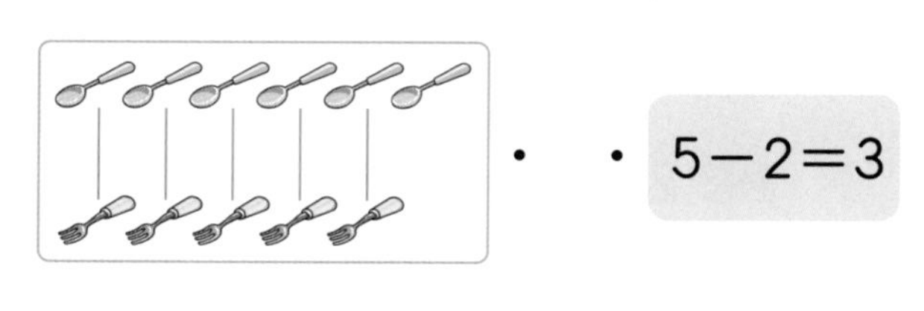

• • $5-2=3$

• • $6-5=1$

241009-0339

11 사과 9개 중 4개를 먹었습니다. 남은 사과는 몇 개인지 그림을 그려 뺄셈을 해 보세요.

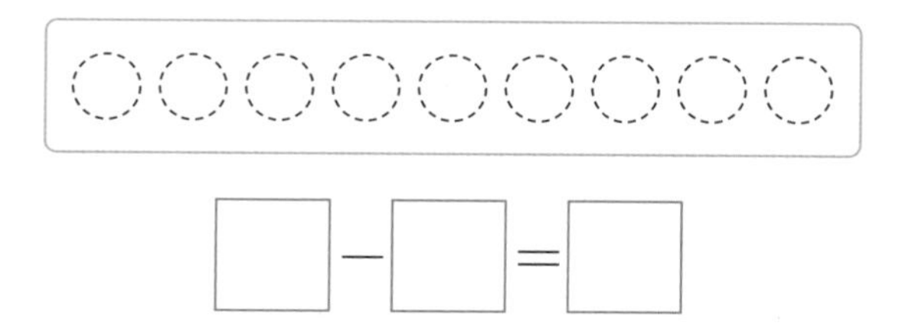

$\square-\square=\square$

241009-0340

12 가르기를 하고 뺄셈식을 써 보세요.

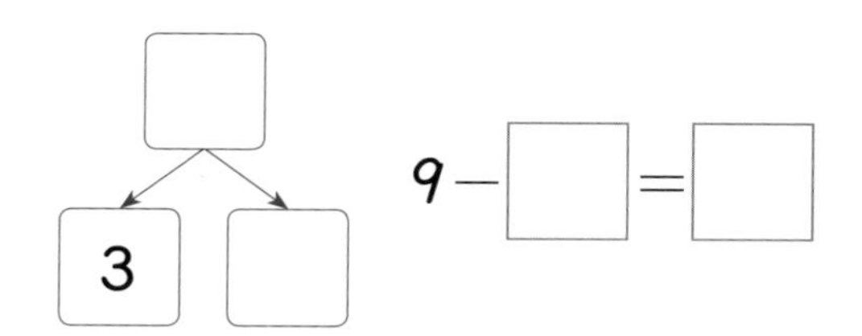

241009-0341

13 그림을 보고 알맞은 뺄셈식을 써 보세요.

$\square-\square=1$

241009-0342

14 중요 차가 같은 뺄셈식끼리 모은 사람은 누구일까요?

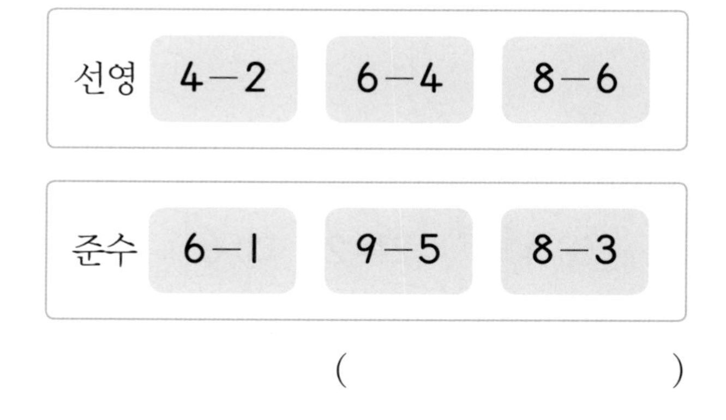

(　　　　　　　)

3 단원

241009-0343

15 합이 5가 되는 덧셈을 잘못 표현한 사람은 누구일까요?

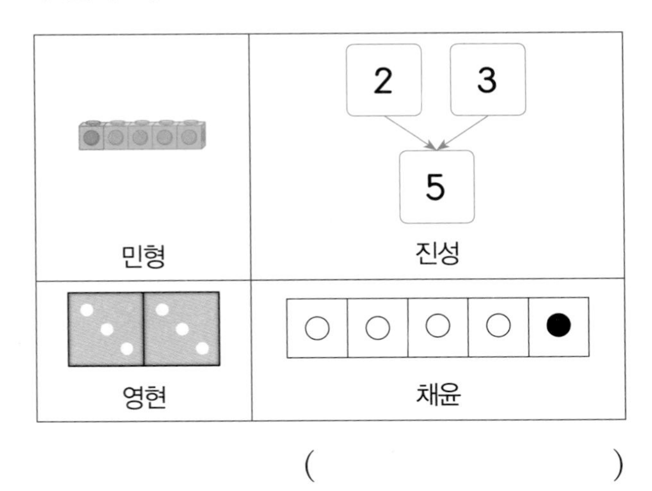

( )

241009-0344

16 덧셈과 뺄셈을 해 보세요.

(1) $2+0=\square$ (2) $0+8=\square$

(3) $9-9=\square$ (4) $4-0=\square$

241009-0345

17 □ 안에 +, −를 알맞게 써넣으세요.

(1) $4 \square 2=2$ (2) $6 \square 2=8$

(3) $1 \square 8=9$ (4) $3 \square 1=2$

241009-0346

18 도전 ㉠과 ㉡에 알맞은 수 중에서 더 작은 수는 얼마일까요?

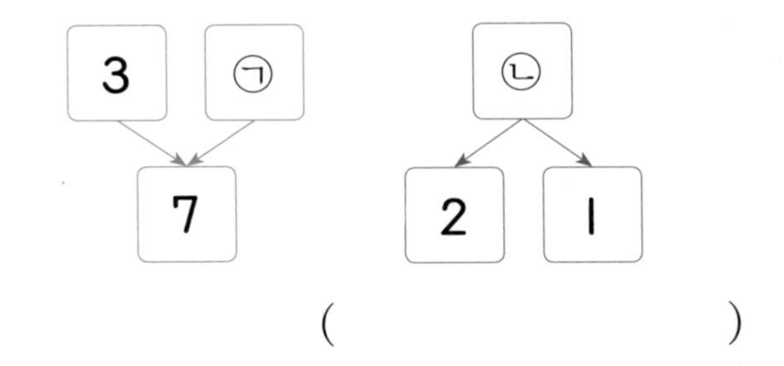

( )

241009-0347

19 서술형 민선이가 쓴 수를 구해 보세요.

내가 쓴 수는 3보다 4만큼 더 큰 수야.

내가 쓴 수는 선욱이가 쓴 수와 2의 합이야.

내가 쓴 수는 현진이가 쓴 수에서 5를 빼야 해.

선욱

현진

민선

풀이

(1) 선욱이가 쓴 수는
3+( )=( )입니다.

(2) 현진이가 쓴 수는 선욱이가 쓴 수
( )과 2의 합인 ( )입니다.

(3) 민선이가 쓴 수는 현진이가 쓴 수
( )에서 5를 뺀 ( )입니다.

답 ______

241009-0348

20 공룡 인형을 현지는 3개 가지고 있고, 동생은 현지보다 2개 더 많이 가지고 있습니다. 현지와 동생이 가지고 있는 공룡 인형은 모두 몇 개일까요?

( )

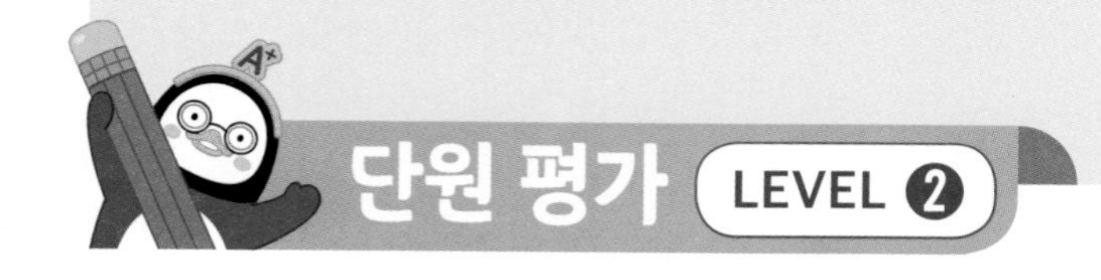

정답과 풀이 33쪽

241009-0349

01 가르기를 해 보세요.

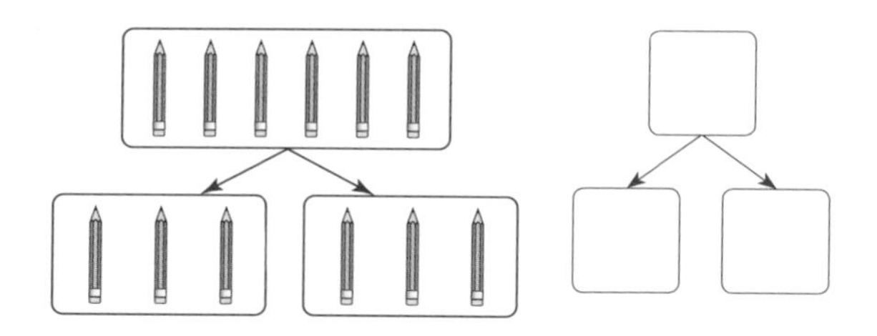

241009-0350

02 모으기와 가르기를 해 보세요.

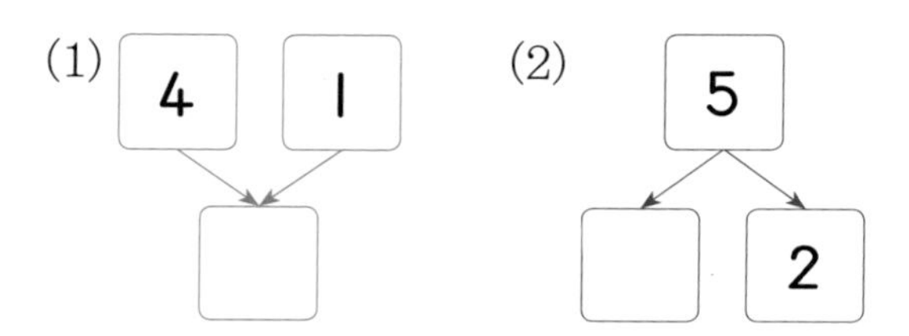

241009-0351

03 5를 두 수로 바르게 가르기 한 것을 모두 고르세요. (　　　　)

① 1과 3　② 2와 3　③ 3과 2
④ 4와 1　⑤ 4와 2

241009-0352

04 성준이는 형에게 과자 5개, 동생에게 과자 4개를 주었더니 남은 과자가 없었습니다. 성준이가 가지고 있던 과자는 모두 몇 개일까요?

(　　　　　　　　)

241009-0353

05 ㉠과 ㉡의 차를 구해 보세요.

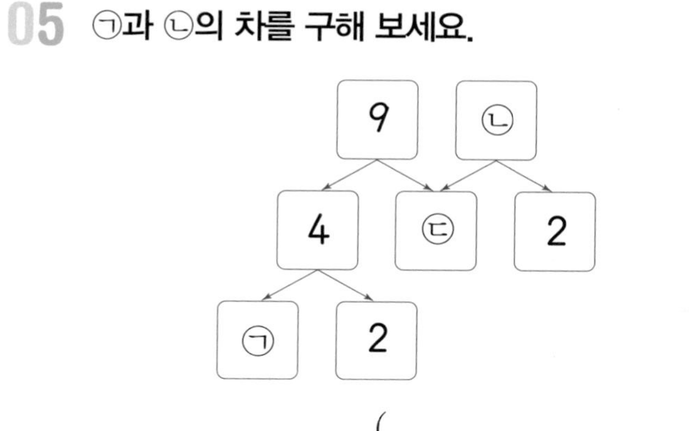

(　　　　　　　　)

241009-0354

06 그림을 보고 잘못 이야기한 사람은 누구일까요?

민욱: 과자가 4개, 음료수가 3개이므로 과자와 음료수는 모두 7개야.
현정: 한 사람에게 과자와 음료수를 하나씩 한 묶음으로 나누어 주면 과자가 1개 남아.
진영: 과자 수와 음료수 수의 차는 2야.

(　　　　　　　　)

241009-0355

07 ○를 더 그려 덧셈을 해 보세요.

$5+2=\square$

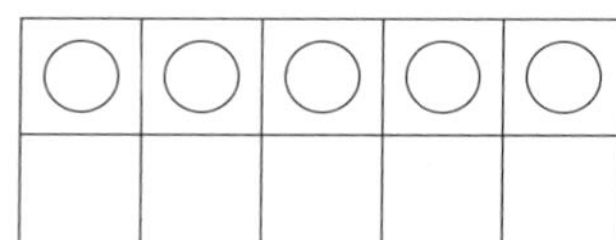

241009-0356

08 그림을 보고 알맞은 덧셈식이 아닌 것에 ○표 하세요.

$3+4=7$ ( )　　$1+6=7$ ( )　　$5+2=7$ ( )

241009-0357

09 알맞은 것끼리 이어 보세요.

7과 3의 차는 4입니다. •		• $7-2=5$
7 빼기 1은 6과 같습니다. •		• $7-1=6$
7보다 2만큼 더 작은 수는 5입니다. •		• $7-3=4$

241009-0358

10 알맞은 것끼리 이어 보고 뺄셈을 해 보세요.

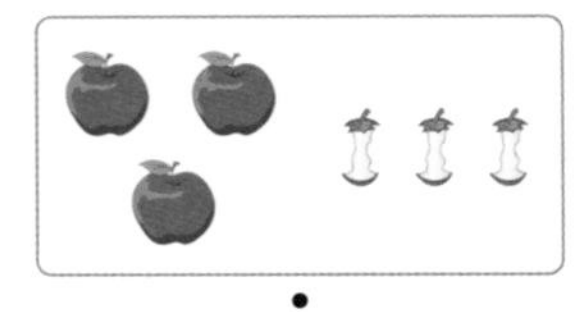　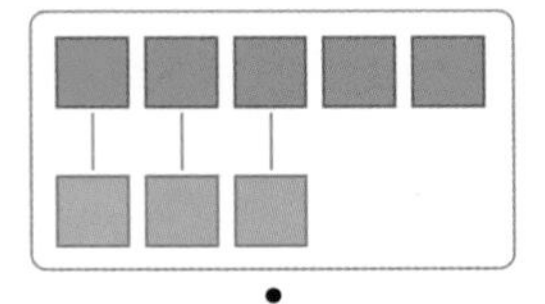

$6-3=\square$　　$5-3=\square$

241009-0359

11 빈칸에 알맞은 수를 써넣으세요.

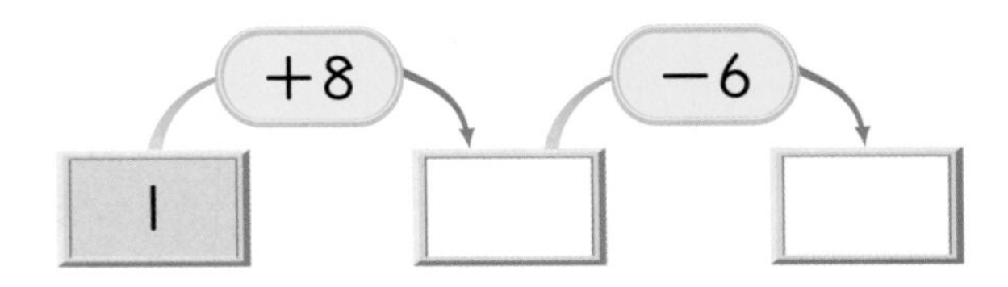

241009-0360

12 버스에 승객이 9명 타고 있었습니다. 첫 번째 정류장에서 승객 3명이 내렸고, 두 번째 정류장에서 승객 4명이 내렸습니다. 남은 승객은 몇 명일까요?

( )

241009-0361

13 1에서 9까지의 수를 사용하여 두 수의 차가 3인 뺄셈식을 3개 만들어 보세요.

$\square-1=3$

$\square-\square=3$

$\square-\square=3$

241009-0362

14 □ 안에 들어갈 수 있는 수 중에서 가장 큰 수를 찾아 기호를 써 보세요.

㉠ $0+\square=4$　　㉡ $\square+7=7$
㉢ $\square-6=0$　　㉣ $3-0=\square$

( )

241009-0363

15 어떤 수와 4의 합은 얼마인지 구해 보세요.

서술형

풀이

(1) $8-$(어떤 수)$=7$에서
$8-($ $)=7$이므로
어떤 수는 ( )입니다.

(2) 어떤 수와 4의 합은 ( )$+4$로
덧셈식을 쓸 수 있습니다.

(3) 따라서 ( )$+4=$( )입니다.

답 ______

241009-0364

16 □ 안에 들어갈 $+$와 $-$가 같은 것끼리 이어 보세요.

4□3=7 •		• 8□1=9
4□3=1 •		• 8□1=7

241009-0365

17 계산 결과가 $4+1$과 같은 것을 찾아 ○표 하세요.

중요

$8-2$	$7-3$	$9-4$
( )	( )	( )

241009-0366

18 계산 결과가 작은 것부터 순서대로 기호를 써 보세요.

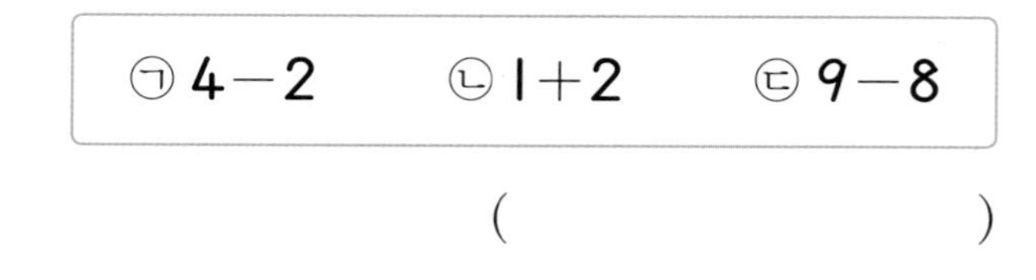
㉠ $4-2$ ㉡ $1+2$ ㉢ $9-8$

( )

241009-0367

19 어떤 수에 1을 더해야 할 것을 뺐더니 6이 되었습니다. 바르게 계산하면 얼마인지 구해 보세요.

서술형

풀이

(1) (어떤 수)$-$( )$=6$이므로 어떤 수는 ( )입니다.

(2) 따라서 바르게 계산하면
(어떤 수)$+$( )이므로
( )$+$( )$=$( )입니다.

답 ______

241009-0368

20 수 카드를 한 번씩 모두 사용하여 덧셈식과 뺄셈식을 2개씩 만들어 보세요.

도전

3 9 6

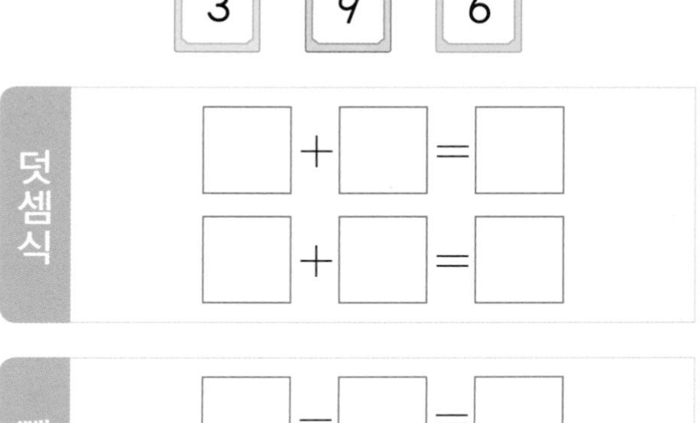

4 비교하기

단원 학습 목표

1. 일상생활에서 비교하기의 의미와 필요성을 알고 여러 가지 물건을 활용하여 길이, 무게, 넓이, 담을 수 있는 양을 비교하여 말할 수 있습니다.
2. 길이, 무게, 넓이, 담을 수 있는 양을 비교하여 비교하는 방법을 알고 '길다, 짧다', '무겁다, 가볍다', '넓다, 좁다', '많다, 적다'로 표현할 수 있습니다.
3. 길이, 무게, 넓이, 담을 수 있는 양에 관한 문제를 해결할 수 있습니다.

단원 진도 체크

학습일			학습 내용	진도 체크
1일째	월	일	개념 1 어느 것이 더 길까요 개념 2 어느 것이 더 무거울까요	✓
2일째	월	일	교과서 넘어 보기 + 교과서 속 응용 문제	✓
3일째	월	일	개념 3 어느 쪽이 더 넓을까요 개념 4 어느 것에 더 많이 담을 수 있을까요	✓
4일째	월	일	교과서 넘어 보기 + 교과서 속 응용 문제	✓
5일째	월	일	응용 1 이동한 거리 비교하기 응용 2 저울로 무게 비교하기	✓
6일째	월	일	응용 3 칸의 수를 세어 넓이 비교하기 응용 4 물을 퍼낸 횟수로 담긴 양 비교하기	✓
7일째	월	일	단원 평가 LEVEL ❶	✓
8일째	월	일	단원 평가 LEVEL ❷	✓

이 단원을 진도 체크에 맞춰 8일 동안 학습해 보세요.
해당 부분을 공부하고 나서 ✓표를 하세요.

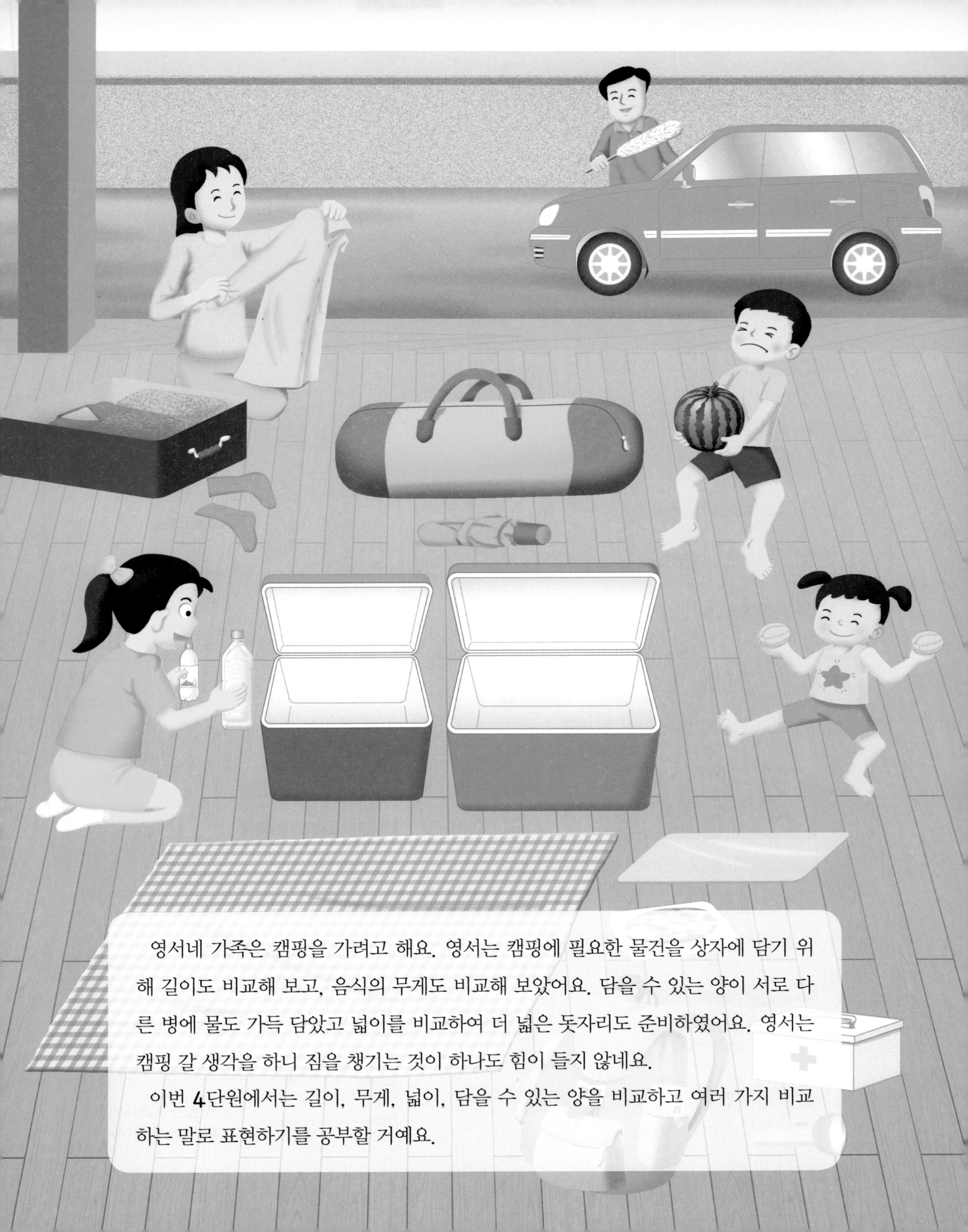

영서네 가족은 캠핑을 가려고 해요. 영서는 캠핑에 필요한 물건을 상자에 담기 위해 길이도 비교해 보고, 음식의 무게도 비교해 보았어요. 담을 수 있는 양이 서로 다른 병에 물도 가득 담았고 넓이를 비교하여 더 넓은 돗자리도 준비하였어요. 영서는 캠핑 갈 생각을 하니 짐을 챙기는 것이 하나도 힘이 들지 않네요.

이번 **4**단원에서는 길이, 무게, 넓이, 담을 수 있는 양을 비교하고 여러 가지 비교하는 말로 표현하기를 공부할 거예요.

교과서 개념 다지기

개념 1 어느 것이 더 길까요

(1) 두 가지 물건의 길이 비교

• 더 길다, 더 짧다로 나타냅니다.

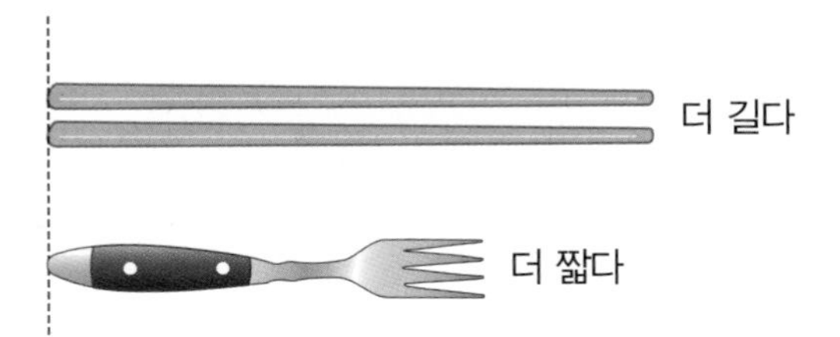

젓가락은 포크보다 더 깁니다.
포크는 젓가락보다 더 짧습니다.

(2) 세 가지 물건의 길이 비교

• 가장 길다, 가장 짧다로 나타냅니다.

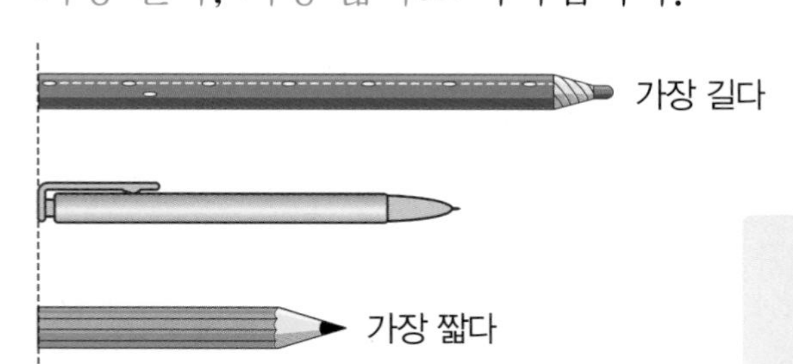

색연필이 가장 깁니다.
연필이 가장 짧습니다.

● 길이 비교하기
물건의 한쪽 끝을 맞추었을 때 다른 쪽 끝이 더 많이 나갈수록 더 깁니다.

● 키 비교하기

더 크다 더 작다

● 높이 비교하기

더 높다 더 낮다

241009-0369

01 그림을 보고 알맞은 말에 ○표 하세요.

(1)

필통은 색연필보다 더
(깁니다 , 짧습니다).

(2)

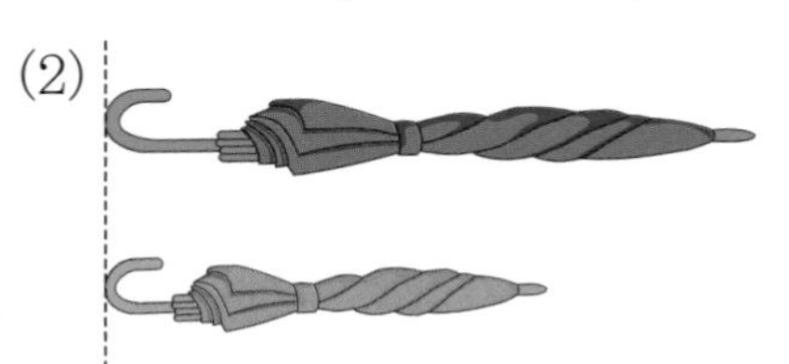

분홍색 우산은 보라색 우산보다 더
(깁니다 , 짧습니다).

241009-0370

02 가장 긴 것에 ○표 하세요.

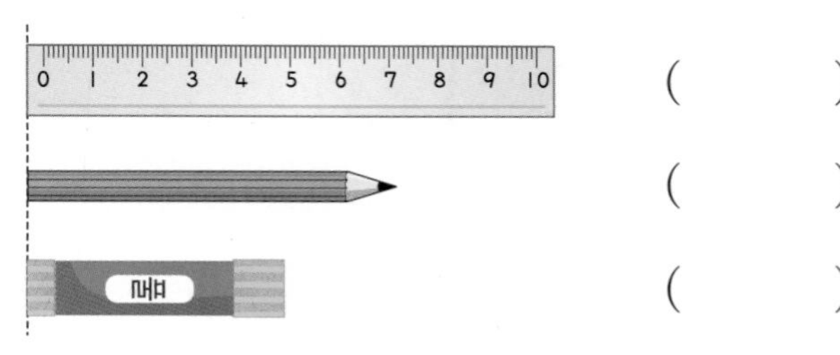

( )
( )
( )

241009-0371

03 가장 짧은 것에 △표 하세요.

( )
( )
( )

개념 2 어느 것이 더 무거울까요

(1) 두 가지 물건의 무게 비교

• 더 무겁다, 더 가볍다로 나타냅니다.

더 무겁다

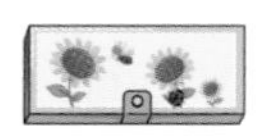
더 가볍다

가방은 필통보다 더 무겁습니다.
필통은 가방보다 더 가볍습니다.

(2) 세 가지 물건의 무게 비교

• 가장 무겁다, 가장 가볍다로 나타냅니다.

가장 무겁다

가장 가볍다

수박이 가장 무겁습니다.
딸기가 가장 가볍습니다.

● 손으로 들어서 무게 비교하기
물건을 손으로 들어 보았을 때 힘이 많이 든 쪽이 더 무겁습니다.

● 양팔저울로 무게 비교하기
물건을 양팔저울에 올려놓았을 때 아래로 내려간 쪽이 더 무겁습니다.

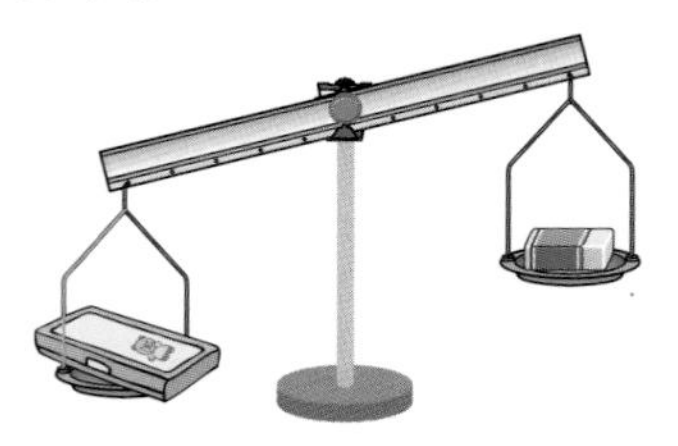

➡ 필통이 지우개보다 더 무겁습니다.

241009-0372

04 그림을 보고 알맞은 말에 ○표 하세요.

(1)

참외는 수박보다 더
(무겁습니다 , 가볍습니다).

(2)

풍선은 야구공보다 더
(무겁습니다 , 가볍습니다).

241009-0373

05 가장 무거운 것에 ○표 하세요.

( ) ( ) ( )

241009-0374

06 가장 가벼운 것에 △표 하세요.

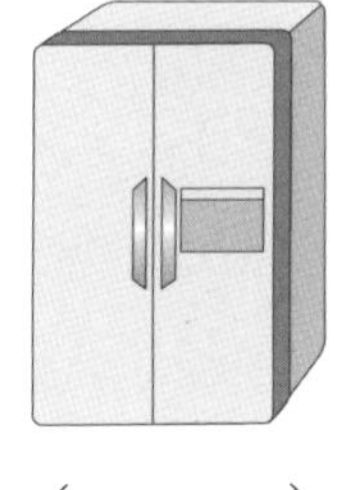

( ) ( ) ( )

4 단원

241009-0375

01 더 긴 것에 ○표 하세요.

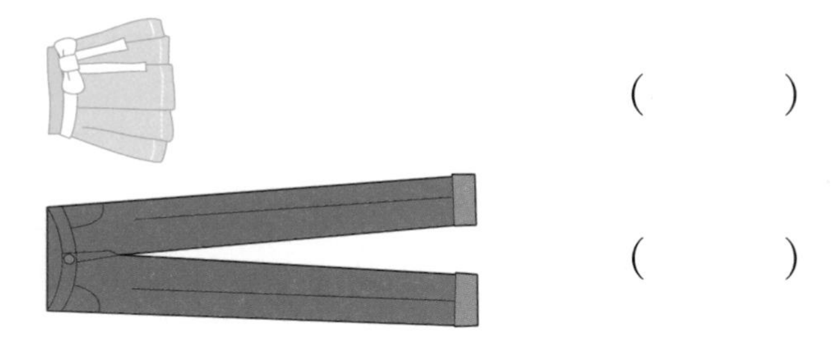

(　　　)

(　　　)

241009-0376

02 더 짧은 것에 △표 하세요.

(　　　)　(　　　)

241009-0377

03 더 높은 것에 ○표 하세요.

(　　　)　(　　　)

241009-0378

04 가장 긴 것을 찾아 ○표 하세요.

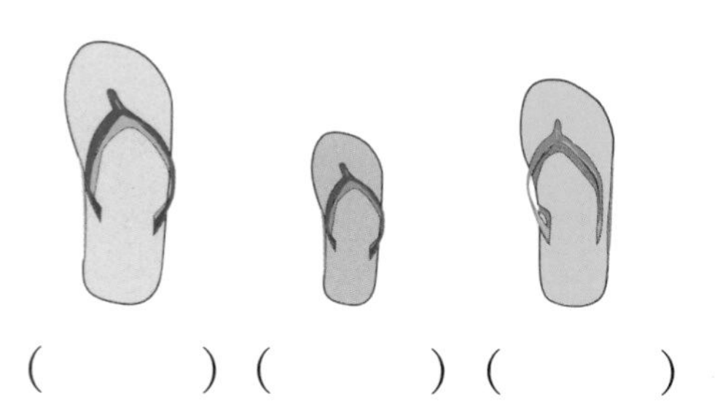

(　　　)(　　　)(　　　)

241009-0379

05 중요 가장 긴 것에 ○표, 가장 짧은 것에 △표 하세요.

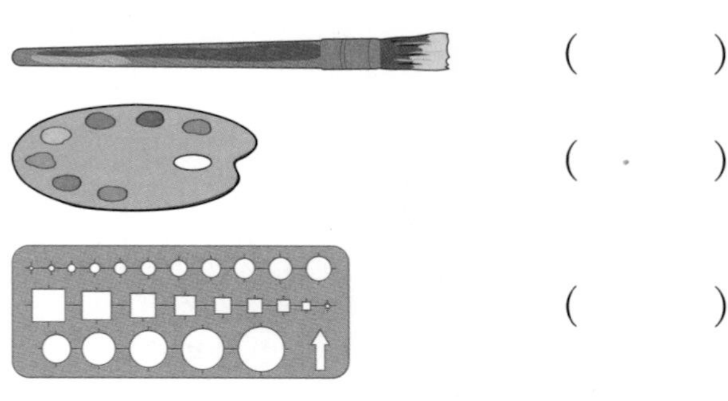

(　　　)

(　　　)

(　　　)

241009-0380

06 알맞게 이어 보세요.

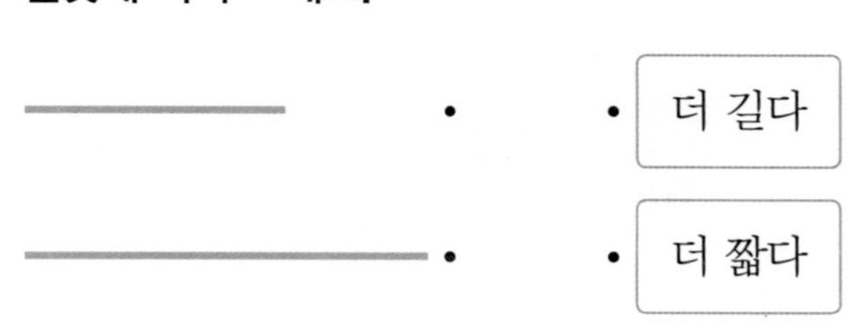

241009-0381

07 크레파스보다 더 짧은 것에 모두 △표 하세요.

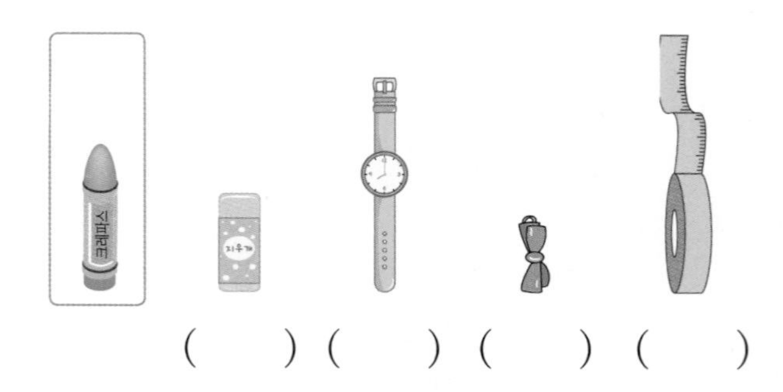

(　　)(　　)(　　)(　　)

241009-0382

08 더 긴 것을 찾아 기호를 써 보세요.

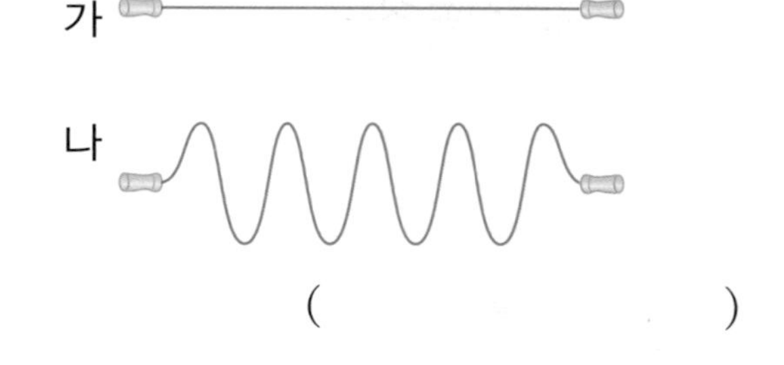

(　　　　　　)

241009-0383

09 더 무거운 것에 ○표 하세요.

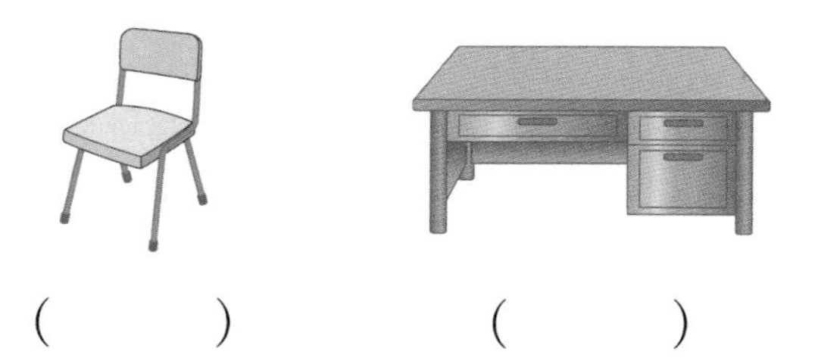

(　　) (　　)

241009-0384

10 더 가벼운 것에 △표 하세요.

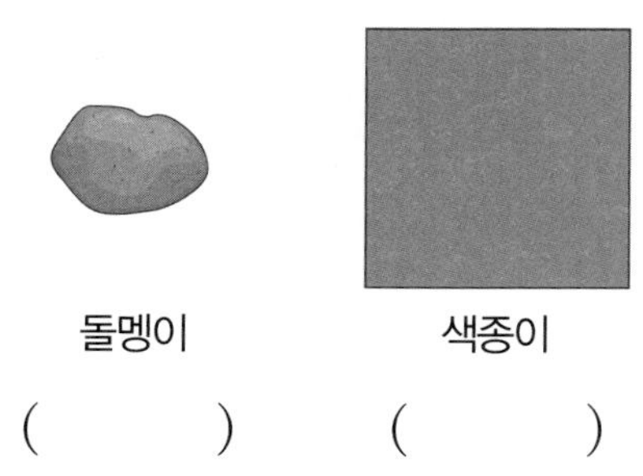

돌멩이 　 색종이

(　　) (　　)

241009-0385

11 그림과 어울리는 말을 찾아 이어 보세요.

• 　 •

• 　 •

더 가볍다 　 더 무겁다

241009-0386

12 가장 무거운 것을 찾아 색칠해 보세요.

풀 　 축구공 　 색종이

241009-0387

13 가장 무거운 물건에 ○표 하세요.

241009-0388

14 중요 가장 무거운 것에 ○표, 가장 가벼운 것에 △표 하세요.

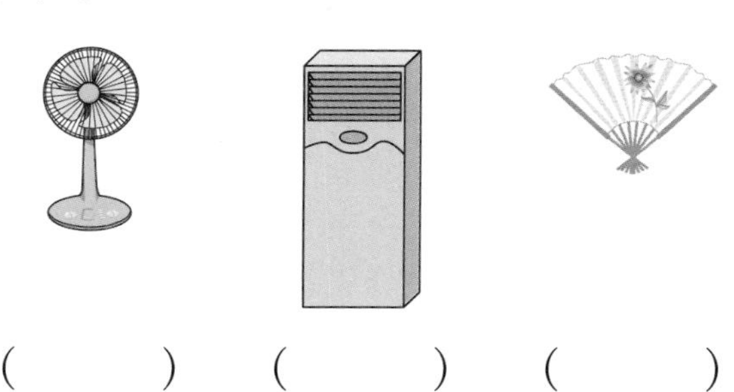

(　　) (　　) (　　)

241009-0389

15 □ 안에 올려질 쌓기나무로 적절하지 않은 것을 찾아 기호를 써 보세요.

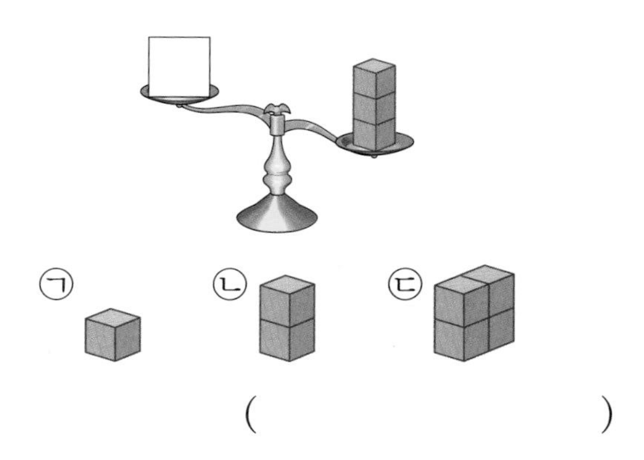

(　　　　)

4 단원

241009-0390

16 가벼운 동물부터 순서대로 이름을 써 보세요.

(, ,)

241009-0391

17 처마 밑에 달린 고드름의 모습입니다. 짧은 것부터 순서대로 1, 2, 3, 4를 써 보세요.

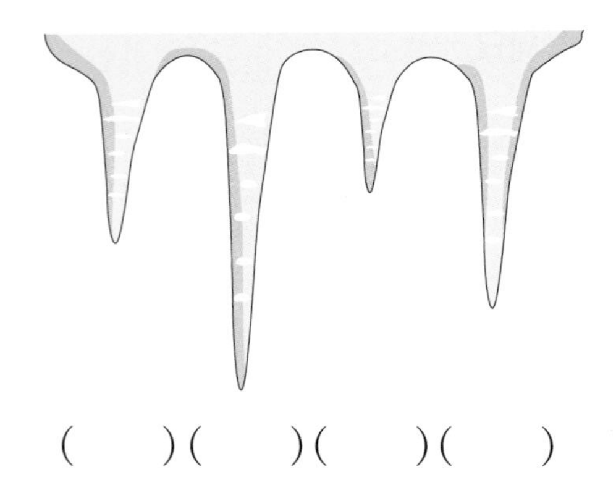

( )( )( )( )

241009-0392

18 도전 평평한 상자 위에 동물들이 앉았다 일어났습니다. 상자 위에 앉았던 동물을 이어 보세요.

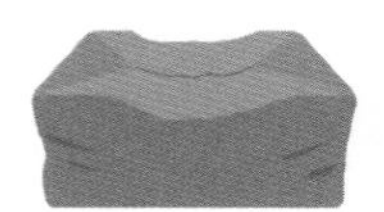 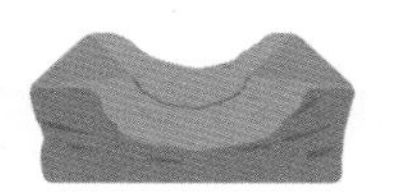 

정답과 풀이 35쪽

비교하는 말을 넣어 이야기 만들기

길이를 비교하는 말인 '더 길다', '더 짧다'를 사용하고, 무게를 비교하는 말인 '더 무겁다', '더 가볍다'를 사용하여 이야기를 만들어 봅니다.

[19~20] □ 안에 알맞은 말을 써넣으세요.

241009-0393

19 (1)

파란색 테이프는 빨간색 테이프보다

더 □.

(2)

여행용 가방은 책가방보다

더 □.

241009-0394

20

(1) 길이가 같은 고무줄에 연필과 책을 매달았을 때 □을 매단 쪽이 □을 매단 쪽보다 더 많이 늘어났습니다.

(2) □은 □보다 더 무겁습니다.

개념 3 어느 쪽이 더 넓을까요

(1) 두 가지 물건의 넓이 비교

• 더 넓다, 더 좁다로 나타냅니다.

더 넓다

더 좁다

돗자리는 손수건보다 더 넓습니다.
손수건은 돗자리보다 더 좁습니다.

(2) 세 가지 물건의 넓이 비교

• 가장 넓다, 가장 좁다로 나타냅니다.

가장 넓다

가장 좁다

액자가 가장 넓습니다.
수첩이 가장 좁습니다.

● 넓이 비교하기

한쪽 끝을 맞추어 물건을 서로 겹쳐 보았을 때 남는 부분이 있는 쪽이 더 넓습니다.

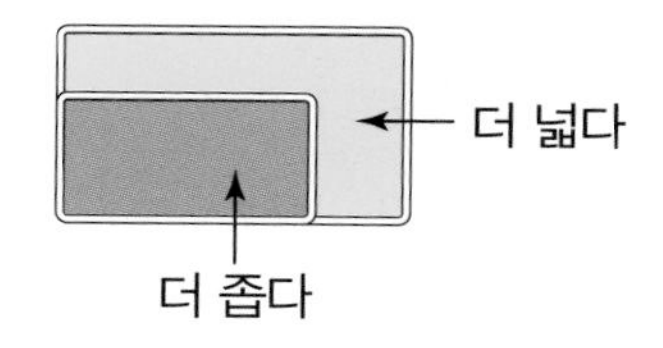

241009-0395

01 그림을 보고 알맞은 말에 ○표 하세요.

(1)

수건은 이불보다 더
(넓습니다 , 좁습니다).

(2)

10원짜리 동전은 500원짜리 동전보다 더 (넓습니다 , 좁습니다).

241009-0396

02 가장 넓은 것에 ○표 하세요.

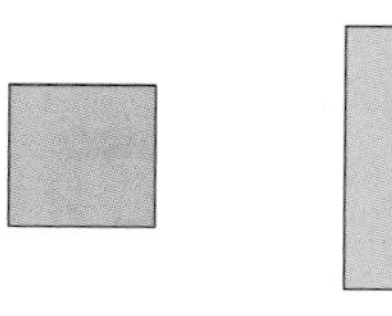

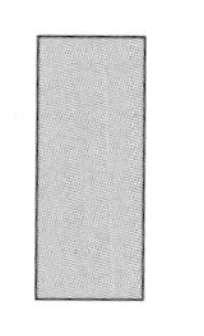

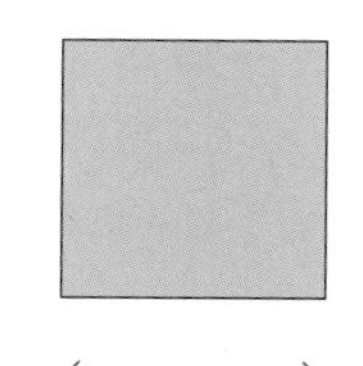

(　　　) (　　　) (　　　)

241009-0397

03 가장 좁은 것에 △표 하세요.

(　　　) (　　　) (　　　)

개념 4 어느 것에 더 많이 담을 수 있을까요

(1) 두 가지 물건에 담을 수 있는 양 비교

• 더 많다, 더 적다로 나타냅니다.

더 많다

더 적다

물통은 컵보다 담을 수 있는 양이 더 많습니다.
컵은 물통보다 담을 수 있는 양이 더 적습니다.

(2) 세 가지 물건에 담을 수 있는 양 비교

• 가장 많다, 가장 적다로 나타냅니다.

가장 많다

가장 적다

양동이에 담을 수 있는 양이 가장 많습니다.
컵에 담을 수 있는 양이 가장 적습니다.

● **담을 수 있는 양 비교하기**
그릇이나 병 같은 물건이 클수록 담을 수 있는 양이 더 많습니다.

● **모양과 크기가 같은 물건에 담긴 물의 양 비교하기**
물의 높이가 높을수록 물의 양이 더 많습니다.

더 많다

● **모양과 크기가 다른 물건에 담긴 물의 양 비교하기**
물의 높이가 같을 때 물건이 클수록 물의 양이 더 많습니다.

더 많다

241009-0398

04 그림을 보고 알맞은 말에 ○표 하세요.

(1)

컵은 주전자보다 담을 수 있는 양이 더 (많습니다 , 적습니다).

(2)

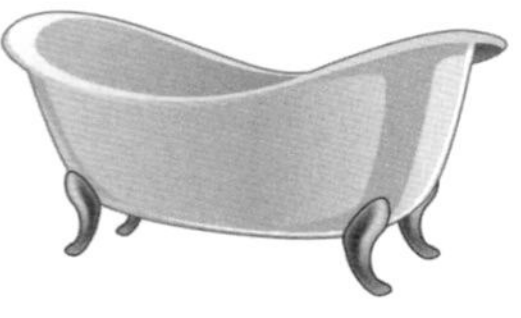

욕조는 양동이보다 담을 수 있는 양이 더 (많습니다 , 적습니다).

241009-0399

05 담을 수 있는 양이 가장 많은 것에 ○표 하세요.

( ) ( ) ( )

241009-0400

06 담긴 양이 가장 적은 것에 △표 하세요.

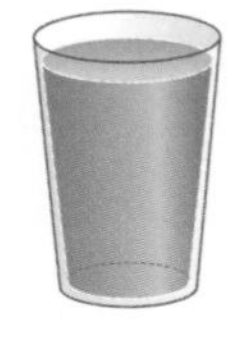

( ) ( ) ( )

241009-0401

21 두 종이의 넓이를 바르게 비교한 것을 찾아 기호를 써 보세요.

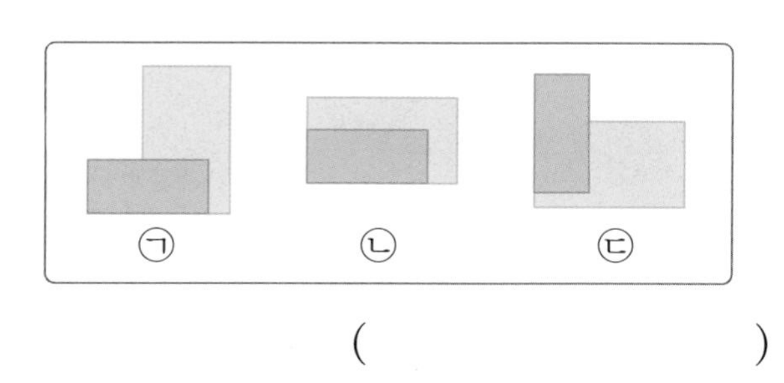

( )

241009-0402

22 관계있는 것끼리 이어 보세요.

• 더 넓다

• 더 좁다

241009-0403

23 가장 넓은 동그란 무늬에 ○표 하세요.

241009-0404

24 가장 좁은 창문에 ○표 하세요.

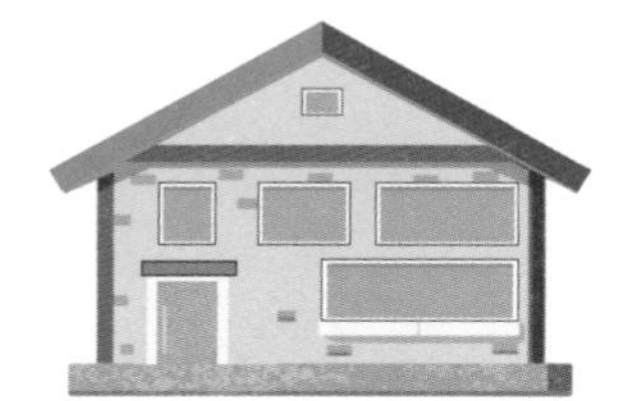

241009-0405

25 □ 안에 알맞은 장소를 써넣으세요.

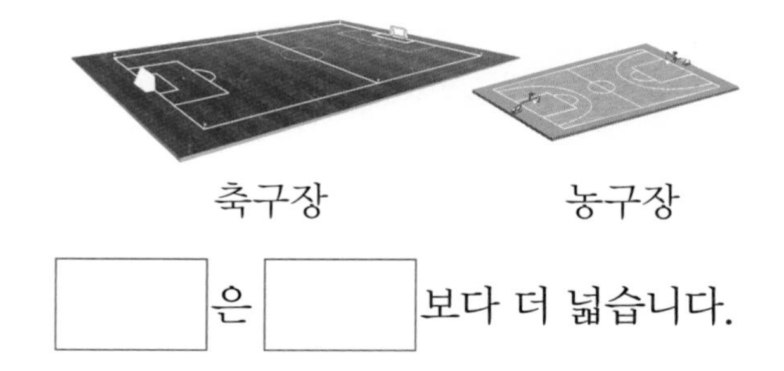

□은 □보다 더 넓습니다.

241009-0406

26 모은 가방을 모두 올려놓을 수 있는 돗자리를 그려 보세요.

(1)

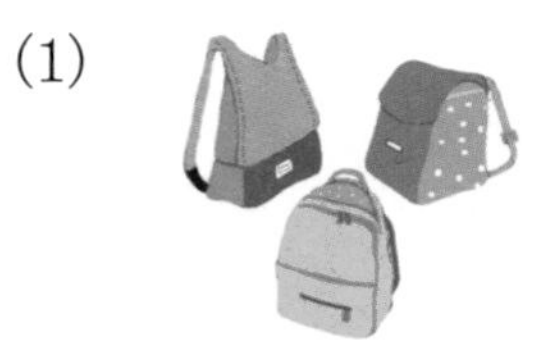

(2)

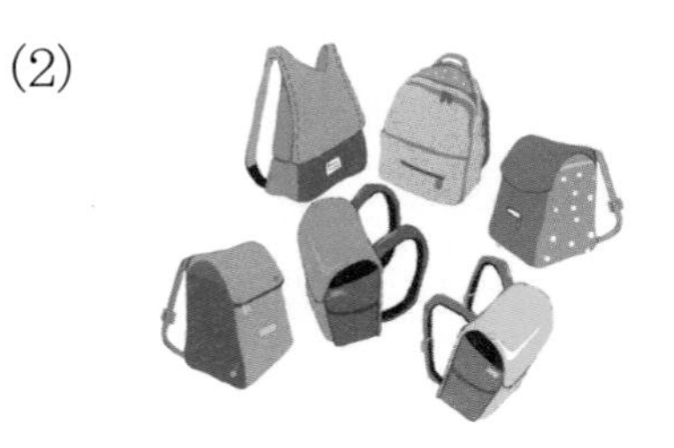

241009-0407

27 관계있는 것끼리 이어 보세요.

• 더 많다

• 더 적다

241009-0408

28 수를 순서대로 이어 보고 더 넓은 쪽에 ○표 하세요.

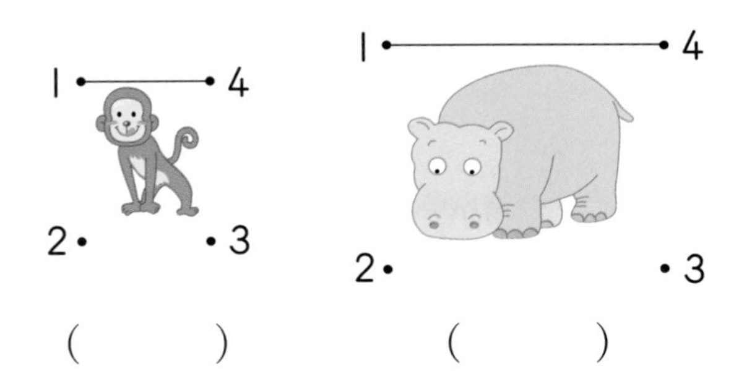

( ) ( )

241009-0409

29 포장지로 선물을 포장하려고 합니다. 알맞은 말에 ○표 하세요.

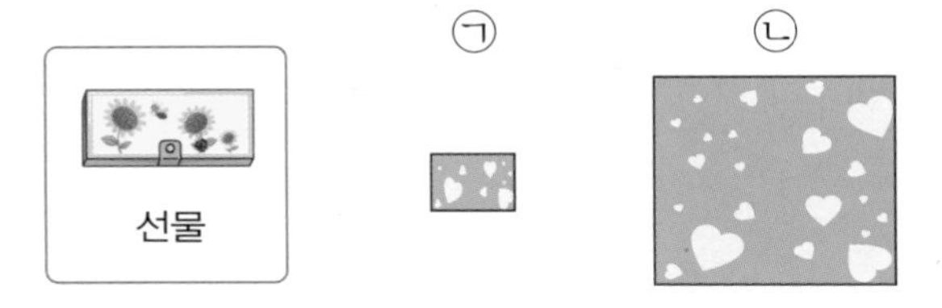

선물을 포장하려면 선물보다 포장지가 더 (좁아야 , 넓어야)하므로 (㉠ , ㉡) 포장지를 사용해야 합니다.

241009-0410

30 가장 넓은 곳에 파란색, 가장 좁은 곳에 빨간색을 색칠해 보세요.

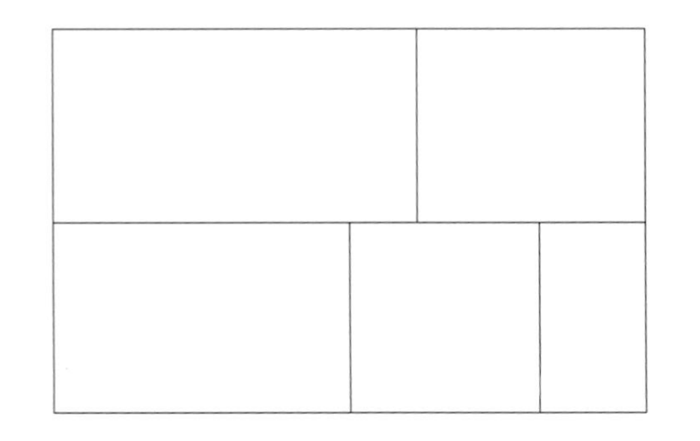

241009-0411

31 중요 알맞은 컵을 찾아 이어 보세요.

241009-0412

32 물을 가득 채울 때 더 빨리 담을 수 있는 것에 ○표 하세요. (단, 물이 나오는 양은 일정합니다.)

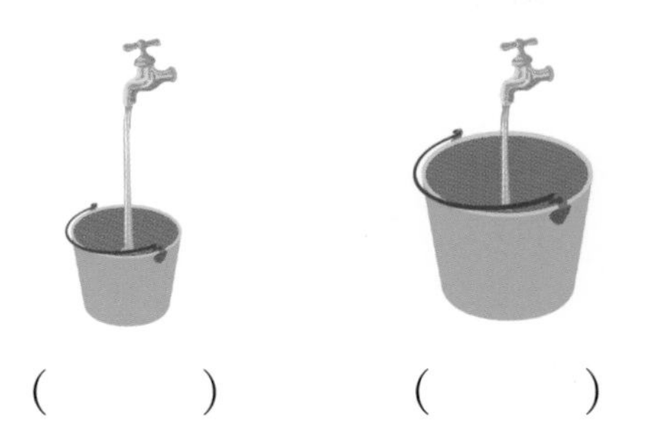

( ) ( )

241009-0413

33 도전 왼쪽 물통에 물을 가득 채워 비어 있는 가와 나 물통에 각각 모두 부으려고 합니다. 가와 나 중 물이 넘칠 것 같은 물통을 찾아 기호를 써 보세요.

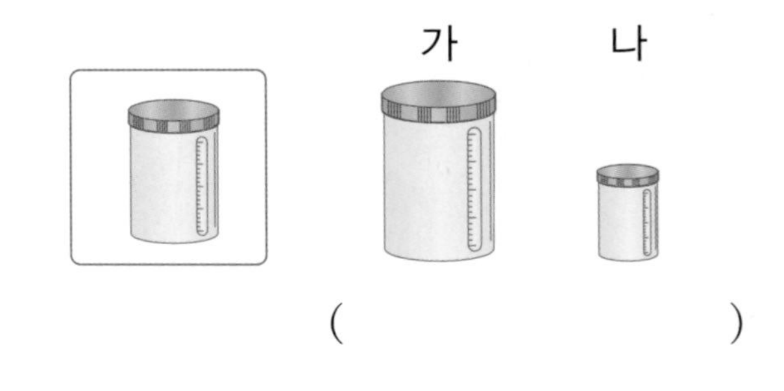

( )

241009-0414

34 세 그릇 중 담긴 음료수의 양이 가장 많은 것에 ○표, 가장 적은 것에 △표 하세요.

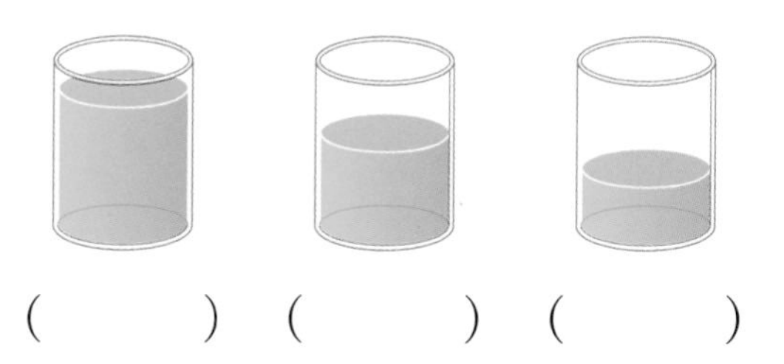

( ) ( ) ( )

241009-0415

35 지현이와 영건이가 운동을 할 때 가져갈 물통의 기호를 써 보세요.

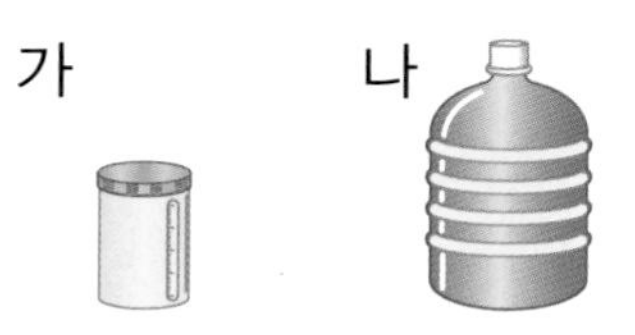

지현: 물을 더 많이 담을 수 있는 물통을 가져갈 거야.
영건: 나는 물이 적게 들어가더라도 가져가기 편한 것이 좋아.

지현 ( )
영건 ( )

241009-0416

36 그림을 보고 알맞은 것을 찾아 이어 보세요.

가장 많은 것을 먹을 거야. | 가장 적은 것을 먹을 거야. | 두 번째로 많은 것을 먹을 거야.

교과서 속 응용 문제 교과서, 익힘책 속 응용 문제를 유형별로 풀어 보세요.

정답과 풀이 37쪽

물의 높이가 같을 때 담긴 물의 양 비교하기

그릇에 들어 있는 물의 높이가 같을 때에는 그릇의 크기가 클수록 담긴 물의 양이 더 많습니다.

241009-0417

37 세 컵에 담긴 물의 높이가 같습니다. 컵에 담긴 물의 양에 대하여 바르게 말한 사람은 누구일까요?

수아: 다 컵이 가장 크니까 물의 양이 가장 많아.
진수: 세 컵에 담긴 물의 높이가 같으니까 물의 양도 모두 같아.

( )

241009-0418

38 수학팀과 놀이팀이 숟가락으로 음료수 나르기 경기를 하여 다음과 같이 그릇에 음료수를 모았습니다. 수학팀과 놀이팀 중 어느 팀이 더 많은 음료수를 날랐을까요?

수학팀 놀이팀

( )

4 단원

응용력 높이기

대표 응용 1 이동한 거리 비교하기

빨간색 선은 로봇 청소기가 이동한 길을 나타낸 것입니다. 가장 많이 이동한 로봇 청소기는 어느 것일까요?

가 나 다

문제 스케치

한 칸의 길이인 ── 의 개수를 세어 봐요.

해결하기

빨간색 선의 길이를 알아보면 가는 □ 칸만큼의 거리, 나는 □ 칸만큼의 거리, 다는 □ 칸만큼의 거리를 이동하였습니다.

따라서 가장 많이 이동한 로봇 청소기는 □ 입니다.

241009-0419

1-1 빨간색 선은 거북이 이동한 길을 나타낸 것입니다. 가장 많이 이동한 거북은 어느 것일까요?

가 나 다

( )

241009-0420

1-2 토끼와 거북이 이동한 거리를 나타낸 것입니다. 누가 더 짧은 거리를 이동했을까요?

토끼

거북

( )

대표 응용 2

저울로 무게 비교하기

가위 1개의 무게는 지우개 몇 개의 무게와 같을까요?

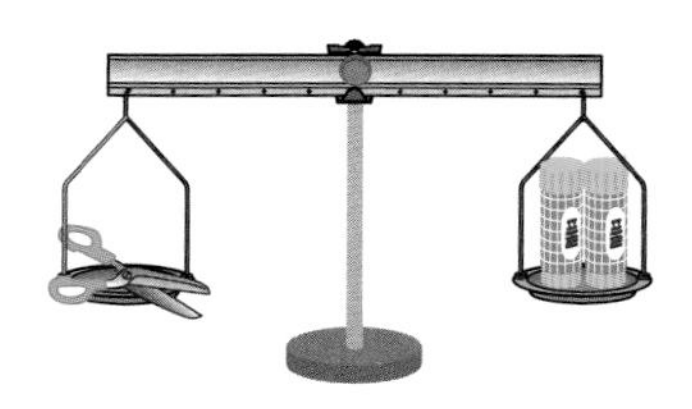
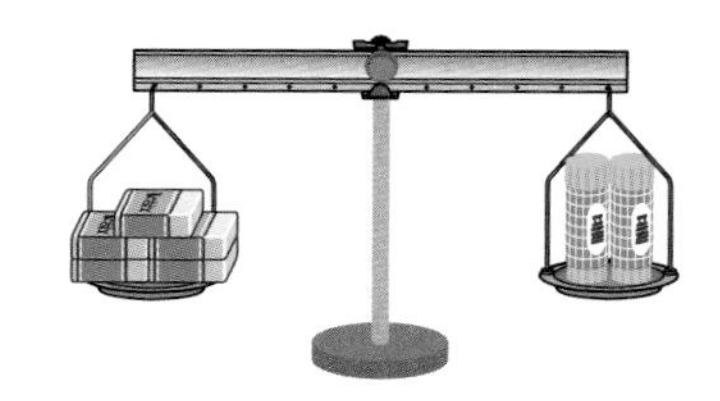

문제 스케치

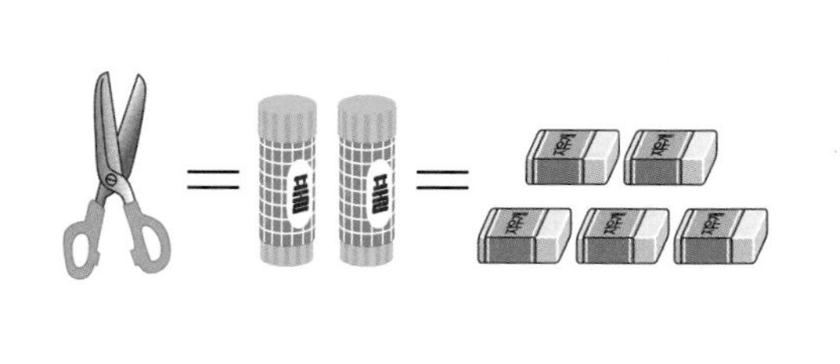

해결하기

양쪽의 무게가 같으면 저울이 기울어지지 않습니다.

가위 1개와 풀 ☐ 개는 무게가 같습니다.

지우개 ☐ 개는 풀 ☐ 개와 무게가 같습니다.

따라서 가위 1개와 지우개 ☐ 개의 무게가 같습니다.

241009-0421

2-1 풀 1개의 무게는 크레파스 몇 개의 무게와 같을까요?

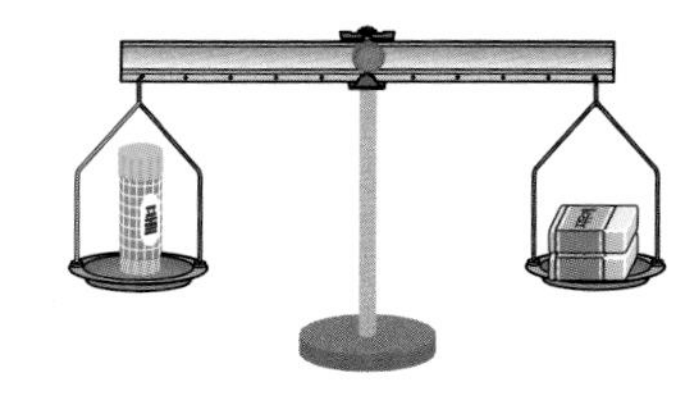
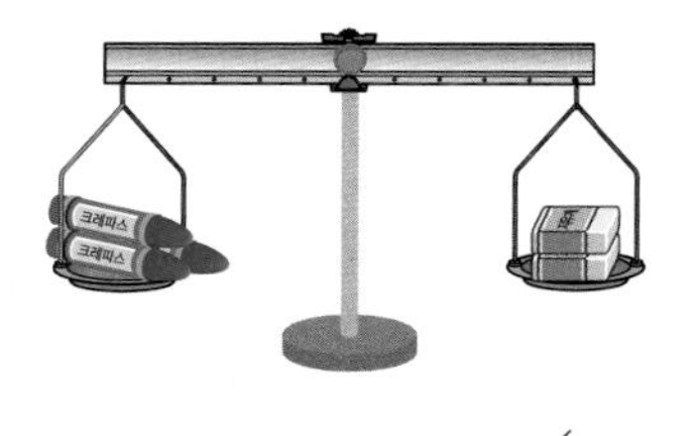

( )

241009-0422

2-2 지우개 1개의 무게는 집게 몇 개의 무게와 같을까요?

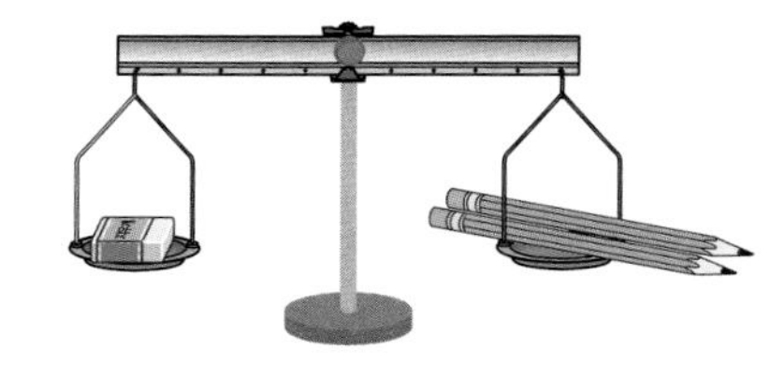
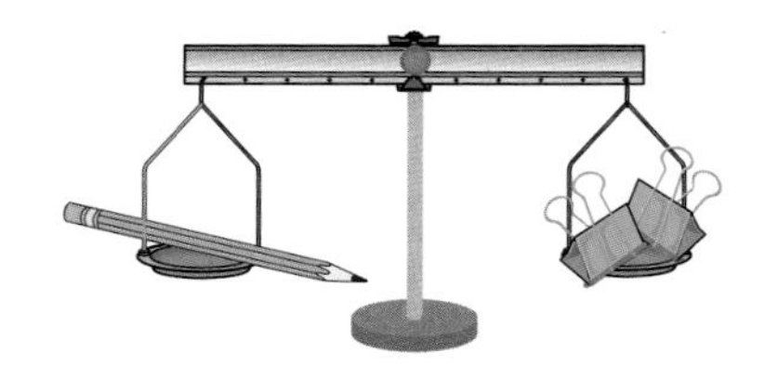

( )

4 단원

대표 응용 3

칸의 수를 세어 넓이 비교하기

진우와 친구들이 그림과 같이 땅따먹기 놀이를 하였습니다. 가장 넓은 땅을 딴 사람은 누구일까요?

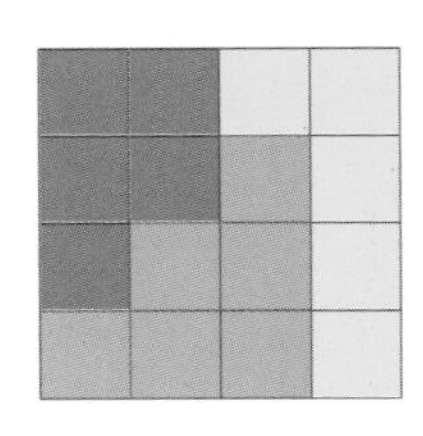

진우
서우
예찬

문제 스케치
직접 비교가 어려울 때는
칸 수를 세어서 비교해 보자.

해결하기

진우가 딴 땅은 □칸입니다.

서우가 딴 땅은 □칸입니다.

예찬가 딴 땅은 □칸입니다.

가장 넓은 땅을 딴 사람은 □입니다.

241009-0423

3-1 밭에 토마토, 고추, 상추를 그림과 같이 심었습니다. 가장 넓은 밭에 심은 채소는 무엇일까요?

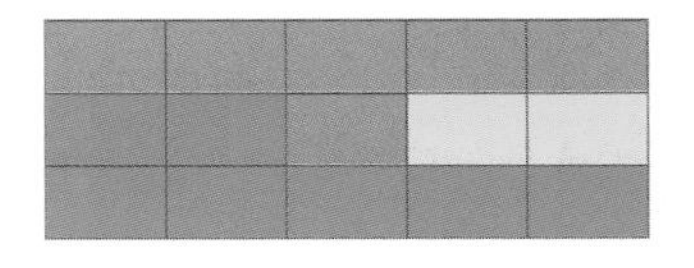

토마토
상추
고추

(　　　　　　)

241009-0424

3-2 다음은 종수네 가족이 각각 먹은 피자 조각입니다. 가장 적게 먹은 사람은 누구일까요?

종수	영수	엄마	아빠

(　　　　　　)

대표 응용 4 물을 퍼낸 횟수로 담긴 양 비교하기

가와 나 물통에 담긴 물을 똑같은 컵에 가득 담아 모두 퍼냈습니다. 물을 퍼낸 횟수가 다음과 같을 때 가와 나 중에서 물이 더 많이 담겼던 것은 어느 것일까요?

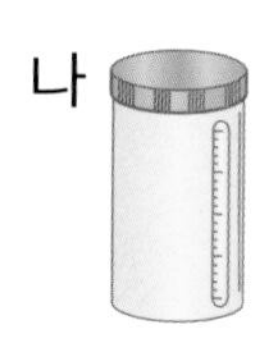

가 물통	나 물통
5번	6번

문제 스케치

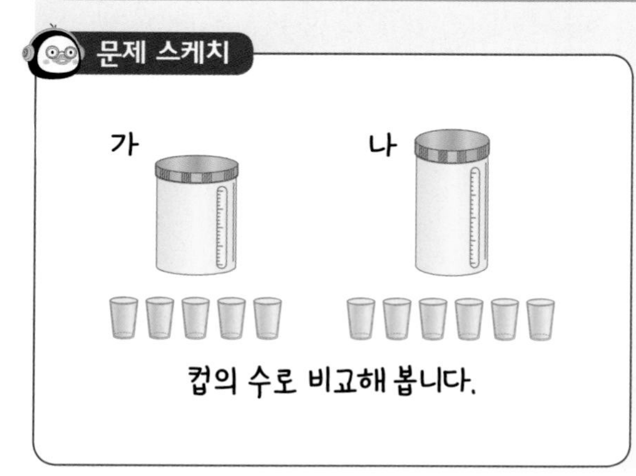

해결하기

물을 퍼낸 컵의 횟수가 많을수록 담겼던 물의 양이 더 많습니다. 가 물통은 ☐컵 만큼의 물이 담겼고 나 물통은 ☐컵 만큼의 물이 담겼습니다. 따라서 물이 더 많이 담겼던 것은 ☐ 물통입니다.

241009-0425

4-1 항아리와 양동이에 담긴 물을 똑같은 그릇에 가득 담아 모두 퍼냈습니다. 물을 퍼낸 횟수가 다음과 같을 때 항아리와 양동이 중에서 물이 더 적게 담겼던 것은 어느 것일까요?

항아리	양동이
10번	13번

(　　　　　　　　)

241009-0426

4-2 냄비와 주전자에 가득 담긴 물의 양을 비교하고 있습니다. 냄비에 들어 있는 물은 컵으로 퍼냈을 때 3컵만큼입니다. 주전자에 담긴 물의 양을 바르게 추측한 사람은 누구일까요?

지원: 주전자는 냄비보다 작으니까 1컵이나 2컵만큼의 물이 담겼을 거야.
재희: 주전자에 담긴 물을 퍼내면 5컵 정도일 거야.

(　　　　　　　　)

4 단원

단원 평가 LEVEL ❶

241009-0427

01 더 긴 것에 ○표 하세요.

 (   )

 (   )

241009-0428

02 가장 짧은 것에 △표 하세요.

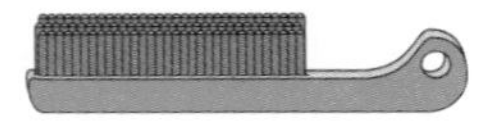 (   )

 (   )

 (   )

241009-0429

03 색 테이프의 길이를 비교하여 알맞은 말에 ○표 하세요.

(색 테이프)는 (색 테이프)

보다 더 (깁니다 , 짧습니다).

241009-0430

04 연필보다 더 짧은 것에 모두 △표 하세요.

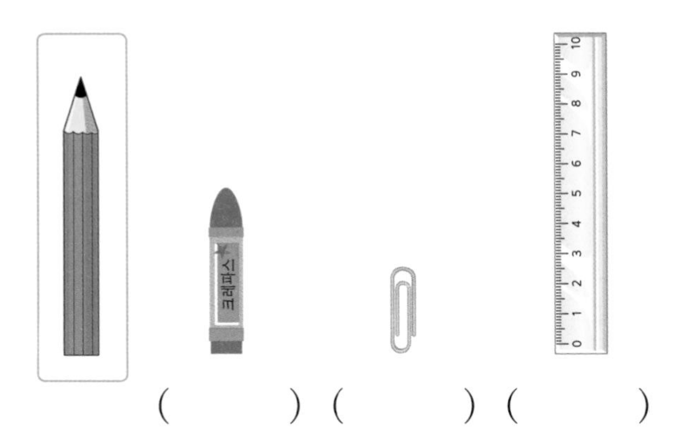

(   ) (   ) (   )

241009-0431

05 은호와 친구들이 (원) 모양 안에서 공을 던져 떨어진 곳에 깃발을 꽂았습니다. 공을 가장 멀리 던진 사람의 이름을 써 보세요.

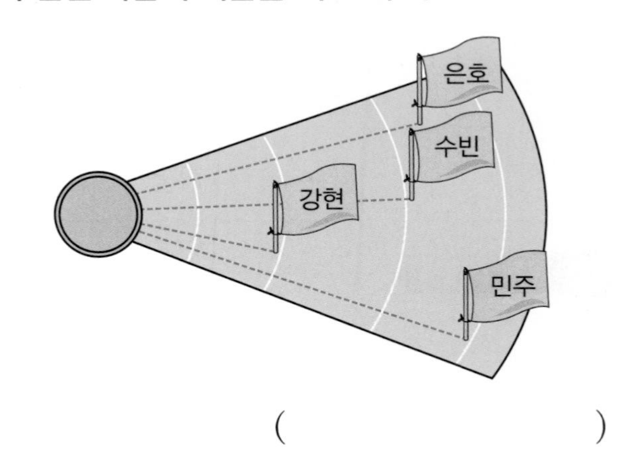

(   )

241009-0432

06 가장 높은 건물의 이름을 써 보세요.

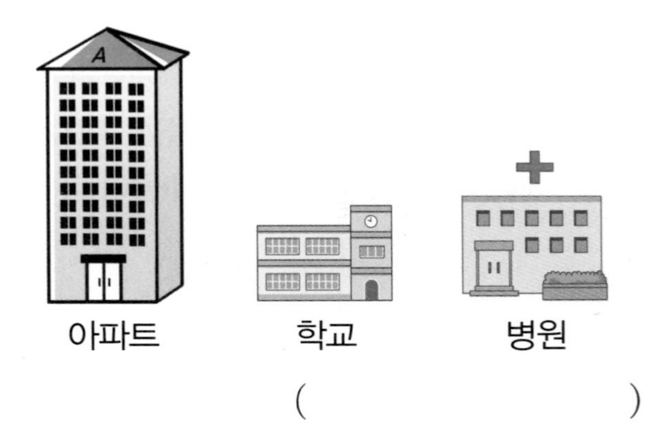

(   )

241009-0433

07 더 무거운 것에 ○표 하세요.

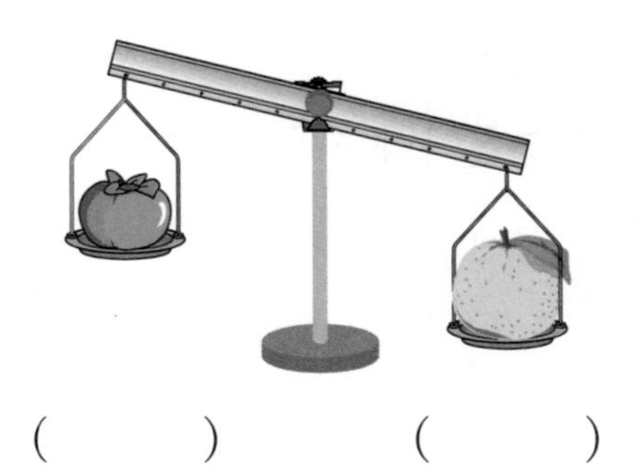

(   ) (   )

정답과 풀이 39쪽

241009-0434

08 똑같은 병에 각각 솜과 모래를 가득 채워서 무게를 비교했습니다. 모래를 가득 채운 병을 찾아 ○표 하세요.

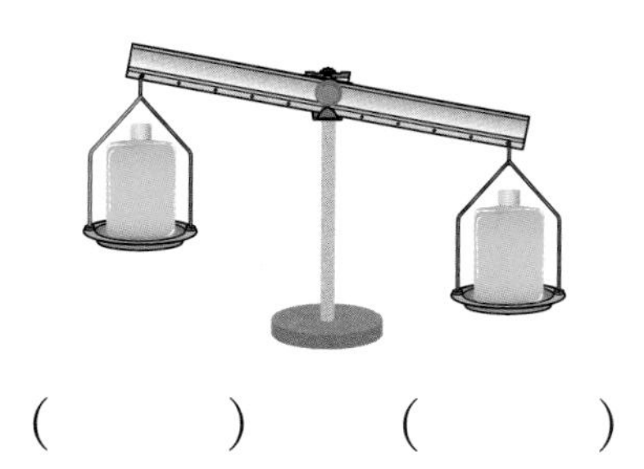

(　　　) (　　　)

241009-0435

09 중요

무거운 것부터 순서대로 1, 2, 3을 써 보세요.

(　　　) (　　　) (　　　)

241009-0436

10 서술형

가장 무거운 사람은 누구인지 구해 보세요.

풀이

(1) 지윤이와 세진이 중에서 더 무거운 사람은 (　　　)입니다.

(2) 영철이와 지윤이 중에서 더 무거운 사람은 (　　　)입니다.

(3) 따라서 가장 무거운 사람은 (　　　) 입니다.

답 

241009-0437

11 무거운 것부터 순서대로 이름을 써 보세요.

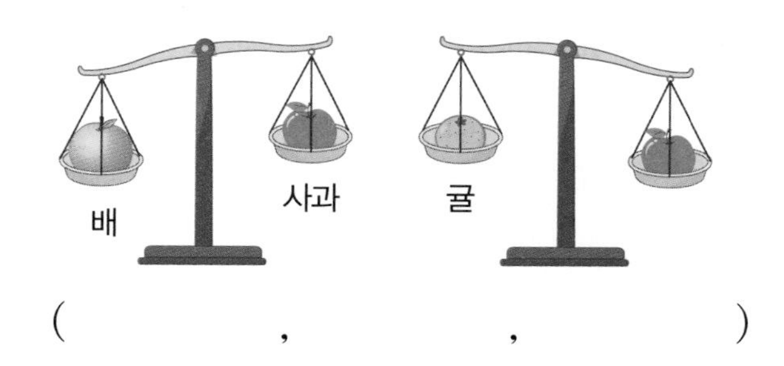

(　　　,　　　,　　　)

241009-0438

12 더 넓은 피자에 ○표 하세요.

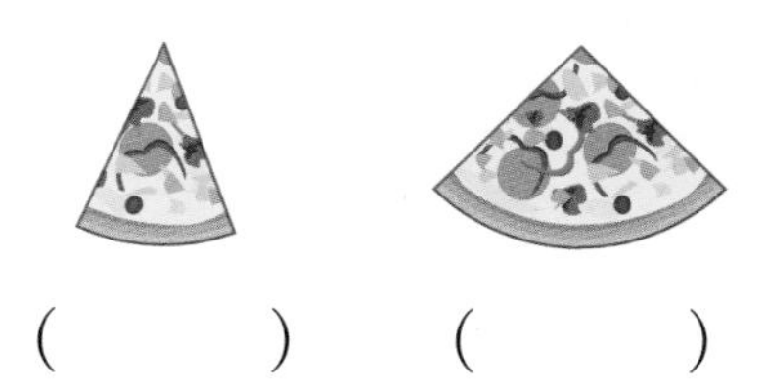

(　　　) (　　　)

241009-0439

13 중요

방석, 손수건, 액자 중에서 가장 좁은 것은 어느 것인가요?

(　　　　　)

241009-0440

14 1부터 6까지 수를 순서대로 이어 그린 모양에서 더 넓은 쪽에 색칠해 보세요.

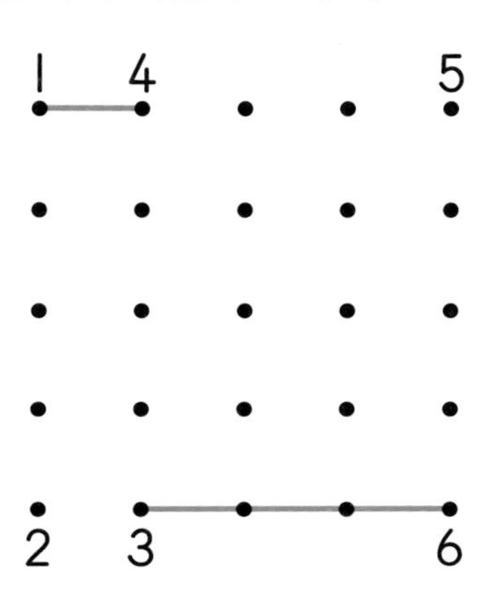

4 단원

241009-0441

15 먹은 초콜릿과 남은 초콜릿 중 어느 초콜릿이 더 넓은가요?

처음 초콜릿

남은 초콜릿

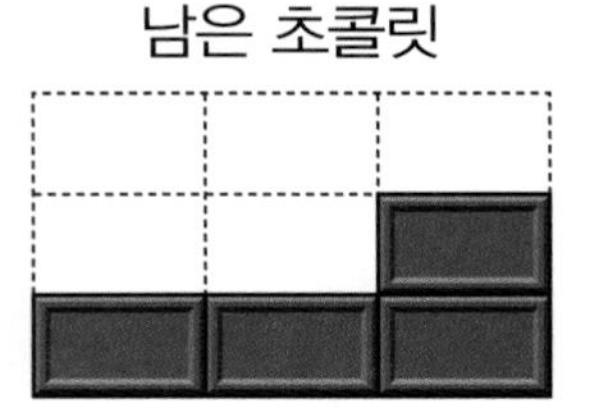

풀이

(1) 처음 초콜릿은 (　　　　)조각입니다.

(2) 남은 초콜릿은 (　　　　)조각입니다.

(3) 먹은 초콜릿은 (　　　　)조각입니다.

(4) 더 넓은 초콜릿은 (　　　　) 초콜릿입니다.

답 ____________________

241009-0442

16 찬규와 서현이가 사방치기 놀이를 했습니다. 찬규는 1번, 3번, 7번 땅을 차지했고, 서현이는 2번, 4번, 5번, 6번, 8번 땅을 차지했습니다. 더 넓은 땅을 차지한 사람은 누구일까요?

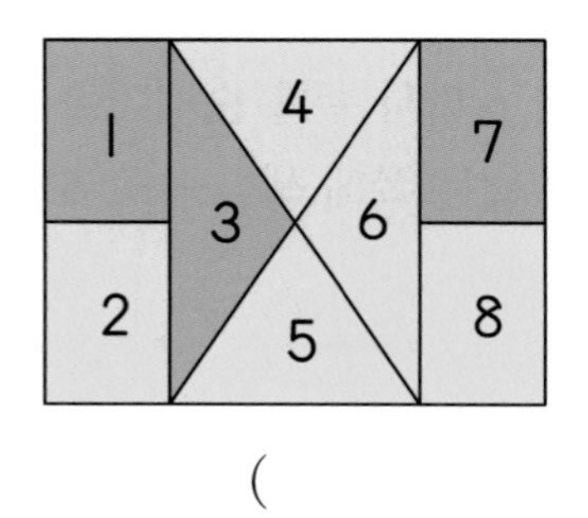

(　　　　　　　　)

241009-0443

17 담을 수 있는 양이 더 적은 것을 찾아 △표 하세요.

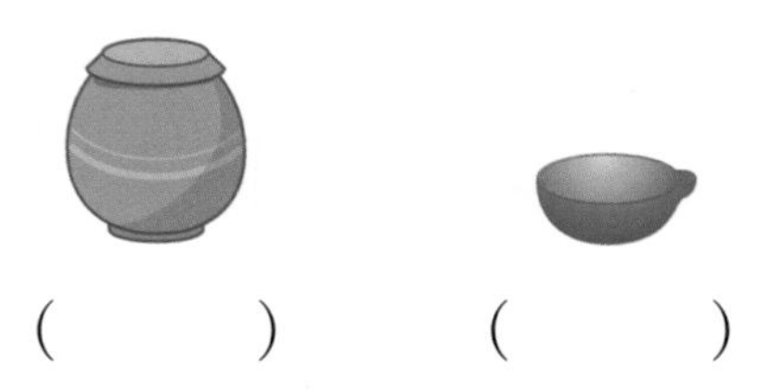

(　　　　)　(　　　　)

241009-0444

18 담긴 물의 양이 가장 많은 것을 찾아 기호를 써 보세요.

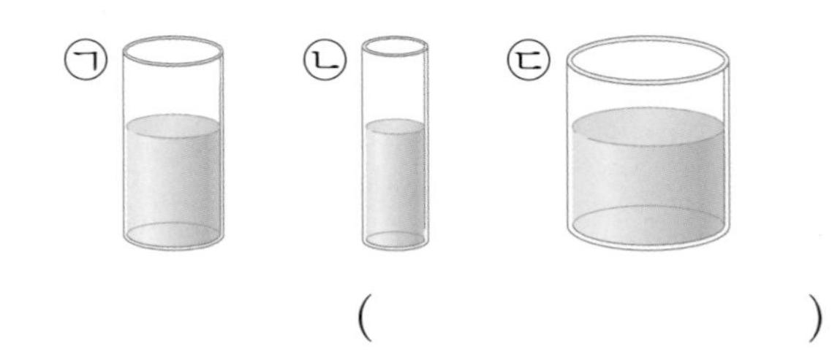

(　　　　　　　　)

241009-0445

19 왼쪽보다 담긴 주스의 양이 더 적은 것을 찾아 기호를 써 보세요.

㉠ 

㉡ 

㉢ 

(　　　　　　　　)

241009-0446

20 유나와 수현이가 물을 마시려고 컵에 따랐습니다. 물을 더 많이 따른 사람은 누구인가요?

유나

수현

(　　　　　　　　)

단원 평가 LEVEL ❷

정답과 풀이 40쪽

241009-0447

01 바지의 길이가 더 긴 것에 ○표 하세요.

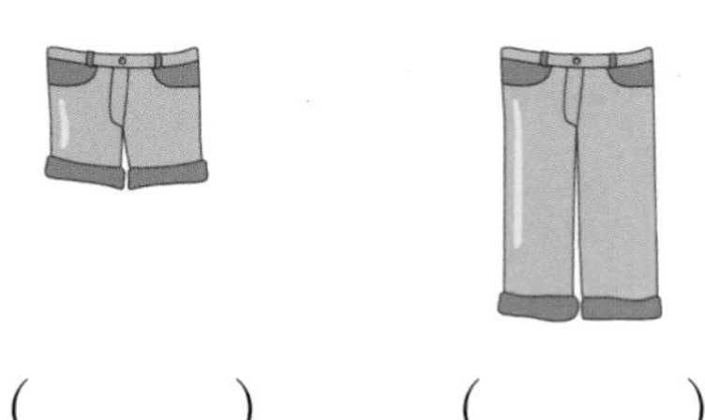

( ) ( )

241009-0448

02 칫솔과 물감의 길이를 비교하여 더 짧은 것에 ○표 하세요.

( )

( )

241009-0449

03 줄넘기의 길이가 가장 긴 것을 찾아 기호를 써 보세요.
서술형

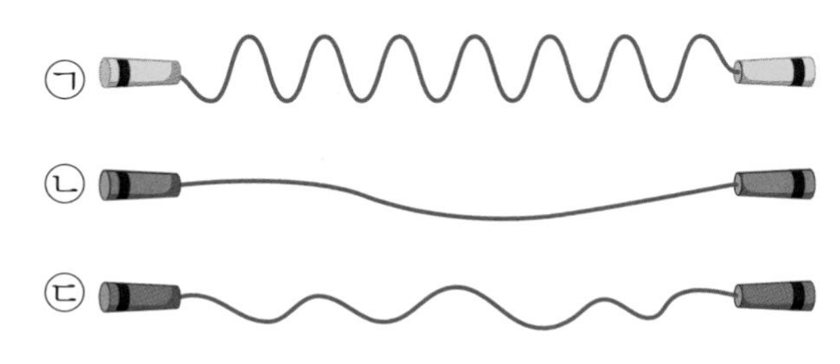

풀이

(1) 구부러진 줄넘기를 폈을 때의 길이를 비교합니다.

(2) ㉠은 ㉡보다 더 ( ).

(3) ㉡은 ㉢보다 더 ( ).

(4) ㉠은 ㉢보다 더 ( ).

(5) 가장 긴 것은 ( )입니다.

답 ______________

241009-0450

04 높은 것부터 순서대로 기호를 써 보세요.

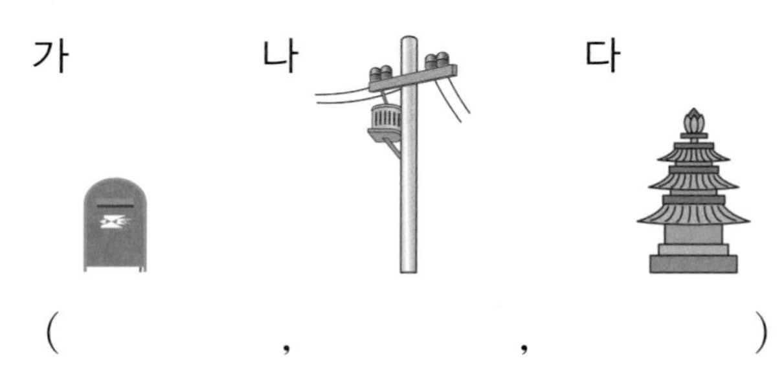

(, ,)

241009-0451

05 다음 그림을 보고 바르게 말한 사람을 모두 써 보세요.
도전

지현: 엄마의 바지는 딸의 바지보다 더 깁니다.
진환: 딸이 입은 셔츠의 팔 길이가 가장 깁니다.
영수: 어머니가 든 양동이가 딸이 든 양동이보다 더 많은 물을 담을 수 있습니다.

( )

241009-0452

06 더 가벼운 것에 ○표 하세요.

( ) ( )

4 단원

241009-0453

07 의자보다 무거운 물건을 모두 찾아 이름을 써 보세요.

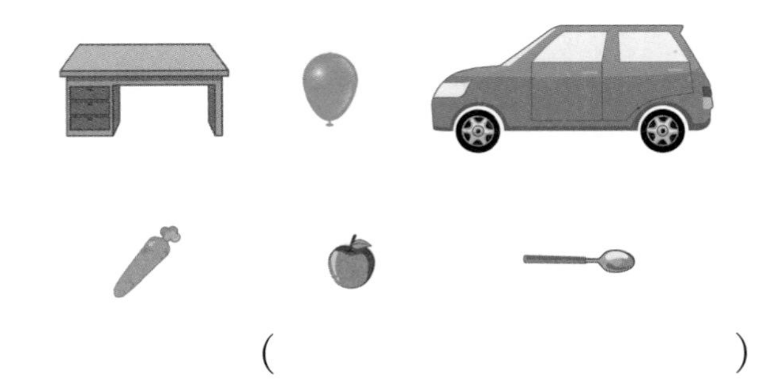

(   )

241009-0454

08 과일의 무게를 비교하여 무거운 것부터 순서대로 1, 2, 3을 써 보세요.

중요

(   ) (   ) (   )

241009-0455

09 상자 안에 각각 같은 수의 종이컵과 유리컵이 담겨져 있습니다. 더 무거운 상자에 ○표 하세요.

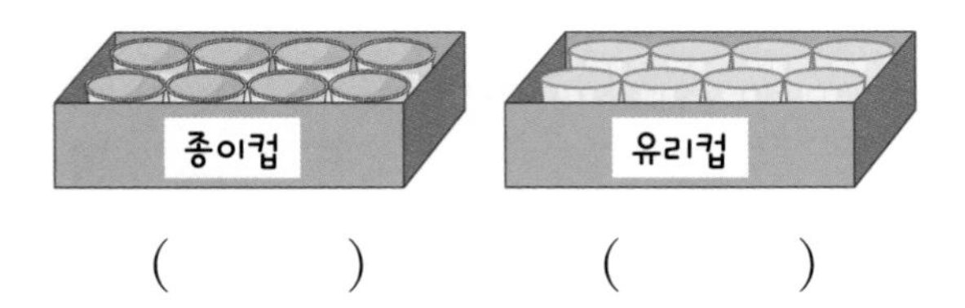

(   )   (   )

241009-0456

10 더 넓은 것에 ○표 하세요.

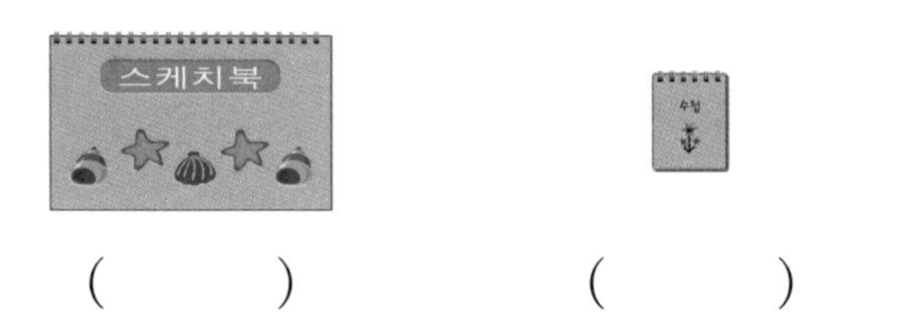

(   )   (   )

241009-0457

11 지우개와 사전을 종이 위에 올려 놓았더니 다음과 같이 종이가 눌렸습니다. 더 무거운 것에 ○표 하세요.

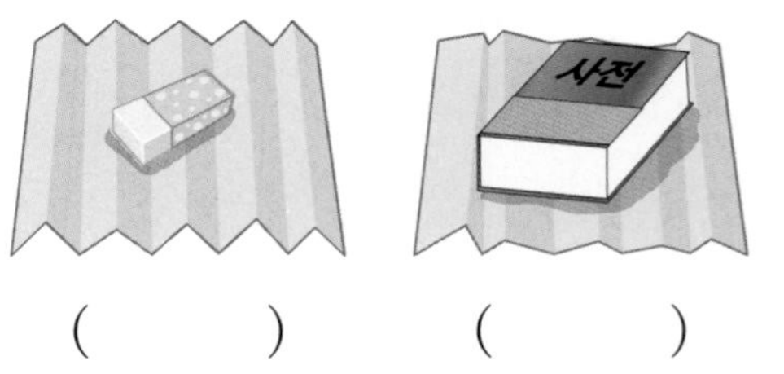

(   )   (   )

241009-0458

12 넓은 것부터 순서대로 기호를 써 보세요.

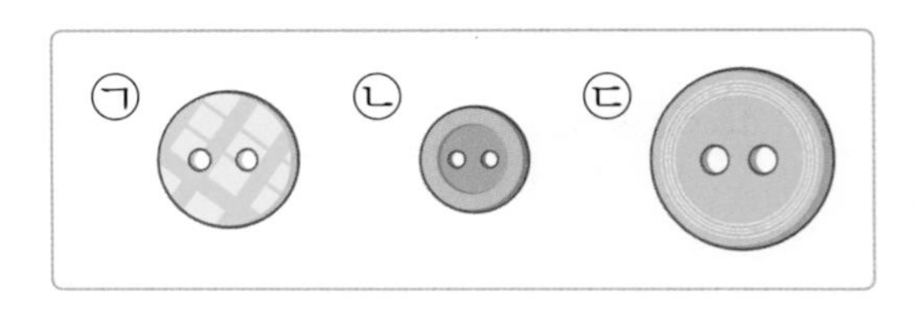

(   )

241009-0459

13 칠교판 조각 ㉠, ㉡, ㉢ 중 가장 넓은 것을 찾아 기호를 써 보세요.

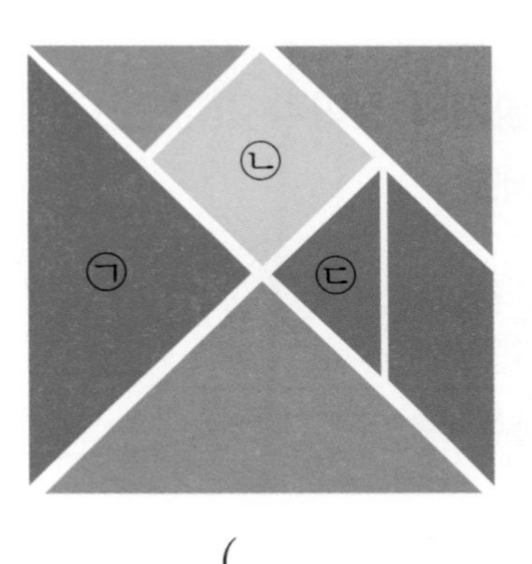

(   )

241009-0460

14 □보다 넓고 □보다 좁은 네모 모양을 빈칸에 그려 보세요.

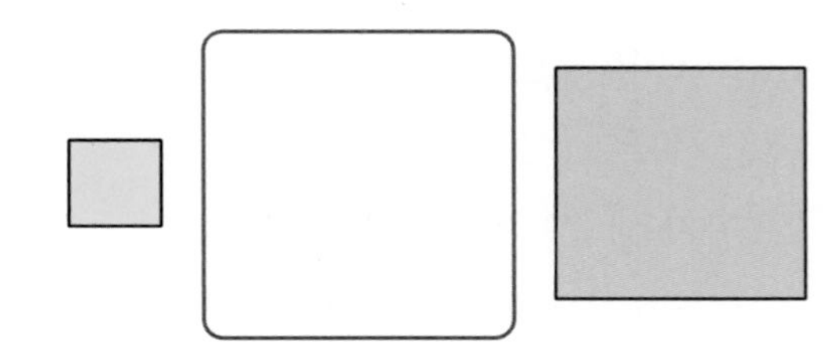

241009-0461

15 **더 많이 담을 수 있는 우유 상자는 무엇인가요?**

( )

241009-0462

16 **물을 더 적게 담은 그릇은 무엇인가요?**

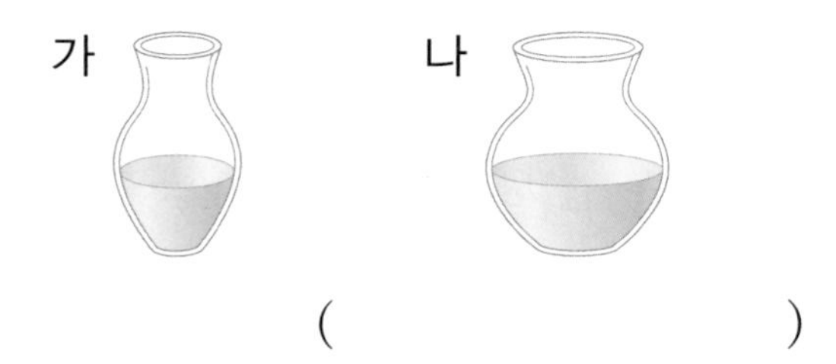

( )

241009-0463

17 중요 **종이컵, 양동이, 항아리에 담을 수 있는 양을 비교해 알맞은 말을 써넣으세요.**

(1) 종이컵은 양동이보다 담을 수 있는 양이 더 ( ).

(2) 양동이는 항아리보다 담을 수 있는 양이 더 ( ).

(3) 가장 많이 담을 수 있는 것은 ( ) 입니다.

241009-0464

18 **두 그릇에 가득 담긴 물을 똑같은 컵으로 모두 퍼냈습니다. 가는 9번, 나는 8번에 물을 모두 퍼냈을 때 물을 더 많이 담을 수 있는 그릇은 무엇일까요?**

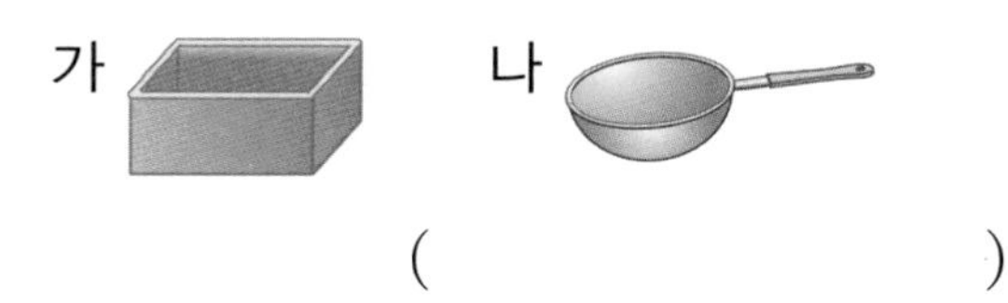

( )

241009-0465

19 **가 그릇에 가득 담긴 물을 나 그릇에 옮겨 담으면 어떻게 될지 그려 보세요.**

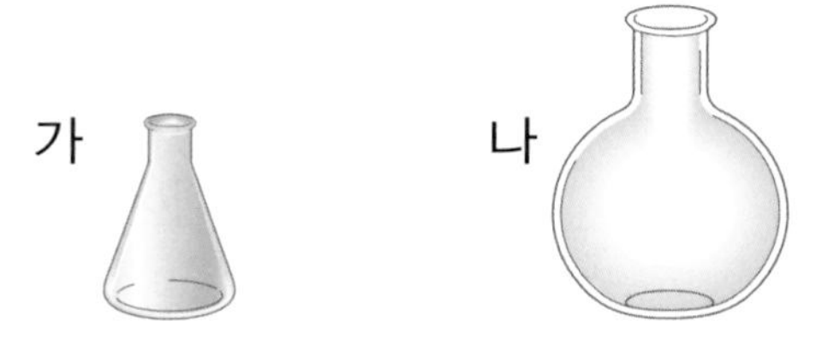

241009-0466

20 서술형 **2개의 빈 병에 똑같은 컵으로 다음과 같이 부었더니 가득 채워졌습니다. 담긴 물의 양이 더 많은 병을 찾아 기호를 써 보세요.**

병	가	나
부은 횟수(번)	3	4

풀이

(1) 똑같은 컵으로 가 병에 ( )번, 나 병에 ( )번 부었더니 물이 가득 채워졌습니다.

(2) 부은 횟수가 (많을수록 , 적을수록) 담긴 물의 양이 더 많습니다.

(3) 따라서 담긴 물의 양이 더 많은 병은 ( )입니다.

답 ______________

4 단원

5 50까지의 수

단원 학습 목표

1. 10을 세고 읽고 쓸 수 있으며 10을 여러 가지 방법으로 가르기 할 수 있습니다.
2. 50까지의 수를 10개씩 묶음과 낱개로 나타내고, 수를 세고 읽고 쓸 수 있습니다.
3. 수 사이의 관계를 파악하고 50까지의 수의 순서를 말할 수 있습니다.
4. 수의 크기를 비교할 수 있습니다.
5. 50까지의 수와 관련된 다양한 문제를 여러 가지 방법으로 해결할 수 있습니다.

단원 진도 체크

학습일			학습 내용	진도 체크
1일째	월	일	개념 1 9 다음 수를 알아볼까요 개념 2 십몇을 알아볼까요 개념 3 모으기를 해 볼까요 개념 4 가르기를 해 볼까요	✓
2일째	월	일	교과서 넘어 보기 + 교과서 속 응용 문제	✓
3일째	월	일	개념 5 10개씩 묶어 세어 볼까요 개념 6 50까지의 수를 세어 볼까요 개념 7 50까지의 수의 순서를 알아볼까요 개념 8 수의 크기를 비교해 볼까요	✓
4일째	월	일	교과서 넘어 보기 + 교과서 속 응용 문제	✓
5일째	월	일	응용 1 10개씩 묶음과 낱개 몇십몇 개를 수로 나타내기 응용 2 물건의 수를 세고 수의 크기 비교하기	✓
6일째	월	일	응용 3 수 카드로 가장 큰 수 만들기 응용 4 조건을 만족하는 수 구하기	✓
7일째	월	일	단원 평가 LEVEL ❶	✓
8일째	월	일	단원 평가 LEVEL ❷	✓

이 단원을 진도 체크에 맞춰 8일 동안 학습해 보세요.
해당 부분을 공부하고 나서 ✓표를 하세요.

재석이는 어머니와 함께 시장에 왔어요.

시장에는 복숭아, 귤 등 과일도 많고 가지, 호박 등 채소도 많습니다. 이렇게 많은 과일과 채소의 수는 어떻게 쓰고 읽을 수 있을까요?

이번 5단원에서는 10부터 50까지의 수를 세어 10개씩 묶음과 낱개로 나타내고 수를 쓰고 읽는 방법을 배울 거예요.

개념 1 9 다음 수를 알아볼까요

(1) 9 다음 수 알아보기

수	10
읽기	십
	열

9보다 1만큼 더 큰 수를 10이라고 합니다.

(2) 10 모으기와 가르기

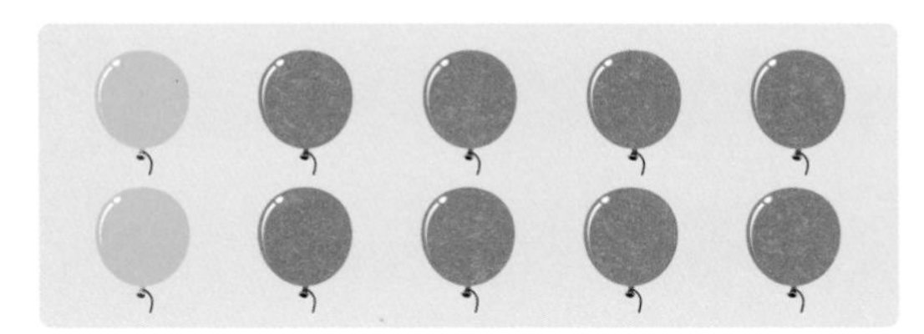

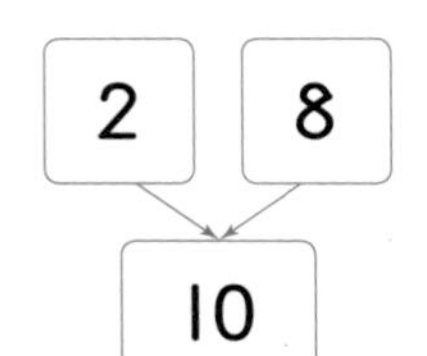

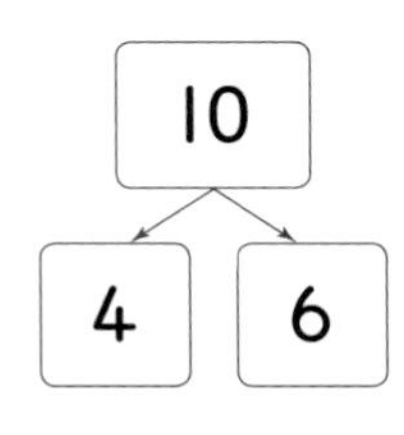

● 10을 여러 가지 방법으로 세기

방법1 일, 이, 삼, 사, 오, 육, 칠, 팔, 구, 십

방법2 하나, 둘, 셋, 넷, 다섯, 여섯, 일곱, 여덟, 아홉, 열

● 10의 크기

- 9보다 1만큼 더 큰 수
- 8보다 2만큼 더 큰 수
- 7보다 3만큼 더 큰 수

241009-0467

01 얼음의 수를 써 보세요.

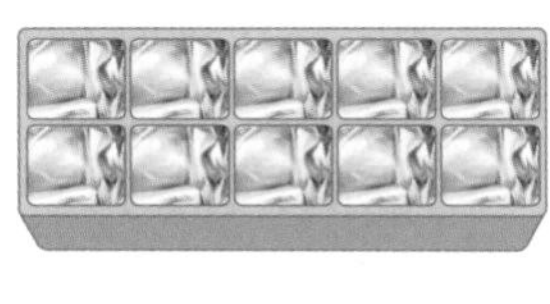

( )

241009-0468

02 □ 안에 알맞은 수를 써넣으세요.

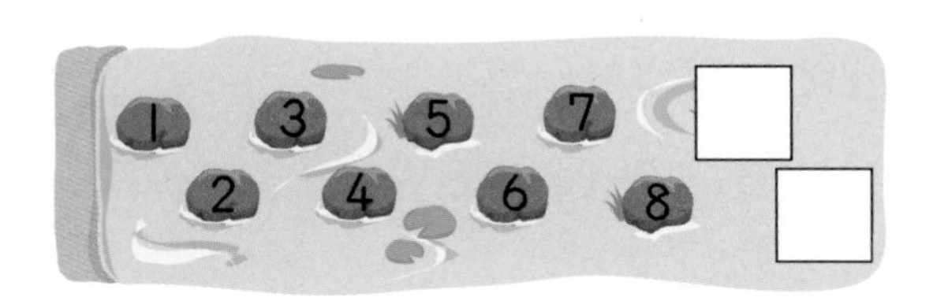

[03~04] 빈칸에 알맞은 수를 써넣으세요.

241009-0469

03

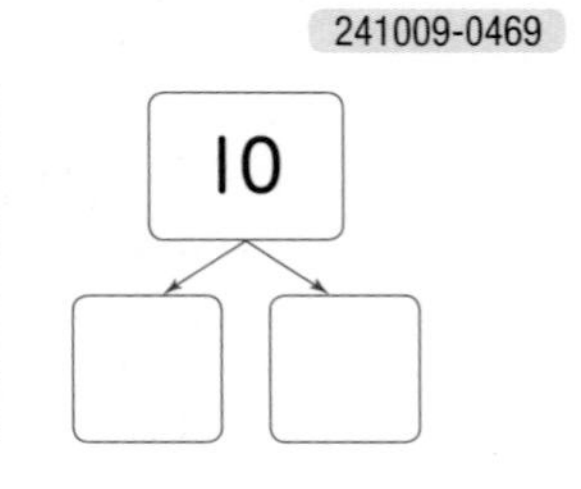

241009-0470

04

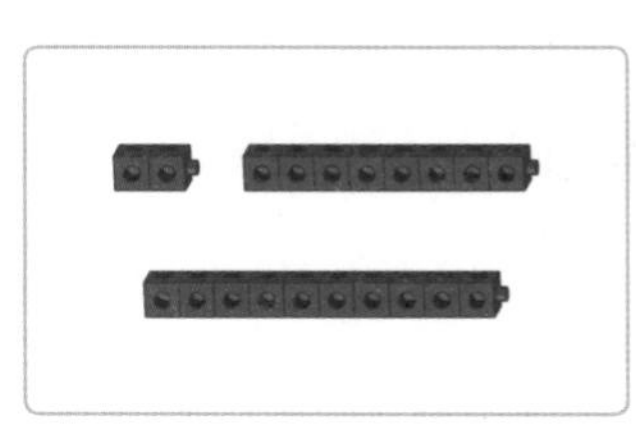

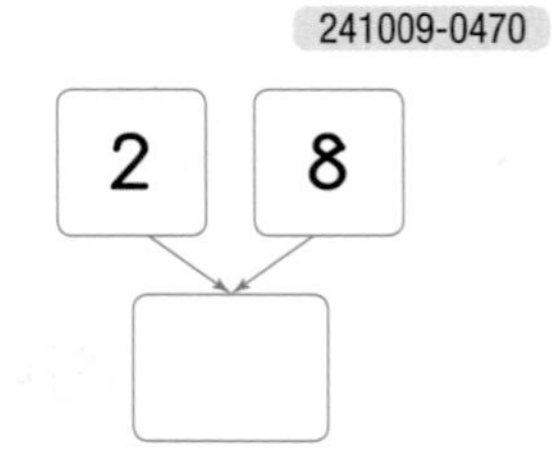

개념 2 십몇을 알아볼까요

(1) 15 알아보기

수	15
읽기	십오
	열다섯

10개씩 묶음 1개와 낱개 5개를 15라고 합니다.

(2) 십몇 쓰고 읽기

수	11	12	13	14	15	16	17	18	19
읽기	십일	십이	십삼	십사	십오	십육	십칠	십팔	십구
	열하나	열둘	열셋	열넷	열다섯	열여섯	열일곱	열여덟	열아홉

- 10개씩 묶음 1개와 낱개 ■개를 수로 나타내기

10개씩 묶음 1개와 낱개 2개
➡ 12
10개씩 묶음 1개와 낱개 ■개
➡ 1■

241009-0471

05 10개씩 묶고 □ 안에 알맞은 수를 써넣으세요.

(1)

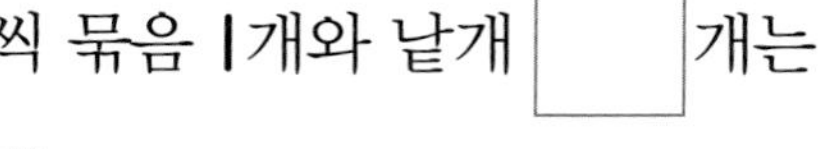

10개씩 묶음 1개와 낱개 □개는

□입니다.

(2)

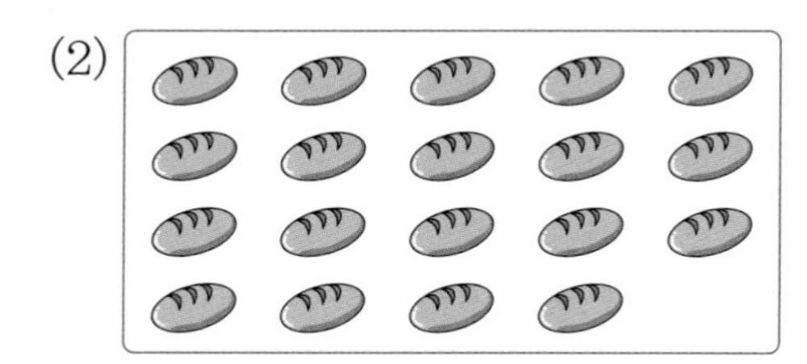

10개씩 묶음 1개와 낱개 □개는

□입니다.

241009-0472

06 □ 안에 알맞은 수를 써넣고, 수를 바르게 읽은 것에 모두 ○표 하세요.

(1)

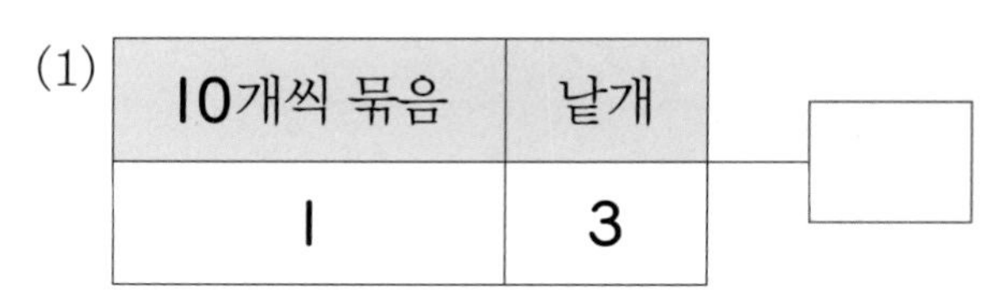

10개씩 묶음	낱개
1	3

→ □

(열넷 , 열셋 , 십삼 , 십사)

(2)

10개씩 묶음	낱개
1	8

→ □

(십팔 , 열여섯 , 십육 , 열여덟)

(3)

10개씩 묶음	낱개
1	7

→ □

(열여덟 , 열일곱 , 십팔 , 십칠)

5 단원

개념 3 모으기를 해 볼까요

• 수 모으기

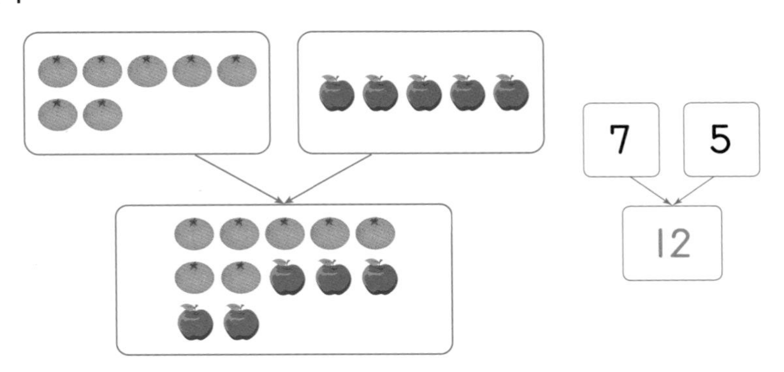

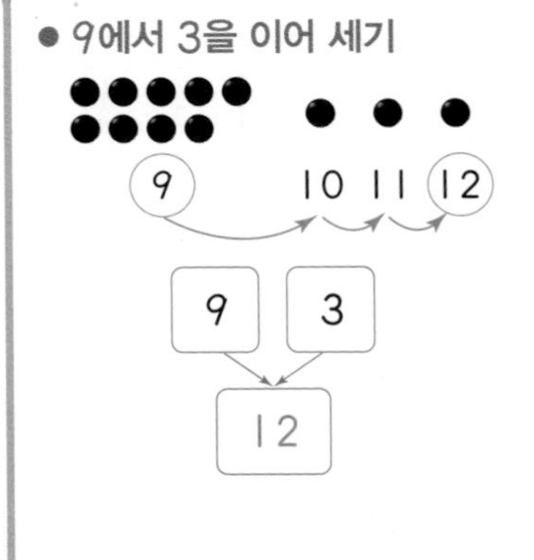

방법 1 모두 세기

귤 7개와 사과 5개를 모아서 세면 과일은 모두 12개입니다.

방법 2 이어 세기

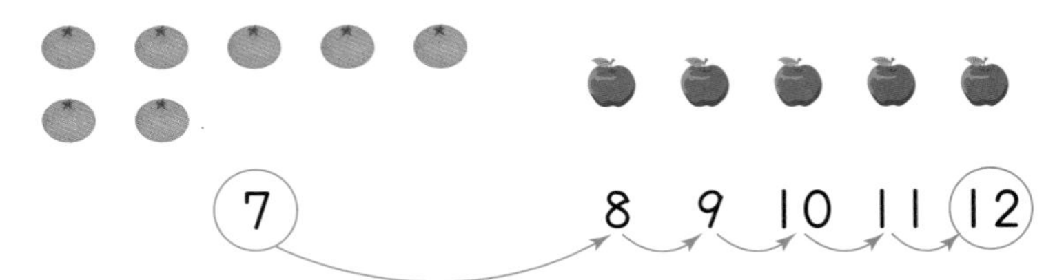

➡ 7과 5를 모으기 하면 12가 됩니다.

241009-0473

07 빈 접시에 알맞은 수만큼 ○를 그리고 모으기를 해 보세요.

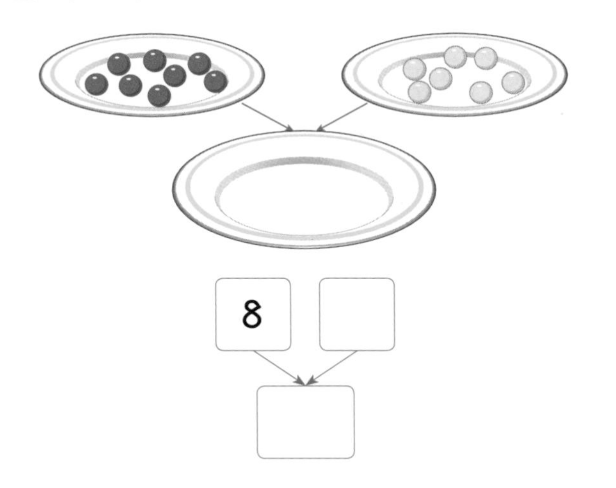

241009-0474

08 빈칸에 알맞은 수만큼 ○를 그리고 모으기를 해 보세요.

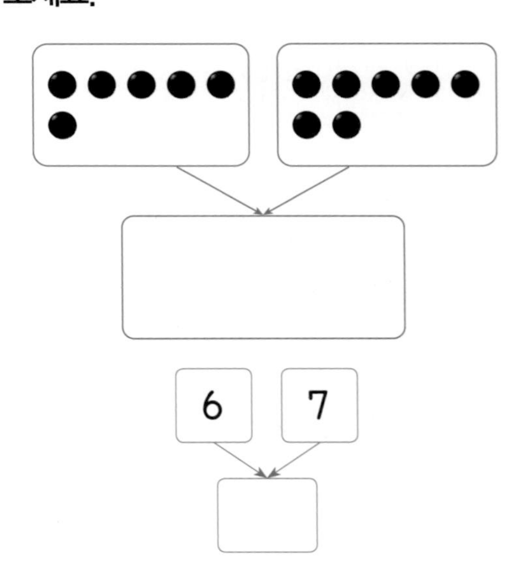

개념 4 가르기를 해 볼까요

• 수 가르기

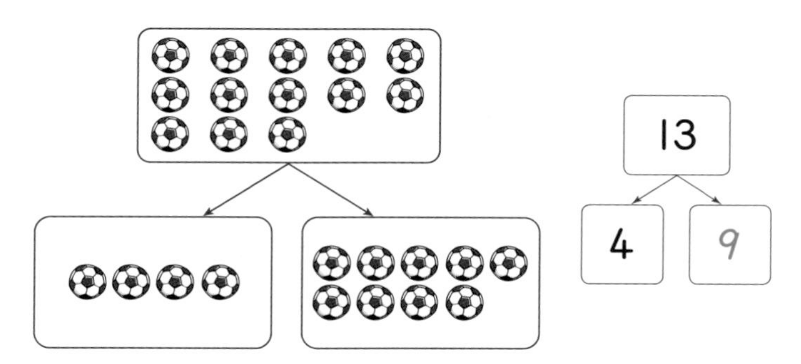

방법 1 수만큼 지우기

축구공 13개 중 4개를 지우고 남은 축구공을 세면 9개입니다.

방법 2 거꾸로 세기

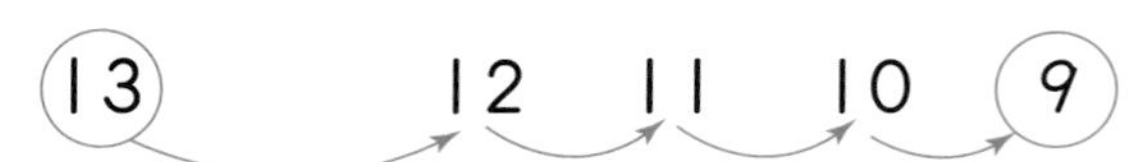

➡ 13은 4와 9로 가르기 할 수 있습니다.

● 12에서 3을 거꾸로 세기
12를 3과 □로 가르기 할 경우 □는 12부터 3개의 수를 거꾸로 세어 구할 수 있습니다.

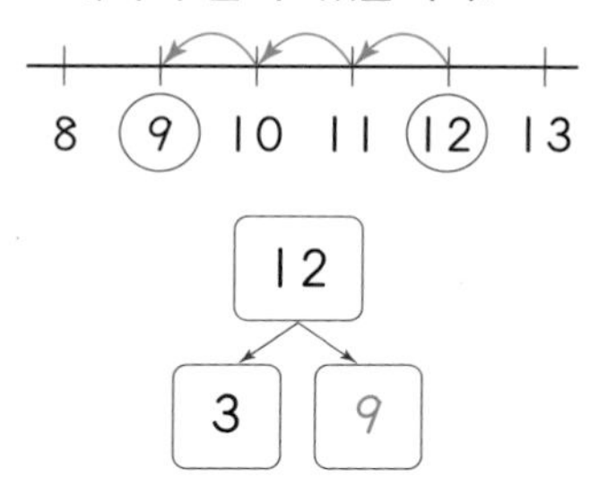

241009-0475

09 빈칸에 알맞은 수만큼 ○를 그리고 가르기를 해 보세요.

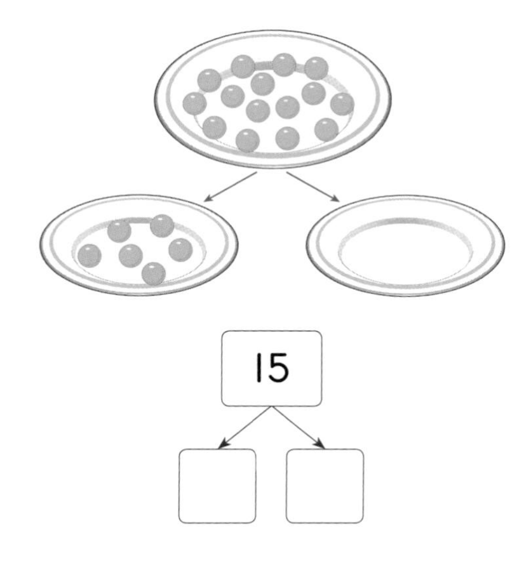

241009-0476

10 빈칸에 알맞은 수만큼 ○를 그리고 가르기를 해 보세요.

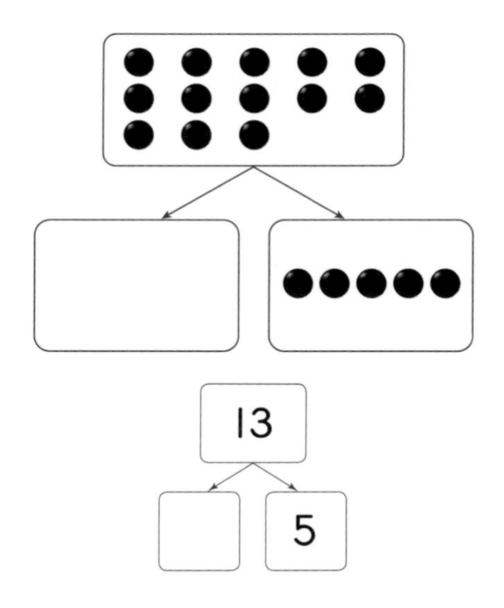

5 단원

241009-0477

01 딸기의 수만큼 ○를 그리고 수를 써 보세요.

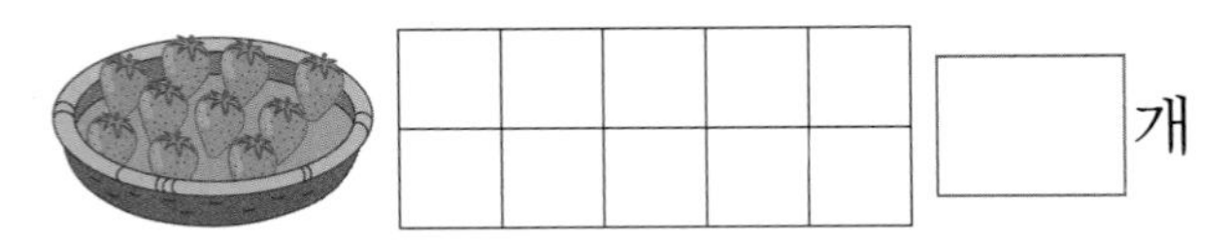

241009-0478

02 고추의 수를 써 보세요.

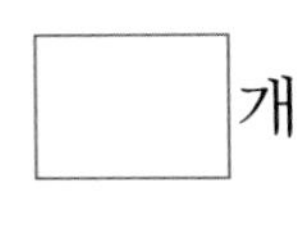

241009-0479

03 모으기와 가르기를 해 보세요.

중요

(1)

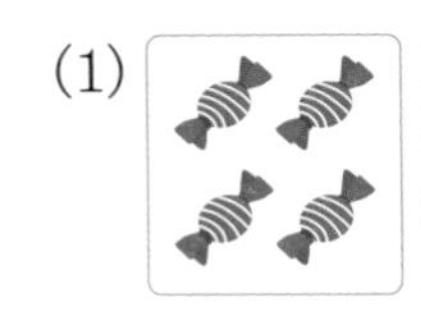  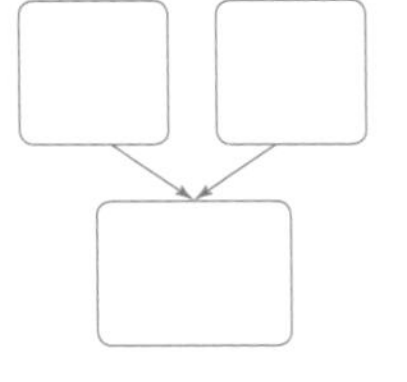

(2)

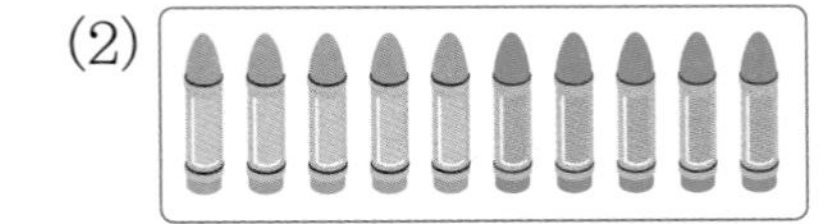 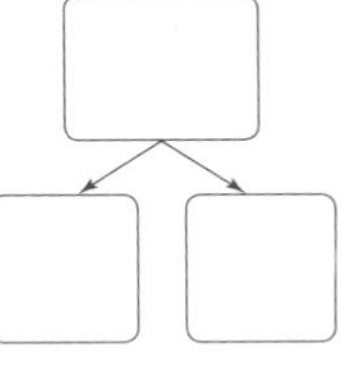

241009-0480

04 빈칸에 알맞은 수를 써넣으세요.

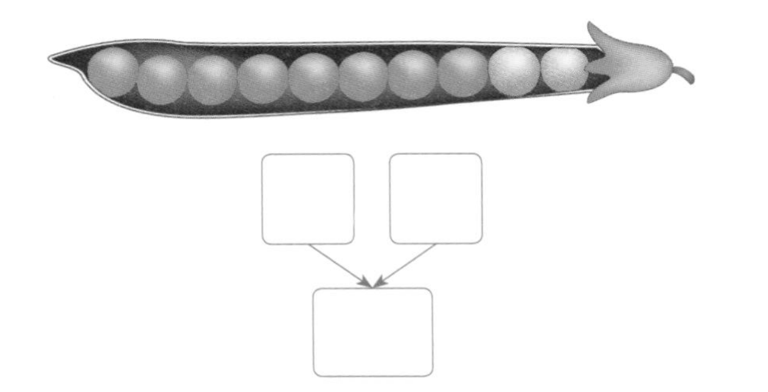

241009-0481

05 10을 알맞게 읽은 것에 ○표 하세요.

엄마, 아빠와 함께 10(열 , 십)번 버스를 타고 동물원에 갔다. 원숭이 우리에는 원숭이가 10(열 , 십) 마리 있었다. 다음에 동물원에 또 가고 싶다.

241009-0482

06 알맞게 이어 보세요.

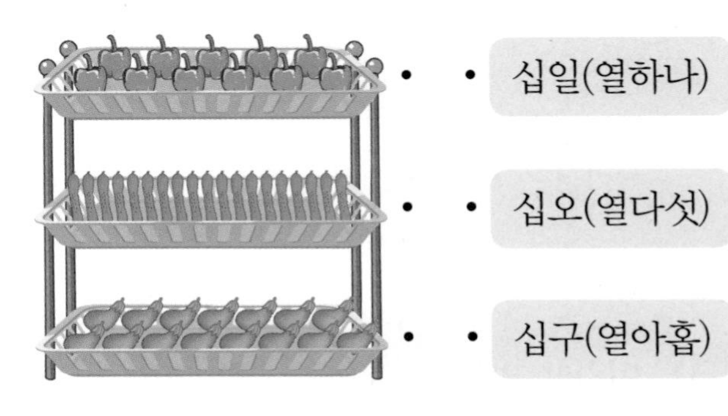

241009-0483

07 참외가 몇 개 있는지 바르게 설명한 사람의 이름을 써 보세요.

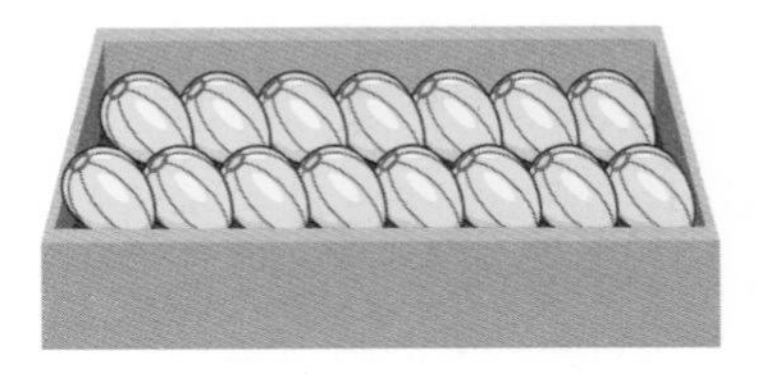

지현: 참외는 14개 있어.
영수: 10개씩 묶음 1개와 낱개 3개야.
정희: 열다섯 개야.

(　　　　　　　)

241009-0484

08 그림을 보고 □ 안에 알맞은 말을 써넣으세요.

(1) 분홍색 무궁화의 수를 세면 하나, 둘, 셋, 넷, 다섯, 여섯, 일곱, 여덟, 아홉, □, □, □입니다.

(2) 흰색 무궁화의 수를 세면 일, 이, 삼, 사, 오, 육, 칠, 팔, 구, □, □ 입니다.

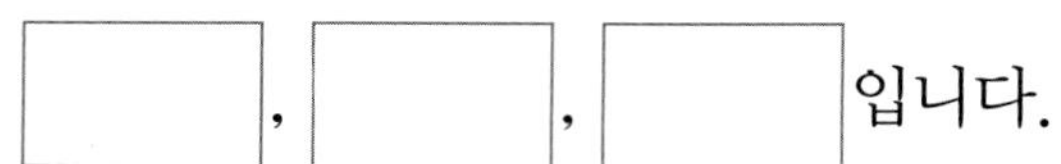

241009-0485

09 오이의 수만큼 ○를 그리고 수를 써 보세요.

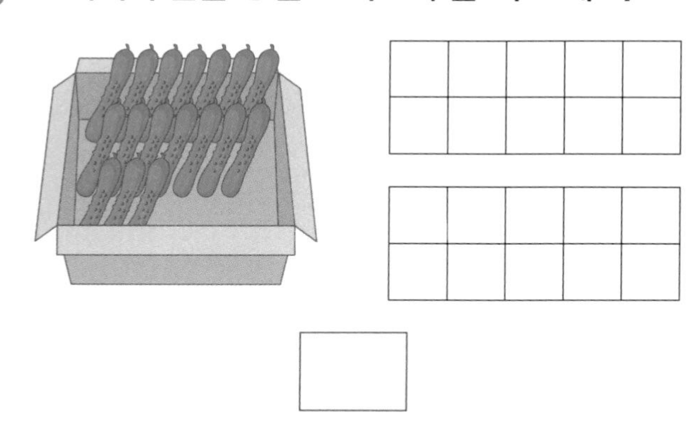

□

241009-0486

10 주어진 수만큼 풍선을 색칠해 보세요.

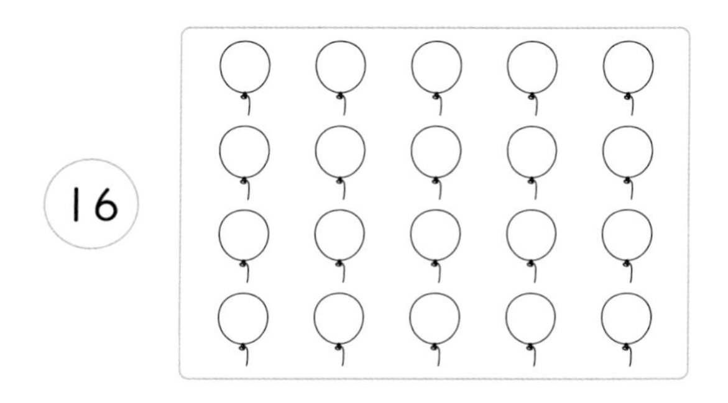

241009-0487

11 중요 알맞게 이어 보세요.

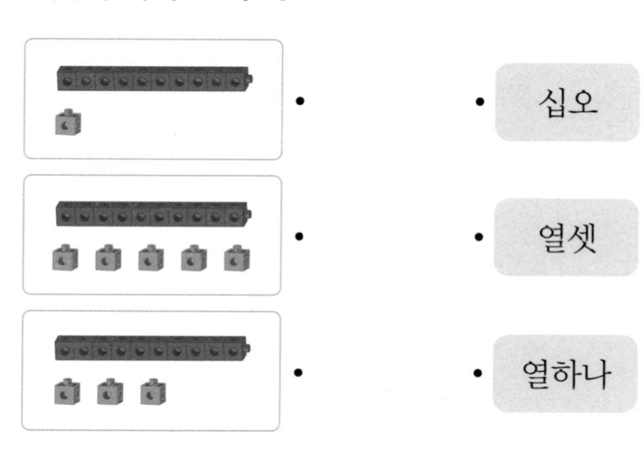

241009-0488

12 수를 잘못 읽은 것을 찾아 기호를 써 보세요.

㉠ 14 — 열넷　　㉡ 18 — 십여덟
㉢ 16 — 십육　　㉣ 17 — 열일곱

(　　　　　　　)

241009-0489

13 빈칸에 알맞은 수를 써넣으세요.

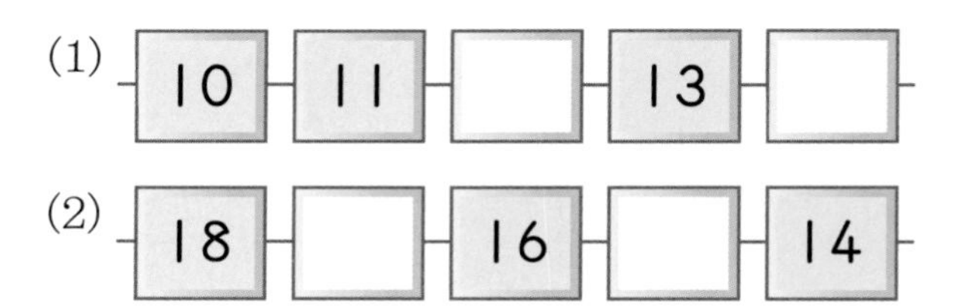

241009-0490

14 10개씩 묶고 수로 나타내 보세요.

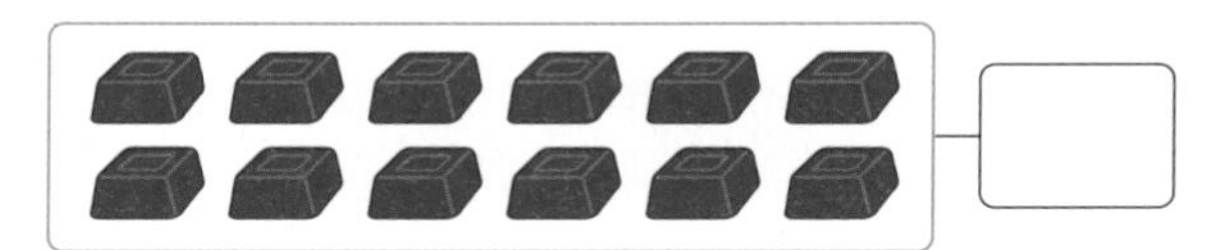

5 단원

241009-0491

15 모으기를 해 보세요.

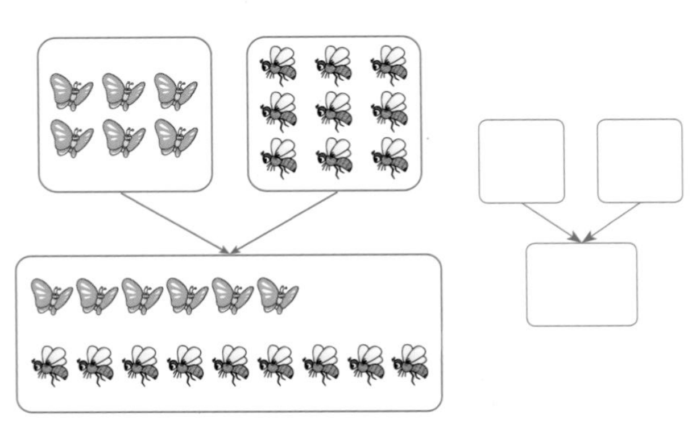

241009-0492

16 가르기를 해 보세요.

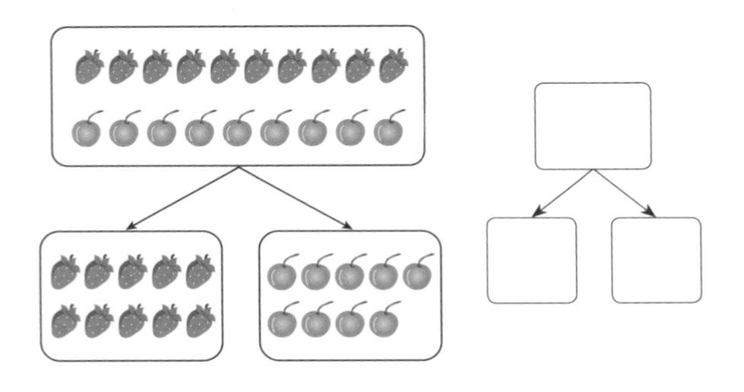

241009-0493

17 알맞은 그림을 그리고 모으기를 해 보세요.

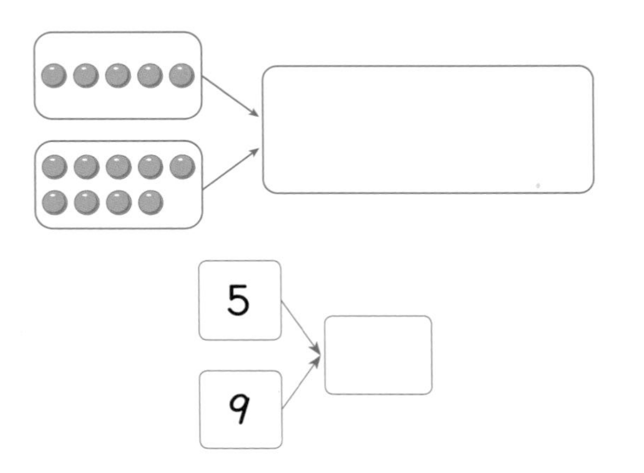

241009-0494

18 14칸을 두 가지 색으로 색칠하고 가르기를 해 보세요.

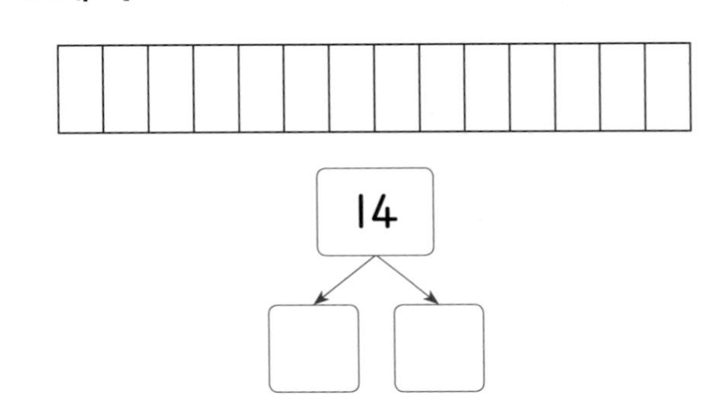

241009-0495

19 두 가지 방법으로 가르기를 해 보세요.

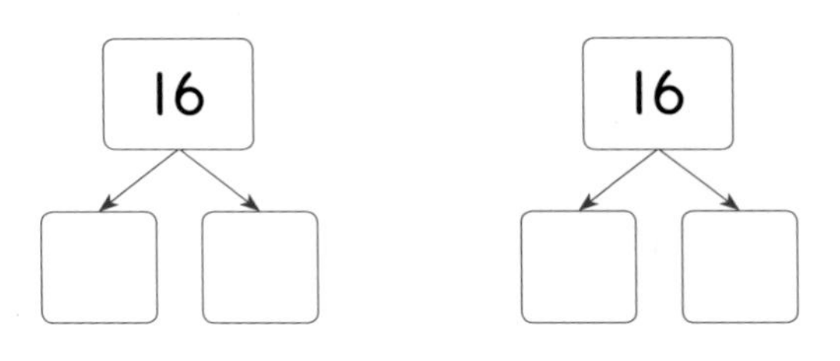

241009-0496

20 도전 구슬 13개를 동생과 나누어 가지려고 합니다. 내가 동생보다 구슬을 더 많이 가지도록 ○로 나타내 보세요.

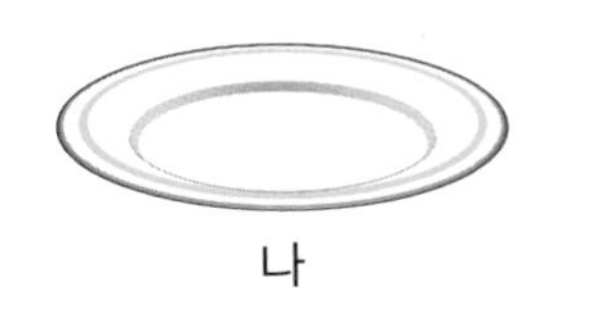
나

동생

가르기, 모으기를 이야기로 나타내기

- 익은 귤 8개와 익지 않은 귤 4개를 모으면 12개입니다.
- 쿠키 15개를 6개와 9개로 가를 수 있습니다.

241009-0497

21 수학일기를 보고 빈칸에 알맞은 수를 써서 일기를 완성해 보세요.

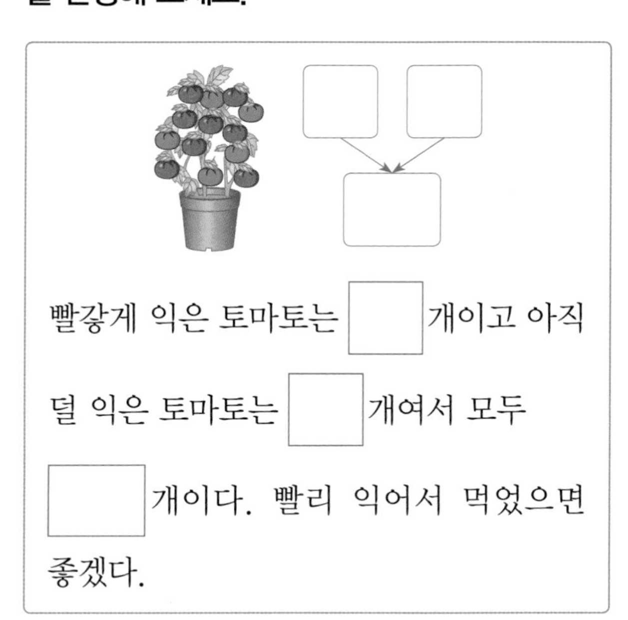

빨갛게 익은 토마토는 □개이고 아직 덜 익은 토마토는 □개여서 모두 □개이다. 빨리 익어서 먹었으면 좋겠다.

241009-0498

22 오른쪽과 같은 가르기의 과정을 바르게 설명한 사람은 누구일까요?

10 → 7, 3

달걀 10개를 똑같이 가르기 했어.

과자 10개를 7개, 3개로 가르기 했어.

내 친구는 7번과 3번 이야.

(　　　　　　)

펼친 손가락의 수를 모아서 수로 나타내기

- 펼친 손가락이 보는 5개, 가위는 2개, 바위는 0개입니다.
- 보가 2개일 때 펼친 손가락은 모두 10개가 됩니다.

241009-0499

23 세 명의 친구들이 가위바위보를 합니다. 다음과 같이 냈을 때 전체 펼친 손가락의 수를 써 보세요.

(　　　　　　)

241009-0500

24 세 명의 친구들이 가위바위보를 합니다. 다음과 같이 냈을 때 전체 펼친 손가락의 수를 써 보세요.

(　　　　　　)

241009-0501

25 네 명의 친구들이 가위바위보를 합니다. 다음과 같이 냈을 때 전체 펼친 손가락의 수를 써 보세요.

(　　　　　　)

개념 5 10개씩 묶어 세어 볼까요

(1) 20 알아보기

수	20
읽기	이십
	스물

10개씩 묶음 2개를 20이라고 합니다.

(2) 몇십 쓰고 읽기

수	20	30	40	50
읽기	이십	삼십	사십	오십
	스물	서른	마흔	쉰

- 10개씩 묶음 ■개를 수로 나타내기

10개씩 묶음 3개 ➡ 30

10개씩 묶음 ■개 ➡ ■0

241009-0502

01 그림을 보고 □ 안에 알맞은 수를 써넣으세요.

(1)

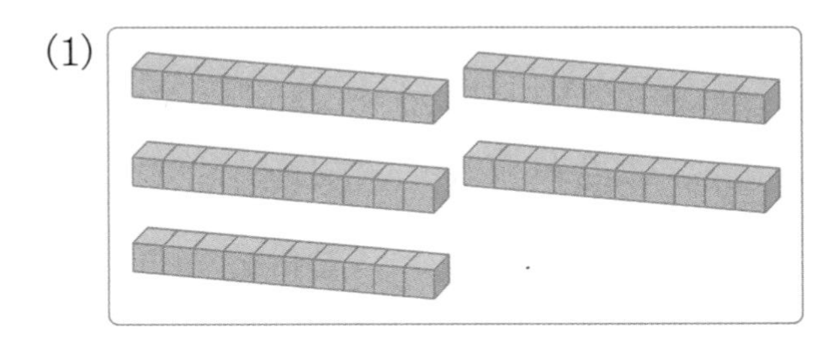

10개씩 묶음 □개는 □입니다.

(2)

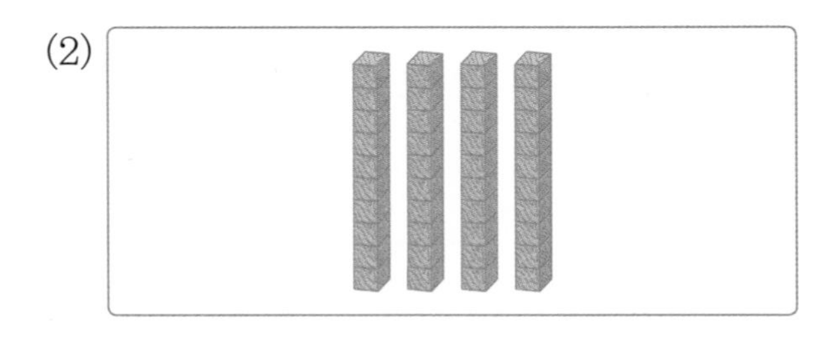

10개씩 묶음 □개는 □입니다.

241009-0503

02 □ 안에 수를 쓰고 이 수를 바르게 읽은 것에 모두 ○표 하세요.

(1)

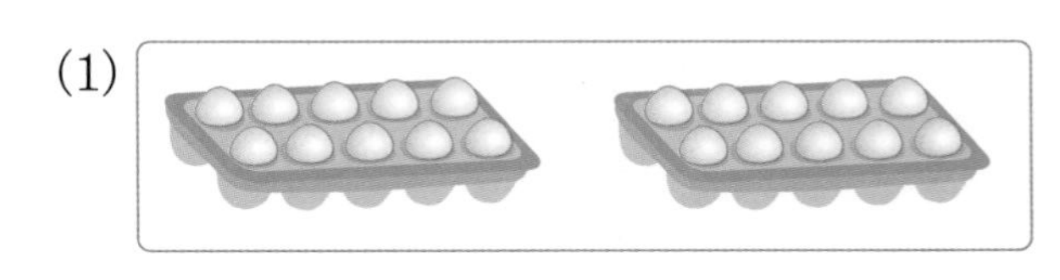

□

(스물 , 마흔 , 서른 , 이십)

(2)

□

(삼십 , 마흔 , 서른 , 쉰)

개념 6 50까지의 수를 세어 볼까요

• 몇십몇 알아보기

수	25
읽기	이십오
	스물다섯

10개씩 묶음 2개와 낱개 5개를 25라고 합니다.

➡ 10개씩 묶음 ■개와 낱개 ▲개를 ■▲라고 합니다.

● 10개씩 묶음의 수와 낱개의 수를 수로 나타내기

10개씩 묶음의 수를 앞에, 낱개의 수를 뒤에 써서 나타냅니다.

10개씩 묶음 3개: 30 ⌉
낱개 4개: 4 ⌋ ➡ 34

241009-0504

03 10개씩 묶음과 낱개의 수를 써 보세요.

(1)

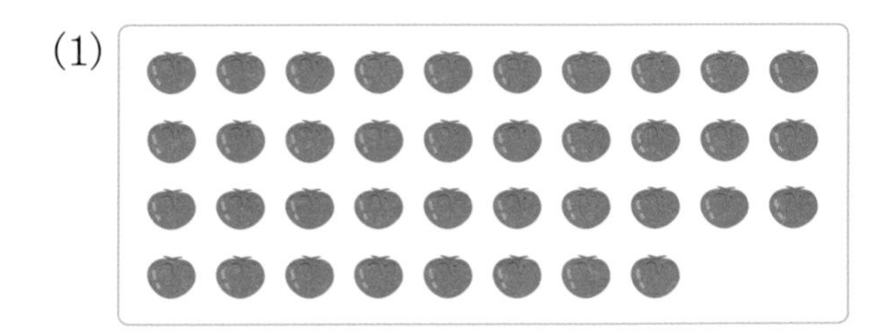

10개씩 묶음	낱개

(2)

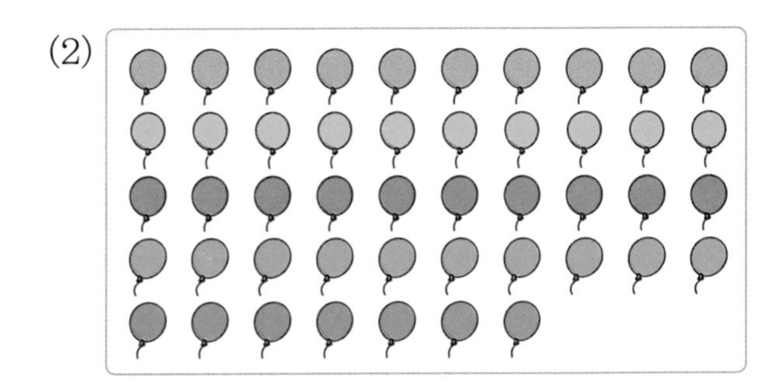

10개씩 묶음	낱개

241009-0505

04 수를 세어 □ 안에 쓰고 이 수를 바르게 읽은 것에 모두 ○표 하세요.

(1)

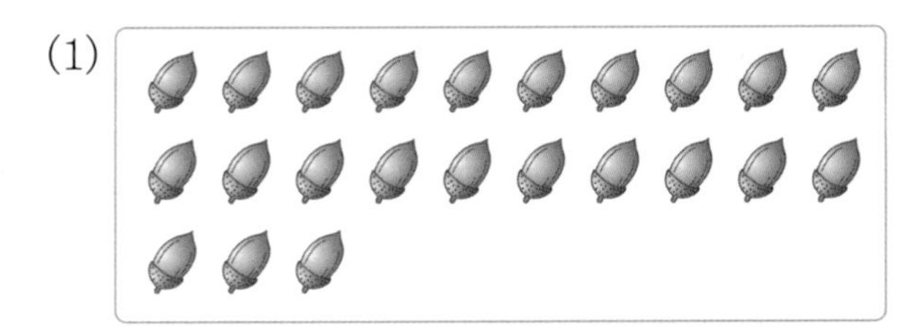

□

(이십삼 , 서른둘 , 삼십이 , 스물셋)

(2)

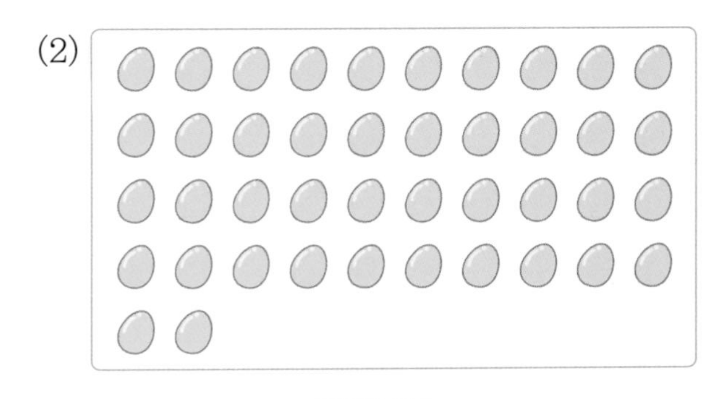

□

(마흔둘 , 이십사 , 사십이 , 스물넷)

5 단원

개념 7 50까지의 수의 순서를 알아볼까요

• 수 배열표에서 수의 순서 알기

1씩 커집니다. (→)
10씩 커집니다. (↓)
10씩 작아집니다. (↑)
1씩 작아집니다. (←)

1	2	3	4	5	6	7	8	9	10
11	12	13	14	15	16	17	18	19	20
21	22	23	24	25	26	27	28	29	30
31	32	33	34	35	36	37	38	39	40
41	42	43	44	45	46	47	48	49	50

• 오른쪽으로 1칸씩 갈 때마다 1씩 커집니다.
• 왼쪽으로 1칸씩 갈 때마다 1씩 작아집니다.
• 아래쪽으로 1칸씩 갈 때마다 10씩 커집니다.
• 위쪽으로 1칸씩 갈 때마다 10씩 작아집니다.

● 수의 순서 알아보기

수를 순서대로 쓰면 1씩 커지고, 수의 순서를 거꾸로 하여 쓰면 1씩 작아집니다.

예 23부터 수를 순서대로 쓰기
➡ 23－24－25－26－27

예 36부터 수를 거꾸로 쓰기
➡ 36－35－34－33－32

● 두 수 사이에 있는 수

예 45－46－47－48
45와 48 사이에 있는 수
➡ 46, 47

241009-0506

05 수 배열표를 보고 □ 안에 알맞은 수를 써넣으세요.

21	22	23	24	25	26	27	28	29	30
31	32	33	34	35	36	37	38	39	40
41	42	43	44	45	46	47	48	49	50

(1) 31보다 1만큼 더 큰 수는 □입니다.

(2) 28보다 1만큼 더 작은 수는 □입니다.

(3) 25와 27 사이에 있는 수는 □입니다.

241009-0507

06 빈칸에 알맞은 수를 써넣으세요.

(1)

(2)

241009-0508

07 수를 순서대로 이어 그림을 완성해 보세요.

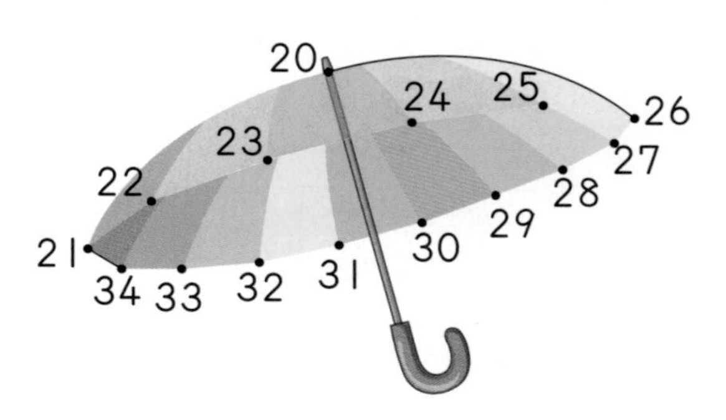

개념 8 수의 크기를 비교해 볼까요

(1) 10개씩 묶음의 수가 다른 두 수의 크기 비교하기

10개씩 묶음의 수가 다를 때에는 10개씩 묶음의 수가 큰 수가 더 큽니다.

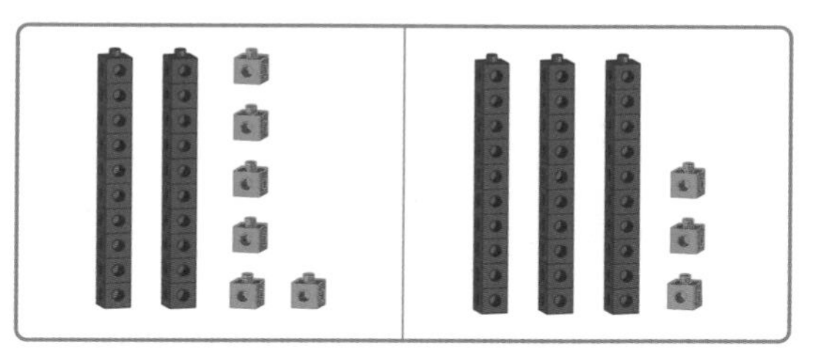

26은 33보다 작습니다.
33은 26보다 큽니다.

(2) 10개씩 묶음의 수가 같은 두 수의 크기 비교하기

10개씩 묶음의 수가 같을 때에는 낱개의 수가 큰 수가 더 큽니다.

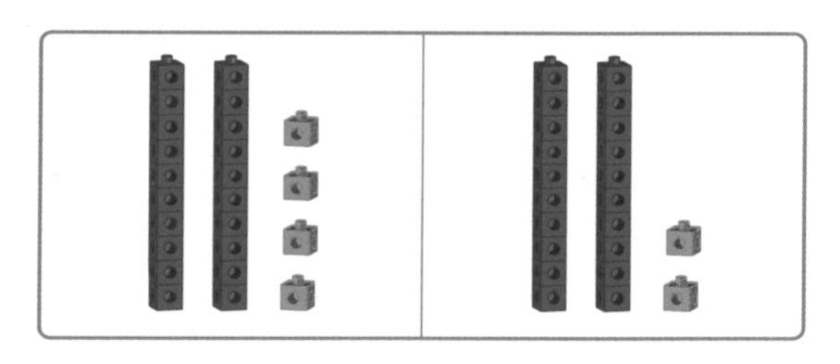

24는 22보다 큽니다.
22는 24보다 작습니다.

● 세 수의 크기 비교

예 36, 45, 32의 크기 비교

- 36, 45, 32의 10개씩 묶음의 수를 비교하면 45가 가장 큽니다.
- 36과 32의 낱개의 수를 비교하면 36이 더 큽니다.

➡ 큰 수부터 순서대로 쓰면 45, 36, 32입니다.

241009-0509

08 알맞은 말에 ○표 하세요.

(1)

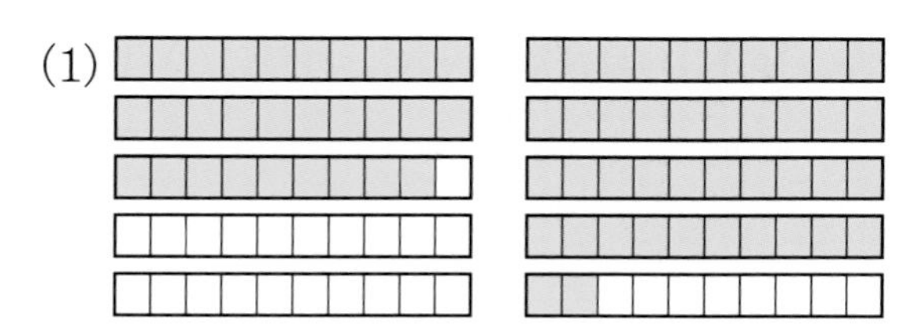

29는 42보다 (큽니다 , 작습니다).
42는 29보다 (큽니다 , 작습니다).

(2)

17은 13보다 (큽니다 , 작습니다).
13은 17보다 (큽니다 , 작습니다).

241009-0510

09 □ 안에 알맞은 수를 써넣으세요.

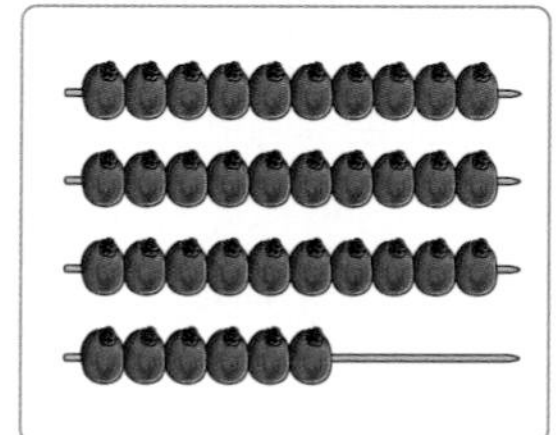

□은 □보다 큽니다.

□은 □보다 작습니다.

5 단원

241009-0511

26 □ 안에 색종이의 수를 쓰고 두 가지 방법으로 읽어 보세요.

□ ➡ (,)

241009-0512

27 빈칸에 알맞은 수나 말을 써넣으세요.

중요

묶음의 수	수	읽기	
10개씩 묶음 2개	20	이십	스물
10개씩 묶음 3개			
10개씩 묶음 4개			

241009-0513

28 알맞게 이어 보세요.

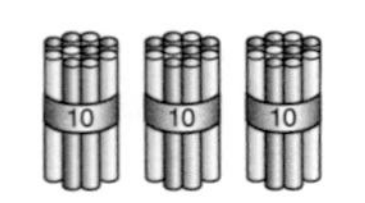 • • 40 • • 서른

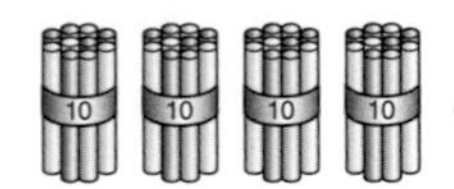 • • 20 • • 스물

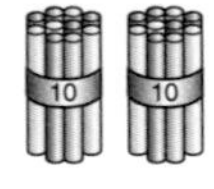 • • 30 • • 마흔

241009-0514

29 모자의 수만큼 ○를 그리고 □ 안에 알맞은 수를 써넣으세요.

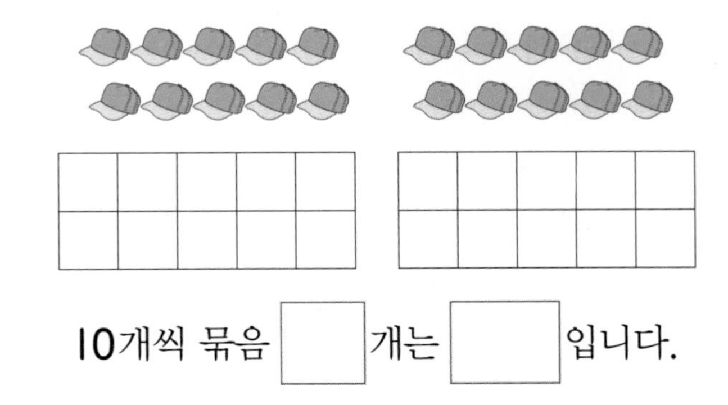

10개씩 묶음 □개는 □입니다.

241009-0515

30 음료수의 수를 써 보세요.

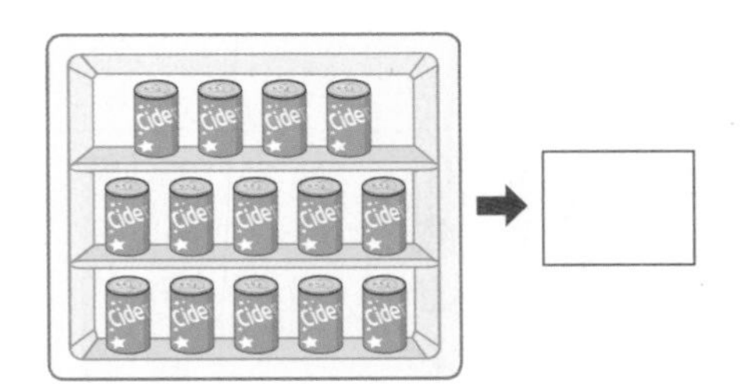

241009-0516

31 빈칸에 알맞은 수를 써넣으세요.

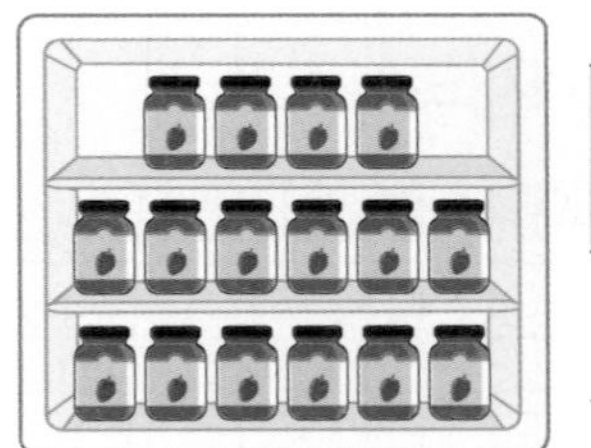

10개씩 묶음	낱개

241009-0517

32 수를 세어 두 가지 방법으로 읽어 보세요.

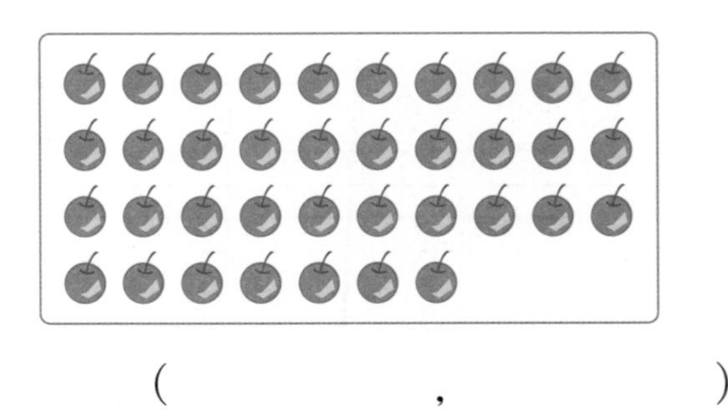

(,)

241009-0518

33 빈칸에 알맞은 수를 써넣으세요.

10개씩 묶음 1개와 낱개 7개	17
10개씩 묶음 3개와 낱개 9개	
10개씩 묶음 4개와 낱개 2개	

241009-0519

34 알맞게 이어 보세요.

중요

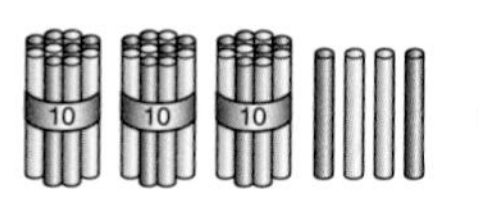 • • 마흔둘

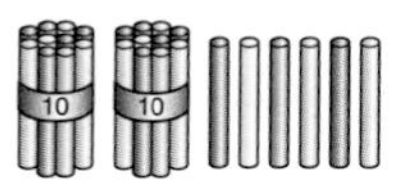 • • 스물여섯

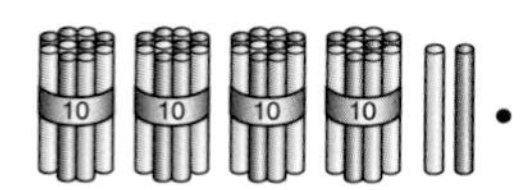 • • 서른넷

241009-0520

35 그림을 보고 □ 안에 알맞은 수나 말을 써넣으세요.

10개씩 묶음 □개와 낱개 □개는 □이라 쓰고, □ 또는 □이라고 읽습니다.

241009-0521

36 ■가 몇 개일까요?

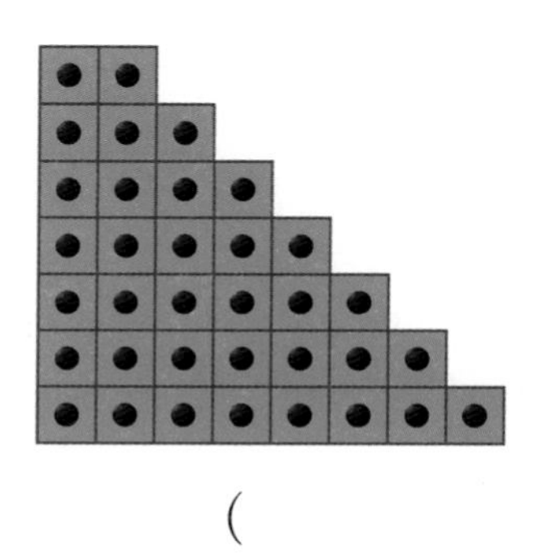

( )

241009-0522

37 빈칸에 알맞은 수를 써넣으세요.

수	10개씩 묶음	낱개
19	1	
45		5
	2	7

241009-0523

38 빈칸에 알맞은 수를 써넣으세요.

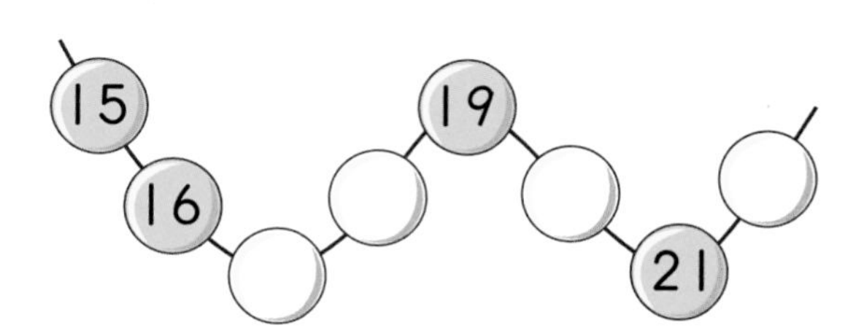

241009-0524

39 빈칸에 알맞은 수를 써넣으세요.

5 단원

241009-0525

40 작은 수부터 순서대로 빈칸에 써넣으세요.

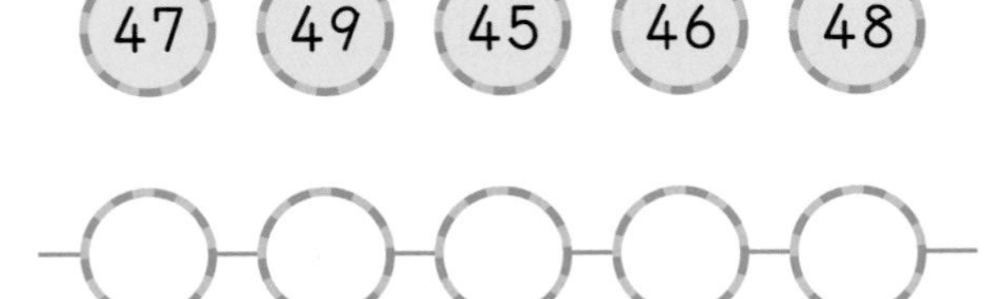

241009-0526

41 순서에 맞게 빈칸을 채워 보세요.

1	2	3	4	5	6	7	
	15		13	12	11	10	9
17	18	19	20			23	
	31			28	27	26	25
33	34	35	36	37			
48		46		44	43	42	41

241009-0527

도전 **42** 버스 자리 안내 그림입니다. 23번 자리에 ○표 하세요.

241009-0528

43 더 큰 수에 ○표 하세요.

(1) 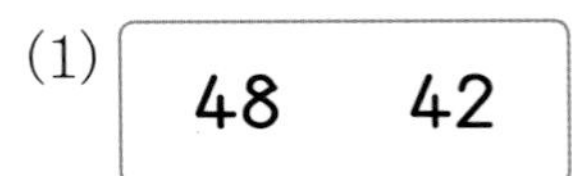

(2) 25 31

241009-0529

44 가장 작은 수에 △표 하세요.

(1) 37 27 47

(2) 45 48 40

241009-0530

45 두 수의 크기를 비교하여 빨간색 선을 따라 더 큰 수, 파란색 선을 따라 더 작은 수를 써 보세요.

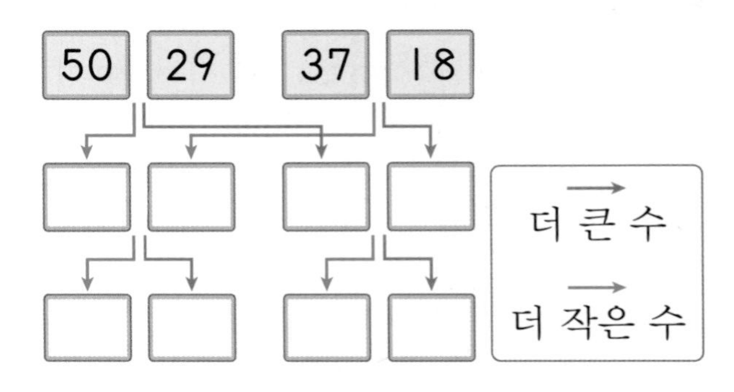

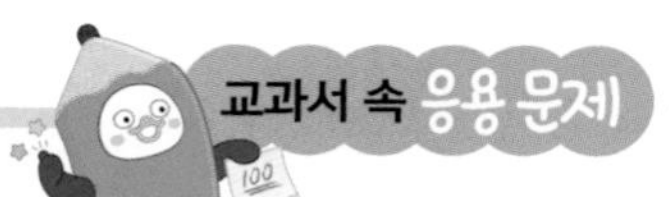

교과서, 익힘책 속 응용 문제를 유형별로 풀어 보세요.

정답과 풀이 44쪽

수의 순서 알기

수를 이어 세면 낱개의 수가 1씩 커집니다.

241009-0531

46 수 이어가기 놀이를 하고 있습니다. 승희가 말할 수는 무엇일까요?

(　　　　　　　　)

241009-0532

47 수 이어가기 놀이를 하고 있습니다. 한 사람이 2개씩 수를 말할 때 혜수가 말할 수는 무엇일까요?

(　　　　　　　　)

241009-0533

48 수 이어가기 놀이를 하고 있습니다. 한 사람이 3개씩 수를 말할 때 현철이가 말할 수는 무엇일까요?

(　　　　　　　　)

세 수 크기 비교의 활용

① 가장 많은 것 찾기: 가장 큰 수를 찾습니다.
② 가장 적은 것 찾기: 가장 작은 수를 찾습니다.

241009-0534

49 동화책을 윤아는 34쪽, 정수는 39쪽, 현주는 37쪽 읽었습니다. 동화책을 가장 적게 읽은 사람은 누구일까요?

(　　　　　　　　)

241009-0535

50 구슬을 진희는 32개, 요원이는 18개, 희민이는 45개 가지고 있습니다. 구슬을 가장 많이 가지고 있는 사람은 누구일까요?

(　　　　　　　　)

241009-0536

51 색종이를 효진이는 36장, 진우는 42장, 민지는 38장 가지고 있습니다. 색종이를 많이 가지고 있는 사람부터 순서대로 이름을 써 보세요.

(　　　　　　　　)

대표 응용 1 10개씩 묶음과 낱개 몇십몇 개를 수로 나타내기

얼마만큼인지 ○를 그리고 수를 써 보세요.

10개씩 묶음 2개와 낱개 13개

□

문제 스케치

	10개씩 묶음	낱개
낱개 13개 ⇒	1	3
낱개 ■▲개 ⇒	■	▲

해결하기

낱개 13개는 10개씩 묶음 □개와 낱개 □개와 같습니다. 10개씩 묶음 2개와 낱개 13개는 10개씩 묶음 □개와 낱개 □개입니다. 따라서 수로 나타내면 □입니다.

241009-0537

1-1 얼마만큼인지 ○를 그리고 수를 써 보세요.

10개씩 묶음 1개와 낱개 22개

□

241009-0538

1-2 얼마만큼인지 수를 쓰고 두 가지 방법으로 읽어 보세요.

10개씩 묶음 3개와 낱개 17개

□ ➡ (　　　　　,　　　　　)

대표 응용 2

물건의 수를 세고 수의 크기 비교하기

□ 안에 참외와 키위의 수를 세어 쓰고 더 많은 과일의 이름을 써 보세요.

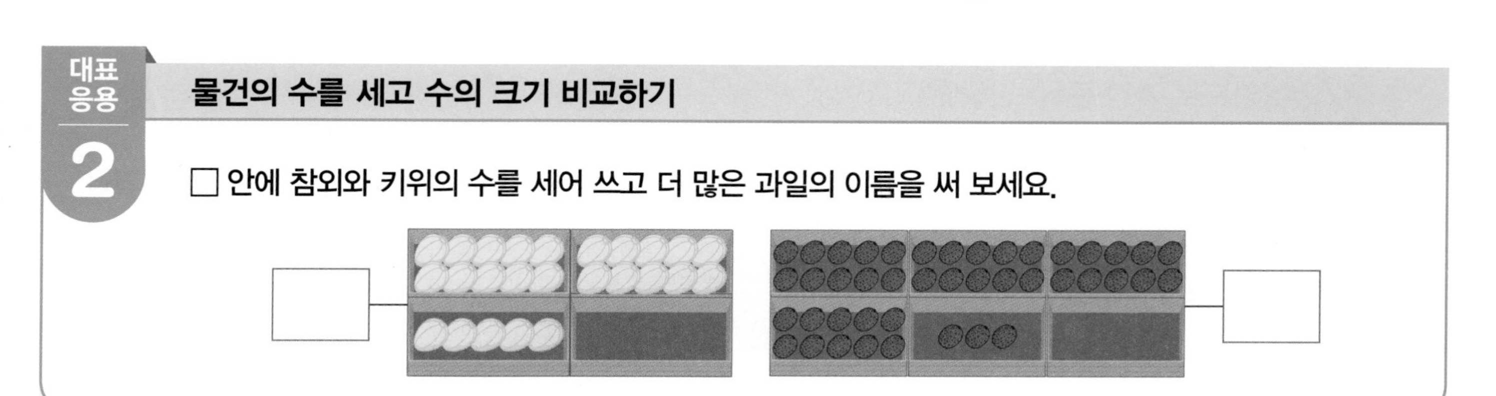

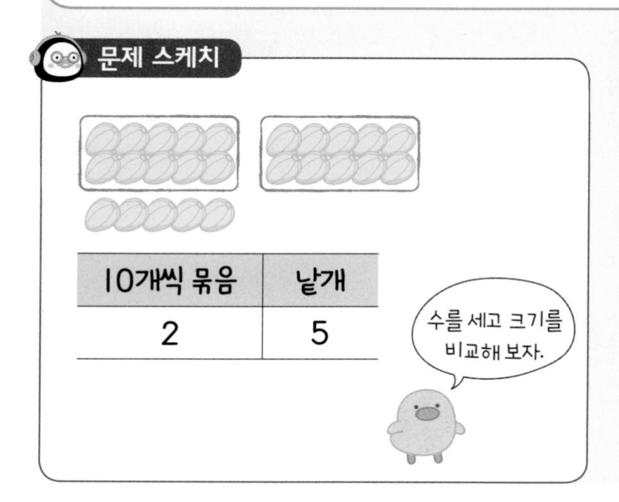

문제 스케치
10개씩 묶음
낱개
2
5
수를 세고 크기를 비교해 보자.

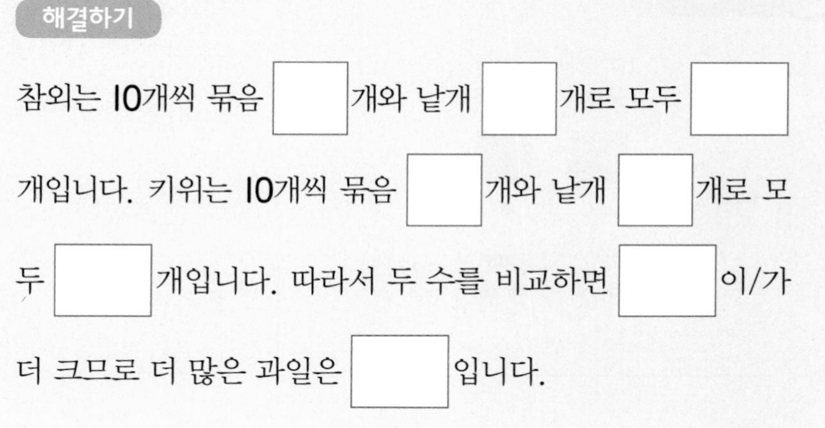

해결하기
참외는 10개씩 묶음 □개와 낱개 □개로 모두 □개입니다. 키위는 10개씩 묶음 □개와 낱개 □개로 모두 □개입니다. 따라서 두 수를 비교하면 □이/가 더 크므로 더 많은 과일은 □입니다.

241009-0539

2-1 □ 안에 가지와 감자의 수를 세어 쓰고 더 많은 채소의 이름을 써 보세요.

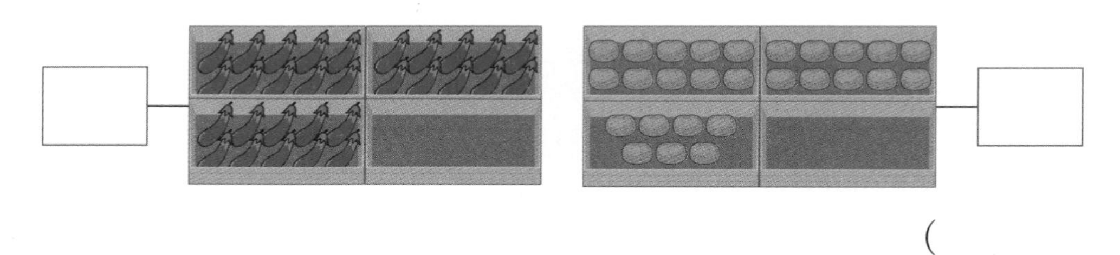

(   )

241009-0540

2-2 □ 안에 요구르트병과 물병의 수를 세어 쓰고 알맞은 말에 ○표 하세요.

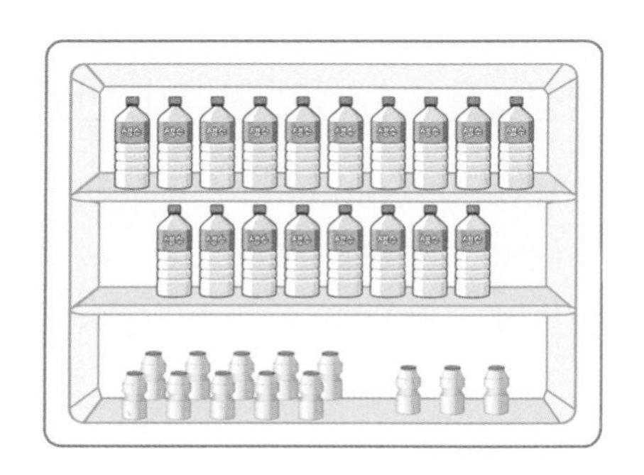

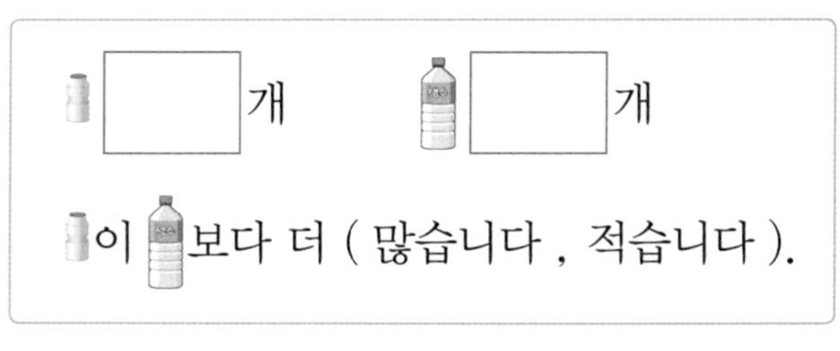

응용력 높이기

대표 응용 **3**

수 카드로 가장 큰 수 만들기

수 카드 3장 중에서 2장을 골라 한 번씩만 사용하여 몇십몇을 만들려고 합니다. 만들 수 있는 가장 큰 수는 무엇일까요?

2　5　7

문제 스케치

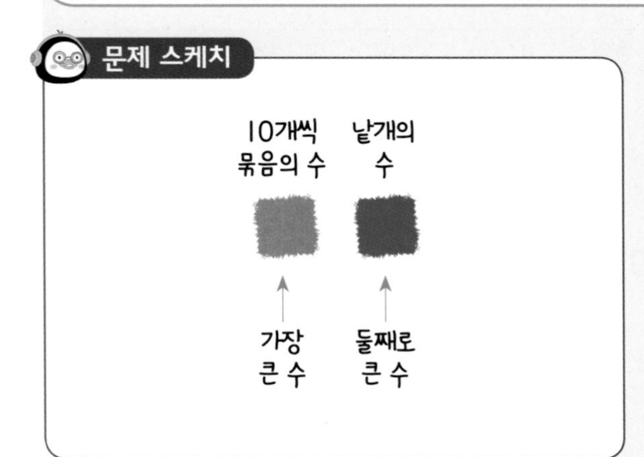

해결하기

수 카드를 사용하여 가장 큰 몇십몇을 만들려면 10개씩 묶음의 수를 가장 큰 수인 ☐ 로 하고, 낱개의 수는 두 번째로 큰 수인 ☐ 를 사용합니다. 따라서 만들 수 있는 가장 큰 수는 ☐ 입니다.

241009-0541

3-1 수 카드 3장 중에서 2장을 골라 한 번씩만 사용하여 몇십몇을 만들려고 합니다. 만들 수 있는 가장 큰 수를 구해 보세요.

3　1　2

(　　　　　　　　)

241009-0542

3-2 수 카드 4장 중에서 2장을 골라 한 번씩만 사용하여 몇십몇을 만들려고 합니다. 만들 수 있는 가장 작은 수를 구해 보세요.

2　3　4　1

(　　　　　　　　)

대표 응용 4

조건을 만족하는 수 구하기

조건을 모두 만족하는 수를 구해 보세요.

- 38보다 크고 45보다 작습니다.
- 10개씩 묶음의 수와 낱개의 수가 같습니다.

문제 스케치

38과 45 사이의 수

38, ☐ ⋯ ☐, 45

■■인 수 찾기

해결하기

38보다 크고 45보다 작은 수는 39, 40, ☐, ☐, ☐, ☐입니다. 이 중에서 10개씩 묶음의 수와 낱개의 수가 같은 것은 ☐입니다.

241009-0543

4-1 조건을 모두 만족하는 수를 구해 보세요.

- 30보다 크고 40보다 작습니다.
- 10개씩 묶음의 수와 낱개의 수가 같습니다.

(　　　　　　　　)

241009-0544

4-2 조건을 모두 만족하는 수 중 가장 큰 수를 구해 보세요.

- 20과 26 사이에 있습니다.
- 낱개의 수는 10개씩 묶음의 수보다 큽니다.

(　　　　　　　　)

5 단원

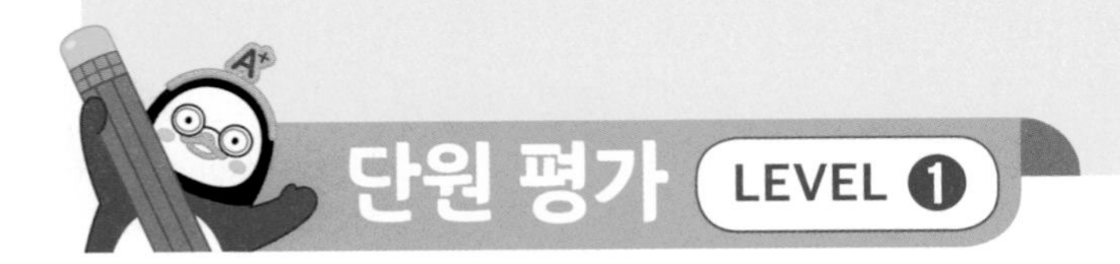

241009-0545

01 □ 안에 알맞은 수를 써넣으세요.

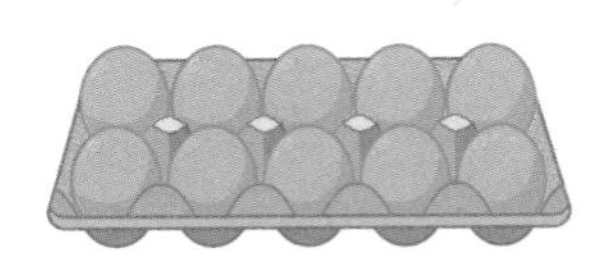

9보다 1만큼 더 큰 수는 □ 입니다.

241009-0546

02 모으기를 해 보세요.

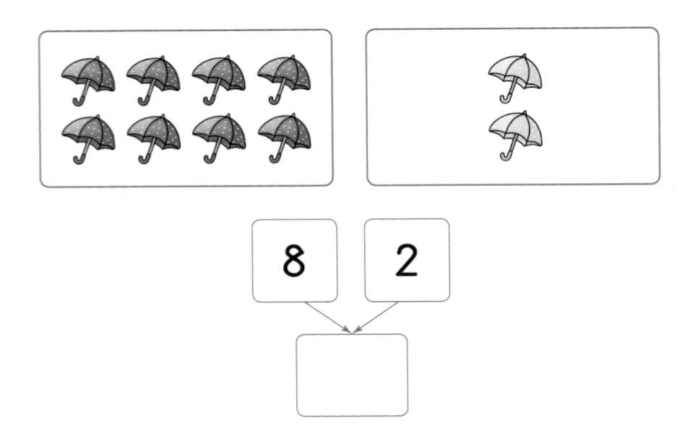

241009-0547

03 같은 수끼리 이어 보세요. 중요

50 ·	· 삼십 ·	· 쉰
40 ·	· 사십 ·	· 서른
30 ·	· 오십 ·	· 마흔

241009-0548

04 □ 안에 알맞은 수나 말을 써넣으세요.

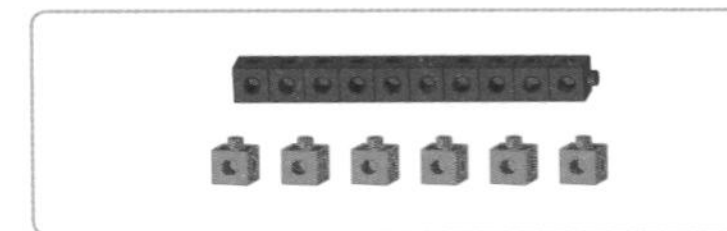

10개씩 묶음 1개와 낱개 6개는 □ 이라 쓰고, 십육 또는 □ 이라고 읽습니다.

241009-0549

05 나타내는 수가 나머지와 다른 하나를 찾아 기호를 써 보세요.

㉠ 쉰	㉡ 오십
㉢ 50	㉣ 10개씩 묶음이 4개

( )

241009-0550

06 모으기를 해서 13이 되는 수끼리 이어 보세요. 중요

9 ·	· 8
7 ·	· 4
5 ·	· 6

241009-0551

07 가르기를 해 보세요.

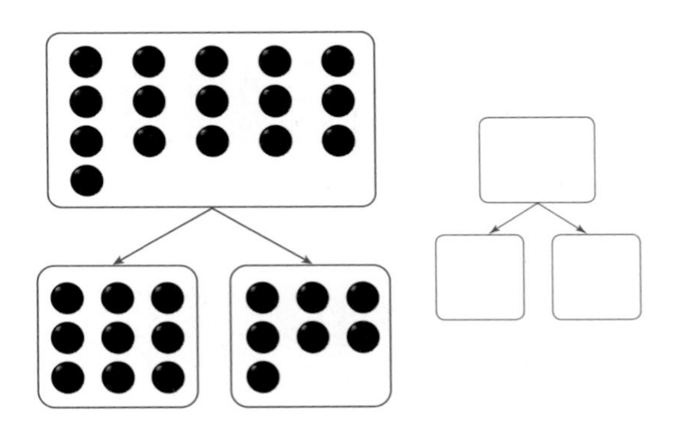

241009-0552

08 수를 두 가지 방법으로 읽어 보세요.

25	이십오	스물다섯
32		
47		

241009-0553

09 □ 안에 알맞은 수를 써넣으세요.

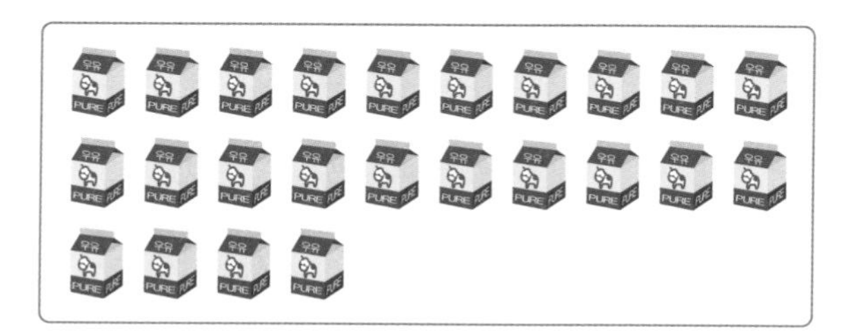

10개씩 묶음 □ 개와 낱개 □ 개는

□ 입니다.

241009-0554

10 빈칸에 알맞은 수를 써넣으세요.

수	10개씩 묶음	낱개
18	1	
27		7

241009-0555

11 서술형 쌓기나무 50개로 보기의 모양을 몇 개 만들 수 있을까요?

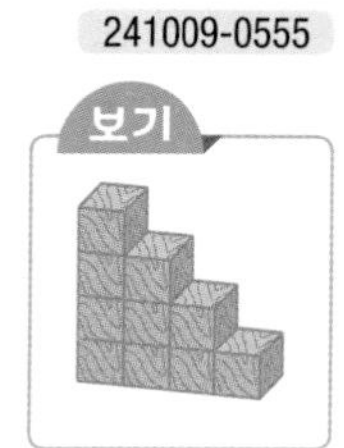

풀이

(1) 보기의 모양 1개를 만드는 데 필요한 쌓기나무는 (　　　)개입니다.

(2) 쌓기나무 50개는 10개씩 묶음 (　　　)개입니다.

(3) 보기의 모양을 (　　　)개 만들 수 있습니다.

답 ________________

241009-0556

12 빈칸에 알맞은 수를 써넣으세요.

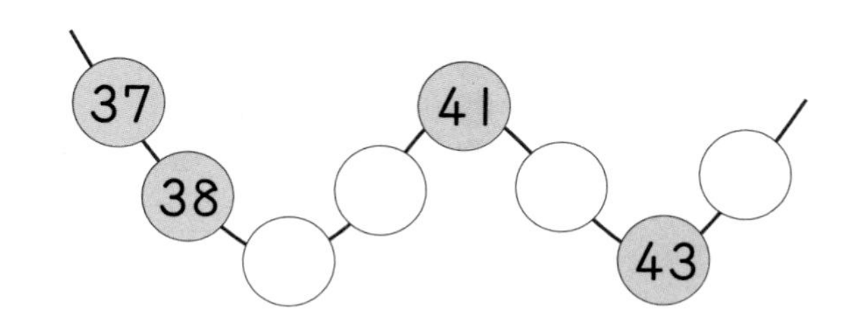

241009-0557

13 수 이어가기 놀이를 하고 있습니다. 한 사람이 2개씩 수를 말할 때 승희가 말할 수는 무엇인가요?

(　　　　　　　　　　)

241009-0558

14 풍선에 적힌 수를 작은 수부터 순서대로 빈칸에 써넣으세요.

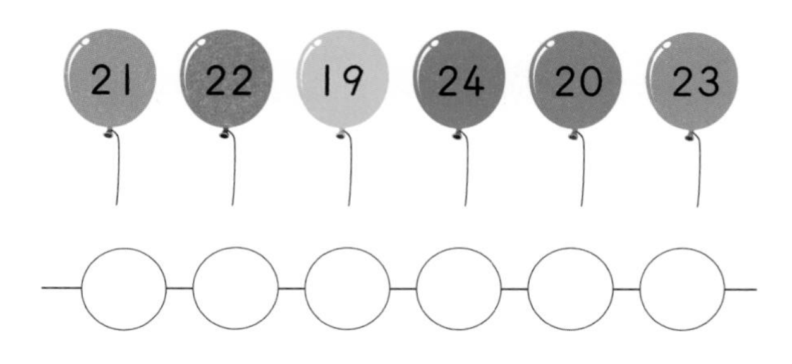

5 단원

241009-0559

15 두 가지 방법으로 가르기를 해 보세요.

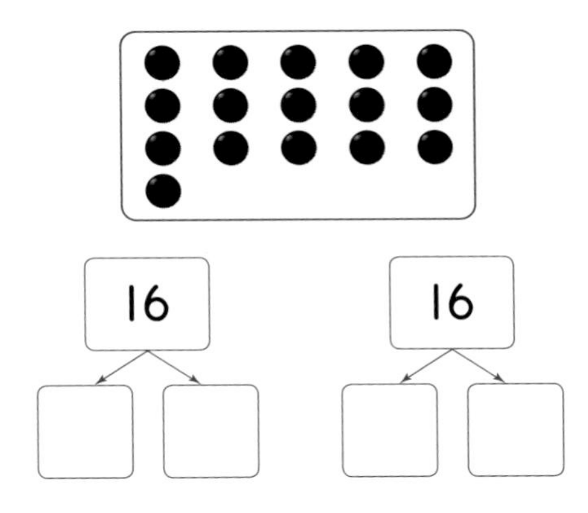

241009-0560

16 빈칸에 알맞은 수를 써넣으세요.

241009-0561

17 조건을 모두 만족하는 수를 구해 보세요.

- 25보다 크고 32보다 작은 수입니다.
- 10개씩 묶음 3개보다 더 큰 수입니다.

( )

241009-0562

18 지원이가 펼친 책의 쪽수는 46쪽과 47쪽입니다. 한 장을 넘기면 몇 쪽과 몇 쪽이 보일까요?

( )

241009-0563

19 승현이는 책을 34쪽 읽었고, 지수는 42쪽 읽었습니다. 책을 더 많이 읽은 사람은 누구일까요?

( )

241009-0564

20 서술형

다음을 만족하는 수를 보기에서 모두 찾아 써 보세요.

10개씩 묶음 4개와 낱개 7개인 수보다 큰 수

보기

46 47 48 49 50

풀이

(1) 10개씩 묶음 4개와 낱개 7개인 수는 ( )입니다.

(2) 46, 47, 48, 49, 50 중 47보다 큰 수는 ( ), ( ), ( )입니다.

답 ______

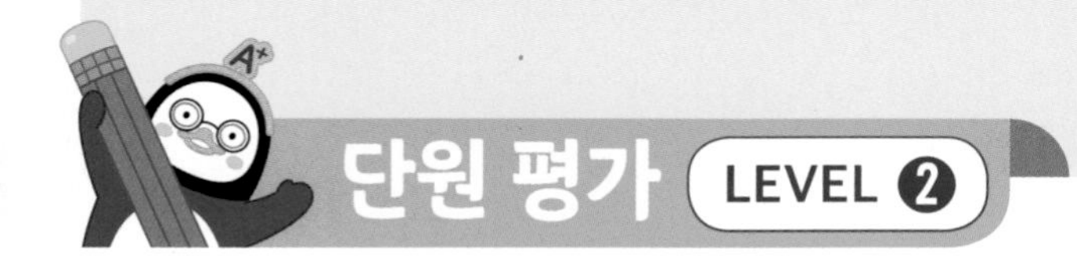

정답과 풀이 47쪽

241009-0565

01 나타내는 수가 다른 하나를 찾아 기호를 써 보세요.

㉠ 10개씩 묶음 1개
㉡ 8과 2를 모으기 한 수
㉢ 9보다 1만큼 더 작은 수

( )

241009-0566

02 10을 알맞게 읽은 것에 ○표 하세요.

오늘은 5월 10(십 , 열)일이니까 누나 생일이야. 생일 축하해. 누나 나이는 10 (십 , 열)살이네.

241009-0567

03 사탕 10개를 동생과 나누어 가지려고 합니다. 내가 동생보다 더 적게 갖도록 ○로 나타내 보세요.

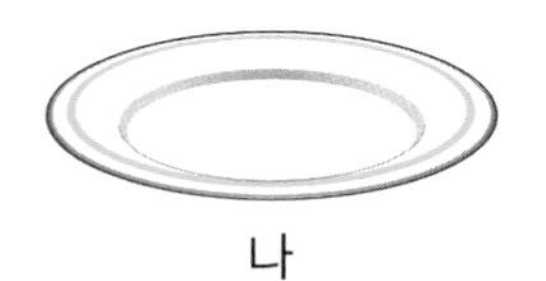
나

동생

241009-0568

04 중요 같은 수끼리 이어 보세요.

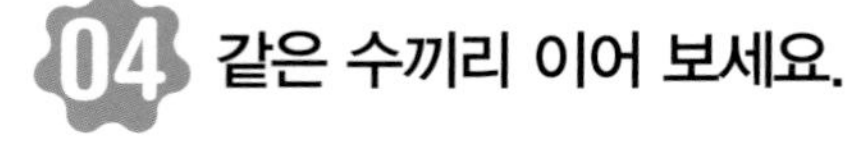

42 •	• 스물아홉 •	• 삼십삼
33 •	• 서른셋 •	• 이십구
29 •	• 마흔둘 •	• 사십이

241009-0569

05 ●의 수를 써 보세요.

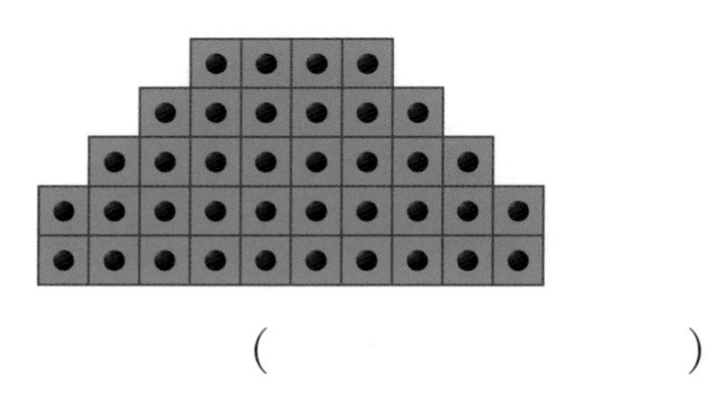

( )

241009-0570

06 태훈이는 달걀을 10개씩 묶음 5개 샀습니다. 태훈이가 산 달걀은 모두 몇 개인가요?

( )

241009-0571

07 그림을 보고 □ 안에 알맞은 수나 말을 써넣으세요.

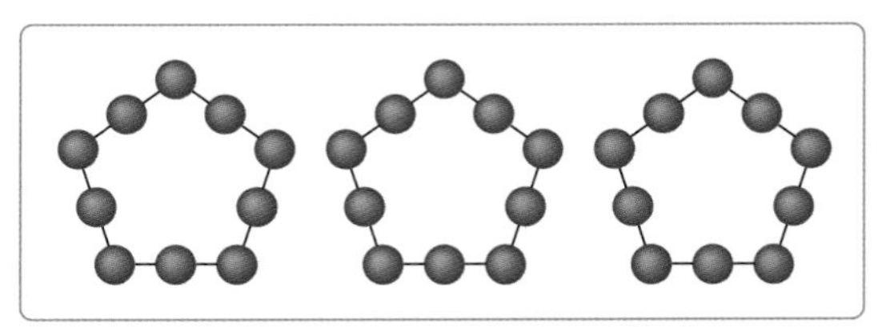

10개씩 묶음 □개는 □이라 쓰고, □ 또는 □이라고 읽습니다.

241009-0572

08 빈칸에 알맞은 수를 써넣으세요.

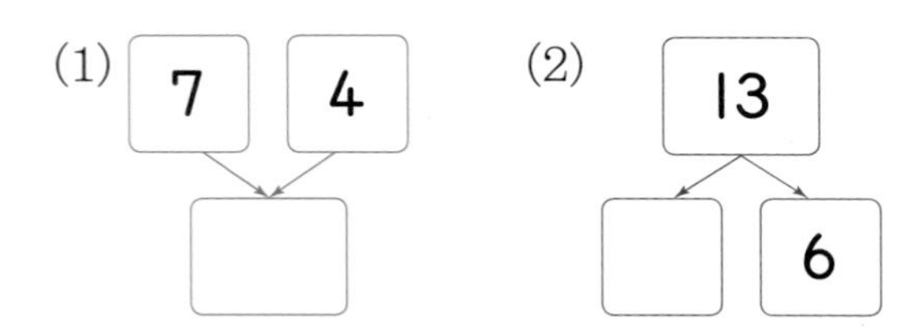

241009-0573

09 두 가지 방법으로 가르기를 해 보세요.

중요

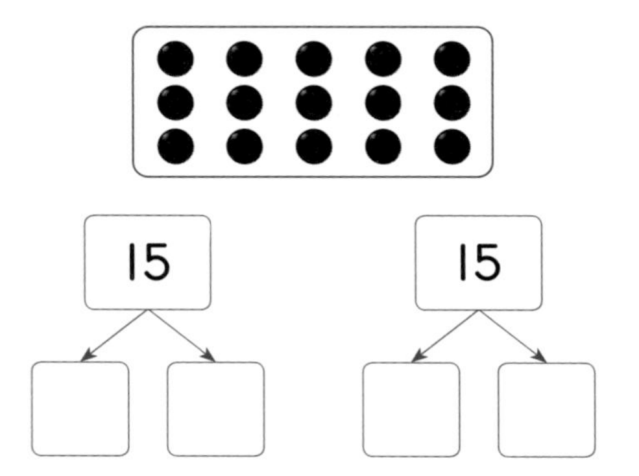

241009-0574

10 연필을 은수는 그림과 같이 가지고 있고 진호는 은수보다 한 자루 더 가지고 있습니다. 진호가 가지고 있는 연필은 몇 자루인지 구해 보세요.

서술형

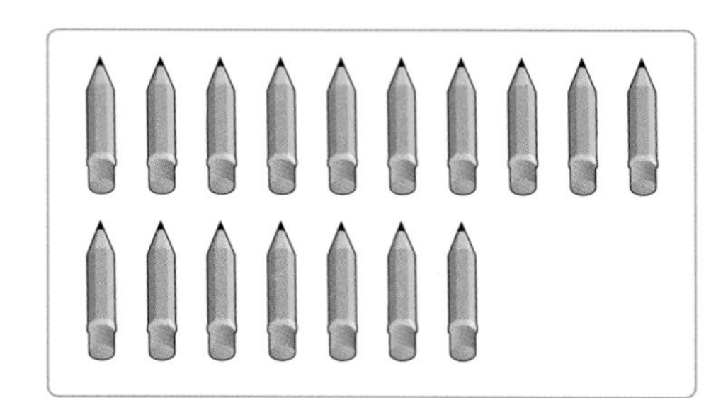

풀이

(1) 은수가 가지고 있는 연필의 수는 10자루씩 묶음 (　　)개와 낱개 (　　) 자루이므로 모두 (　　)자루입니다.

(2) 17보다 1만큼 더 큰 수는 (　　)입니다.

(3) 따라서 진호가 가지고 있는 연필은 (　　)자루입니다.

답 ______________

241009-0575

11 진수네 반 학생들이 작은 번호부터 순서대로 줄을 섰습니다. 진수의 번호가 20번일 때 진수의 바로 뒤에 서 있는 학생의 번호는 몇 번인가요?

(　　　　　　)

241009-0576

12 빈칸에 알맞은 수를 써넣으세요.

241009-0577

13 수를 잘못 읽은 것을 찾아 기호를 써 보세요.

㉠ 29 — 이십구　　㉡ 37 — 서른일곱
㉢ 48 — 마흔여덟　　㉣ 50 — 스물

(　　　　　　)

241009-0578

14 ★에 알맞은 수를 구해 보세요.

1	2	3	4	5	6	7	8	9	10
11	12	13	14	15	16	17	18	19	20
21	22	23	24	25	26	27	28	29	30
31	32	33		★			38		40
		43			46	47		49	

(　　　　　　)

241009-0579

15 도전 **세인이와 다희가 동전을 던져서 나온 결과를 보고 누구의 점수가 더 큰지 써 보세요.**

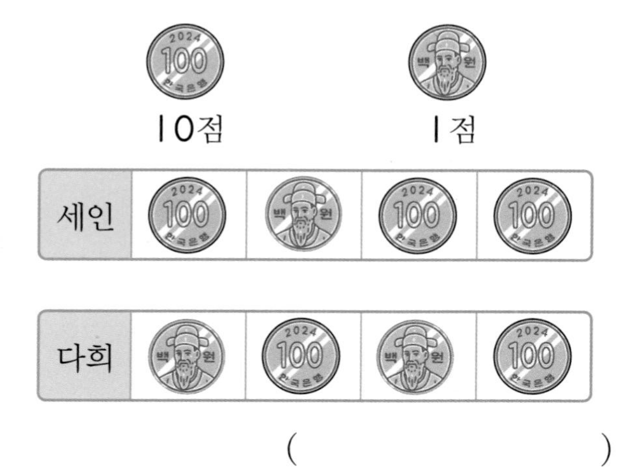

(　　　　　　　　)

241009-0580

16 **보기의 조건을 만족하는 수를 찾아 ○표 하세요.**

보기

10개씩 묶음 3개와 낱개 5개인 수보다 큰 수

21　　45　　31　　19

241009-0581

17 **두 수의 크기를 비교하여 빨간색 선을 따라 더 큰 수를, 파란색 선을 따라 더 작은 수를 써 보세요.**

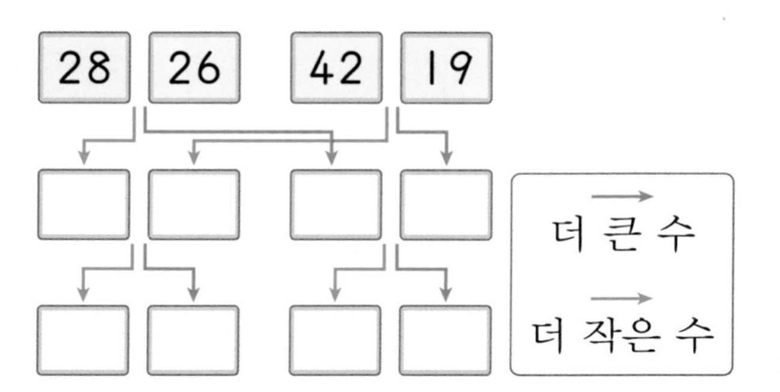

241009-0582

18 **수 카드 3장 중에서 2장을 골라 한 번씩만 사용하여 몇십몇을 만들려고 합니다. 만들 수 있는 가장 큰 수를 구해 보세요.**

3　　4　　1

(　　　　　　　　)

241009-0583

19 **조건을 모두 만족하는 수를 구해 보세요.**

- 10개씩 묶음 4개보다 큰 수입니다.
- 쉰보다 작습니다.
- 10개씩 묶음의 수와 낱개의 수가 같습니다.

(　　　　　　　　)

241009-0584

20 서술형 **동화책을 선율이는 37권, 종윤이는 10권씩 묶음 4개와 낱개 5권을 가지고 있습니다. 누가 동화책을 더 많이 가지고 있는지 구해 보세요.**

풀이

(1) 10권씩 묶음 4개와 낱개 5권은 (　　　)권입니다.

(2) 두 사람이 가진 동화책의 10권씩 묶음의 수는 선율이는 (　　　)이고, 종윤이는 (　　　)입니다.

(3) 따라서 동화책을 더 많이 가지고 있는 사람은 (　　　)입니다.

답 ____________

5 단원

memo

교과서 기본과 응용 문제를 한 번에 잡는 **교과서 기본 + 응용**

BOOK 2
복습책

1-1

복습책의 효과적인 활용 방법

평상 시 진도 공부하기

만점왕 수학 플러스 BOOK 2 복습책으로 BOOK 1에서 배운 기본 문제와 응용 문제를 복습해 보세요. 기본 문제가 어렵게 느껴지거나 자신 없는 부분이 있다면 BOOK 1 본책을 찾아서 복습해 보면 도움이 돼요.

수학 실력을 더욱 향상시키고 싶다면 다양한 응용 문제에 도전해 보세요.

시험 직전 공부하기

시험이 얼마 안 남았나요?

시험 직전에는 실제 시험처럼 시간을 정해 두고 문제를 푸는 연습을 하는게 좋아요.

그러면 시험을 볼 때에 떨리는 마음이 줄어드니까요.

이때에는 **만점왕 수학 플러스 BOOK 2 복습책의 단원 평가**를 풀어보세요.

시험 시간에 맞춰 풀어 본 후 맞힌 개수를 세어 보면 자신의 실력을 알아볼 수 있답니다.

BOOK 2

차 례

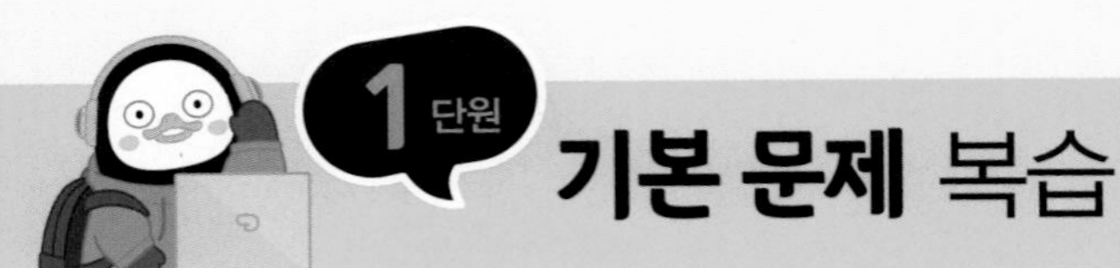

241009-0585

01 관계있는 것끼리 이어 보세요.

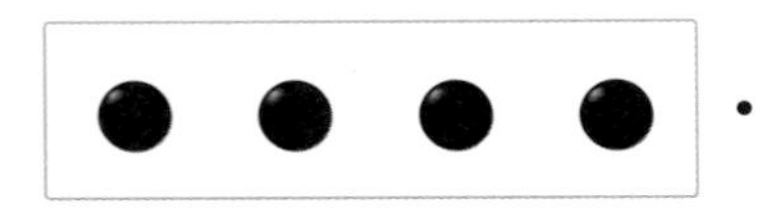 · · 1

하나 · · 5

 · · 3

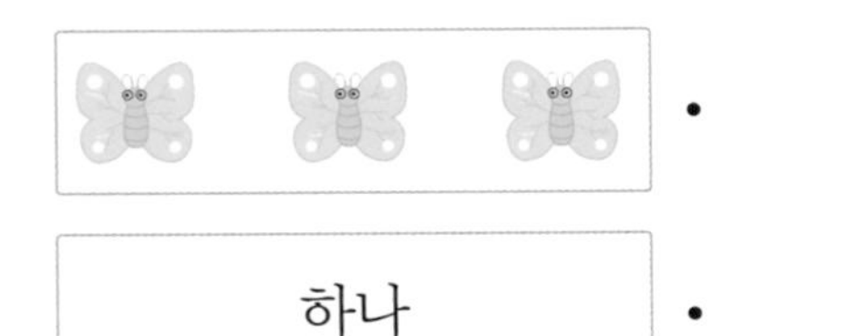 · · 4

241009-0586

02 바르게 말한 사람은 누구인가요?

예준: 물고기의 수는 다섯입니다.
지효: 거북의 수는 셋입니다.

(　　　　　　　)

241009-0587

03 회색 강아지를 세어 수를 써 보세요.

(　　　　　　　)

241009-0588

04 그림을 보고 □ 안에 알맞은 수를 써넣으세요.

버스 □대, 택시 □대

241009-0589

05 알맞은 수에 ○표 하고 이어 보세요.

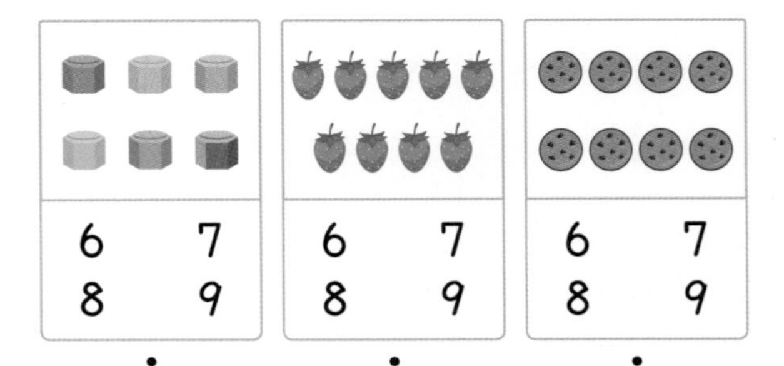

6 7 8 9	6 7 8 9	6 7 8 9

아홉(구) · 여덟(팔) · 여섯(육)

241009-0590

06 수를 세어 9인 것을 찾아 ○표 하세요.

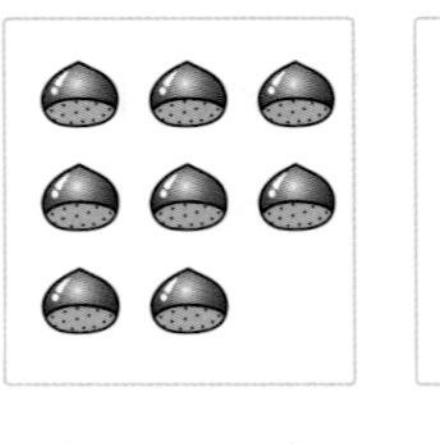  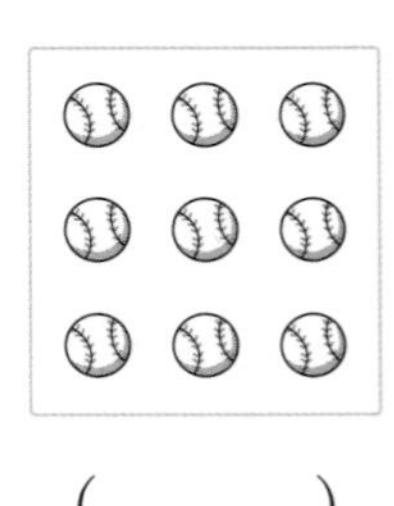

(　　)　(　　)　(　　)

241009-0591

07 바지를 입은 사람을 세어 수를 써 보세요.

(　　　　　　　)

241009-0592

08 막대에 고리가 6개 걸려 있습니다. 아래에서 넷째에 있는 고리는 위에서 몇째에 있나요?

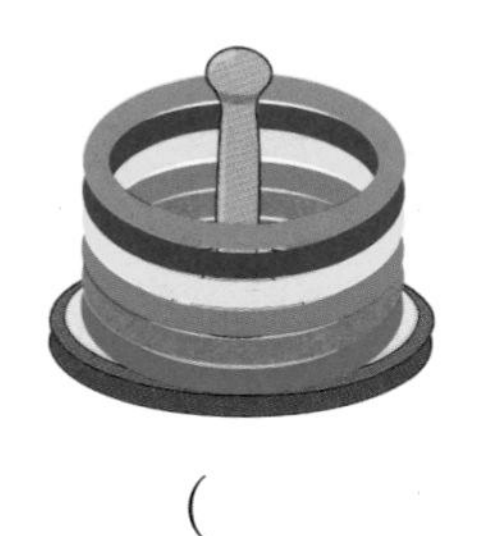

( )

241009-0593

09 순서를 거꾸로 하여 수를 쓰려고 합니다. 가와 나에 들어갈 수를 각각 구해 보세요.

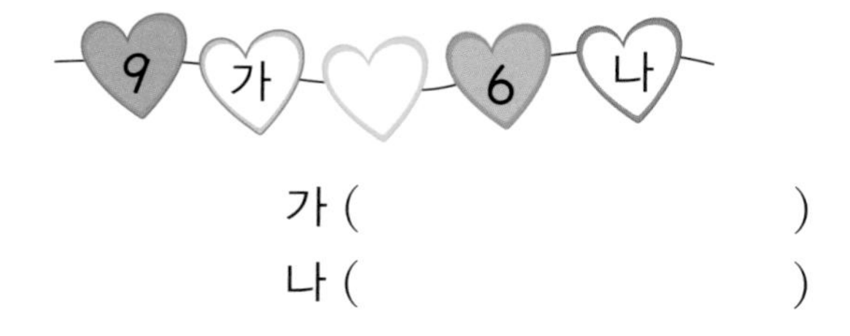

가 ( )
나 ( )

241009-0594

10 그림을 보고 물음에 답하세요.

(1) 곰인형의 수보다 1만큼 더 작은 수

( )

(2) 곰인형의 수보다 1만큼 더 큰 수

( )

241009-0595

11 빵이 2개 있었는데 동생이 2개를 모두 먹었습니다. 남은 빵의 수를 써 보세요.

( )

241009-0596

12 알맞은 말에 ○표 하고, □ 안에 알맞은 수를 써넣으세요.

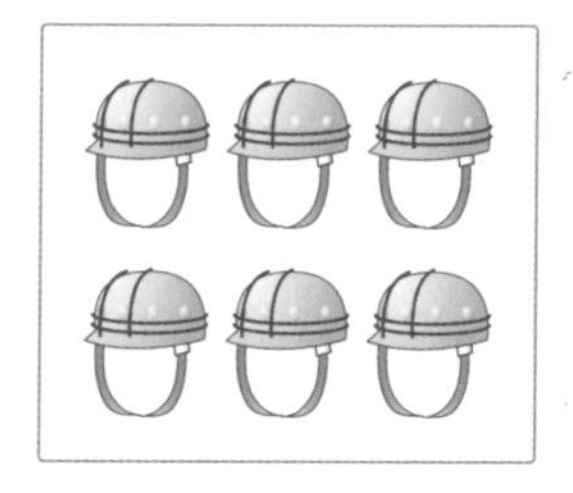

안전모는 자전거보다 (많습니다 , 적습니다).

□ 은/는 □ 보다 큽니다.

241009-0597

13 가장 작은 수를 찾아 ○표 하세요.

다섯	팔	일곱	4	9	이

유형 1 수 카드의 순서 구하기

241009-0598

01 수 카드 중에서 가장 큰 수는 왼쪽에서 몇째에 있을까요?

3 5 1 7 8 2

(　　　　　　　　)

비법 수 카드의 수를 순서대로 쓰면 가장 오른쪽에 있는 수가 가장 큰 수, 가장 왼쪽에 있는 수가 가장 작은 수입니다.

241009-0599

02 수 카드 중에서 가장 큰 수는 오른쪽에서 몇째에 있을까요?

4 3 9 5 2 8

(　　　　　　　　)

241009-0600

03 수 카드 중에서 가장 작은 수는 오른쪽에서 몇째에 있을까요?

5 7 3 2 9 1 8

(　　　　　　　　)

유형 2 필요 없는 수 구하기

241009-0601

04 왼쪽의 수만큼 ♡를 그리려고 했는데 더 많이 그렸습니다. ♡를 몇 개 지워야 할까요?

(　　　　　　　　)

비법 먼저 ♡를 왼쪽의 수만큼 색칠하고, 색칠하지 않은 ♡의 수를 세어 봅니다.

241009-0602

05 왼쪽의 수만큼 △를 그리려고 했는데 더 많이 그렸습니다. △를 몇 개 지워야 할까요?

2 — △ △ △ △ △ △

(　　　　　　　　)

241009-0603

06 새봄이는 스케치북에 별 그림 여섯 개를 그리려고 했는데 아홉 개를 그렸습니다. 별 그림 몇 개를 지워야 할까요?

☆☆☆☆☆☆☆☆☆

(　　　　　　　　)

정답과 풀이 50쪽

유형 3 수의 순서 구하기

241009-0604

07 □ 안에 3부터 9까지의 수를 순서대로 쓰려고 합니다. 왼쪽에서 넷째에 써야 할 수를 구해 보세요.

( )

비법 3부터 9까지의 수를 순서대로 쓴 다음 수의 순서를 알아봅니다.

241009-0605

08 □ 안에 0부터 7까지의 수를 순서대로 쓰려고 합니다. 오른쪽에서 다섯째에 써야 할 수를 구해 보세요.

( )

241009-0606

09 0부터 9까지의 수를 순서를 거꾸로 하여 쓰려고 합니다. 왼쪽에서 일곱째에 써야 할 수를 구해 보세요.

( )

유형 4 1만큼 더 큰 수, 1만큼 더 작은 수 활용하기

241009-0607

10 ◉에 알맞은 수를 구해 보세요.

- ☆는 5보다 1만큼 더 큰 수입니다.
- ◉는 ☆보다 1만큼 더 큰 수입니다.

( )

비법 ☆에 알맞은 수를 먼저 구한 다음 ◉에 알맞은 수를 구합니다.

241009-0608

11 ◆에 알맞은 수를 구해 보세요.

- △는 9보다 1만큼 더 작은 수입니다.
- ◆는 △보다 1만큼 더 작은 수입니다.

( )

241009-0609

12 ★에 알맞은 수를 구해 보세요.

- ●는 6보다 1만큼 더 큰 수입니다.
- ■는 ●보다 1만큼 더 큰 수입니다.
- ★는 ■보다 1만큼 더 큰 수입니다.

( )

1 단원

241009-0610

01 잘못 연결한 것은 어느 것일까요? (　　　)

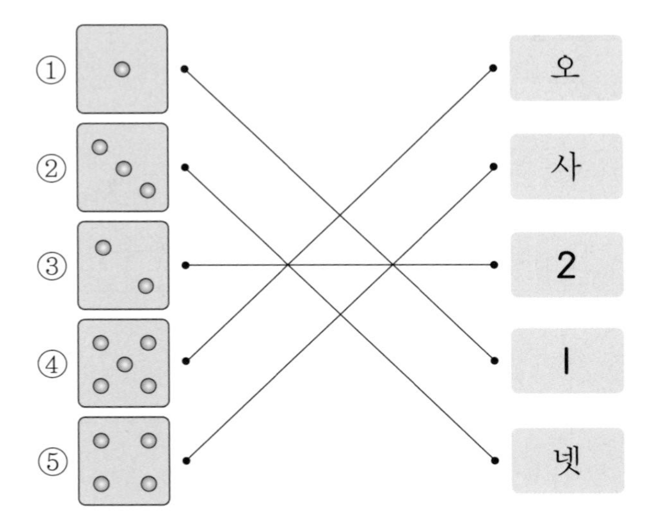

241009-0611

02 잘못 말한 사람은 누구일까요?

채은: 우리집은 사 층이야.
준영: 지우개가 삼 개 있어.
하윤: 고양이 두 마리를 키워.

(　　　)

241009-0612

03 색종이를 세어 수를 써 보세요.

(　　　)

241009-0613

04 주어진 수만큼씩 사탕을 묶고, 묶이지 않은 사탕을 세어 수를 써 보세요.

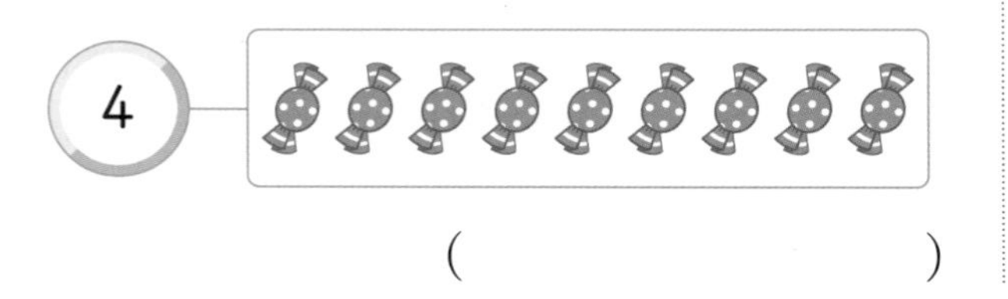

(　　　)

241009-0614

05 연필의 수를 세어 알맞은 말에 모두 ○표 하세요.

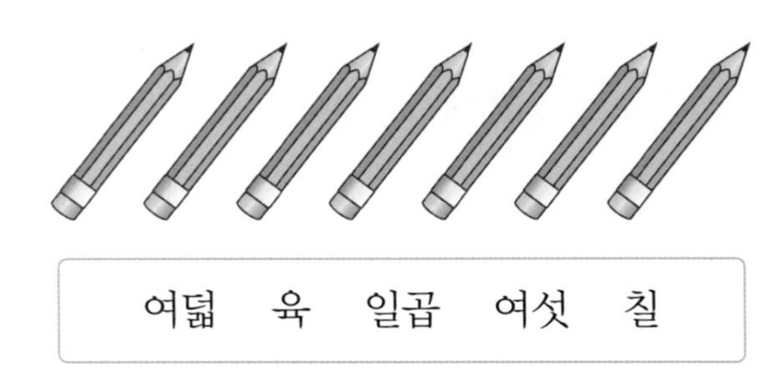

여덟　육　일곱　여섯　칠

241009-0615

06 수를 세어 7인 것을 찾아 ○표 하세요.

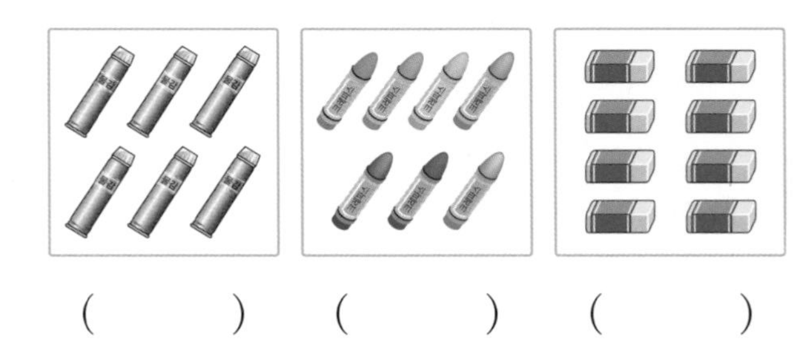

(　　　)　(　　　)　(　　　)

241009-0616

07 동물을 세어 수를 써 보세요.

(1) 

(　　　)

(2) 

(　　　)

241009-0617

08 왼쪽의 수만큼 나비를 그리려고 했는데 더 많이 그렸습니다. 나비를 몇 마리 지워야 할까요?

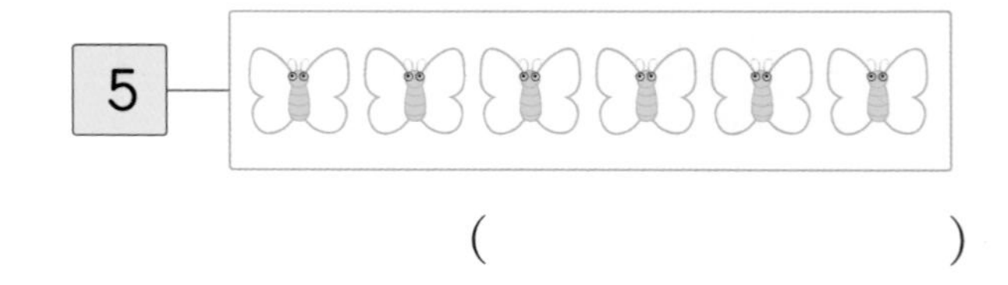

(　　　)

241009-0618

09 동물은 모두 몇 마리인가요?

(　　　　　　　　　　)

241009-0619

10 수 카드 중에서 가장 큰 수는 오른쪽에서 몇째에 있을까요?

5　6　1　2　4

(　　　　　　　　　　)

241009-0620

서술형

11 친구들이 달리기를 하고 있습니다. 왼쪽에서 셋째와 일곱째 사이에 있는 친구는 모두 몇 명인지 풀이 과정을 쓰고 답을 구해 보세요.

풀이

답

241009-0621

12 순서에 알맞게 수를 써 보세요.

241009-0622

13 □ 안에 9부터 2까지의 수를 순서를 거꾸로 하여 쓰려고 합니다. 4를 써야 할 칸에 색칠해 보세요.

241009-0623

14 왼쪽의 수보다 1만큼 더 큰 수에 ○표, 1만큼 더 작은 수에 △표 하세요.

6 — 8　5　4　9　7

1 단원

241009-0624

15 빵의 수보다 1만큼 더 큰 수를 써 보세요.

(　　　　　　　　)

241009-0625

16 순혁이는 위인전을 몇 권 가지고 있는지 구해 보세요.

- 유주는 위인전을 5권 가지고 있습니다.
- 서영이는 위인전을 유주보다 1권 더 많이 가지고 있습니다.
- 순혁이는 위인전을 서영이보다 1권 더 많이 가지고 있습니다.

(　　　　　　　　)

241009-0626

17 예림이는 가지고 있던 쿠키 1개를 모두 먹었습니다. 남은 쿠키의 수를 써 보세요.

(　　　　　　　　)

241009-0627

18 바둑돌의 수를 세어 크기를 비교하려고 합니다. □ 안에 알맞은 수를 써넣으세요.

●	●	●	●	●
●	●	●	●	

●	●	●	●	

□는 □보다 큽니다.

241009-0628

19 가장 큰 수에 ○표, 가장 작은 수에 △표 하세요.

8　5　1　7　4

241009-0629

20 서술형 다음을 만족하는 수를 모두 구하려고 합니다. 풀이 과정을 쓰고 답을 구해 보세요.

- 1보다 크고 6보다 1만큼 더 큰 수보다 작은 수입니다.
- 4보다 큰 수입니다.

풀이

답

241009-0630

01 왼쪽과 같은 모양에 ○표 하세요.

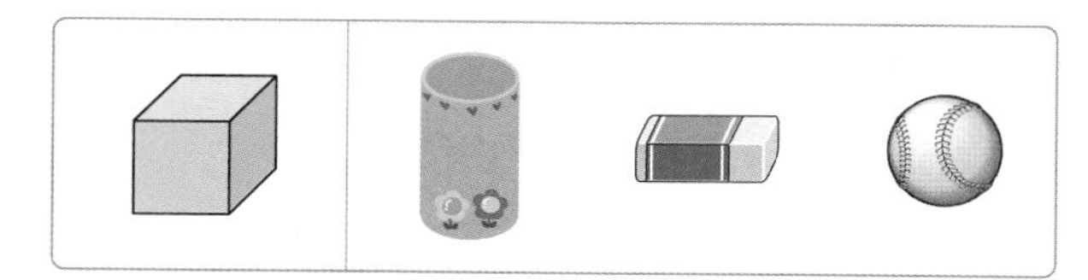

241009-0631

02 (원기둥 그림) 모양은 어느 것일까요? (   )

①
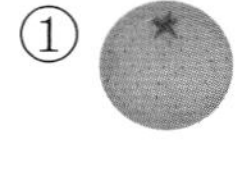

②

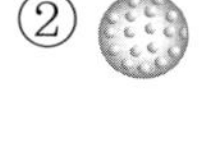

③

④
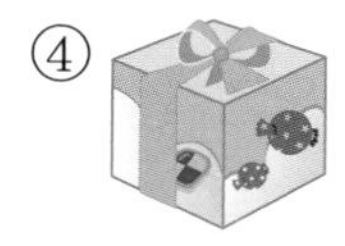

⑤

241009-0632

03 왼쪽과 다른 모양에 ○표 하세요.

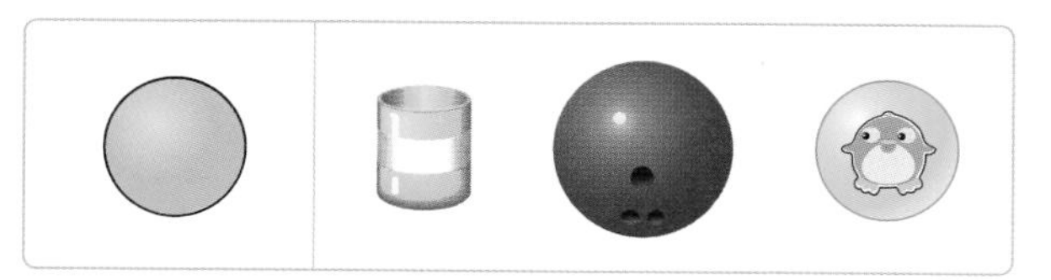

241009-0633

04 공책 10권을 쌓아 놓은 것입니다. 쌓은 모양을 찾아 ○표 하세요.

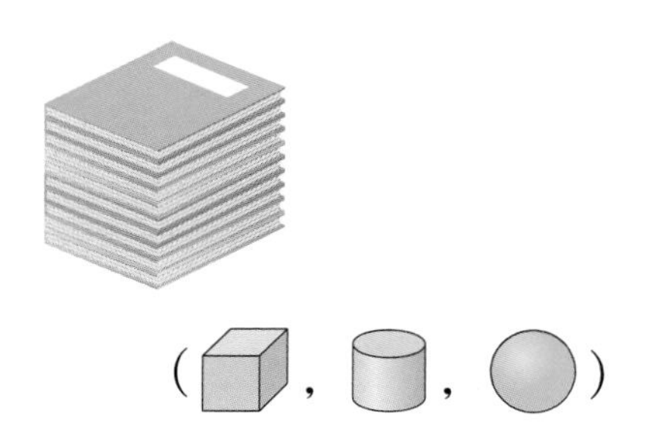

241009-0634

05 같은 모양끼리 모은 것을 찾아 ○표 하세요.

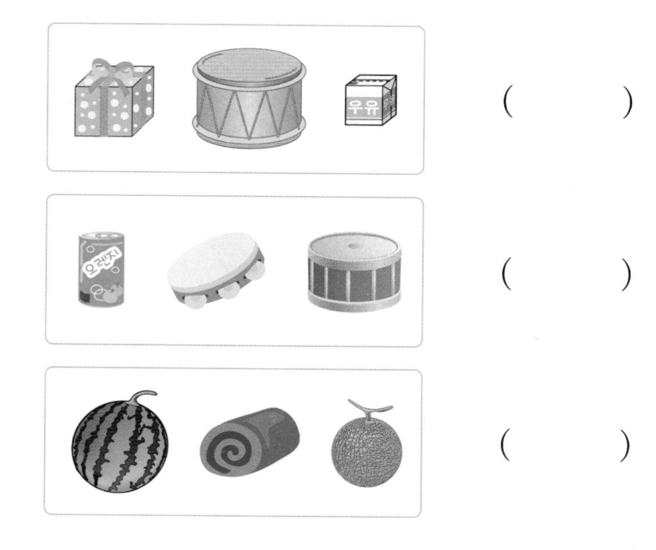

241009-0635

06 비밀 상자에 들어 있는 물건을 찾아 ○표 하세요.

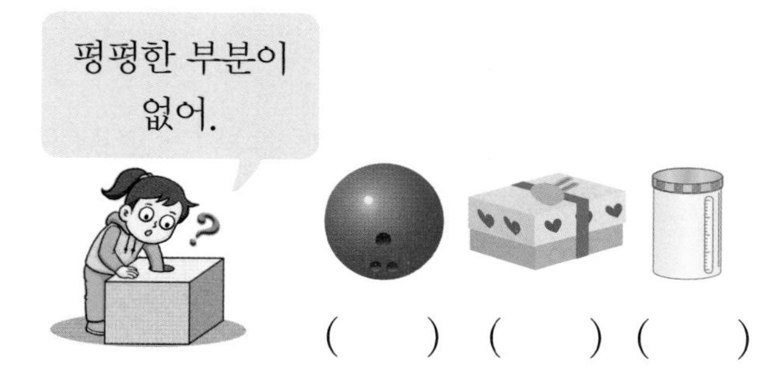

241009-0636

07 책상 위에 평평한 부분과 뾰족한 부분이 있는 물건만 올려놓으려고 합니다. 잘못 올려놓은 물건은 모두 몇 개일까요?

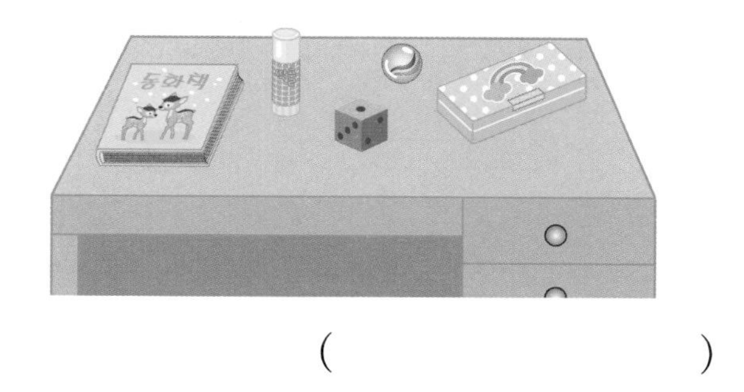

(   )

241009-0637

08 여러 방향으로 잘 굴러가는 물건을 찾아 ○표 하세요.

241009-0638

09 알맞은 것끼리 이어 보세요.

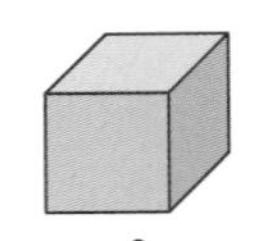
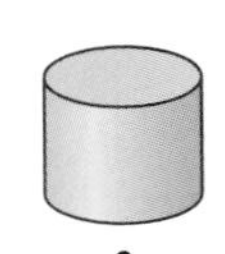
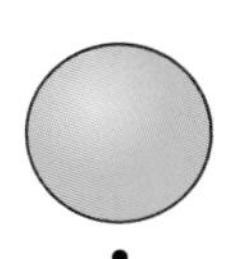

잘 굴러가고 쌓을 수 없어요.	평평한 부분과 둥근 부분이 있어요.	뾰족하고 평평한 부분이 있어요.

241009-0639

10 ▢, ▢, ○ 모양을 모두 사용하여 만든 모양을 찾아 기호를 써 보세요.

가
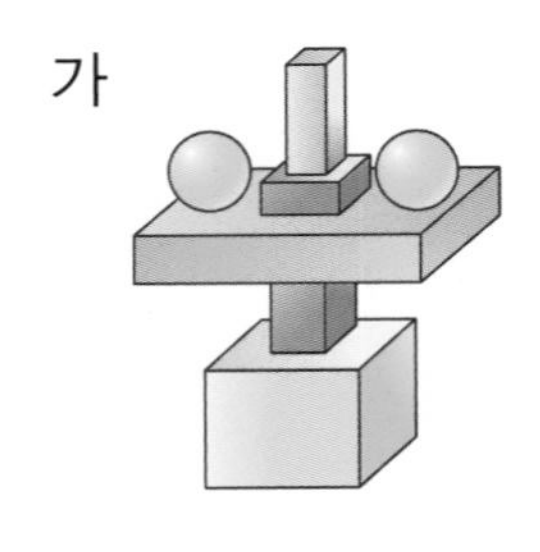
나
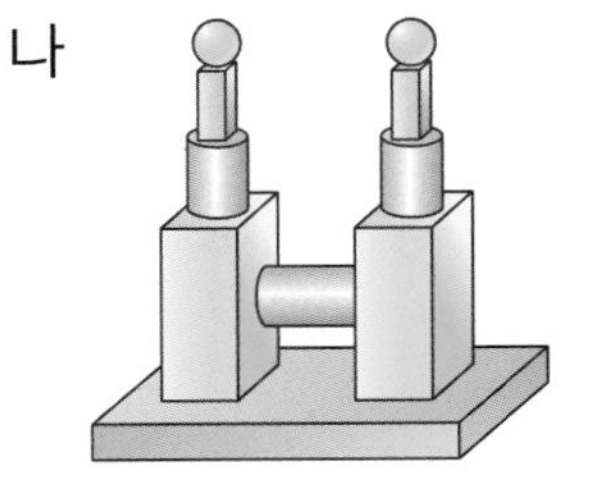

( )

241009-0640

11 다음 모양을 만드는 데 가장 적게 사용한 모양에 ○표 하세요.

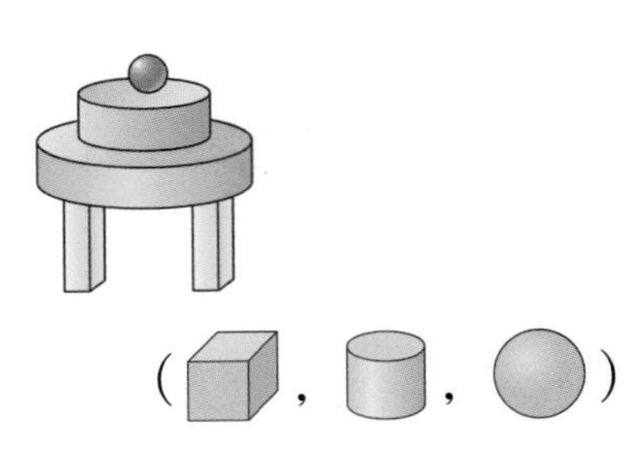

(▢ , ▢ , ○)

241009-0641

12 다음 모양을 만드는 데 ▢, ▢, ○을 각각 몇 개 사용했는지 써 보세요.

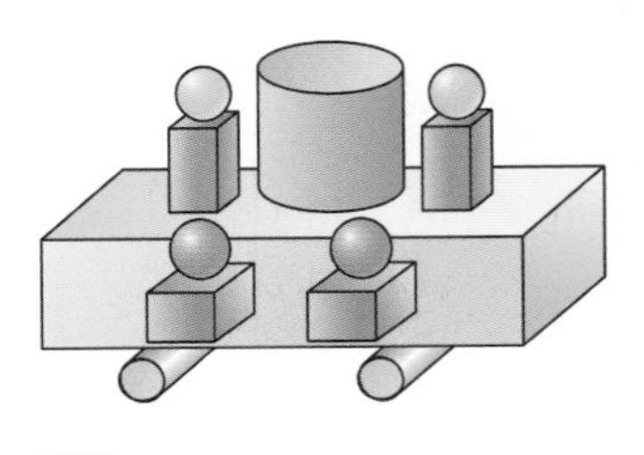

▢ 모양 ( )

▢ 모양 ( )

○ 모양 ( )

241009-0642

13 어느 방향으로도 잘 굴러가는 모양을 더 많이 사용한 것을 찾아 기호를 써 보세요.

가
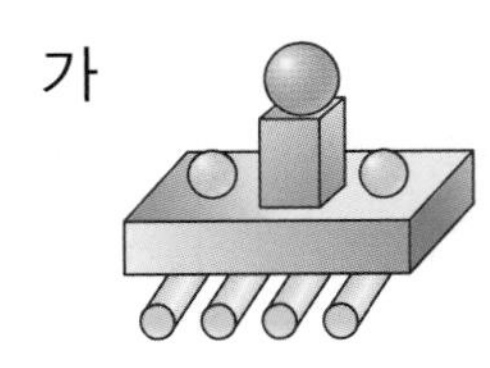
나
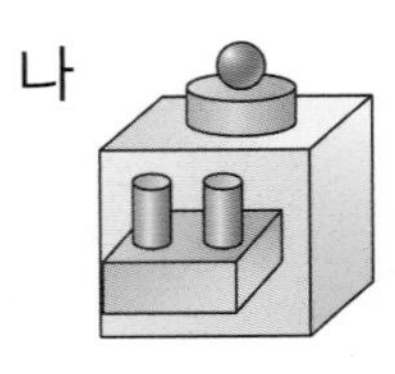

( )

유형 1 물건의 모양 설명하기

241009-0643

01 오른쪽 물건의 모양을 바르게 설명한 것을 찾아 기호를 써 보세요.

㉠ 뾰족한 부분이 있습니다.
㉡ 전체가 둥근 모양입니다.
㉢ 둥근 부분과 평평한 부분이 있습니다.

(　　　　　　　　)

비법 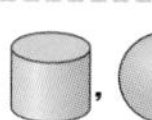 모양의 특징을 생각해 봅니다.

241009-0644

02 오른쪽 물건의 모양을 바르게 설명한 것을 찾아 기호를 써 보세요.

㉠ 어느 방향으로도 잘 굴러갑니다.
㉡ 평평한 부분이 있어서 쌓을 수 있습니다.
㉢ 뾰족한 부분과 평평한 부분이 있습니다.

(　　　　　　　　)

241009-0645

03 오른쪽 물건의 모양을 바르게 설명한 것을 찾아 기호를 써 보세요.

㉠ 눕히면 잘 굴러갑니다.
㉡ 굴러가기도 하고 쌓을 수도 있습니다.
㉢ 뾰족한 부분과 평평한 부분이 있습니다.

(　　　　　　　　)

유형 2 규칙에 알맞은 물건 찾기

241009-0646

04 규칙에 따라 빈칸에 들어갈 모양과 같은 모양에 ○표 하세요.

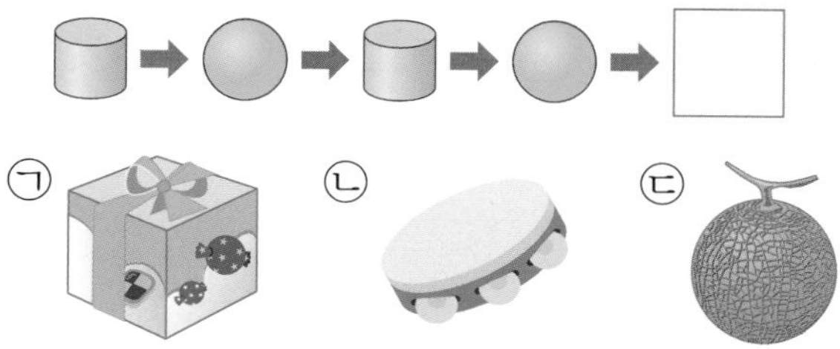

비법 모양과 모양이 반복되는 규칙입니다.

241009-0647

05 규칙에 따라 빈칸에 들어갈 모양과 같은 모양에 ○표 하세요.

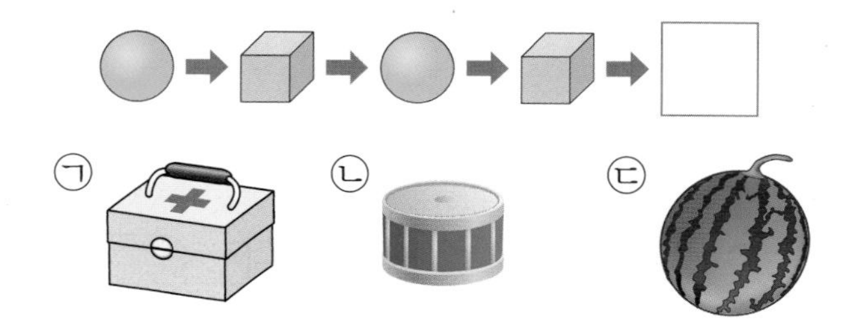

241009-0648

06 규칙에 따라 빈칸에 들어갈 모양과 같은 모양은 모두 몇 개일까요?

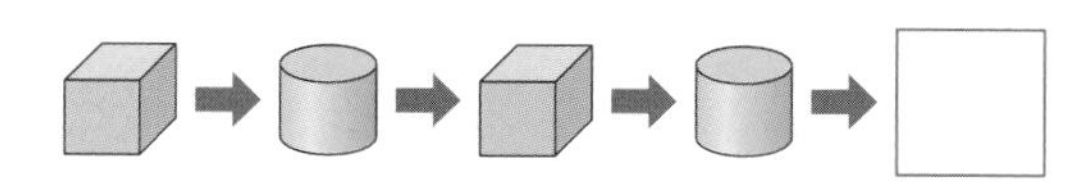

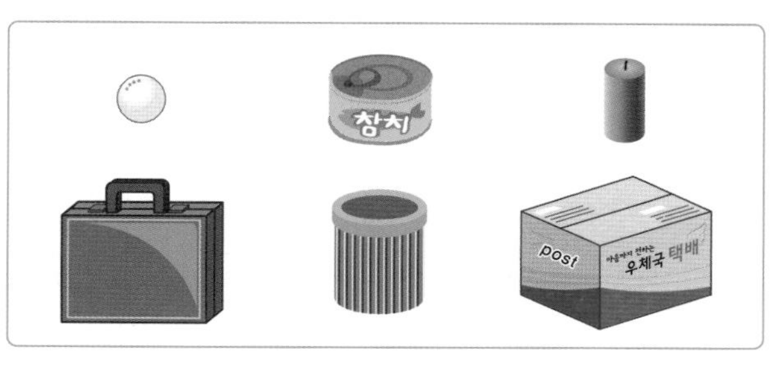

(　　　　　　　　)

정답과 풀이 53쪽

유형 3 만든 모양 찾기

[07~09] 보기 모양을 모두 사용하여 만든 것을 찾아 기호를 써 보세요.

241009-0649

07

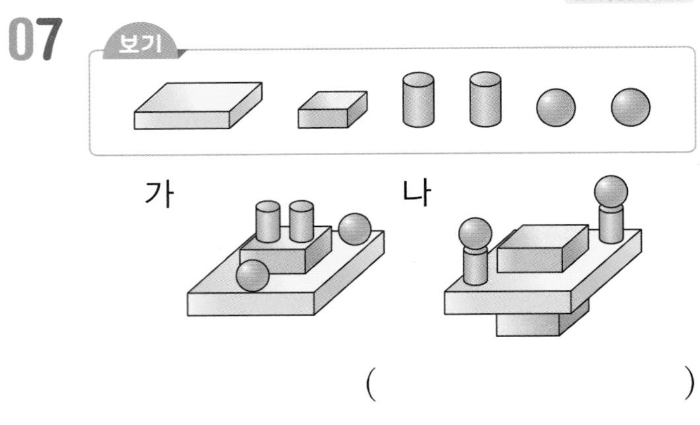

(　　　　　　　　)

비법 주어진 모양과 만들어진 모양에서 각 모양의 수를 비교합니다.

241009-0650

08

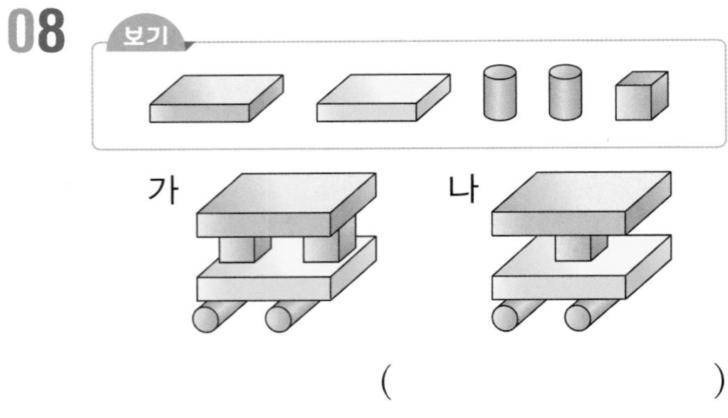

(　　　　　　　　)

241009-0651

09

보기

가　　　나

(　　　　　　　　)

유형 4 남는 모양의 수 구하기

241009-0652

10 은서는 모양 4개와 모양 7개를 가지고 있습니다. 은서가 다음 모양을 만든다면 어떤 모양이 몇 개 남을까요?

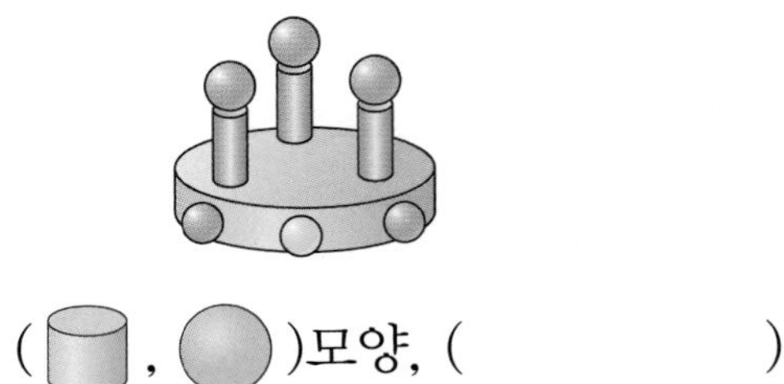

(,)모양, (　　　　　　)

비법 가지고 있는 모양과 만든 모양에서 각 모양의 수를 비교합니다.

241009-0653

11 유하는 모양 2개, 모양 5개, 모양 5개를 가지고 있습니다. 유하가 다음 모양을 만든다면 어떤 모양이 몇 개 남을까요?

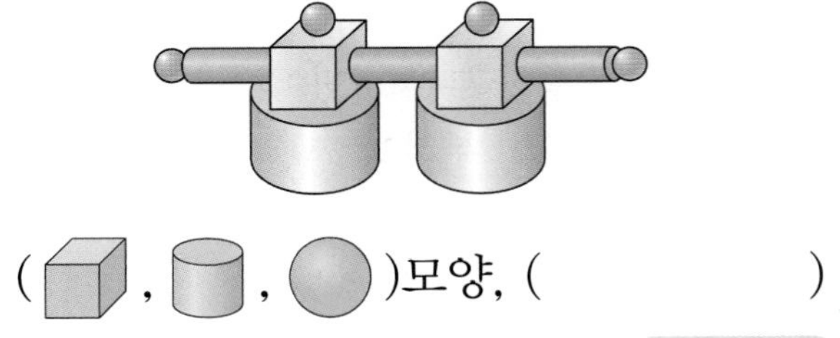

(, ,)모양, (　　　　　　)

241009-0654

12 지수는 , , 모양을 각각 5개씩 가지고 다음 모양을 만들었습니다. 각 모양이 몇 개씩 남을까요?

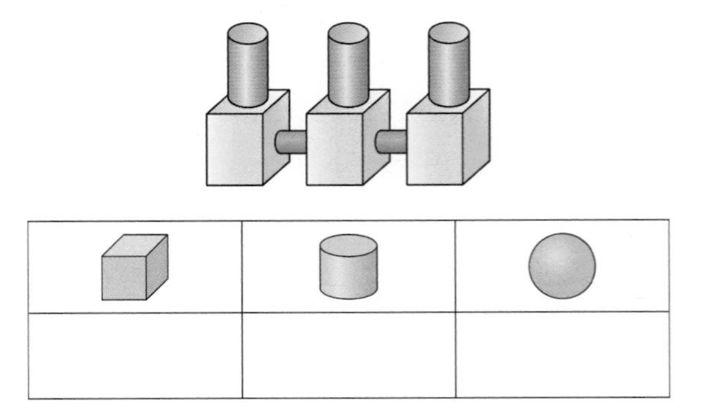

241009-0655

01 왼쪽과 같은 모양에 ○표 하세요.

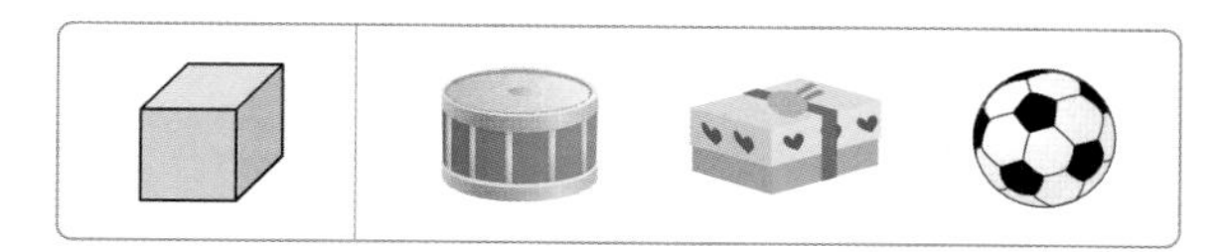

[02~04] 그림을 보고 물음에 답하세요.

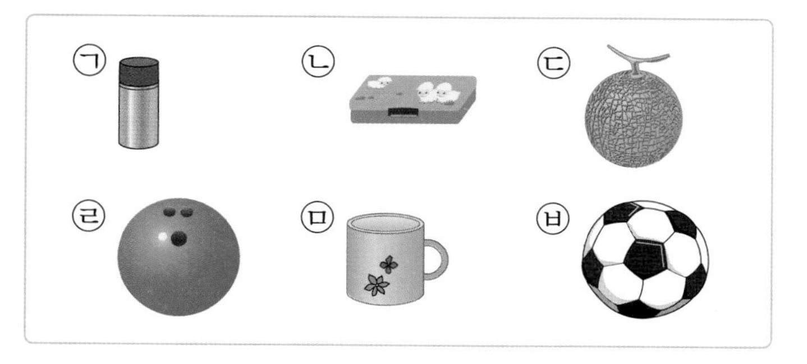

241009-0656

02 ▢ 모양을 찾아 기호를 써 보세요.

(　　　　　　　　　)

241009-0657

03 ▢ 모양을 모두 찾아 기호를 써 보세요.

(　　　　　　　　　)

241009-0658

04 ◯ 모양을 모두 찾아 기호를 써 보세요.

(　　　　　　　　　)

241009-0659

05 같은 모양을 찾아 이어 보세요.

 •　　　　• 

 •　　　　• 

 •　　　　• 

241009-0660

06 ▢ 모양에 □표, ▢ 모양에 △표, ◯ 모양에 ○표 하세요.

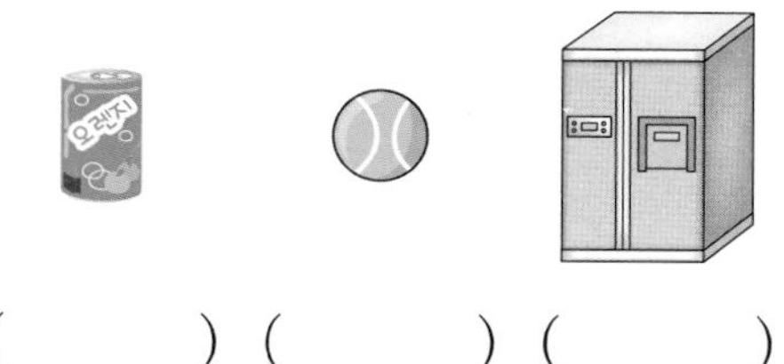

(　　　) (　　　) (　　　)

241009-0661

07 모양이 나머지와 다른 물건을 찾아 기호를 써 보세요.

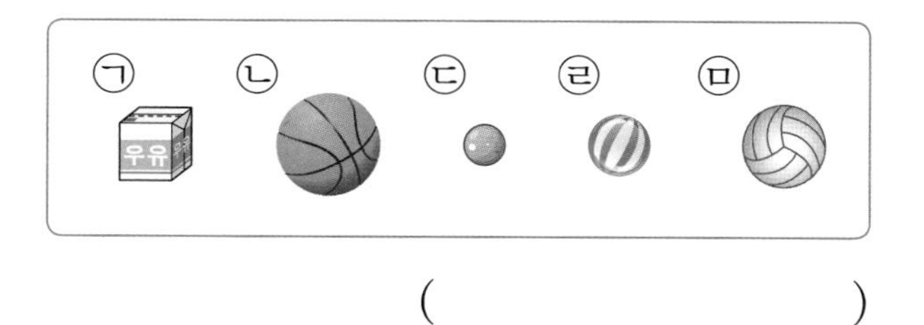

(　　　　　　　　　)

241009-0662

08 왼쪽은 비밀 상자 속으로 보이는 모양의 일부분입니다. 같은 모양에 ○표 하세요.

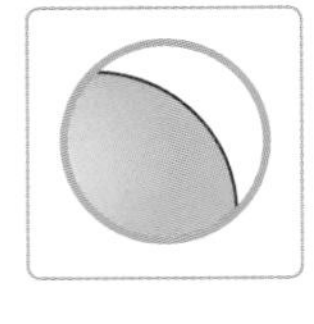 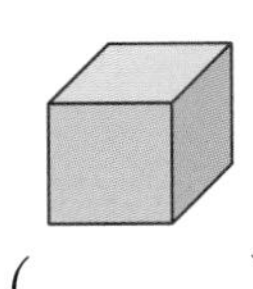 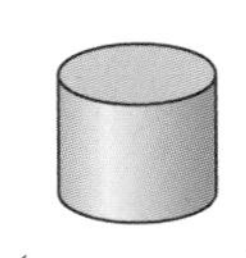 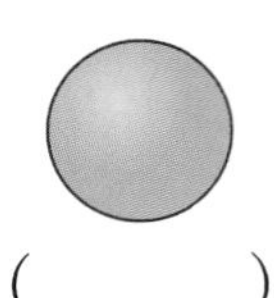

( ) ( ) ( )

241009-0663

09 비밀 상자 속의 물건을 만져 보고 설명한 것입니다. 알맞은 모양에 ○표 하세요.

(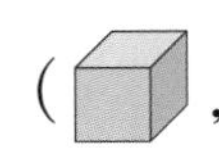 , 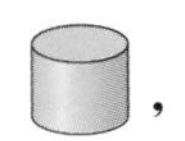 , 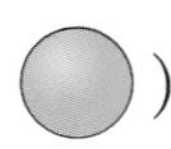)

241009-0664

10 오른쪽 물건의 모양을 바르게 설명한 사람은 누구일까요?

진성: 어느 방향으로도 잘 굴러가.
우진: 눕히면 굴러가고 쌓을 수도 있어.
정희: 뾰족한 부분과 평평한 부분 모두 있어.

( )

[11~13] 여러 가지 물건의 모양을 보고 물음에 답하세요.

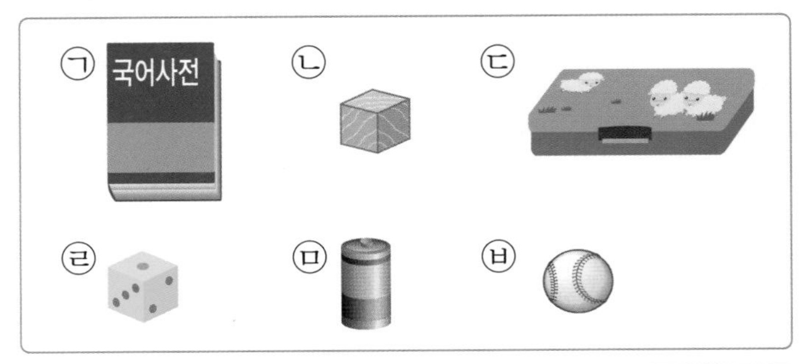

241009-0665

11 잘 굴러가지 않고 쌓을 수 있는 물건을 모두 찾아 기호를 써 보세요.

( )

241009-0666

12 어느 방향으로도 잘 굴러가서 쌓을 수 없는 물건을 찾아 기호를 써 보세요.

( )

241009-0667

13 둥근 부분과 평평한 부분을 모두 가지고 있는 물건을 찾아 기호를 써 보세요.

( )

241009-0668

14 서술형 오른쪽 물건과 모양이 같은 것은 몇 개인지 풀이 과정을 쓰고 답을 구해 보세요.

풀이

답

241009-0669

15 모양을 만드는 데 뾰족하고 평평한 부분이 있는 모양을 더 많이 사용한 사람은 누구일까요?

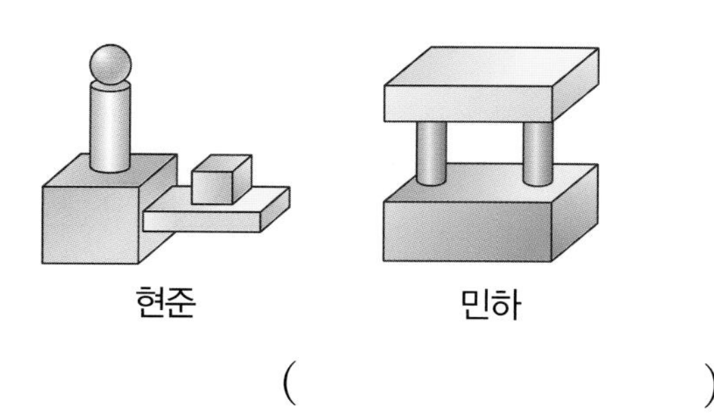

( )

241009-0670

16 오른쪽 모양에 대한 설명으로 옳은 것을 찾아 기호를 써 보세요.

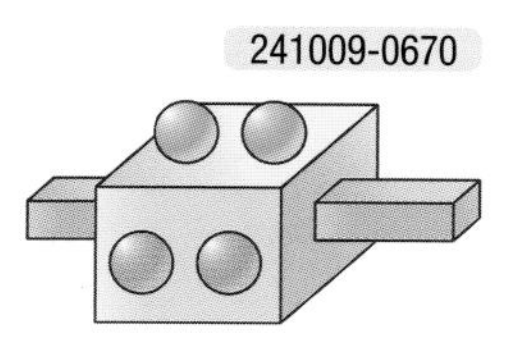

㉠ 모양을 3개 사용했어요.
㉡ 모양을 가장 많이 사용했어요.
㉢ 모양은 굴러가서 사용하지 않았어요.

( )

241009-0671

17 보기의 모양을 모두 사용하여 만든 모양을 찾아 기호를 써 보세요.

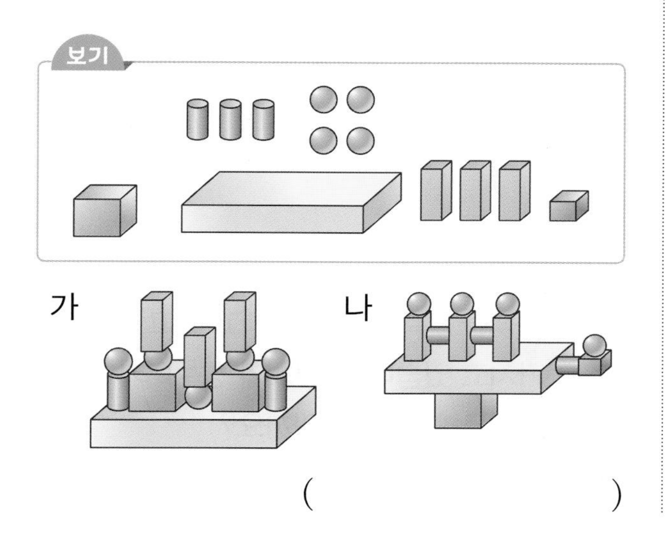

( )

241009-0672

18 모양을 만드는 데 가장 많이 사용한 모양에 ○표 하세요.

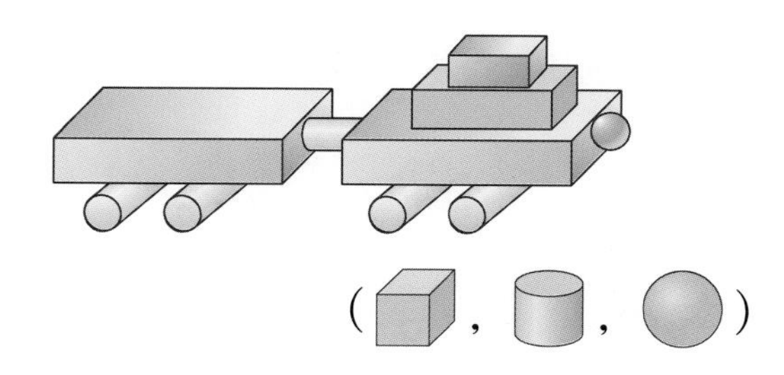

(, ,)

241009-0673

19 서술형 두 모양을 만드는 데 공통으로 사용한 모양은 어떤 모양인지 풀이 과정을 쓰고 답을 구해 보세요.

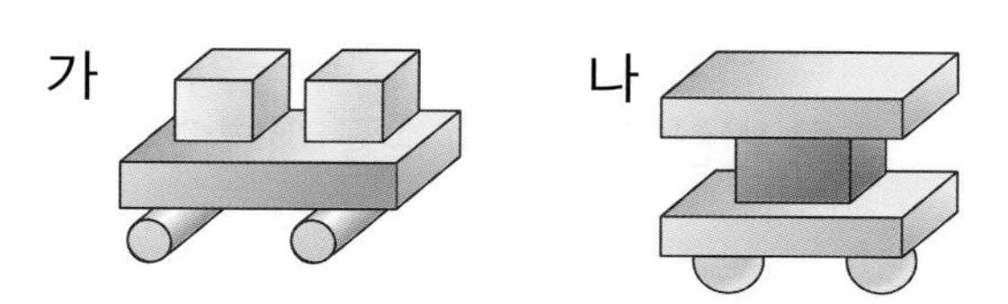

풀이

답 (, ,)

241009-0674

20 모양을 만드는 데 , , 모양을 각각 몇 개 사용했는지 써 보세요.

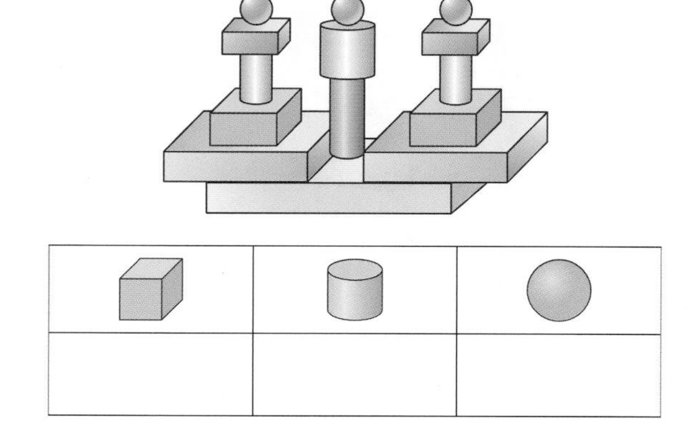

241009-0675

01 그림을 보고 가르기를 해 보세요.

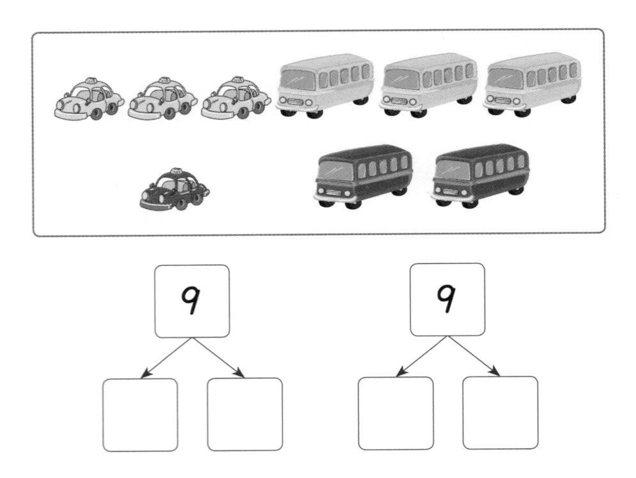

9 → ☐, ☐　　9 → ☐, ☐

241009-0676

02 같은 색깔의 두 수끼리 모으기를 하여 7이 되도록 빈칸에 알맞은 수를 써넣으세요.

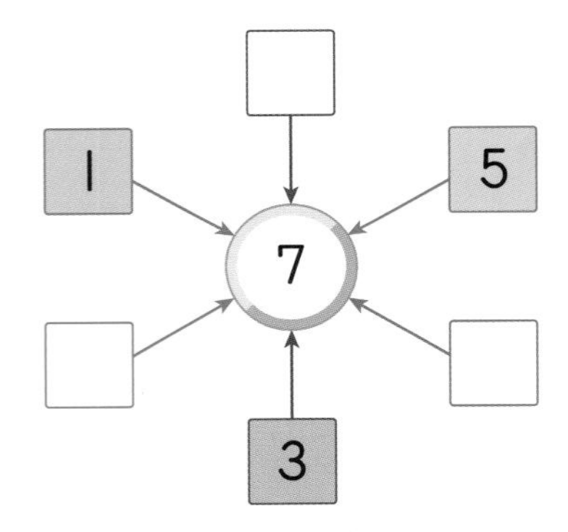

241009-0677

03 그림을 보고 뺄셈 이야기를 만들어 보세요.

토끼가 ☐ 마리, 닭이 ☐ 마리이므로

토끼가 닭보다 ☐ 마리 더 많습니다.

241009-0678

04 덧셈식으로 나타내 보세요.

3 더하기 1은 4와 같습니다.

☐ + ☐ = ☐

241009-0679

05 점의 수의 합이 큰 것부터 순서대로 기호를 써 보세요.

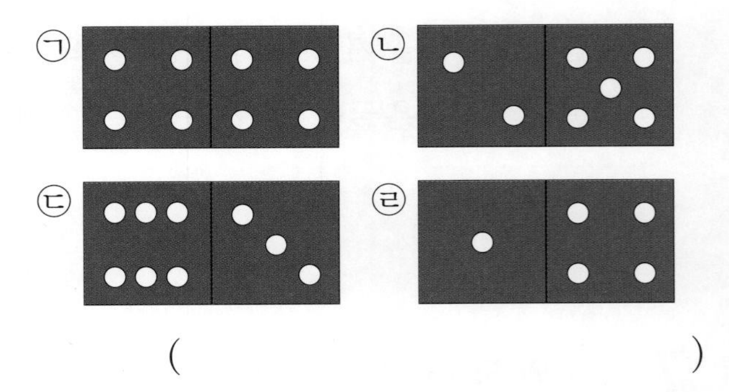

(　　　　　　　　)

241009-0680

06 공책을 현희는 3권 가지고 있고, 상문이는 2권 가지고 있습니다. 현희와 상문이가 가지고 있는 공책은 모두 몇 권일까요?

(　　　　　　　　)

241009-0681

07 그림에 알맞는 여러 가지 뺄셈식을 써 보세요.

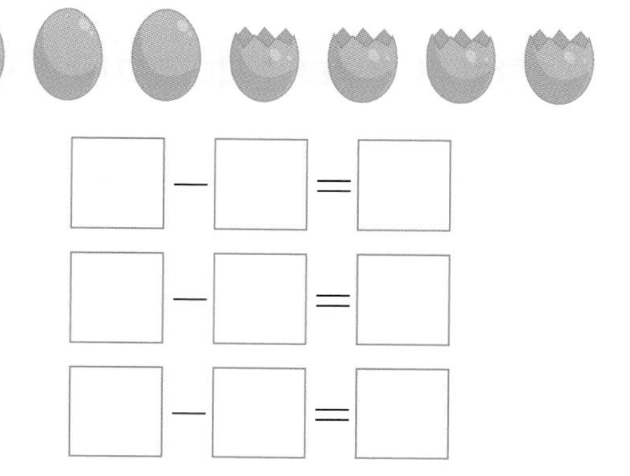

241009-0682

08 ㉡과 ㉢에 알맞은 수의 차를 구해 보세요.

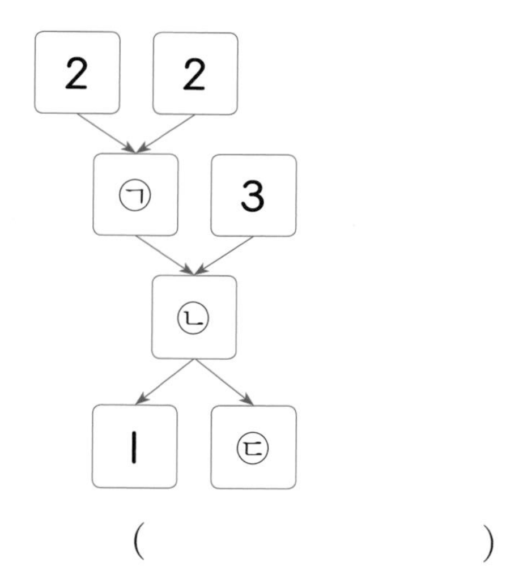

(　　　　　　　　)

241009-0683

09 □ 안에 알맞은 수를 써넣으세요.

(1) 5+□=5　(2) 0+□=2

(3) □−0=4　(4) 3−□=0

241009-0684

10 덧셈과 뺄셈을 해 보세요.

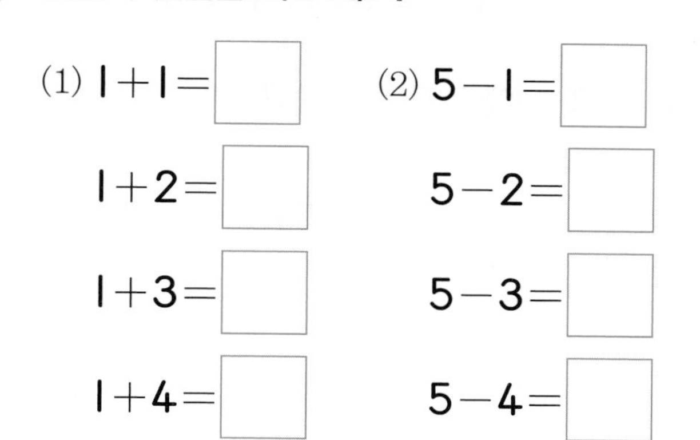

241009-0685

11 □ 안에 들어갈 +와 −가 나머지와 다른 하나를 찾아 ○표 하세요.

2□5=7	4□1=3	9□3=6
(　　)	(　　)	(　　)

241009-0686

12 시연이는 색종이 8장을 가지고 있었습니다. 동생에게 8장을 주었다면 시연이에게 남은 색종이는 몇 장일까요?

(　　　　　　　　)

241009-0687

13 수 카드 중에서 가장 큰 수와 가장 작은 수의 합과 차를 구해 보세요.

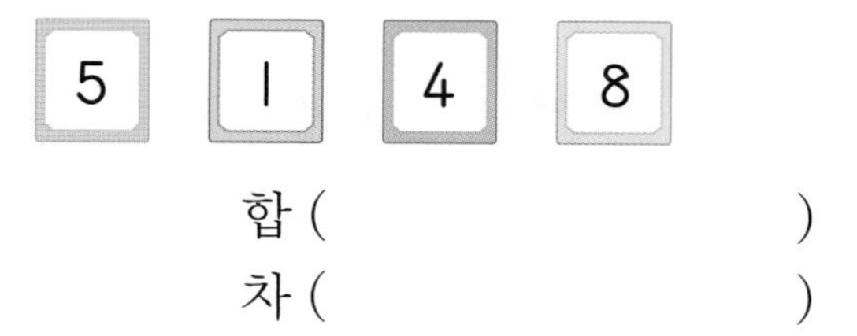

합 (　　　　　　　　)

차 (　　　　　　　　)

유형 1 ㉠과 ㉡에 알맞은 수 구하기

241009-0688

01 ㉠과 ㉡에 알맞은 수 중에서 더 큰 수는 얼마일까요?

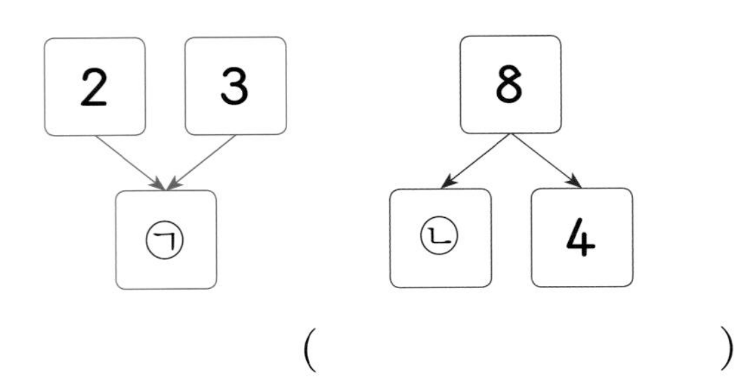

( )

비법 모으기와 가르기를 하여 ㉠과 ㉡을 순서대로 구합니다.

241009-0689

02 ㉠과 ㉡에 알맞은 수를 모으기 하면 얼마가 될까요?

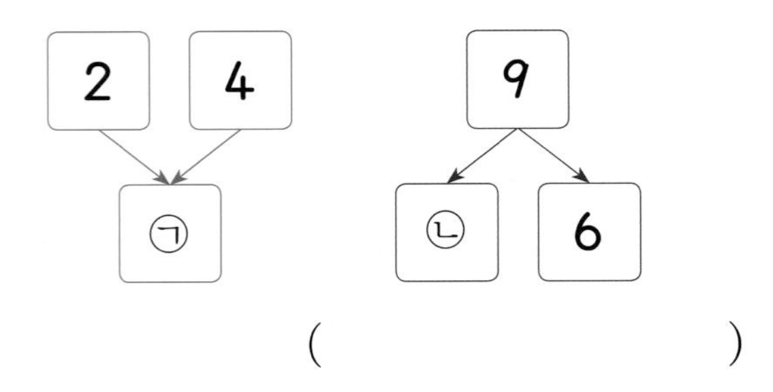

( )

241009-0690

03 ㉢에 알맞은 수를 구해 보세요.

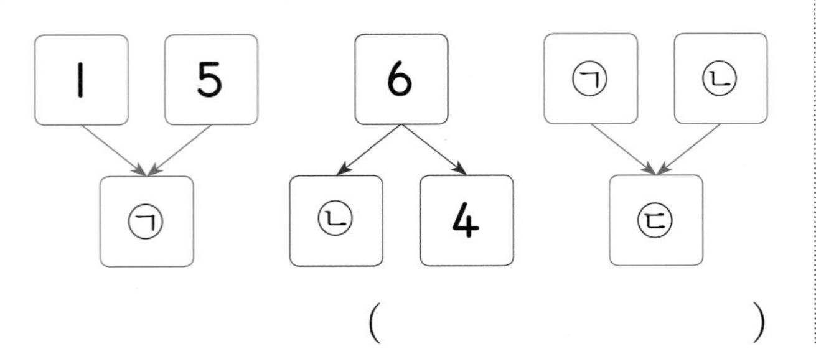

( )

유형 2 계산 결과 비교하기

241009-0691

04 합이 큰 것부터 순서대로 기호를 써 보세요.

㉠ $1+7$ ㉡ $4+3$ ㉢ $2+4$

( )

비법 각 덧셈식을 계산하여 합의 크기를 비교합니다.

241009-0692

05 차가 큰 것부터 순서대로 기호를 써 보세요.

㉠ $9-6$ ㉡ $8-3$ ㉢ $7-1$

( )

241009-0693

06 계산한 결과가 가장 큰 것과 두 번째로 큰 것의 차를 구해 보세요.

㉠ $3+4$ ㉡ $7-3$
㉢ $9-1$ ㉣ $2+4$

( )

유형 3 덧셈과 뺄셈의 활용

241009-0694

07 유희와 민서는 다트 던지기를 하였습니다. 유희는 3점과 4점을 얻었고, 민서는 2점과 3점을 얻었다고 할 때, 유희와 민서가 얻은 점수의 차는 몇 점일까요?

( )

비법 유희가 얻은 점수의 합을 구하고, 민서가 얻은 점수의 합을 구한 후 두 점수의 차를 구합니다.

241009-0695

08 석현이와 성윤이가 가지고 있는 딱지는 모두 몇 장일까요?

석현: 딱지 5장을 가지고 있었는데 형에게 1장을 얻었어.
성윤: 딱지 9장을 가지고 있었는데 동생에게 7장을 주었어.

( )

241009-0696

09 동전을 연우는 7개, 동생은 3개 가지고 있습니다. 연우가 동생에게 동전을 5개 주면 동생은 연우보다 동전을 몇 개 더 가지게 될까요?

( )

유형 4 조건에 맞는 수 구하기

241009-0697

10 ●가 2일 때, ◆는 얼마인지 구해 보세요.

●+●=▲
▲+●=◆

( )

비법 ●에 알맞은 수를 쓰고 더하여 ▲를 구한 뒤, ▲와 ●에 알맞은 수를 쓰고 더하여 ◆를 구합니다.

241009-0698

11 ●가 3일 때, ◆는 얼마인지 구해 보세요.

●−●=▲
▲+●+●=◆

( )

241009-0699

12 ●가 1일 때, ◆는 얼마인지 구해 보세요.

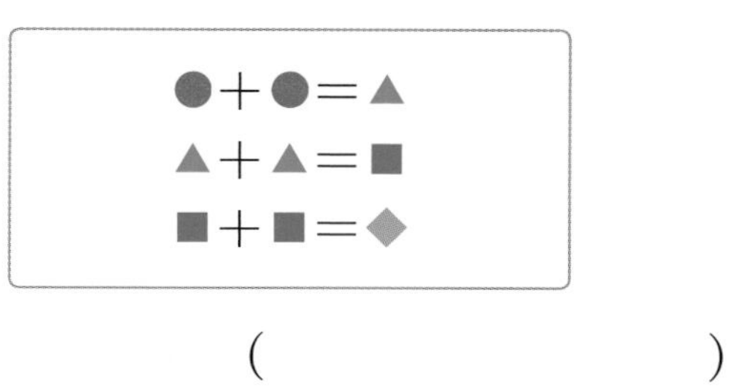

●+●=▲
▲+▲=■
■+■=◆

( )

241009-0700

01 모으기와 가르기를 해 보세요.

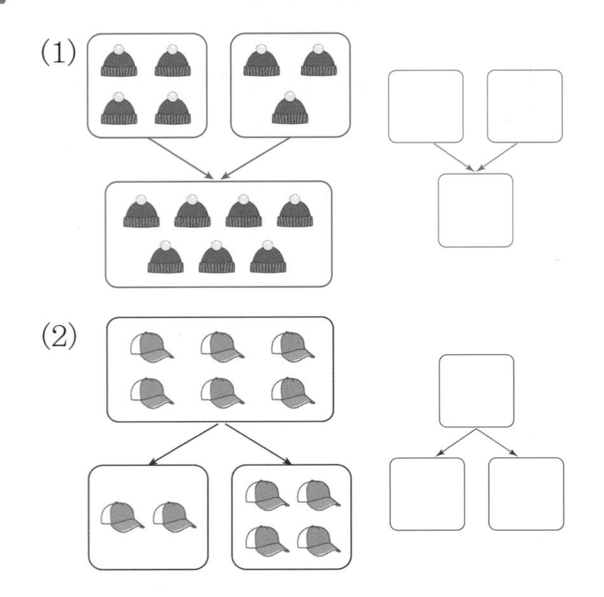

241009-0701

02 9를 왼쪽의 수보다 오른쪽의 수가 더 크도록 가르기 해 보세요.

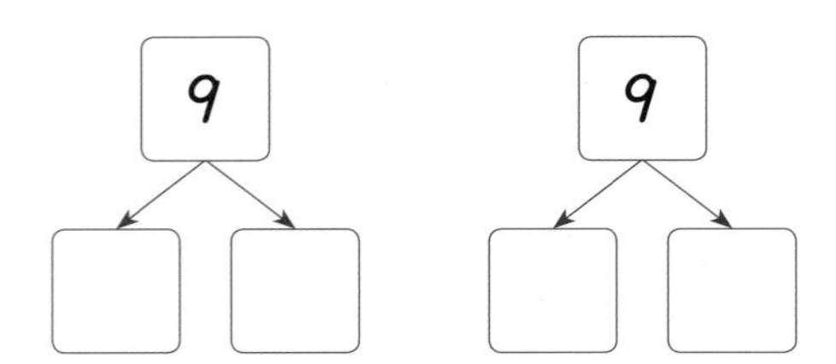

241009-0702

03 서술형 어떤 수와 2를 모으기 하면 5입니다. 어떤 수와 5를 모으기 하면 얼마가 되는지 풀이 과정을 쓰고 답을 구해 보세요.

풀이

답

241009-0703

04 그림을 보고 ○를 그려 덧셈을 해 보세요.

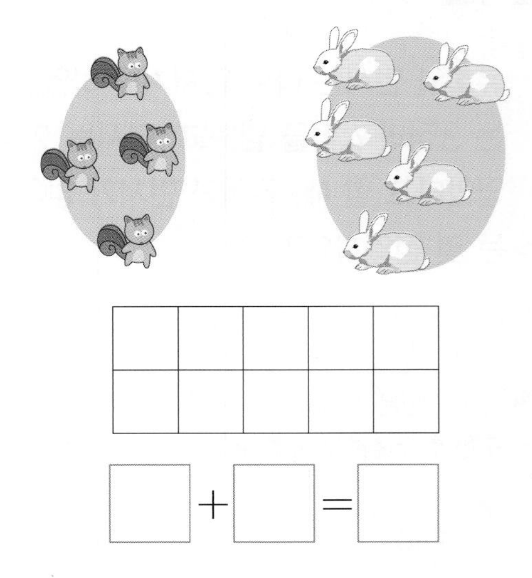

□ + □ = □

241009-0704

05 그림을 보고 합이 8인 덧셈식을 만들었습니다. 잘못 만든 사람의 이름을 써 보세요.

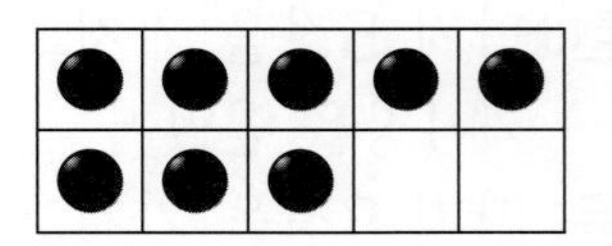

수민: 5+3=8　성현: 6+2=8
진영: 1+6=8　지효: 7+1=8

(　　　　　　　)

241009-0705

06 장바구니에 귤 4개와 사과 5개를 담았습니다. 장바구니에 담은 과일은 모두 몇 개일까요?

(　　　　　　　)

정답과 풀이 57쪽

241009-0706

07 수 카드 중에서 2장을 골라 합이 가장 작은 덧셈식을 만들어 보세요.

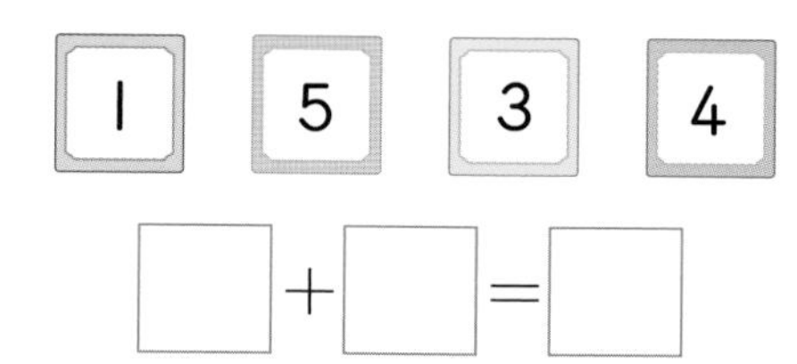

□ + □ = □

241009-0707

08 그림에 알맞은 뺄셈식을 쓰고 읽어 보세요.

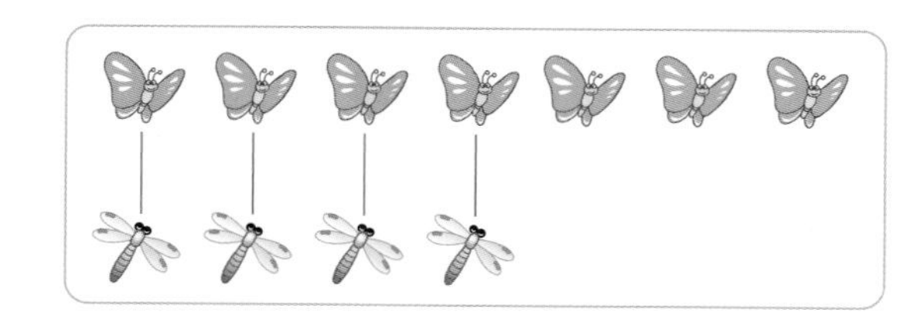

쓰기 7 − □ = □

읽기 7과 □의 차는 □입니다.

241009-0708

09 음료수 7개가 있었는데 2개를 마셨습니다. 남은 음료수는 몇 개인지 뺄셈식을 써 보세요.

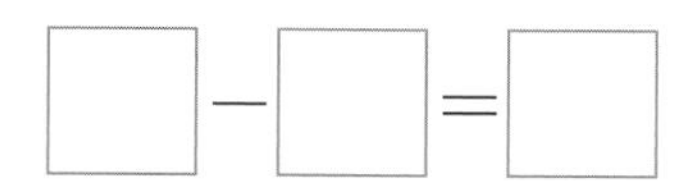

241009-0709

10 차가 가장 큰 것에 ○표, 가장 작은 것에 △표 하세요.

4−1	8−3	9−9
( )	( )	( )

241009-0710

11 (공) 모양과 (상자) 모양의 수의 차는 얼마인지 뺄셈식을 써 보세요.

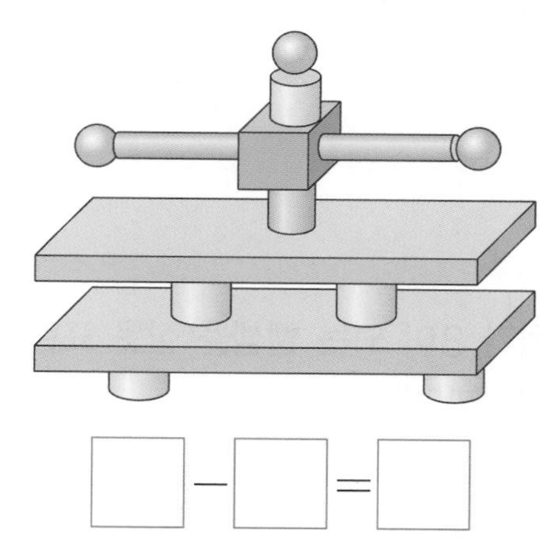

□ − □ = □

241009-0711

12 그림을 보고 잘못 이야기한 사람은 누구일까요?

민현: 갈색 의자와 주황색 의자는 모두 5개야.
강우: 회색 의자는 주황색 의자보다 2개 더 많아.
예진: 갈색 의자와 회색 의자의 수를 합하면 8개야.

( )

241009-0712

13 4+2와 계산 결과가 같은 것을 모두 찾아 기호를 써 보세요.

㉠ 2+4	㉡ 1+6
㉢ 9−4	㉣ 8−2

( )

241009-0713

14 어떤 수에서 2를 빼야 할 것을 잘못하여 더했더니 7이 되었습니다. 바르게 계산하면 얼마인지 구해 보세요.

( )

241009-0714

15 차가 3이 되는 뺄셈을 잘못 표현한 사람은 누구일까요?

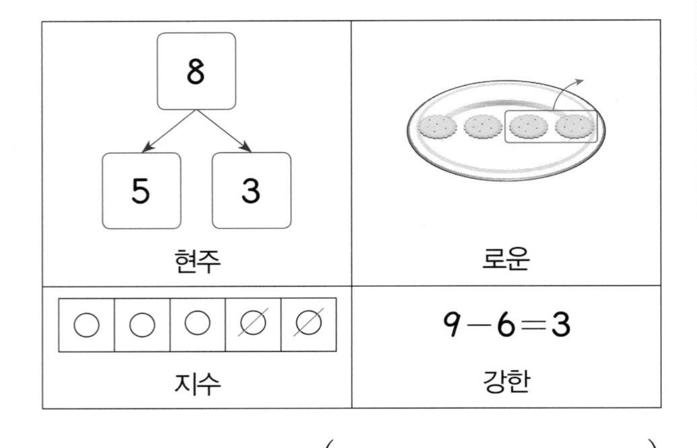

( )

241009-0715

16 차가 같은 뺄셈식이 되도록 □ 안에 알맞은 수를 써넣으세요.

$9-7$ $7-\square$ $\square-3$

241009-0716

17 □ 안에 ＋와 － 중 알맞은 것을 써넣으세요.

(1) $7 \square 6=1$ (2) $1 \square 2=3$

241009-0717

18 서술형 ◆이 1일 때, ●은 얼마인지 풀이 과정을 쓰고 답을 구해 보세요.

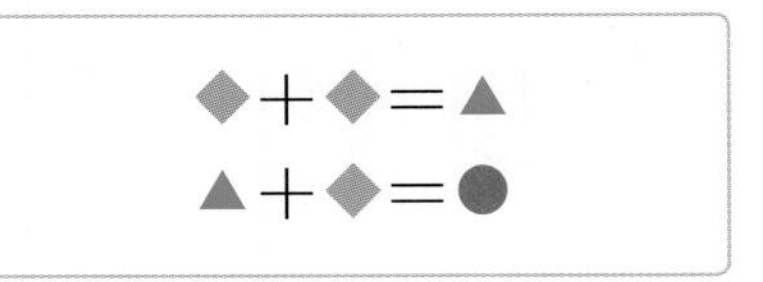

풀이

답

241009-0718

19 □ 안에 알맞은 수를 써넣고, 계산 결과가 같은 것끼리 이어 보세요.

$7+1=\square$ •	• $7-2=\square$
$2+3=\square$ •	• $6-3=\square$
$1+2=\square$ •	• $9-1=\square$

241009-0719

20 영수는 지우개 4개를 가지고 있었습니다. 민재에게 지우개 2개를 받고, 현주에게 지우개 3개를 주었다면 영수가 가지고 있는 지우개는 몇 개일까요?

( )

241009-0720

01 길이를 바르게 비교한 것을 찾아 ○표 하세요.

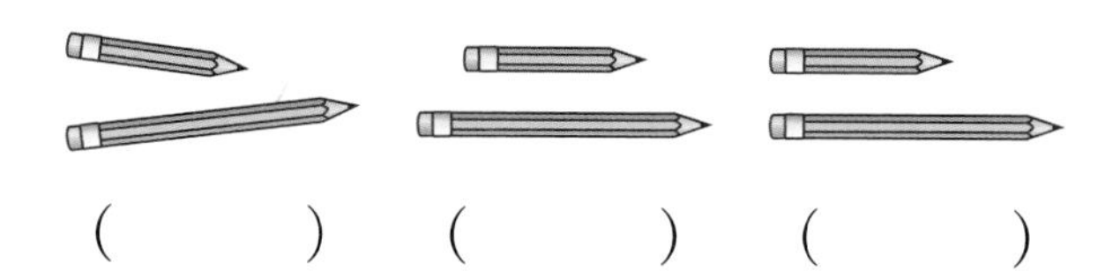

( ) ( ) ( )

241009-0721

02 가장 짧은 것에 ○표 하세요.

( )
( )
( )

241009-0722

03 키가 더 큰 사람은 누구일까요?

( )

241009-0723

04 가장 긴 것에 ○표, 가장 짧은 것에 △표 하세요.

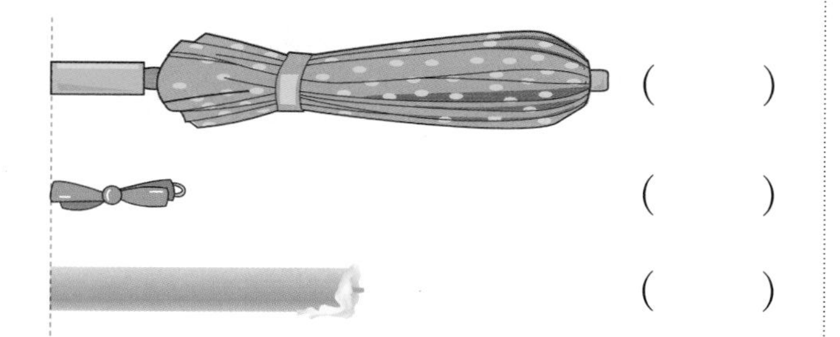

( )
( )
( )

241009-0724

05 더 가벼운 것에 △표 하세요.

( ) ( )

241009-0725

06 무거운 동물부터 순서대로 이름을 써 보세요.

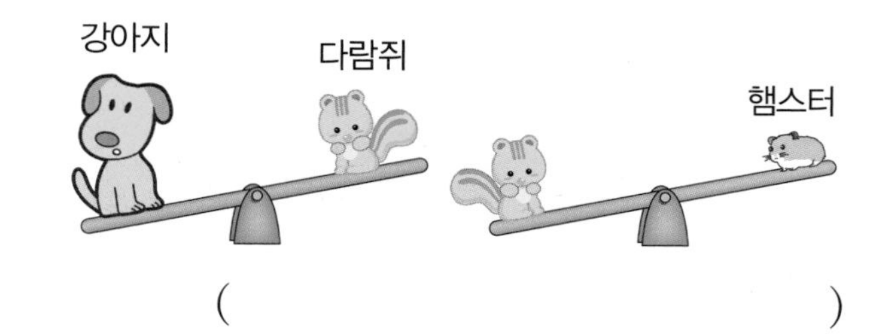

( )

241009-0726

07 가장 무거운 것에 ○표, 가장 가벼운 것에 △표 하세요.

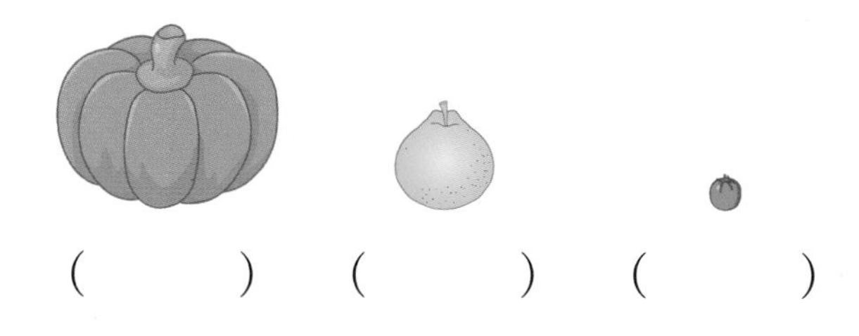

( ) ( ) ( )

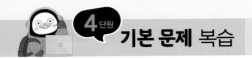

241009-0727

08 가장 넓은 것을 찾아 색칠해 보세요.

241009-0728

09 가지를 심은 부분과 상추를 심은 부분을 나타낸 것입니다. 이 중 더 넓은 부분에 심은 채소는 무엇일까요?

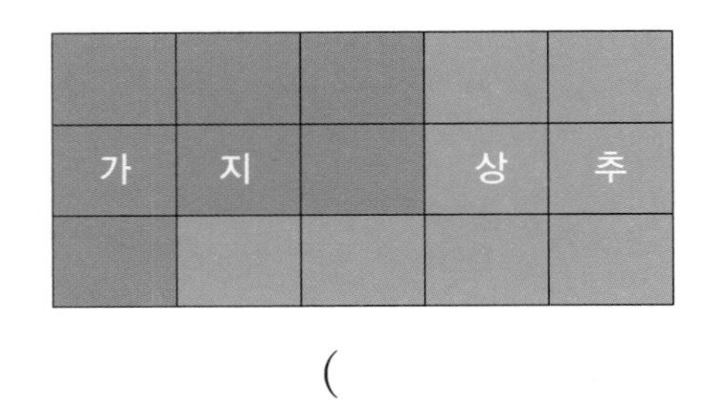

( )

241009-0729

10 책을 포장할 수 있는 포장지로 알맞은 것을 찾아 기호를 써 보세요.

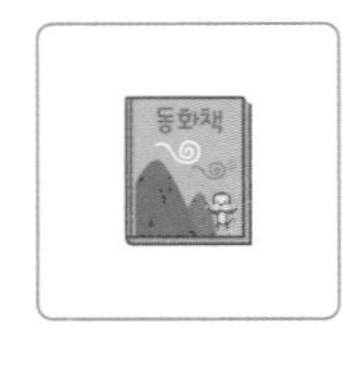

가

나

( )

241009-0730

11 물이 더 많이 담긴 것에 ○표 하세요.

( ) ( )

241009-0731

12 미진이와 친구들이 각자 컵을 가져왔습니다. 담을 수 있는 양이 가장 적은 컵을 가져온 사람은 누구일까요?

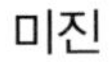

미진 수정 명은

( )

241009-0732

13 물이 가장 많이 담긴 것에 ○표, 가장 적게 담긴 것에 △표 하세요.

( ) ( ) ( )

정답과 풀이 59쪽

유형 1 구부러진 길의 길이 비교하기

241009-0733

01 집에서 도서관까지 가는 두 가지 길 중에서 더 긴 길을 찾아 기호를 써 보세요.

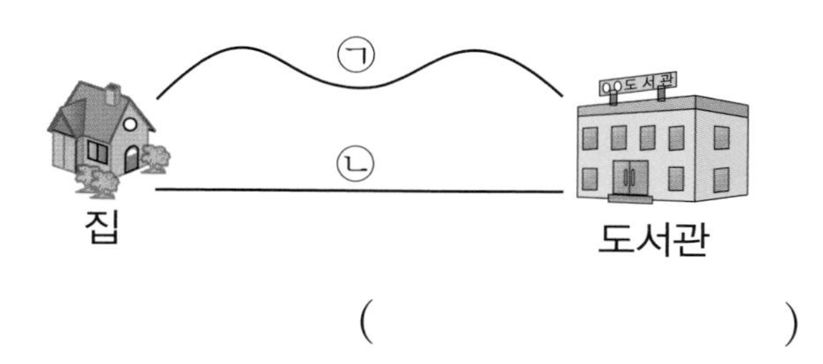

(　　　　　　　　　　)

비법 양쪽 끝이 같으면 가운데가 많이 구부러져 있을수록 길이가 더 깁니다.

241009-0734

02 집에서 놀이터까지 두 가지 가는 길 중에서 더 짧은 길을 찾아 기호를 써 보세요.

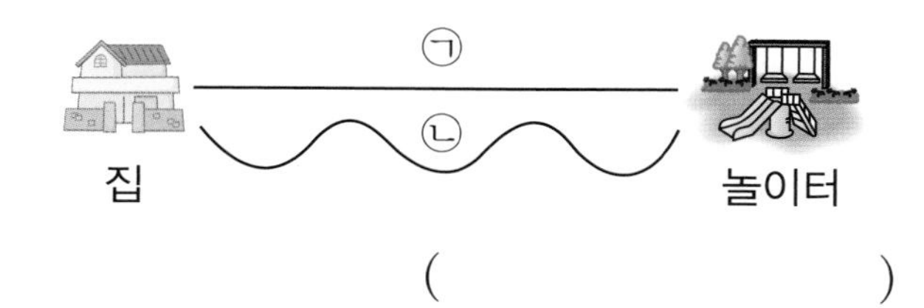

(　　　　　　　　　　)

241009-0735

03 학교에서 집까지 가는 세 가지 길 중에서 가장 긴 길을 찾아 기호를 써 보세요.

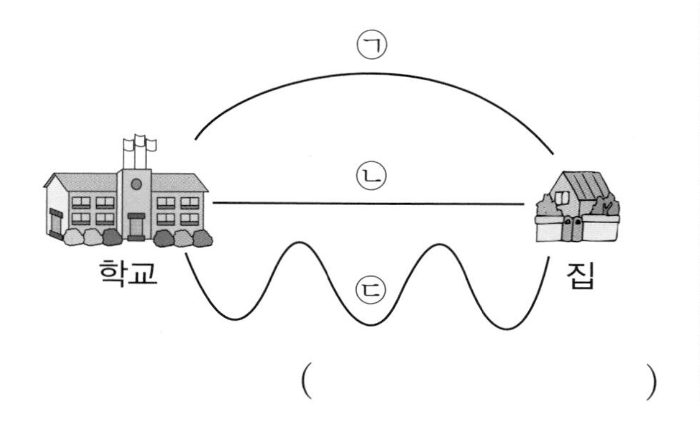

(　　　　　　　　　　)

유형 2 세 물건의 무게 비교하기

241009-0736

04 무게가 가벼운 것부터 순서대로 이름을 써 보세요.

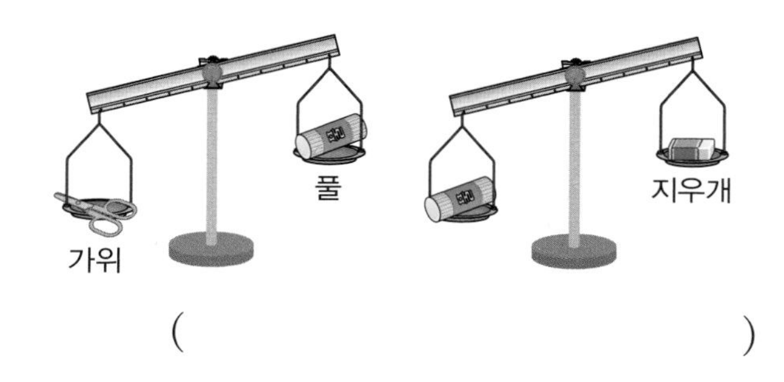

(　　　　　　　　　　)

비법 가벼운 것은 왼쪽에, 무거운 것은 오른쪽에 쓰면 세 물건의 무게를 쉽게 비교할 수 있습니다.

241009-0737

05 가벼운 사람부터 순서대로 이름을 써 보세요.

(　　　　　　　　　　)

241009-0738

06 가벼운 사람부터 순서대로 이름을 써 보세요.

- 승주는 민서보다 더 가볍습니다.
- 민서는 정원이보다 더 무겁습니다.
- 정원이는 승주보다 더 무겁습니다.

(　　　　　　　　　　)

4 단원

유형 3 둘째로 넓은 것 찾기

241009-0739

07 둘째로 넓은 것을 찾아 기호를 써 보세요.

( )

비법 겹쳐 보았을 때 남는 부분이 있는 쪽이 더 넓습니다.

241009-0740

08 둘째로 넓은 것을 찾아 기호를 써 보세요.

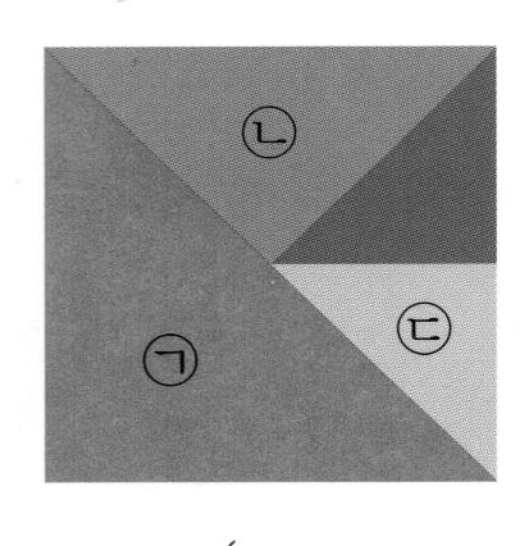

( )

241009-0741

09 둘째로 넓은 것을 찾아 기호를 써 보세요.

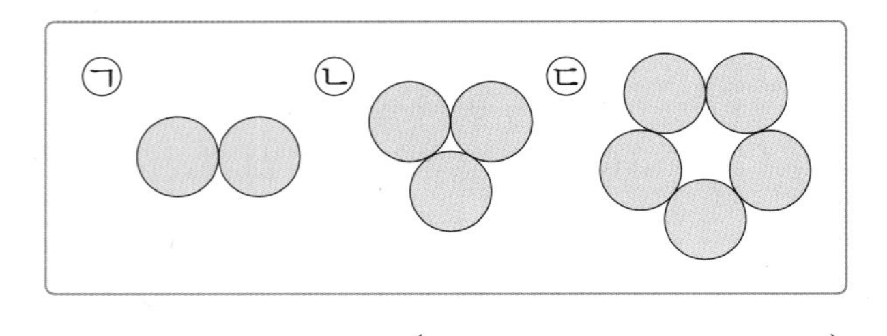

( )

유형 4 마신 물의 양 비교하기

241009-0742

10 윤서와 혁민이가 똑같은 컵에 가득 든 물을 마시고 다음과 같이 남았습니다. 마신 물의 양이 더 많은 사람은 누구일까요?

( )

비법 똑같은 컵에 남은 물의 높이가 낮을수록 마신 물의 양이 더 많습니다.

241009-0743

11 준수와 수빈이가 똑같은 컵에 가득 든 물을 마시고 다음과 같이 남았습니다. 마신 물의 양이 더 적은 사람은 누구일까요?

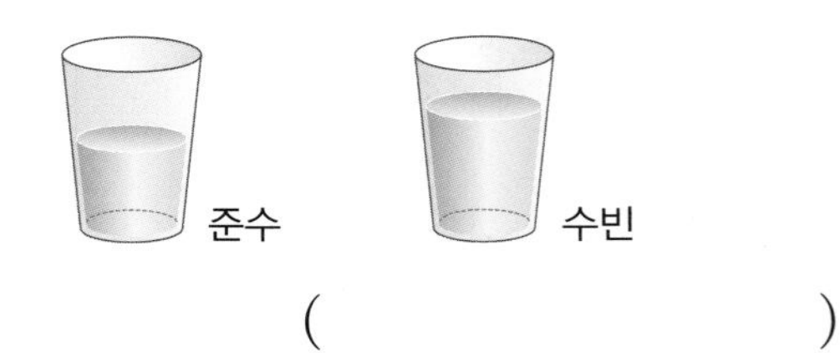

( )

241009-0744

12 성훈, 윤재, 우주가 똑같은 컵에 가득 든 물을 마시고 다음과 같이 남았습니다. 마신 물의 양이 가장 많은 사람은 누구일까요?

( )

241009-0745

01 연필보다 더 길게 선을 그어 보세요.

241009-0746

02 더 짧은 것에 ○표 하세요.

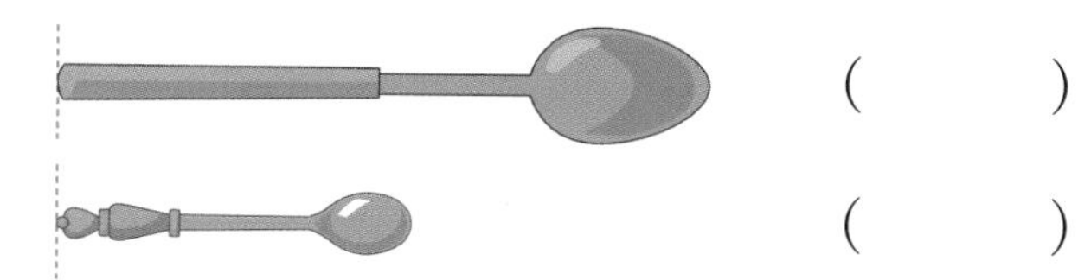

( )

( )

241009-0747

03 멀리뛰기를 했습니다. 가장 멀리 뛴 사람은 누구일까요?

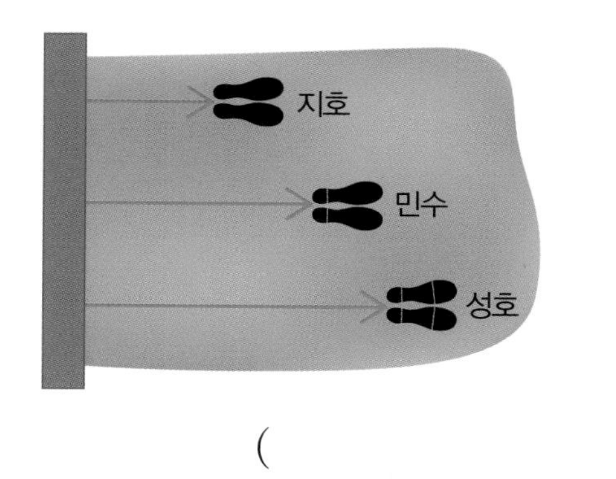

( )

241009-0748

04 키가 큰 사람부터 순서대로 1, 2, 3을 써 보세요.

( ) ( ) ( )

241009-0749

05 굵기가 일정한 막대에 줄을 감았습니다. 가장 긴 줄을 찾아 기호를 써 보세요.

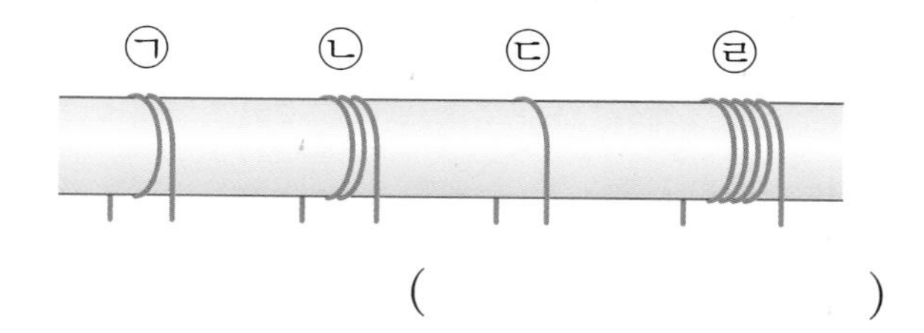

( )

241009-0750

06 더 무거운 것에 ○표 하세요.

( ) ( )

241009-0751

07 더 가벼운 사람은 누구일까요?

( )

241009-0752

08 알맞은 말에 ○표 하세요.

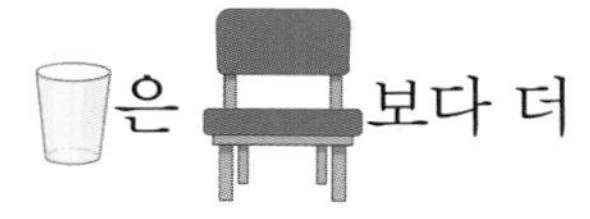

(무겁습니다 , 가볍습니다).

241009-0753

09 똑같은 길이의 고무줄에 물건을 매달았더니 그림과 같이 고무줄이 늘어났습니다. 가장 무거운 것은 어느 것일까요?

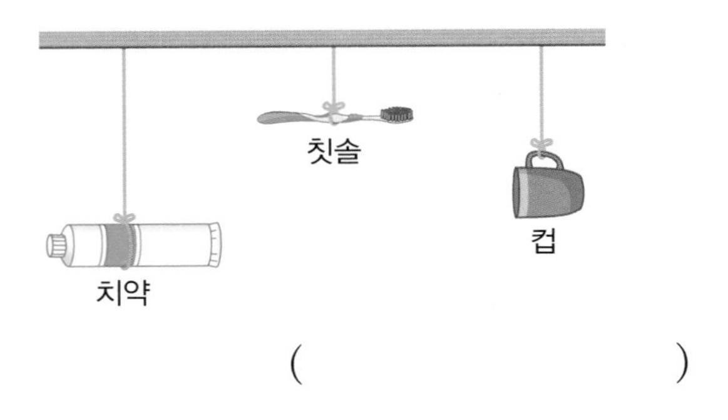

(　　　　　　　　　　)

241009-0754

10 같은 개수의 병이 각각 담긴 상자가 있습니다. 더 가벼운 상자에 ○표 하세요.

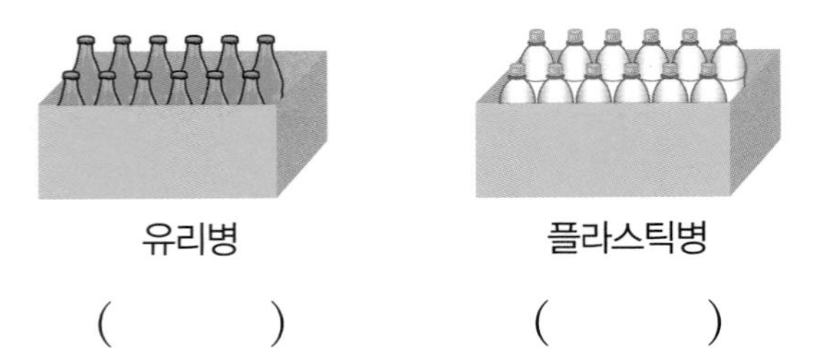

(　　)　　(　　)

241009-0755

11 관계있는 것끼리 이어 보세요.

더 넓다　　더 좁다

241009-0756

12 방석보다 더 넓은 네모 모양을 그려 보세요.

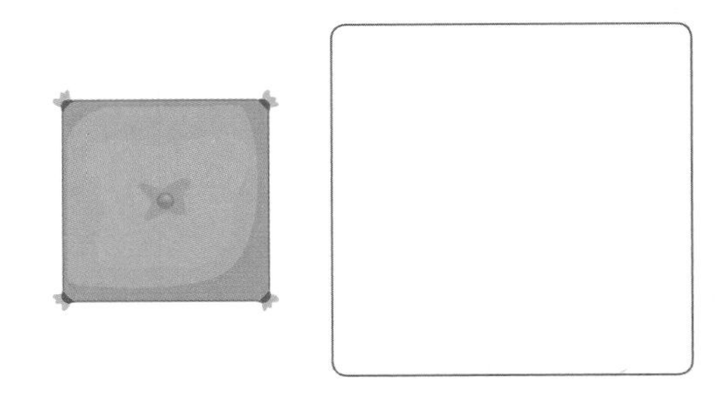

[13~14] 그림을 보고 알맞은 말을 써넣으세요.

241009-0757

13 우산의 길이는 칫솔보다 더 [　　].

241009-0758

14 필통의 무게는 가방보다 더 [　　].

241009-0759

15 서술형 **먹은 초콜릿과 남은 초콜릿 중 어느 초콜릿이 더 넓은지 풀이 과정을 쓰고 답을 구해 보세요.**

먹은 초콜릿

풀이

____

____

____

답 ______________

241009-0760

16 **부엌, 화장실, 침실 중 가장 넓은 곳은 어디인가요?**

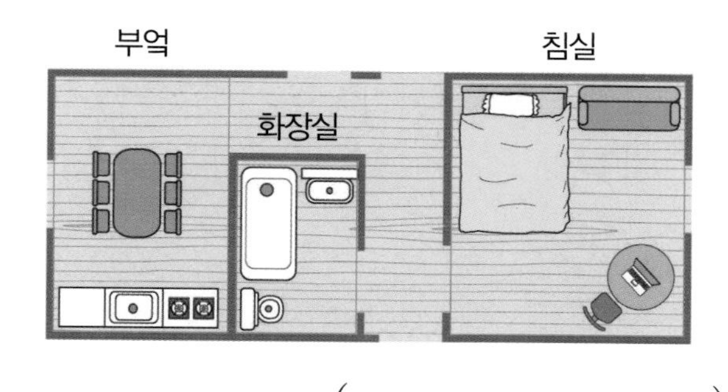

(　　　　　　　　)

241009-0761

17 **물이 가장 많이 담긴 것에 ○표, 가장 적게 담긴 것에 △표 하세요.**

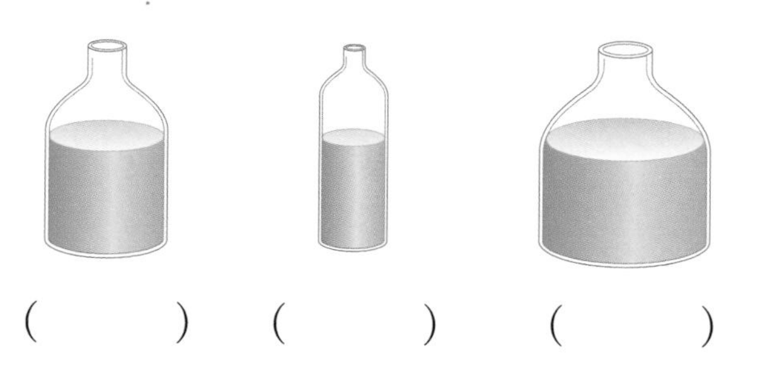

(　　　) (　　　) (　　　)

241009-0762

18 **왼쪽 냄비에 물을 가득 채워 비어 있는 가와 나 냄비에 각각 모두 부으려고 합니다. 가와 나 냄비 중 물이 넘치는 냄비는 어느 것일까요?**

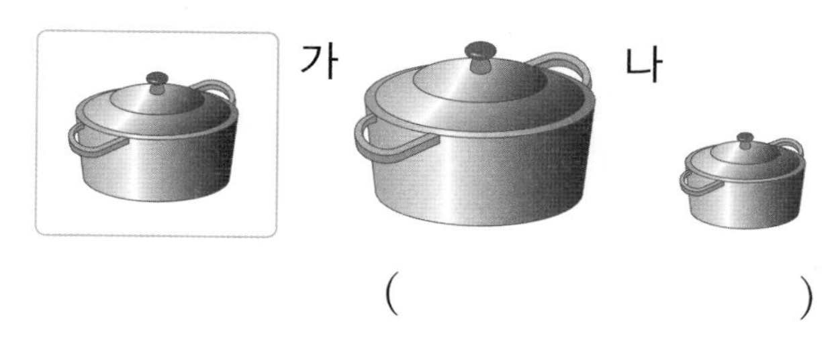

(　　　　　　　　)

241009-0763

19 **똑같은 컵에 가득 든 코코아를 마시고 다음과 같이 남았습니다. 코코아를 많이 마신 사람부터 순서대로 이름을 써 보세요.**

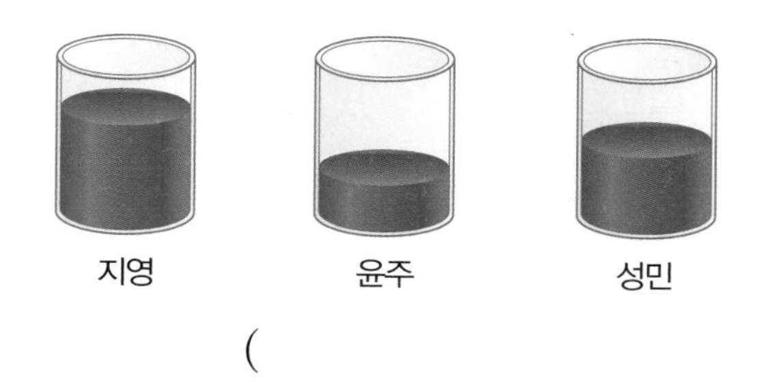

(　　　　　　　　)

241009-0764

20 서술형 **가와 나 두 병에 가득 담긴 물을 똑같은 컵에 가득 담아 모두 따랐더니 다음과 같았습니다. 가와 나 중에서 물이 더 많이 담겼던 것은 어느 것인지 풀이 과정을 쓰고 답을 구해 보세요.**

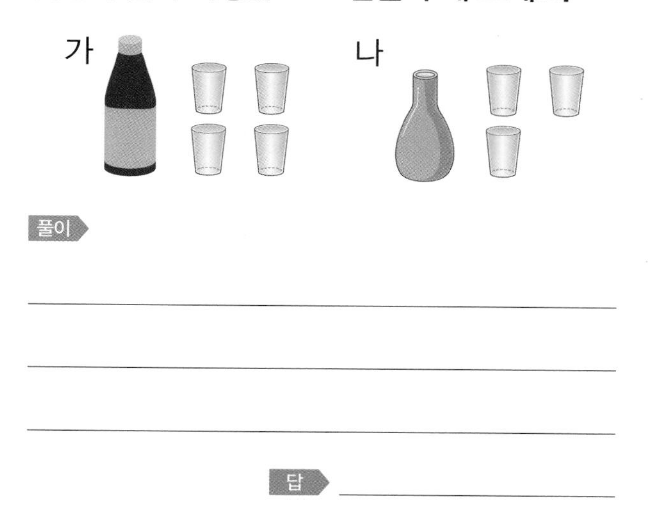

풀이

____

____

____

답 ______________

241009-0765

01 풍선을 세어 수를 써 보세요.

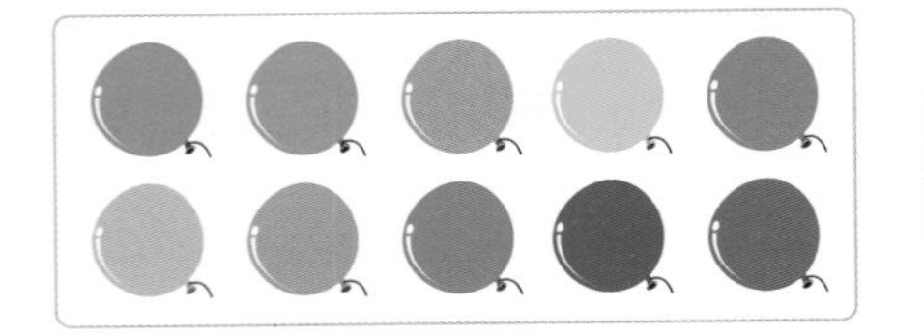

241009-0766

02 10이 되도록 ○를 그리고 □ 안에 알맞은 수를 써넣으세요.

7과 □을 모으기 하면 10이 됩니다.

241009-0767

03 수를 두 가지 방법으로 읽어 보세요.

수	읽기	
47	사십칠	마흔일곱
28		
31		

241009-0768

04 □ 안에 알맞은 수나 말을 써넣으세요.

10개씩 묶음 □개와 낱개 □개는 □입니다.

이십육 또는 □으로 읽습니다.

241009-0769

05 모으기를 해 보세요.

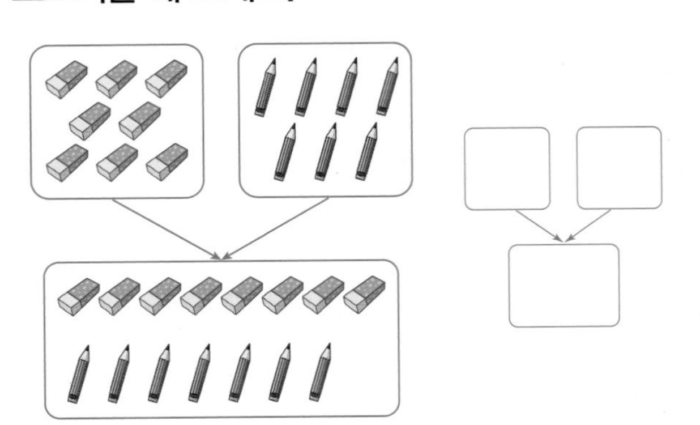

241009-0770

06 가르기를 해 보세요.

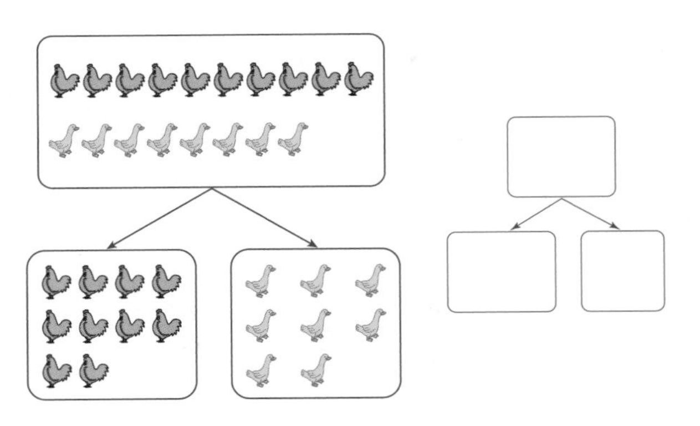

241009-0771

07 모으기를 해서 11이 되는 수를 이어 보세요.

9 •	• 2
7 •	• 6
5 •	• 4

241009-0772

08 태훈이의 그림 일기를 완성해 보세요.

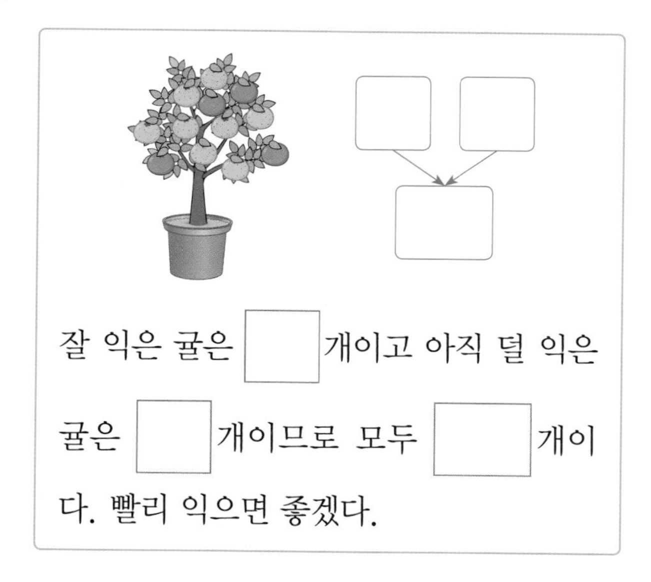

잘 익은 귤은 ☐ 개이고 아직 덜 익은 귤은 ☐ 개이므로 모두 ☐ 개이다. 빨리 익으면 좋겠다.

241009-0773

09 ★에 알맞은 수를 쓰고, 두 가지 방법으로 읽어 보세요.

21	22	23	24	25	26	27	28	29	30
	32		34	35		37			40
41		43			★		48	49	

쓰기 (　　　　　　　　)

읽기 (　　　　　,　　　　　)

241009-0774

10 지수는 열일곱 살이고, 철희는 스물다섯 살입니다. 누가 더 나이가 많을까요?

(　　　　　　　　)

241009-0775

11 달걀이 모두 몇 개인지 빈칸에 알맞은 수를 써넣으세요.

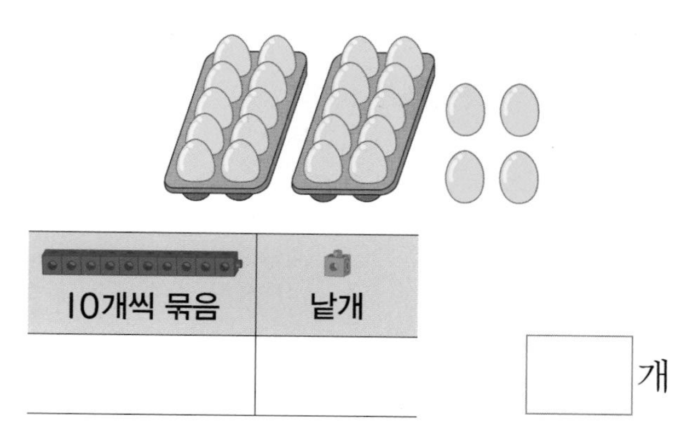

10개씩 묶음	낱개

☐ 개

241009-0776

12 희철이가 펼친 책의 쪽수는 38쪽과 39쪽입니다. 한 장을 넘기면 몇 쪽과 몇 쪽이 보일까요?

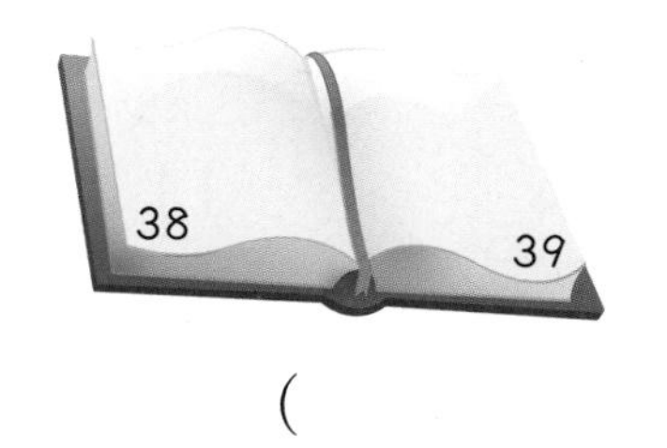

(　　　　　　　　)

241009-0777

13 다음을 만족하는 수를 보기에서 모두 찾아 써 보세요.

10개씩 묶음 3개와 낱개 2개인 수보다 큰 수

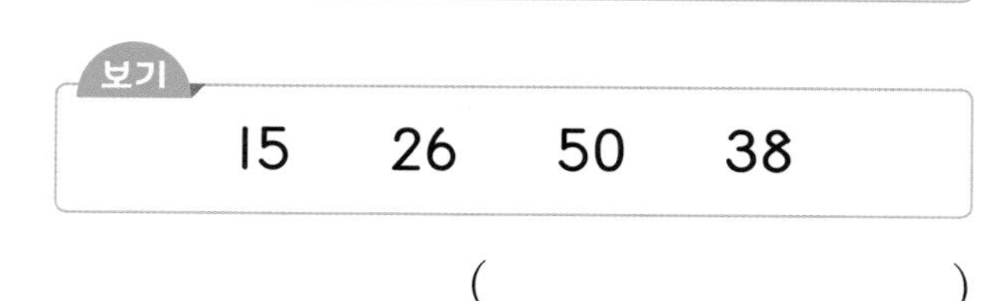

보기

15　　26　　50　　38

(　　　　　　　　)

5 단원

유형 1 가르기와 모으기를 한 수의 크기 비교

241009-0778

01 ㉠, ㉡, ㉢에 알맞은 수 중 가장 큰 수를 찾아 기호를 써 보세요.

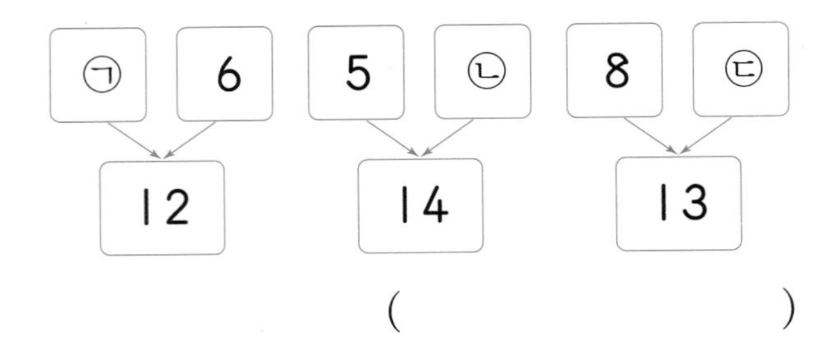

(　　　　　　　　)

비법 모으기를 하여 ㉠, ㉡, ㉢에 알맞은 수를 구합니다.

241009-0779

02 ㉠, ㉡, ㉢에 알맞은 수 중 가장 작은 수를 찾아 기호를 써 보세요.

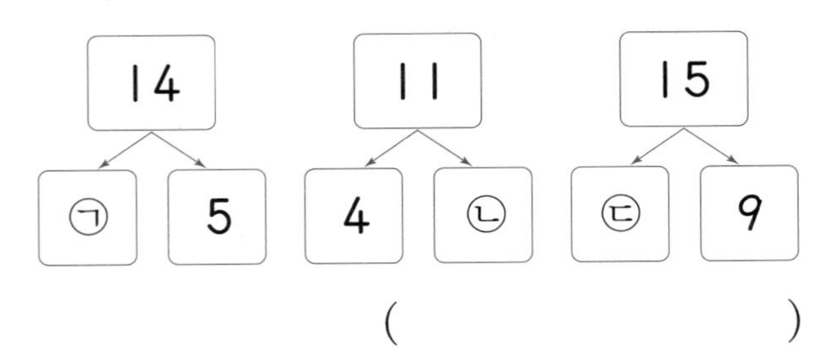

(　　　　　　　　)

241009-0780

03 ㉠, ㉡, ㉢에 알맞은 수 중 가장 큰 수와 가장 작은 수를 찾아 두 수의 차를 구해 보세요.

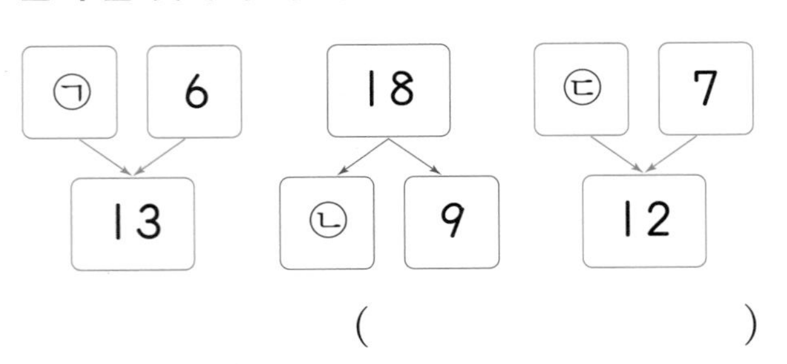

(　　　　　　　　)

유형 2 찢어진 쪽수 구하기

241009-0781

04 민혁이는 수학 문제집을 풀고 있습니다. 그런데 26쪽 다음에 한 장이 찢어져 있어서 29쪽으로 바로 넘어갔습니다. 찢어진 쪽은 몇 쪽과 몇 쪽일까요?

(　　　　　　　　)

비법 찢어진 쪽수의 앞쪽과 뒤쪽의 수를 살펴서 두 수 사이에 있는 수를 구합니다.

241009-0782

05 현서는 동화책을 읽고 있습니다. 그런데 44쪽 다음에 한 장이 찢어져 있어서 47쪽으로 바로 넘어갔습니다. 찢어진 쪽은 몇 쪽과 몇 쪽일까요?

(　　　　　　　　)

241009-0783

06 지원이는 만화책을 읽고 있습니다. 38쪽 다음에 두 장이 찢어져 있어서 43쪽으로 바로 넘어갔습니다. 찢어진 쪽을 모두 써 보세요.

(　　　　　　　　)

유형 3 나타내는 수의 크기 비교하기

241009-0784

07 나타내는 수가 더 큰 수를 찾아 기호를 써 보세요.

㉠ 10개씩 묶음 2개와 낱개 12개
㉡ 36보다 1만큼 더 작은 수

(　　　　　　　　)

비법 낱개 12개는 10개씩 묶음 1개와 낱개 2개입니다.

241009-0785

08 나타내는 수가 더 작은 수를 찾아 기호를 써 보세요.

㉠ 10개씩 묶음 3개와 낱개 11개
㉡ 44보다 1만큼 더 큰 수

(　　　　　　　　)

241009-0786

09 나타내는 수가 가장 큰 수를 찾아 기호를 써 보세요.

㉠ 10개씩 묶음 1개와 낱개 14개
㉡ 29보다 1만큼 더 작은 수
㉢ 스물일곱

(　　　　　　　　)

유형 4 수 카드를 사용하여 두 번째로 큰(작은) 수 만들기

241009-0787

10 수 카드 3장 중에서 2장을 골라 한 번씩만 사용하여 몇십몇을 만들려고 합니다. 만들 수 있는 두 번째로 큰 수를 구해 보세요.

2　4　3

(　　　　　　　　)

비법 수 카드 3장 중에서 2장을 골라 두 번째로 큰 수를 만들려면 10개씩 묶음의 수가 가장 큰 수이고, 낱개의 수가 세 번째로 큰 수이어야 합니다.

241009-0788

11 수 카드 3장 중에서 2장을 골라 한 번씩만 사용하여 몇십몇을 만들려고 합니다. 만들 수 있는 두 번째로 작은 수를 구해 보세요.

4　1　2

(　　　　　　　　)

241009-0789

12 수 카드 4장 중에서 2장을 골라 한 번씩만 사용하여 몇십몇을 만들려고 합니다. 만들 수 있는 두 번째로 큰 수를 구해 보세요.

1　2　3　4

(　　　　　　　　)

241009-0790

01 □ 안에 알맞은 수를 써넣으세요.

9보다 1만큼 더 큰 수는 □입니다.

241009-0791

02 밑줄 친 부분을 바르게 읽은 것에 ○표 하세요.

(1) 우리 집은 10(십 , 열)층입니다.

(2) 포도가 10(십 , 열) 송이 있습니다.

241009-0792

03 윤하는 빨간색 색연필 8자루와 노란색 색연필 5자루를 가지고 있습니다. 색연필을 모으면 모두 몇 자루가 될까요?

( )

241009-0793

04 서술형 ㉠과 ㉡에 알맞은 두 수의 합은 얼마인지 풀이 과정을 쓰고 답을 구해 보세요.

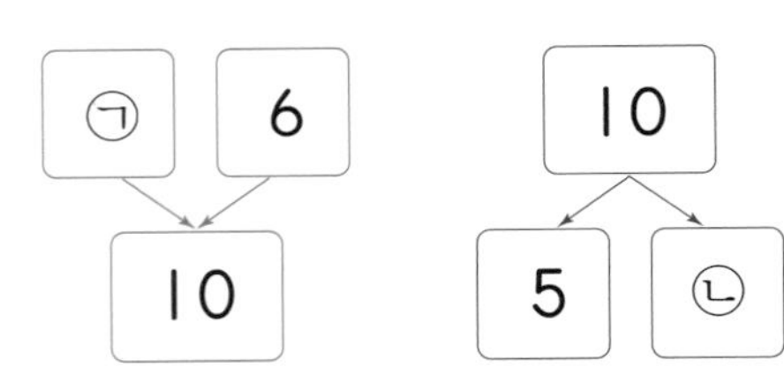

풀이

답

241009-0794

05 □ 안에 알맞은 수나 말을 써넣으세요.

10개씩 묶음 □개와 낱개 □개는 □이라 쓰고, 사십육 또는 □이라고 읽습니다.

241009-0795

06 모으기를 하여 15가 되는 두 수를 찾아 색칠해 보세요.

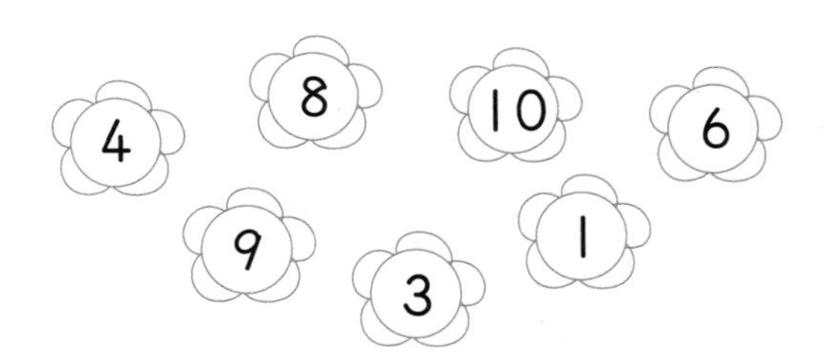

241009-0796

07 빈칸에 알맞은 수를 써넣으세요.

수	10개씩 묶음	낱개
20		
32		
47		

정답과 풀이 63쪽

[08~09] 그림을 보고 물음에 답하세요.

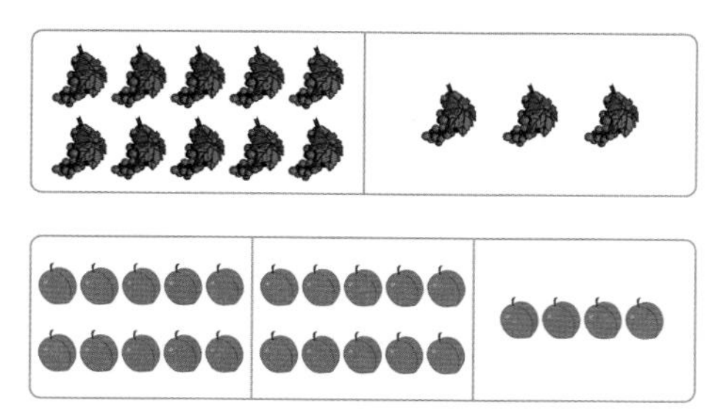

241009-0797

08 포도와 자두를 각각 세어 수를 써 보세요.

포도 (   )

자두 (   )

241009-0798

09 포도와 자두 중 어느 것이 더 많을까요?

(   )

241009-0799

10 두 가지 방법으로 가르기를 해 보세요.

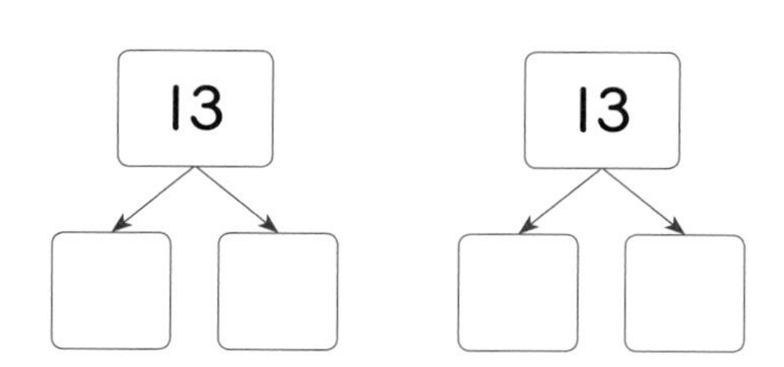

241009-0800

11 나타내는 수가 다른 하나를 찾아 기호를 써 보세요.

㉠ 스물여덟
㉡ 10개씩 묶음 2개와 낱개 8개
㉢ 이십팔
㉣ 10개씩 묶음 3개

(   )

[12~13] 수 배열표를 보고 물음에 답하세요.

21	22	23	24	25	26	27	28	29	30
31	32	33	34		36	37	38	39	40
41	42	43	44	45	46	47	48	49	50

241009-0801

12 빈칸에 알맞은 수를 써 보세요.

(   )

241009-0802

13 24보다 크고 27보다 작은 수는 ☐, ☐입니다.

241009-0803

14 빈칸에 알맞은 수를 써넣으세요.

241009-0804

15 소극장 자리 안내 그림입니다. 39번 자리에 ○표 하세요.

241009-0805

16 그림을 보고 □ 안에 알맞은 수를 써넣으세요.

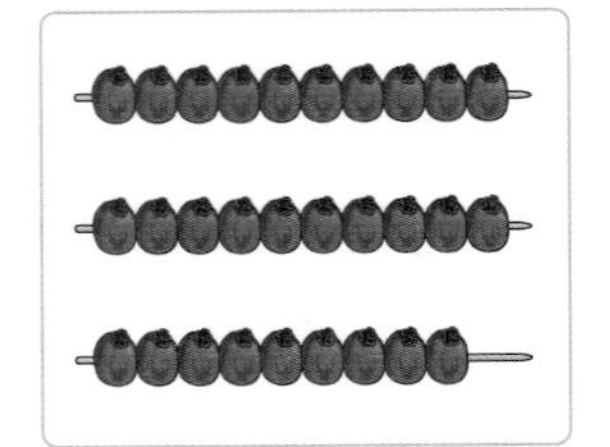

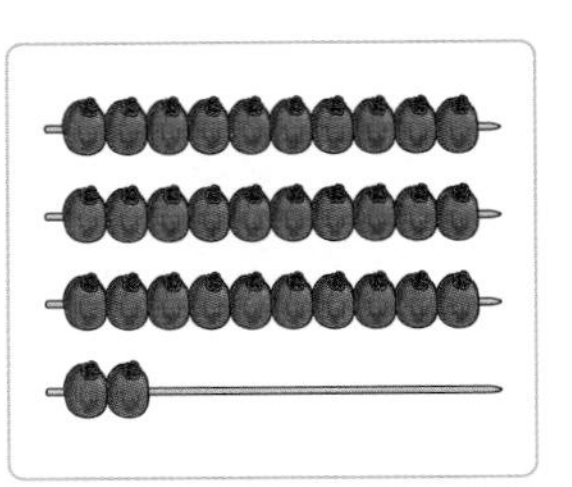

□는 □보다 작습니다.

241009-0806

17 과녁맞히기 놀이에서 지호와 다정이가 받은 점수를 보고 누구의 점수가 더 높은지 풀이 과정을 쓰고 답을 구해 보세요.

지호	10점	10점	10점	1점	1점
다정	10점	10점	1점	1점	1점

풀이

답

241009-0807

18 두 수의 크기를 비교하여 빨간색 선을 따라 더 큰 수를, 파란색 선을 따라 더 작은 수를 써 보세요.

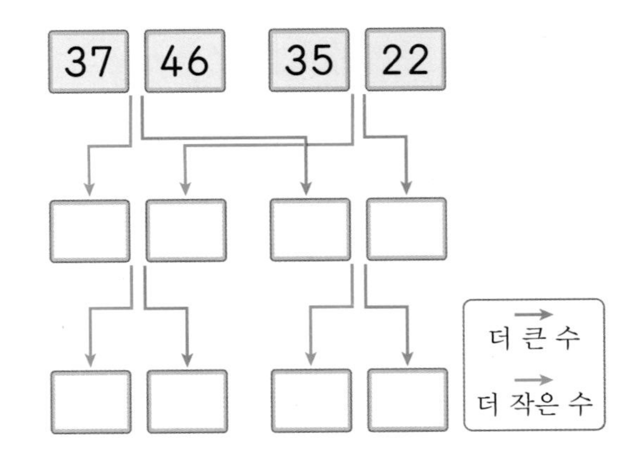

241009-0808

19 수 카드 4장 중에서 2장을 골라 한 번씩만 사용하여 몇십몇을 만들려고 합니다. 만들 수 있는 가장 큰 수와 가장 작은 수를 구해 보세요.

1 2 3 4

가장 큰 수 (　　　　　　)
가장 작은 수 (　　　　　　)

241009-0809

20 다음 조건을 모두 만족하는 수를 구해 보세요.

- 낱개의 수가 10개씩 묶음의 수보다 작습니다.
- 31보다 큽니다.
- 10개씩 묶음이 3개인 수입니다.

(　　　　　　)

memo

memo

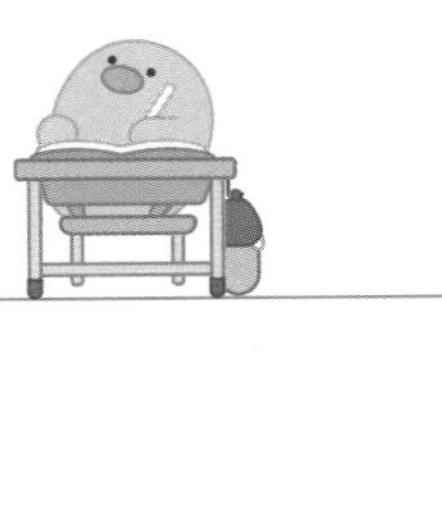

교과서 기본과 응용 문제를 한 번에 잡는 **교과서 기본+응용**

BOOK 3
풀이책

1-1

한눈에 보는 정답

BOOK 1

1단원 9까지의 수

교과서 개념 다지기 8~11쪽

01 (1) 둘에 ○표 (2) 셋에 ○표 (3) 넷에 ○표 **02**

03 (1) 1 1 1
(2) 2 2 2
(3) 3 3 3
(4) 4 4 4
(5) 5 5 5

04 5, 4, 1, 2, 3 /

05 (1) 아홉에 ○표 (2) 일곱에 ○표 (3) 여덟에 ○표

06

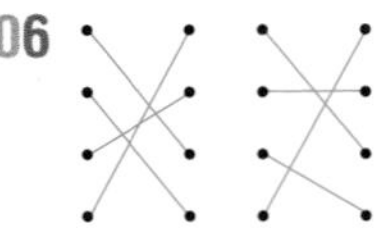

07 (1) 6 6 6 (2) 7 7 7 (3) 8 8 8 (4) 9 9 9

08 6, 9, 8, 7 /

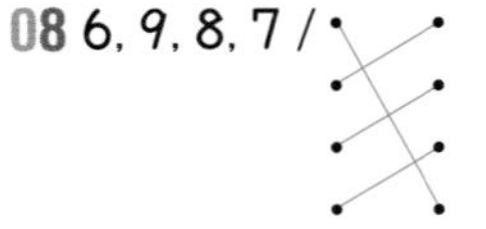

교과서 넘어 보기 12~15쪽

01 **02**

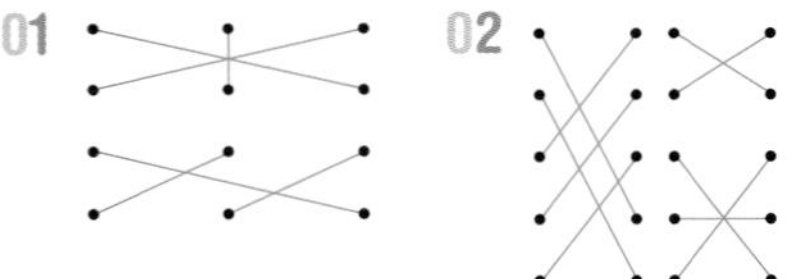

03 예

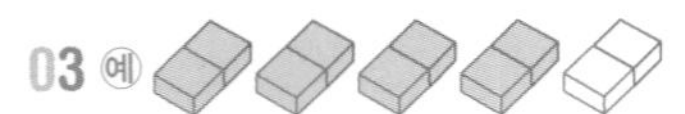

04 예 / 2

05 예

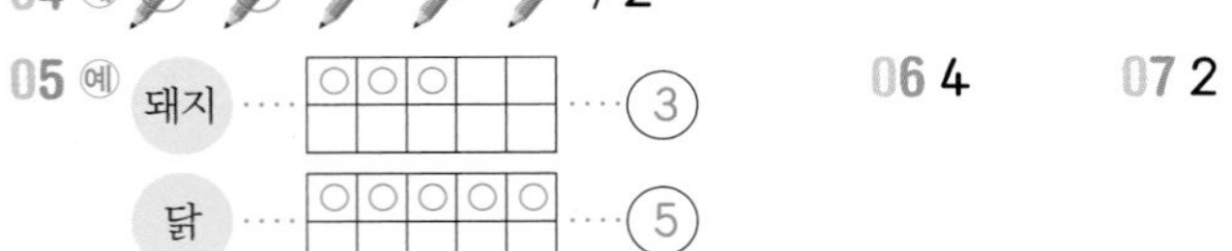

06 4 **07** 2

08 2, 5, 3, 4 /

09 (1) 3 (2) 4 (3) 2 (4) 1 **10** 넷 **11**

12 8, 7, 9에 ○표 / **13** 예

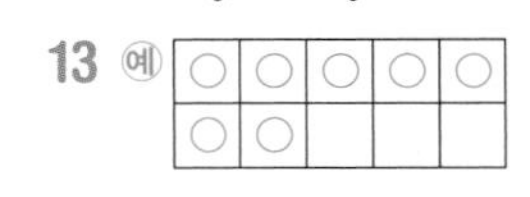

14 예

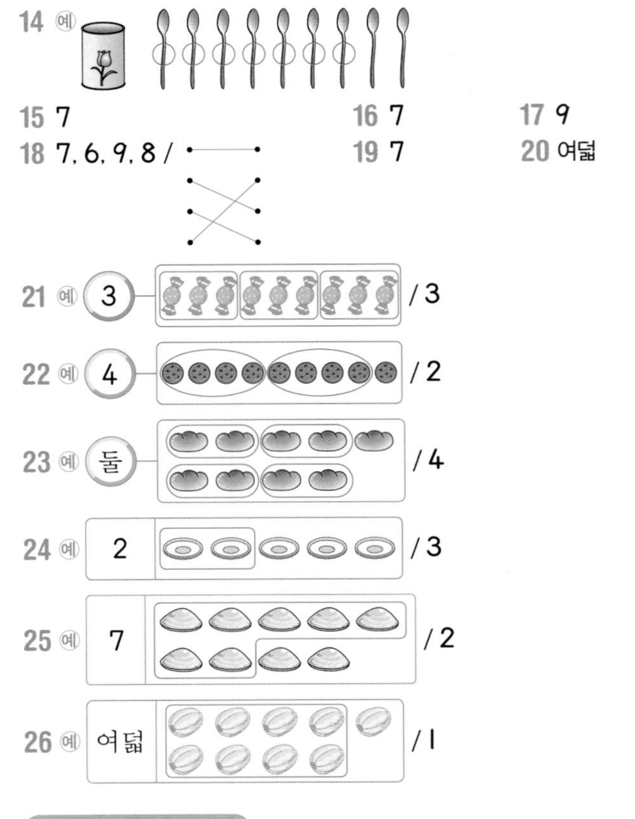

15 7 **16** 7 **17** 9

18 7, 6, 9, 8 / **19** 7 **20** 여덟

21 예 3 / 3

22 예 4 / 2

23 예 둘 / 4

24 예 2 / 3

25 예 7 / 2

26 예 여덟 / 1

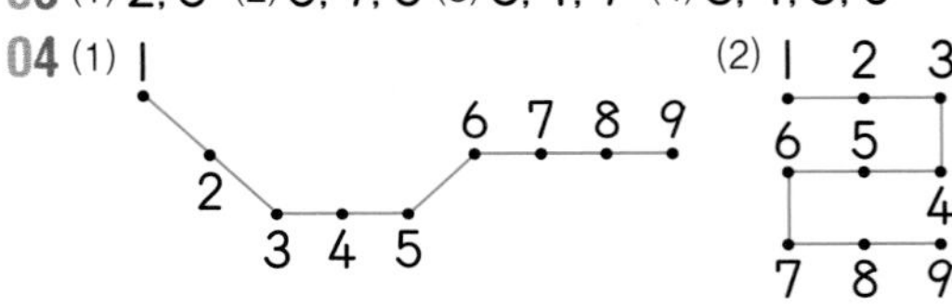

교과서 개념 다지기 16~21쪽

01 (1) 첫째
(2) 첫째
(3) 첫째

02 (1)
(2)
(3)

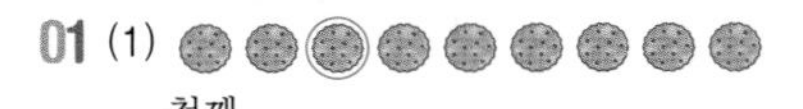

03 (1) 2, 5 (2) 5, 7, 8 (3) 3, 4, 7 (4) 3, 4, 5, 6

04 (1) (2) (3)

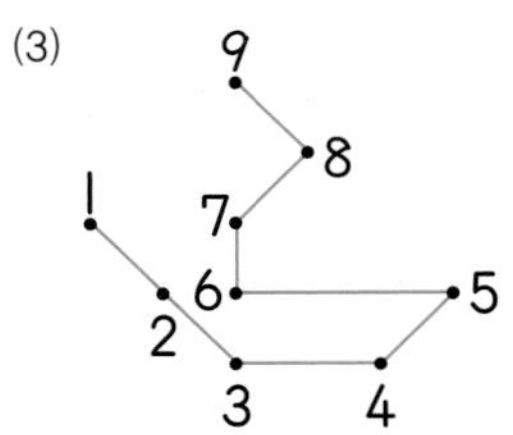

05 (1) 2 (2) 4 **06** (1) 5 (2) 4 (3) 9 (4) 8 **07** 0 0 0

08 **09** 0, 2 **10** 2, 1, 0

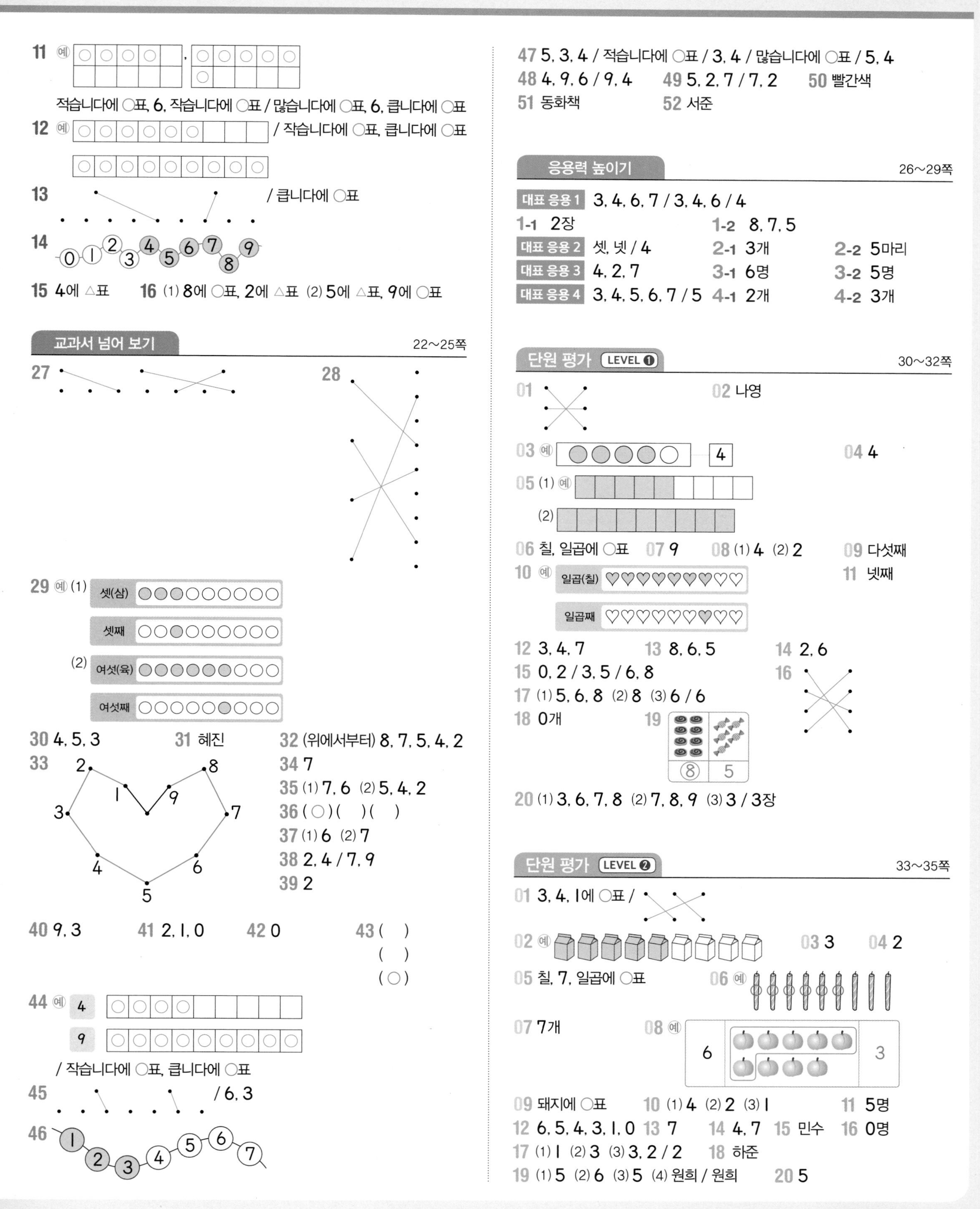

11 예 [○○○○], [○○○○○ / ○]
적습니다에 ○표, 6, 작습니다에 ○표 / 많습니다에 ○표, 6, 큽니다에 ○표

12 예 [○○○○○○] / 작습니다에 ○표, 큽니다에 ○표
[○○○○○○○○○]

13 / 큽니다에 ○표

14 0, 1, 2, 3, 4, 5, 6, 7, 8, 9

15 4에 △표 16 (1) 8에 ○표, 2에 △표 (2) 5에 △표, 9에 ○표

교과서 넘어 보기 22~25쪽

27

28

29 예 (1) 셋(삼) ●●●○○○○○○ / 셋째 ○○●○○○○○○
(2) 여섯(육) ●●●●●●○○○ / 여섯째 ○○○○○●○○○

30 4, 5, 3 31 혜진 32 (위에서부터) 8, 7, 5, 4, 2

33

34 7

35 (1) 7, 6 (2) 5, 4, 2

36 (○)( )( )

37 (1) 6 (2) 7

38 2, 4 / 7, 9

39 2

40 9, 3 41 2, 1, 0 42 0 43 ( ) ( ) (○)

44 예 4 [○○○○] 9 [○○○○○○○○○]
/ 작습니다에 ○표, 큽니다에 ○표

45 / 6, 3

46 1, 2, 3, 4, 5, 6, 7

47 5, 3, 4 / 적습니다에 ○표 / 3, 4 / 많습니다에 ○표 / 5, 4

48 4, 9, 6 / 9, 4 49 5, 2, 7 / 7, 2 50 빨간색

51 동화책 52 서준

응용력 높이기 26~29쪽

대표 응용 1 3, 4, 6, 7 / 3, 4, 6 / 4

1-1 2장 1-2 8, 7, 5

대표 응용 2 셋, 넷 / 4 2-1 3개 2-2 5마리

대표 응용 3 4, 2, 7 3-1 6명 3-2 5명

대표 응용 4 3, 4, 5, 6, 7 / 5 4-1 2개 4-2 3개

단원 평가 LEVEL 1 30~32쪽

01 02 나영

03 예 ●●●●○ 4 04 4

05 (1) 예 (2)

06 칠, 일곱에 ○표 07 9 08 (1) 4 (2) 2 09 다섯째

10 예 일곱(칠) ♥♥♥♥♥♥♥♡♡ / 일곱째 ♡♡♡♡♡♡♥♡♡ 11 넷째

12 3, 4, 7 13 8, 6, 5 14 2, 6

15 0, 2 / 3, 5 / 6, 8 16

17 (1) 5, 6, 8 (2) 8 (3) 6 / 6

18 0개 19 ⑧ 5

20 (1) 3, 6, 7, 8 (2) 7, 8, 9 (3) 3 / 3장

단원 평가 LEVEL 2 33~35쪽

01 3, 4, 1에 ○표 /

02 예 03 3 04 2

05 칠, 7, 일곱에 ○표 06 예

07 7개 08 예 6 3

09 돼지에 ○표 10 (1) 4 (2) 2 (3) 1 11 5명

12 6, 5, 4, 3, 1, 0 13 7 14 4, 7 15 민수 16 0명

17 (1) 1 (2) 3 (3) 3, 2 / 2 18 하준

19 (1) 5 (2) 6 (3) 5 (4) 원희 / 원희 20 5

2단원 여러 가지 모양

교과서 개념 다지기 38~40쪽

01 (1) (○) ( ) (2) ( ) (○) (3) (○) ( )
02
03 ( ) (○) ( ) ( )
04 (1) 에 ○표 (2) 에 ○표
05 ( ) (○) (○) 06 (○) (○) ( )
07 (1) 에 ○표, 에 ○표
(2) 에 ○표, 에 ○표
(3) 에 ○표, 에 ○표
08 (1) 3개, 3개, 0개 (2) 5개, 2개, 5개 (3) 4개, 3개, 1개

교과서 넘어 보기 41~45쪽

01 ( ) (○) ( ) 02 (○) ( ) ( ) 03 (○) ( ) ( )
04 ( ) ( ) (○) 05 용성 06
07 (○) ( ) (○) 08 에 ○표
09 준석 10
11 에 ○표 12 13 주원
14 ( ) (○) (○) 15 (○) ( ) ( ) 16 ( ) (○) ( )
17 ( ) ( ) ( )
( ) (○) ( ) 18 19 지원
20 에 ○표, 에 ○표 21 ( ) (○) 22 나
23 에 ○표 24 3개, 4개, 2개 25
26
27 28 병원
29 30 유진

응용력 높이기 46~49쪽

대표 응용 1 ㉠, ㉢, ㉥, ㉧ 1-1 ㉡, ㉣ 1-2 2개
대표 응용 2 , 에 ○표, , 에 ○표, 에 ○표 / 성민
2-1 승현 2-2 ⓔ 뾰족한 부분이 있고 평평합니다. 잘 쌓을 수 있습니다.

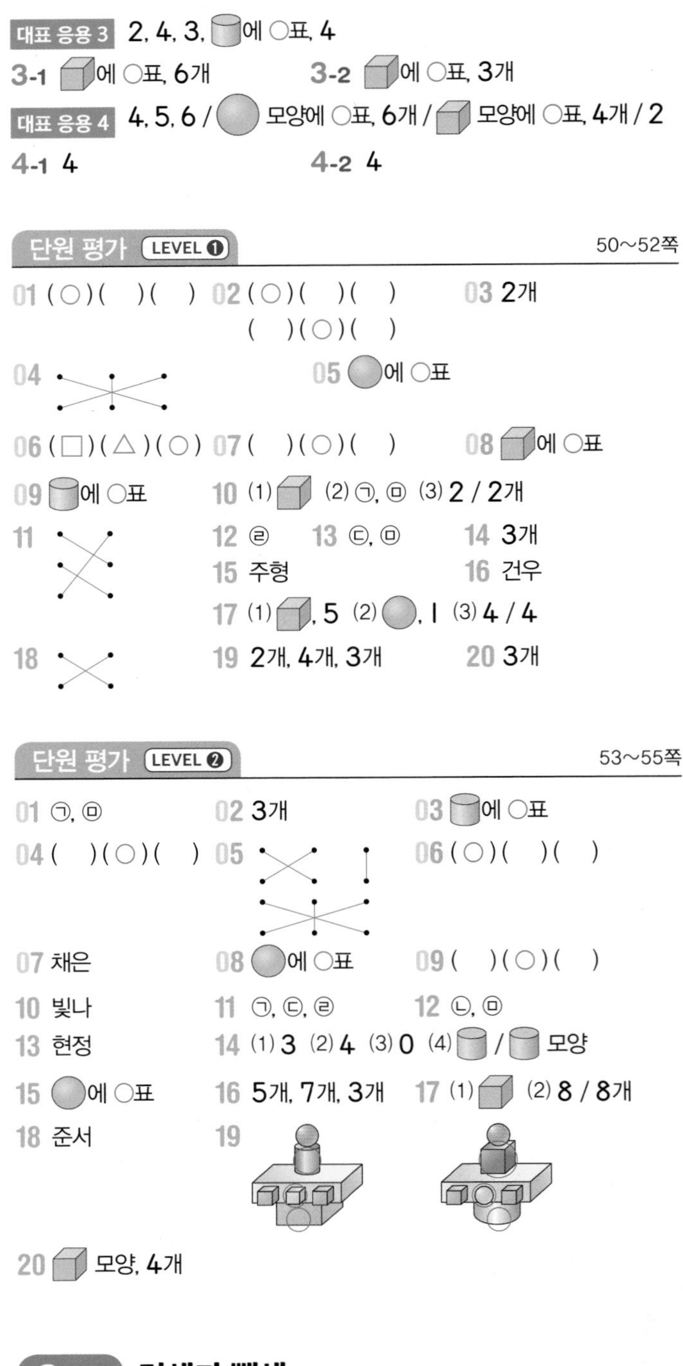

대표 응용 3 2, 4, 3, 에 ○표, 4
3-1 에 ○표, 6개 3-2 에 ○표, 3개
대표 응용 4 4, 5, 6 / 모양에 ○표, 6개 / 모양에 ○표, 4개 / 2
4-1 4 4-2 4

단원 평가 LEVEL ❶ 50~52쪽

01 (○) ( ) ( ) 02 (○) ( ) ( )
( ) (○) ( ) 03 2개
04 05 에 ○표
06 (□) (△) (○) 07 ( ) (○) ( ) 08 에 ○표
09 에 ○표 10 (1) (2) ㉠, ㉤ (3) 2 / 2개
11 12 ㉣ 13 ㉢, ㉤ 14 3개
15 주형 16 건우
17 (1) , 5 (2) , 1 (3) 4 / 4
18 19 2개, 4개, 3개 20 3개

단원 평가 LEVEL ❷ 53~55쪽

01 ㉠, ㉤ 02 3개 03 에 ○표
04 ( ) (○) ( ) 05 06 (○) ( ) ( )
07 채은 08 에 ○표 09 ( ) (○) ( )
10 빛나 11 ㉠, ㉢, ㉣ 12 ㉡, ㉤
13 현정 14 (1) 3 (2) 4 (3) 0 (4) / 모양
15 에 ○표 16 5개, 7개, 3개 17 (1) (2) 8 / 8개
18 준서 19
20 모양, 4개

3단원 덧셈과 뺄셈

교과서 개념 다지기 58~63쪽

01 (1) 5 (2) 3 02 (1) 4, 1 (2) 1, 2 03 (1) 7 (2) 3, 4
04 (1) 4 (2) 1, 3 05 (1) 4, 5, 9 (2) 4, 4, 8
06 (1) 7, 5, 2 (2) 6, 1, 5 07 (1) 3 (2) 3
08 (1) 3, 5 / 4 / ⓔ 2, 3 (2) 4, 9 / 1 / ⓔ 2, 7
09 (위에서부터) 6 / 5 / 4 / 3 / 2 / 7, 1 10 (1) 4 (2) 5
11 (1) 4 (2) ⓔ 1, 2 12 (1) 3, 5 (2) 2, 3 13 2, 3, 5
14 (1) 3, 5, 8 (2) 2, 4, 6 15 6, 2, 4
16 (1) 4, 2, 2 (2) 5, 1, 4

교과서 넘어 보기 64~67쪽

01 (1) 3, 1, 4 (2) 6, 2, 4 02 6, 2, 8 03 4, 7
04 예 9, 4, 5 05 예 4, 4 / 예 3, 5 06 예 2, 6 / 예 3, 5
07 예

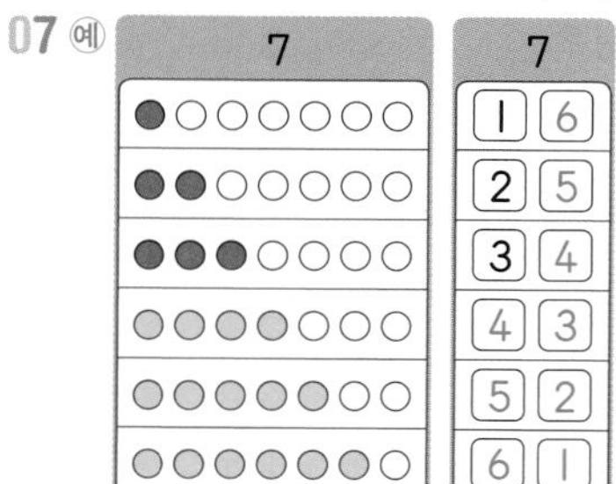

08 (위에서부터) 5, 4, 3, 2 / 5, 1 09 (1) 8 (2) 3
10 1, 3 11 8 / 7 / 예 3, 6 12 예

1	6	5
2	3	2
6	4	2

13 예

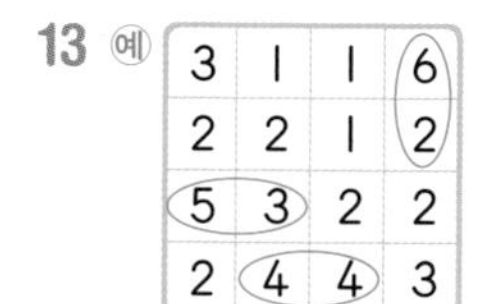

14 태연

15 (왼쪽에서부터) 4, 2, 2, 4 16 (1) 6, 3, 9 (2) 4, 5, 9
17 (1) 6, 3, 3 (2) 4, 5, 1
18 예 놀이 기구에 앉아 있는 어린이는 5명이고 놀이 기구를 타려는 어린이는 3명이므로 어린이는 모두 8명입니다.
19 예 흰색 토끼가 7마리 있고 갈색 토끼가 2마리 있으므로 흰색 토끼가 갈색 토끼보다 5마리 더 많습니다.
20 2개 21 3개 22 7개
23 24 25 7

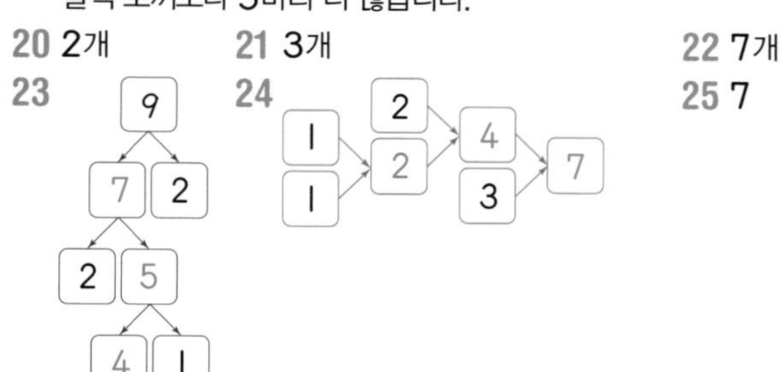

교과서 개념 다지기 68~70쪽

01 5 / 5, 5 02 7 / 3, 7 / 3, 7 03 6, 7, 7 / 2, 7
04 (1) 예 ○○○○○ (2) 3, 5 / 3, 5
05 (1) 3 / 2, 3 (2) 3 / 1, 3 06 (1) 5, 6, 7, 8 (2) 9, 9, 9, 9

교과서 넘어 보기 71~73쪽

26 1, 5 / 4, 1, 5 / 4, 1, 5 27
28 (1) 5, 6 (2) 1, 6 29 예 5, 2, 7 30 3, 5 / 3, 5, 8
31 예 ○○○○○ / ○ / 1, 5, 6
32 (1) 8 / 예 (2) 9 / 예

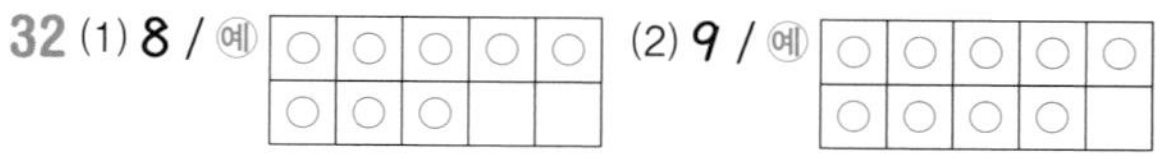

33 예 1, 7, 8 34 예 5, 3, 8 / 예 6, 2, 8 35 6 / 3, 3, 6
36 (1) 8 / 1, 7, 8 (2) 8 / 7, 1, 8 37 9 / 9 / 예 1, 8, 9
38 (1) 2 (2) 3 (3) 4 (4) 5 39 ⑤ 40 ㉡ 41 아름
42 예 3, 2, 5 43 7명 44 9

교과서 개념 다지기 74~78쪽

01 5 / 5, 5 02 5, 2 / 5, 2, 5, 2
03 (1) 예 ○ ∅ ∅ ∅ (2) 3, 1 / 3, 1
04 (1) 예 (2) 5, 3
05 예 7, 3, 4 / 7, 4, 3 / 4, 3, 1 06 (1) 4, 3, 2, 1 (2) 5, 5, 5, 5
07 (1) 5 (2) 5 08 (1) 3 (2) 0 09 (○) ( ) 10 (○) ( )

교과서 넘어 보기 79~83쪽

45 2 / 빼기, 2, 차, 2 46 47 5, 1, 4
48 7, 5, 2 / 2 49 예 / 9, 7, 2
50 6, 3, 3 51 8, 3, 5
52 (1) 3 / 예 ○○○∅∅∅∅∅∅ (2) 1 / 예
53 예 5, 4, 1 / 예 6, 3, 3 54 1 / 6, 5, 1 55 4 / 8, 4, 4
56 6, 4, 2 57 8, 2 58 0, 3 59 0, 6
60 (1) 2 (2) 2 (3) 8 (4) 0 61
62 (1) 4 (2) 0, 4
63 4, 4, 0
64 (1) + (2) − (3) + (4) − 65 (○)(○)(○)
66 (1) 7, 8, 9 (2) 5, 4, 3 67 9, 7, 2 — 2, 7, 9
68 6, 2, 4 69 예 3, 4, 7
70 예 / 4, 4, 8
71 6, 4, 2 / 6, 2, 4 72 2, 4, 6 / 4, 2, 6
73 5, 6 / 1, 5(또는 5, 1) 74 2, 8 / 2, 6(또는 6, 2)
75 1, 2, 3(또는 2, 1, 3) / 3, 2, 1(또는 3, 1, 2)
76 3개 77 8개 78 8

응용력 높이기 84~87쪽

대표 응용 1 2 / 2, 4 / 7, 7　1-1 3　1-2 8
대표 응용 2 3, 3, 2, 1
2-1 예 1, 7 / 예 2, 6 / 예 3, 5
2-2 (위에서부터) 예 1, 3 / 예 2, 2 / 예 9, 5 / 예 8, 4
대표 응용 3 8, 3 / 8, 3, 5　3-1 5, 4, 1　3-2 9, 1, 8
대표 응용 4 5, 5, 2　4-1 8　4-2 1

단원 평가 LEVEL 1 88~90쪽

01 6　02 7　03 하윤
04　05 3, 2, 5
06 (1) 더하기에 ○표 (2) 합에 ○표　07 3, 7
08 1 2 3 4 5 6 7 / 4, 3
09 (2) 4, 3 (3) 4, 3, 7 / 4+3=7　10
11 예 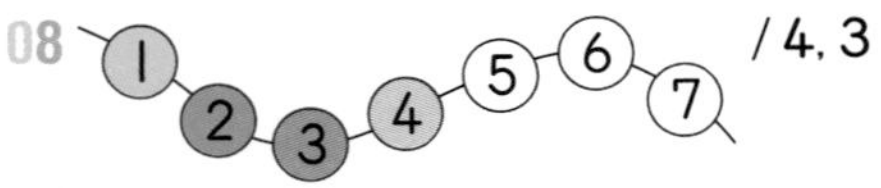 / 9, 4, 5
12 9, 6 / 3, 6　13 7, 6　14 선영
15 영현　16 (1) 2 (2) 8 (3) 0 (4) 4
17 (1) − (2) + (3) + (4) −　18 3
19 (1) 4, 7 (2) 7, 9 (3) 9, 4 / 4　20 8개

단원 평가 LEVEL 2 91~93쪽

01 6, 3, 3　02 (1) 5 (2) 3　03 ②, ③, ④
04 9개　05 5　06 진영
07 7 / 예

○	○	○	○	○
○	○			

08 ( )(○)( )
09　10 3 2　11 9, 3　12 2명
13 4 / 예 5, 2 / 예 6, 3　14 ㉢
15 (1) 1, 1 (2) 1 (3) 1, 5 / 5　16
17 ( )( )(○)　18 ㉢, ㉠, ㉡
19 (1) 1, 7 (2) 1, 7, 1, 8 / 8
20 3, 6, 9 / 6, 3, 9 / 9, 3, 6 / 9, 6, 3

4단원 비교하기

교과서 개념 다지기 96~97쪽

01 (1) 깁니다에 ○표 (2) 짧습니다에 ○표
02 (○) ( ) ( )　03 ( ) ( ) (△)
04 (1) 가볍습니다에 ○표 (2) 가볍습니다에 ○표
05 ( )(○)( )　06 (△)( )( )

교과서 넘어 보기 98~100쪽

01 ( ) (○)　02 ( )(△)　03 (○)( )
04 (○)( )( )　05 (○) (△) ( )　06
07 (△)( )(△)( )　08 나　09 ( )(○)
10 ( )(△)　11　12
13 　14 ( )(○)(△)
15 ㉢　16 고양이, 곰, 코끼리　17 2, 4, 1, 3
18　19 (1) 깁니다 (2) 무겁습니다
20 (1) 책, 연필 (2) 책, 연필

교과서 개념 다지기 101~102쪽

01 (1) 좁습니다에 ○표 (2) 좁습니다에 ○표
02 ( )( )(○)　03 ( )(△)( )
04 (1) 적습니다에 ○표 (2) 많습니다에 ○표
05 (○)( )( )　06 (△)( )( )

교과서 넘어 보기 103~105쪽

21 ㉡　22　23 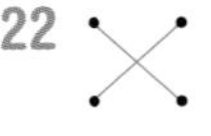　24 
25 축구장, 농구장
26 (1) 예  (2) 예 　27
28 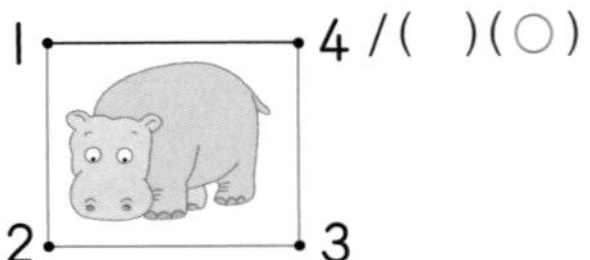 / ( )(○)

29 넓어야에 ○표, ㉡에 ○표

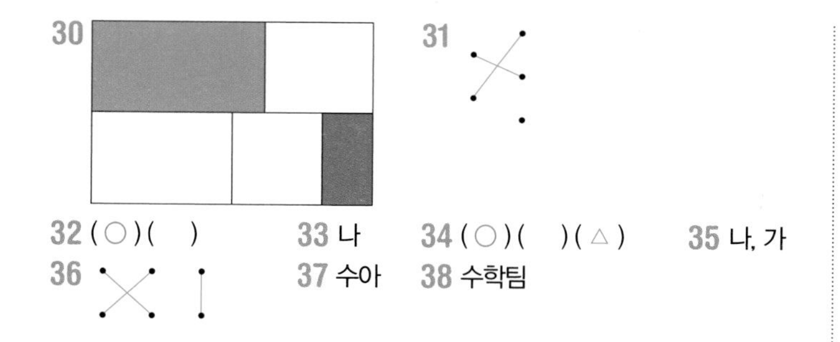

30 31

32 (○)( ) 33 나 34 (○)( )(△) 35 나, 가

36 37 수아 38 수학팀

응용력 높이기

106~109쪽

대표 응용 1 5, 9, 6 / 나 1-1 다 1-2 거북

대표 응용 2 2, 5, 2, 5 2-1 3개 2-2 4개

대표 응용 3 5, 6, 5 / 서우 3-1 고추 3-2 종수

대표 응용 4 5, 6, 나 4-1 항아리 4-2 지원

단원 평가 LEVEL ❶

110~112쪽

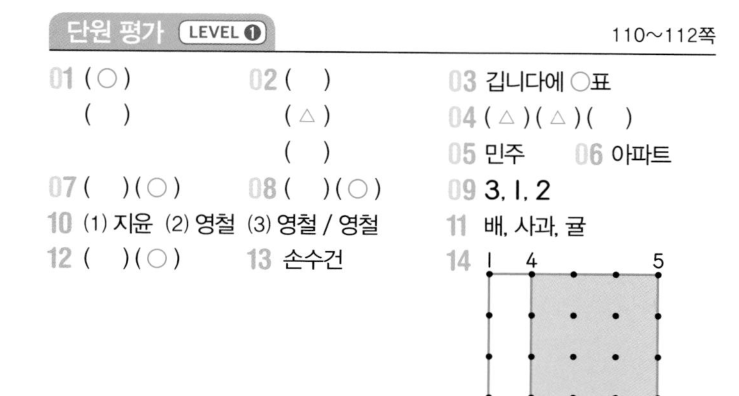

01 (○) ( ) 02 ( ) (△) ( ) 03 깁니다에 ○표

04 (△)(△)( ) 05 민주 06 아파트

07 ( )(○) 08 ( )(○) 09 3, 1, 2

10 (1) 지윤 (2) 영철 (3) 영철 / 영철 11 배, 사과, 귤

12 ( )(○) 13 손수건 14

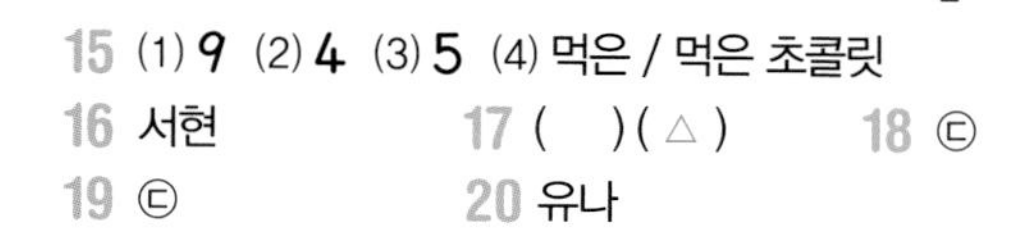

15 (1) 9 (2) 4 (3) 5 (4) 먹은 / 먹은 초콜릿

16 서현 17 ( )(△) 18 ㉢

19 ㉢ 20 유나

단원 평가 LEVEL ❷

113~115쪽

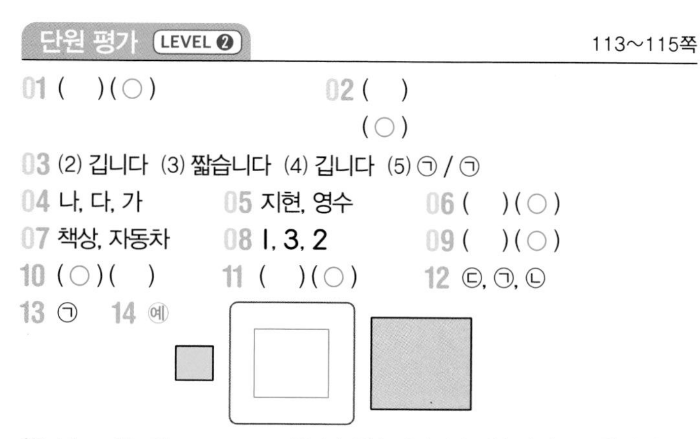

01 ( )(○) 02 ( ) (○)

03 (2) 깁니다 (3) 짧습니다 (4) 깁니다 (5) ㉠ / ㉠

04 나, 다, 가 05 지현, 영수 06 ( )(○)

07 책상, 자동차 08 1, 3, 2 09 ( )(○)

10 (○)( ) 11 ( )(○) 12 ㉢, ㉠, ㉡

13 ㉠ 14 예

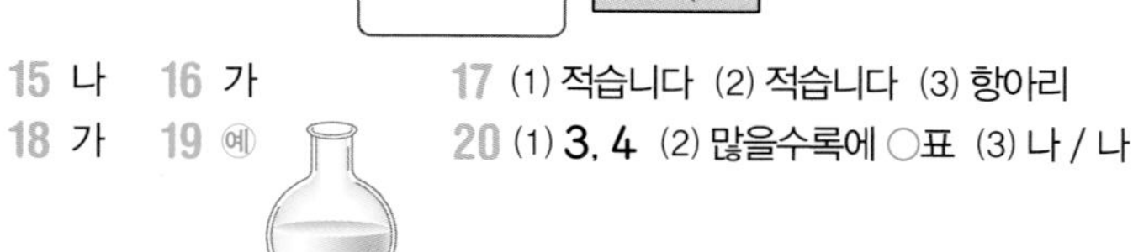

15 나 16 가 17 (1) 적습니다 (2) 적습니다 (3) 항아리

18 가 19 예 20 (1) 3, 4 (2) 많을수록에 ○표 (3) 나 / 나

5단원 50까지의 수

교과서 개념 다지기

118~121쪽

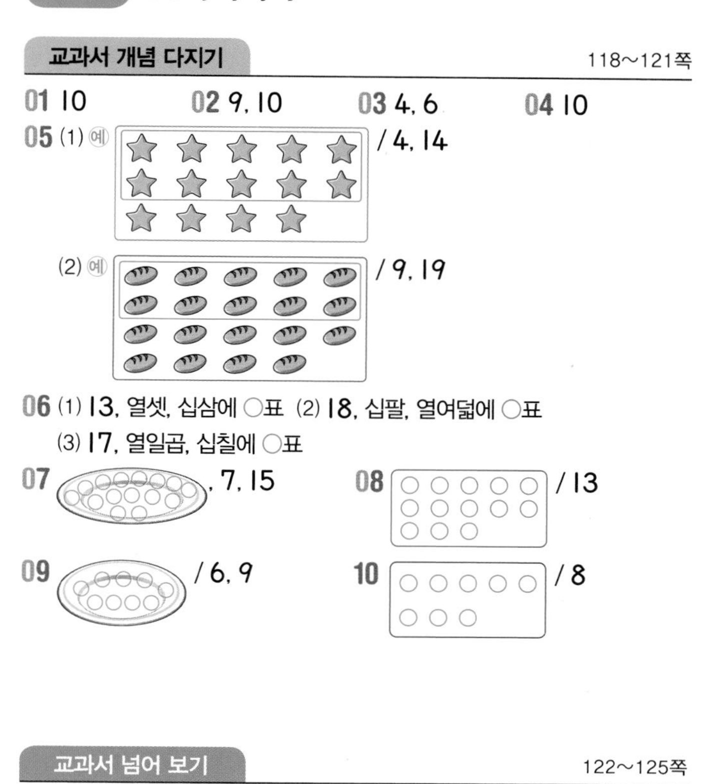

01 10 02 9, 10 03 4, 6 04 10

05 (1) 예 / 4, 14

(2) 예 / 9, 19

06 (1) 13, 열셋, 십삼에 ○표 (2) 18, 십팔, 열여덟에 ○표

(3) 17, 열일곱, 십칠에 ○표

07 , 7, 15 08 / 13

09 / 6, 9 10 / 8

교과서 넘어 보기

122~125쪽

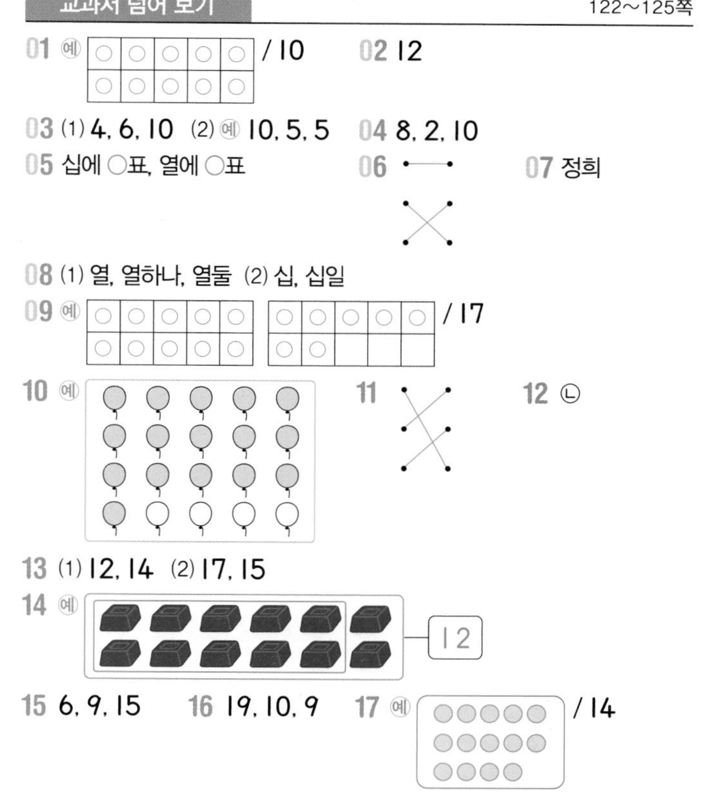

01 예 / 10 02 12

03 (1) 4, 6, 10 (2) 예 10, 5, 5 04 8, 2, 10

05 십에 ○표, 열에 ○표 06 07 정희

08 (1) 열, 열하나, 열둘 (2) 십, 십일

09 예 / 17

10 예 11 12 ㉡

13 (1) 12, 14 (2) 17, 15

14 예 12

15 6, 9, 15 16 19, 10, 9 17 예 / 14

18 예 / 9, 5 19 예 8, 8 / 7, 9

20 예 21 8, 5, 13 / 8, 5, 13

22 지영 23 12 24 10 25 15

교과서 개념 다지기 126~129쪽

01 (1) 5, 50 (2) 4, 40
02 (1) 20, 스물, 이십에 ○표 (2) 30, 삼십, 서른에 ○표
03 (1) 3, 8 (2) 4, 7
04 (1) 23, 이십삼, 스물셋에 ○표 (2) 42, 마흔둘, 사십이에 ○표
05 (1) 32 (2) 27 (3) 26 06 (1) 13 (2) 37, 38
07
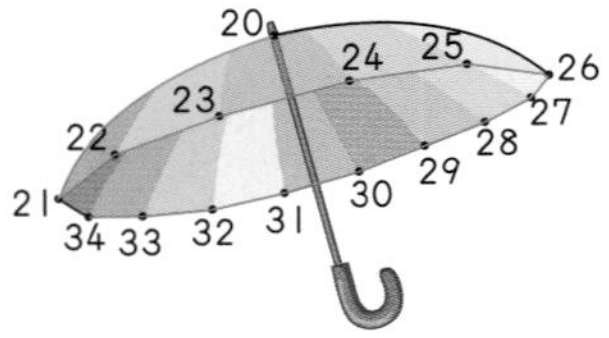
20
24 25
26
27
23
22
28
29
21
30
34 33 32 31

08 (1) 작습니다, 큽니다에 ○표 (2) 큽니다, 작습니다에 ○표
09 36, 33 / 33, 36

교과서 넘어 보기 130~133쪽

26 50, 오십, 쉰 27 30, 삼십, 서른 / 40, 사십, 마흔
28
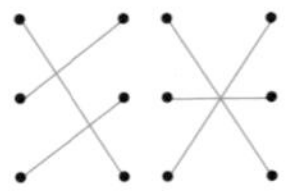
29
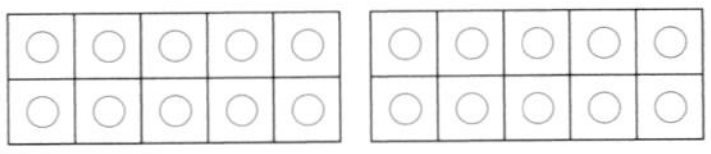
/ 2, 20
30 14 31 1, 6 32 삼십칠, 서른일곱
33 39, 42 34
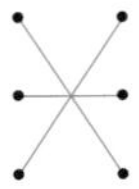
35 3, 6, 36, 삼십육, 서른여섯
36 35개 37 9, 4, 27 38 17, 18, 20, 22
39 44, 46, 48 40 45, 46, 47, 48, 49
41

1	2	3	4	5	6	7	8
16	15	14	13	12	11	10	9
17	18	19	20	21	22	23	24
32	31	30	29	28	27	26	25
33	34	35	36	37	38	39	40
48	47	46	45	44	43	42	41

42
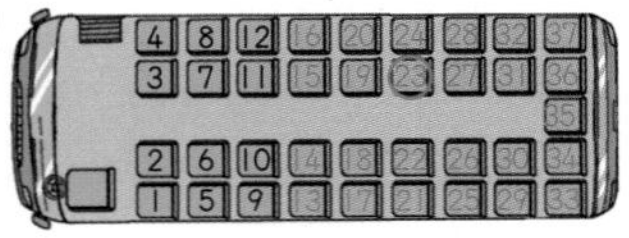

43 (1) 48에 ○표 (2) 31에 ○표 44 (1) 27에 △표 (2) 40에 △표
45
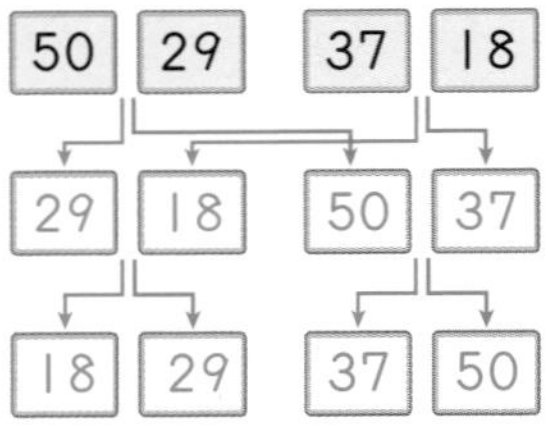
50
29
37
18
29
18
50
37
18
29
37
50
46 46 47 28, 29
48 43, 44, 45
49 윤아 50 희민
51 진우, 민지, 효진

응용력 높이기 134~137쪽

대표 응용 1
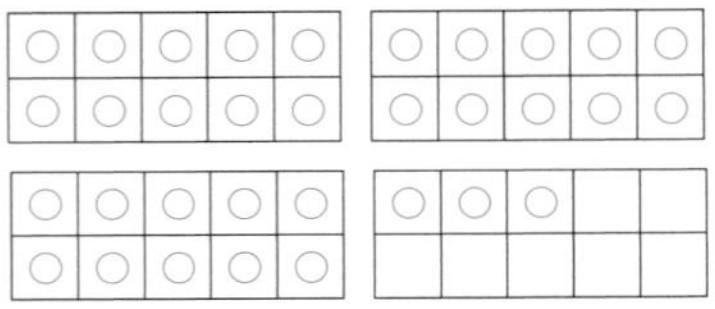
/ 1, 3 / 3 / 3, 33

1-1
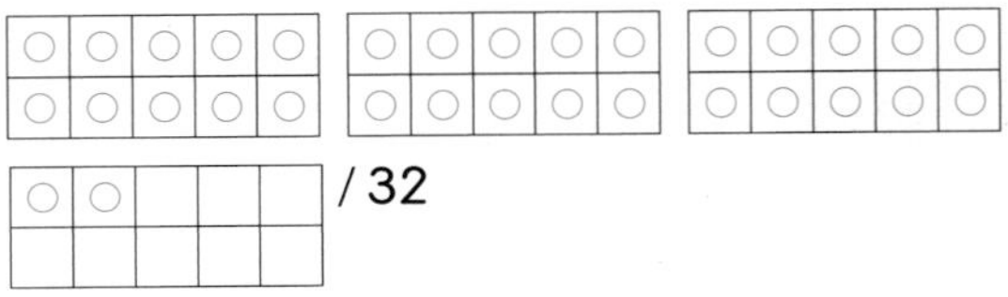
/ 32
1-2 47, 사십칠, 마흔일곱
대표 응용 2 2, 5, 25 / 4, 3 / 43, 43, 키위
2-1 30, 27 / 가지 2-2 13, 18, 적습니다에 ○표
대표 응용 3 7, 5, 75 3-1 32 3-2 12
대표 응용 4 41, 42, 43, 44 / 44
4-1 33 4-2 25

단원 평가 LEVEL ❶ 138~140쪽

01 10 02 10 03
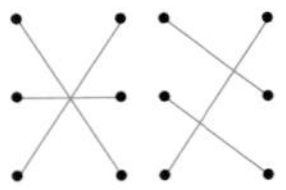
04 16, 열여섯
05 ㉣ 06
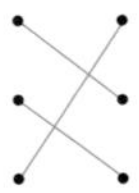
07 16, 9, 7
08 삼십이, 서른둘 / 사십칠, 마흔일곱 09 2, 4, 24
10 (위에서부터) 8, 2 11 (1) 10 (2) 5 (3) 5 / 5개
12 39, 40, 42, 44 13 19, 20
14 19, 20, 21, 22, 23, 24 15 예 7, 9 / 8, 8
16
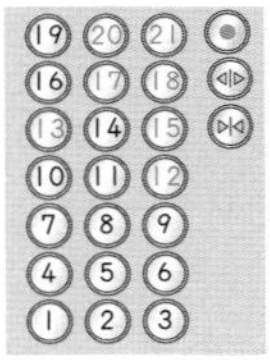
17 31 18 48쪽, 49쪽
19 지수
20 (1) 47 (2) 48, 49, 50 / 48, 49, 50

단원 평가 LEVEL ❷ 141~143쪽

01 ㉢ 02 십, 열 03 예
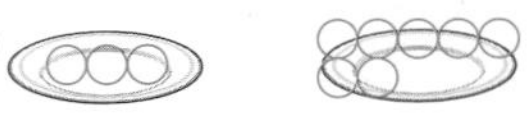
04
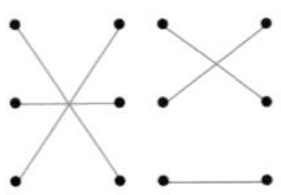
05 38 06 50개 07 3, 30, 삼십, 서른
08 (1) 11 (2) 7 09 예 6, 9 / 7, 8
10 (1) 1, 7, 17 (2) 18 (3) 18 / 18자루 11 21번
12
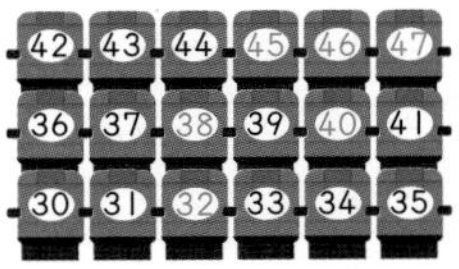
42 43 44 45 46 47
36 37 38 39 40 41
30 31 32 33 34 35
13 ㉣ 14 35
15 세인 16 45에 ○표
17
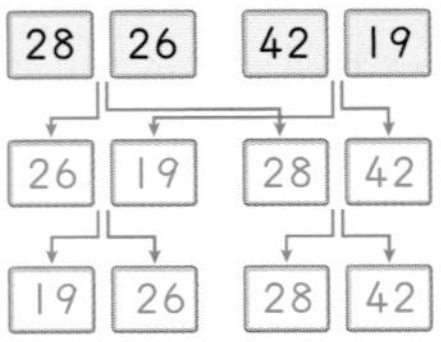
28
26
42
19
26
19
28
42
19
26
28
42
18 43 19 44
20 (1) 45 (2) 3, 4 (3) 종윤 / 종윤

BOOK 2

1단원 9까지의 수

기본 문제 복습 4~5쪽

01 (선 잇기) 02 예준 03 4 04 4, 2
05 6, 9, 8에 ○표 / (선 잇기)
06 ( )( )(○)
07 7 08 셋째 09 8, 5 10 (1) 5 (2) 7
11 0 12 많습니다에 ○표 / 6, 2 13 이에 ○표

응용 문제 복습 6~7쪽

01 다섯째 02 넷째 03 둘째 04 3개
05 4개 06 3개 07 6 08 3
09 3 10 7 11 7 12 9

단원 평가 8~10쪽

01 ② 02 준영 03 8
04 예 (4) (그림) / 1 05 일곱, 칠에 ○표
06 ( )(○)( ) 07 (1) 6 (2) 8 08 1마리
09 7마리 10 넷째
11 예 왼쪽에서 셋째는 태형이고 일곱째는 민서입니다. 왼쪽에서 셋째와 일곱째 사이에 있는 친구는 넷째, 다섯째, 여섯째인 예린, 재원, 준하입니다. 따라서 왼쪽에서 셋째와 일곱째 사이에 있는 친구는 모두 3명입니다. / 3명
12 5, 6, 8 13 (그림)
14 7에 ○표, 5에 △표 15 6 16 7권
17 0 18 9, 4 19 8에 ○표, 1에 △표
20 예 6보다 1만큼 더 큰 수는 6 바로 뒤의 수인 7입니다. 1부터 7까지의 수를 순서대로 쓰면 1, 2, 3, 4, 5, 6, 7이므로 1보다 크고 7보다 작은 수는 2, 3, 4, 5, 6입니다. 따라서 2, 3, 4, 5, 6 중에서 4보다 큰 수는 4보다 뒤에 있는 수인 5, 6입니다. / 5, 6

2단원 여러 가지 모양

기본 문제 복습 11~12쪽

01 (그림)에 ○표 02 ③ 03 (그림)에 ○표 04 (그림)에 ○표
05 ( ) (○) ( ) 06 (○)( )( ) 07 2개
08 (그림)에 ○표
09 (선 잇기) 10 나 11 (그림)에 ○표
12 5개, 3개, 4개 13 가

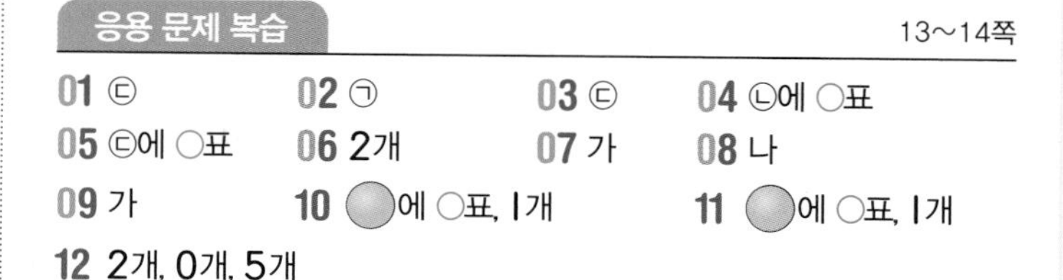

응용 문제 복습 13~14쪽

01 ㉢ 02 ㉠ 03 ㉢ 04 ㉡에 ○표
05 ㉢에 ○표 06 2개 07 가 08 나
09 가 10 (그림)에 ○표, 1개 11 (그림)에 ○표, 1개
12 2개, 0개, 5개

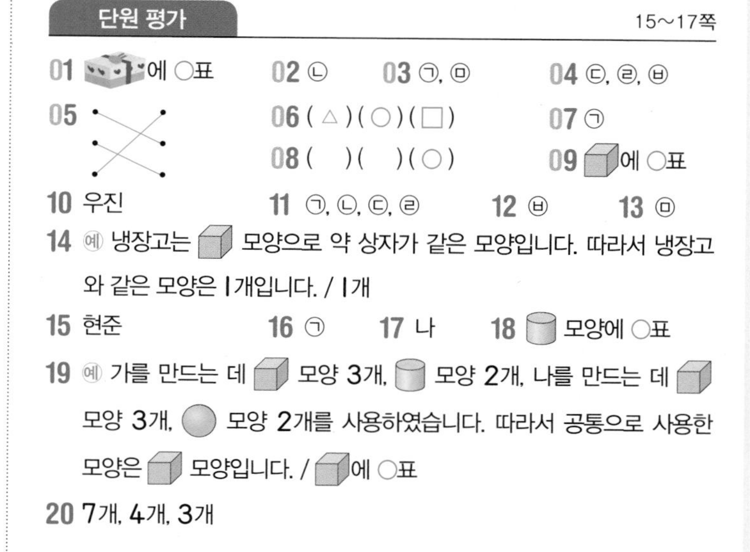

단원 평가 15~17쪽

01 (그림)에 ○표 02 ㉡ 03 ㉠, ㉤ 04 ㉢, ㉣, ㉥
05 (선 잇기) 06 (△)(○)(□) 07 ㉠
08 ( )( )(○) 09 (그림)에 ○표
10 우진 11 ㉠, ㉡, ㉢, ㉣ 12 ㉥ 13 ㉤
14 예 냉장고는 (그림) 모양으로 약 상자가 같은 모양입니다. 따라서 냉장고와 같은 모양은 1개입니다. / 1개
15 현준 16 ㉠ 17 나 18 (그림) 모양에 ○표
19 예 가를 만드는 데 (그림) 모양 3개, (그림) 모양 2개, 나를 만드는 데 (그림) 모양 3개, (그림) 모양 2개를 사용하였습니다. 따라서 공통으로 사용한 모양은 (그림) 모양입니다. / (그림)에 ○표
20 7개, 4개, 3개

3단원 덧셈과 뺄셈

기본 문제 복습 18~19쪽

01 예 6, 3 / 예 4, 5 02 (그림) 03 7, 2, 5
04 3, 1, 4 05 ㉢, ㉠, ㉡, ㉣ 06 5권
07 7, 3, 4 / 7, 4, 3 / 4, 3, 1 08 1
09 (1) 0 (2) 2 (3) 4 (4) 3 10 (1) 2, 3, 4, 5 (2) 4, 3, 2, 1
11 (○)( )( ) 12 0장 13 9, 7

응용 문제 복습 20~21쪽

01 5 02 9 03 8 04 ㉠, ㉡, ㉢
05 ㉢, ㉡, ㉠ 06 1 07 2점 08 8장
09 6개 10 6 11 6 12 8

단원 평가 22~24쪽

01 (1) 4, 3, 7 (2) 6, 2, 4 02 예 1, 8 / 예 2, 7
03 예 어떤 수와 2를 모으기 하면 5이므로 어떤 수는 3입니다. 따라서 어떤 수 3과 5를 모으기 하면 8이 됩니다. / 8

04 예 (○○○○○ / ○○○○) / 예 4, 5, 9　05 진영　06 9개
07 예 1, 3, 4　08 4, 3 / 4, 3　09 7, 2, 5
10 ( )(○)(△)　11 3, 3, 0　12 예진
13 ㉠, ㉣　14 3　15 로운
16 5, 5　17 (1) − (2) +
18 예 ◆이 1일 때 ◆+◆=1+1=2이므로 ▲는 2입니다.
▲+◆=2+1=3이므로 ●는 3입니다. / 3
19 (왼쪽에서부터) 8, 5, 3 / 5, 3, 8 /　20 3개

4단원 비교하기

기본 문제 복습　25~26쪽

01 ( )( )(○)　02 ( ) (○) ( )　03 재호　04 (○) (△) ( )
05 ( )(△)　06 강아지, 다람쥐, 햄스터
07 (○)( )(△)　08
09 상추　10 가　11 (○)( )　12 미진
13 ( )(○)(△)

응용 문제 복습　27~28쪽

01 ㉠　02 ㉠　03 ㉢　04 지우개, 풀, 가위
05 은혜, 정민, 대정　06 승주, 정원, 민서
07 ㉢　08 ㉡　09 ㉡　10 혁민
11 수빈　12 성훈

단원 평가　29~31쪽

01 예　02 ( ) (○)　03 성호
04 2, 3, 1　05 ㉣　06 (○)( )　07 소현
08 가볍습니다에 ○표　09 치약　10 ( )(○)
11　12 예
13 깁니다　14 가볍습니다
15 예 먹은 초콜릿은 7칸이고, 남은 초콜릿은 9칸입니다. 따라서 남은 초콜릿이 더 넓습니다. / 남은 초콜릿
16 침실　17 ( )(△)(○)　18 나
19 윤주, 성민, 지영

20 예 물을 담은 컵의 수가 많을수록 물이 더 많이 담긴 병입니다. 가 병은 4컵만큼, 나 병은 3컵만큼의 물이 담겨 있었습니다. 따라서 물이 더 많이 담겼던 것은 가입니다. / 가

5단원 50까지의 수

기본 문제 복습　32~33쪽

01 10　02 ★★★★★★★○○○ / 3
03 이십팔, 스물여덟 / 삼십일, 서른하나　04 2, 6, 26, 스물여섯
05 8, 7, 15　06 18, 10, 8　07
08 8, 4, 12 / 8, 4, 12　09 46 / 사십육, 마흔여섯
10 철희　11 2, 4 / 24
12 40쪽, 41쪽　13 50, 38

응용 문제 복습　34~35쪽

01 ㉡　02 ㉢　03 4　04 27쪽, 28쪽
05 45쪽, 46쪽　06 39쪽, 40쪽, 41쪽, 42쪽
07 ㉡　08 ㉠　09 ㉡　10 42
11 14　12 42

단원 평가　36~38쪽

01 10　02 (1) 십에 ○표 (2) 열에 ○표　03 13자루
04 예 4와 6을 모으기 하면 10이 되고, 10을 5와 5로 가르기 할 수 있습니다. 따라서 ㉠은 4, ㉡은 5이므로 두 수의 합은 9입니다. / 9
05 4, 6, 46, 마흔여섯　06 9와 6에 색칠
07 (위에서부터) 2, 0 / 3, 2 / 4, 7　08 13, 24
09 자두　10 예 4와 9, 5와 8　11 ㉣　12 35
13 25, 26　14 28, 30, 32
15　16 29, 32

6	12	18	24	30	36	42	48
5	11	17	23	29	35	41	47
4	10	16	22	28	34	40	46
3	9	15	21	27	33	39	45
2	8	14	20	26	32	38	44
1	7	13	19	25	31	37	43

17 예 지호는 10점을 3번, 1점을 2번 받았으므로 32점이고, 다정이는 10점을 2번, 1점을 3번 받았으므로 23점입니다. 따라서 지호의 점수가 다정이의 점수보다 더 높습니다. / 지호
18
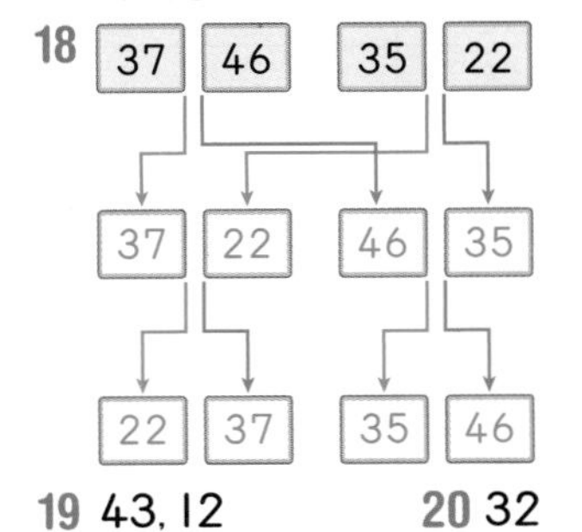

19 43, 12　20 32

BOOK 1 본책

1단원 9까지의 수

교과서 개념 다지기 8~11쪽

개념 1

01 (1) 둘에 ○표 (2) 셋에 ○표 (3) 넷에 ○표

02

개념 2

03 (1) 1 1 1
(2) 2 2 2
(3) 3 3 3
(4) 4 4 4
(5) 5 5 5

04 5, 4, 1, 2, 3 /

개념 3

05 (1) 아홉에 ○표 (2) 일곱에 ○표 (3) 여덟에 ○표

06

개념 4

07 (1) 6 6 6 (2) 7 7 7 (3) 8 8 8 (4) 9 9 9

08 6, 9, 8, 7 /

교과서 넘어 보기 12~15쪽

01

02

03 예

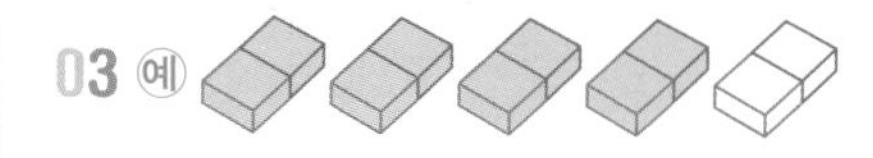

04 예 / 2

05 풀이 참조

06 4

07 2

08 2, 5, 3, 4 /

09 (1) 3 (2) 4 (3) 2 (4) 1

10 넷

11

12 8, 7, 9에 ○표 /

13 예

14 예

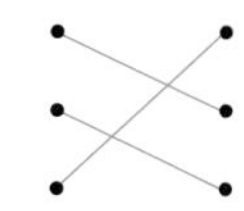

15 7

16 7

17 9

18 7, 6, 9, 8 /

19 7

20 여덟

교과서 속 응용 문제

21 예 3 / 3

22 예 4 / 2

23 예 둘 / 4

24 예 2 / 3

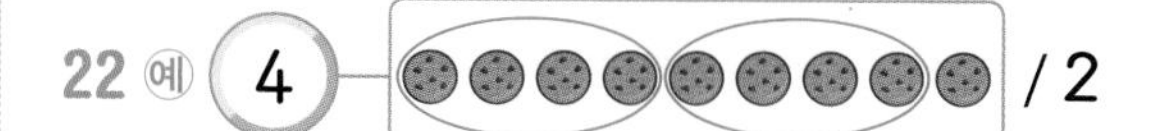

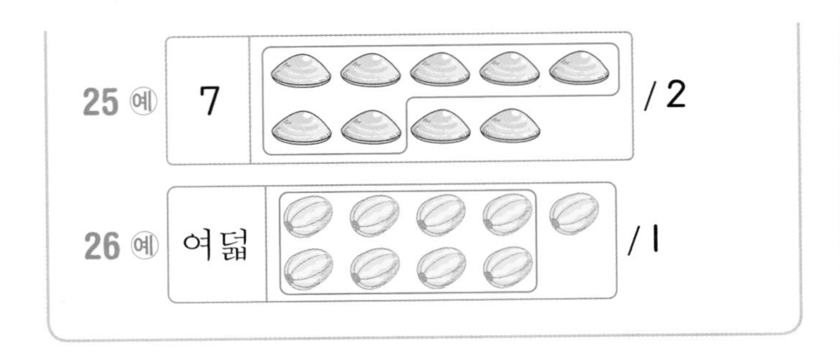

01 물건의 수를 셀 때에는 마지막으로 센 수가 물건의 수가 됩니다.

02 다섯—5—⚄, 둘—2—⚁, 셋—3—⚂,
하나—1—⚀, 넷—4—⚃

03 지우개 4개에 색칠합니다.

04 연필을 두 자루 넣었으므로 2라고 씁니다.

05 예

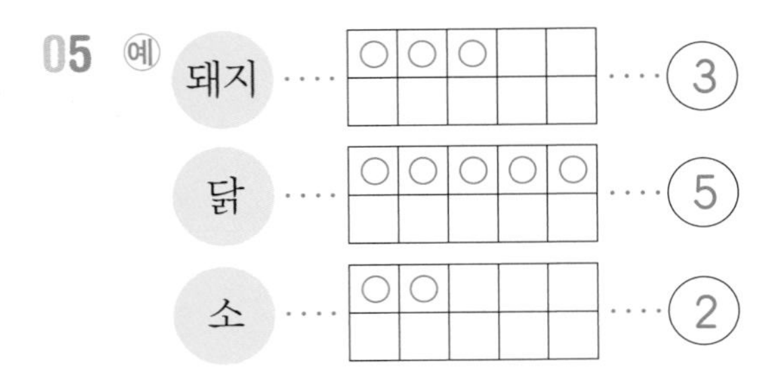

06 비행기의 수는 넷이므로 4라고 씁니다.

07 자전거의 수는 둘이므로 2라고 씁니다.

08 빵의 수는 둘이므로 2라 쓰고, 둘(이)이라고 읽습니다.
과자의 수는 다섯이므로 5라 쓰고, 다섯(오)이라고 읽습니다.
사탕의 수는 셋이므로 3이라 쓰고, 셋(삼)이라고 읽습니다.
초콜릿의 수는 넷이므로 4라 쓰고, 넷(사)이라고 읽습니다.

09 (1) 거북의 수는 셋이므로 3마리입니다.
(2) 물고기의 수는 넷이므로 4마리입니다.
(3) 문어의 수는 둘이므로 2마리입니다.
(4) 게의 수는 하나이므로 1마리입니다.

10 사과의 수는 다섯(오)이므로 5개입니다.
4는 넷 또는 사라고 읽습니다.

11 두 번 세거나 빠뜨리지 않도록 하나씩 짚어 가며 세어 봅니다.

12 공깃돌의 수는 여덟이므로 8에 ○표 합니다. 8은 여덟 또는 팔이라고 읽습니다.
방울토마토의 수는 일곱이므로 7에 ○표 합니다.
7은 일곱 또는 칠이라고 읽습니다.
쿠키의 수는 아홉이므로 9에 ○표 합니다. 9는 아홉 또는 구라고 읽습니다.

14 일곱까지 수를 세면서 숟가락 7개에 ○표 합니다.

15 쿠키의 수를 세어 보면 하나, 둘, 셋, 넷, 다섯, 여섯, 일곱이므로 7개입니다.

16 귤의 수는 일곱이므로 7이라고 씁니다.

17 복숭아의 수는 아홉이므로 9라고 씁니다.

18 밤의 수는 일곱이므로 7이라 쓰고, 칠이라고 읽습니다.
대추의 수는 여섯이므로 6이라 쓰고, 육이라고 읽습니다.
도토리의 수는 아홉이므로 9라 쓰고, 구라고 읽습니다.
호두의 수는 여덟이므로 8이라 쓰고, 팔이라고 읽습니다.

19 수를 세어 보면 자동차의 수가 일곱, 구슬의 수가 일곱, 펴진 손가락의 수가 일곱이므로 공통으로 나타내는 수는 7입니다.

20 9는 아홉 또는 구라고 읽습니다. 여덟은 8이라 씁니다.

21 3개씩 묶으면 묶음의 수가 하나, 둘, 셋이므로 3입니다.

22 4개씩 묶으면 묶음의 수가 하나, 둘이므로 2입니다.

23 2개씩 묶으면 묶음의 수가 하나, 둘, 셋, 넷이므로 4입니다.

24 왼쪽의 수는 2이므로 접시를 둘까지 세어 묶습니다. 따라서 묶지 않은 접시의 수는 셋이므로 3입니다.

25 왼쪽의 수는 7이므로 조개를 일곱까지 세어 묶습니다. 따라서 묶지 않은 조개의 수는 둘이므로 2입니다.

26 왼쪽의 수는 여덟이므로 참외를 여덟까지 세어 묶습니다. 따라서 묶지 않은 참외의 수는 하나이므로 1입니다.

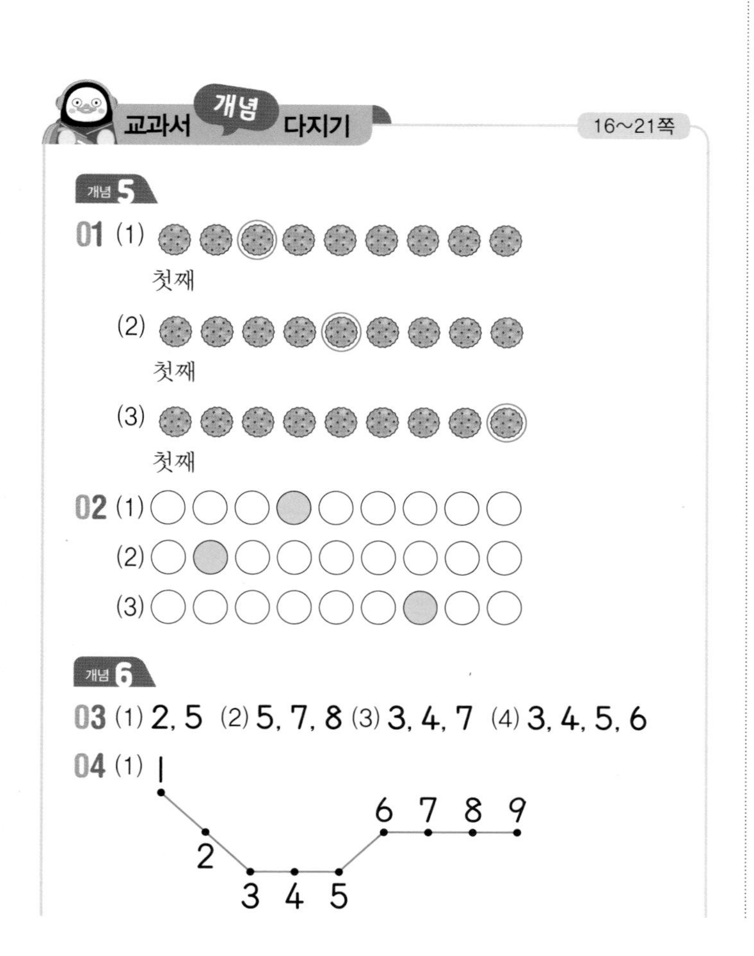

교과서 개념 다지기 16~21쪽

개념 5

01 (1) 첫째 (2) 첫째 (3) 첫째

02 (1) (2) (3)

개념 6

03 (1) 2, 5 (2) 5, 7, 8 (3) 3, 4, 7 (4) 3, 4, 5, 6

04 (1)

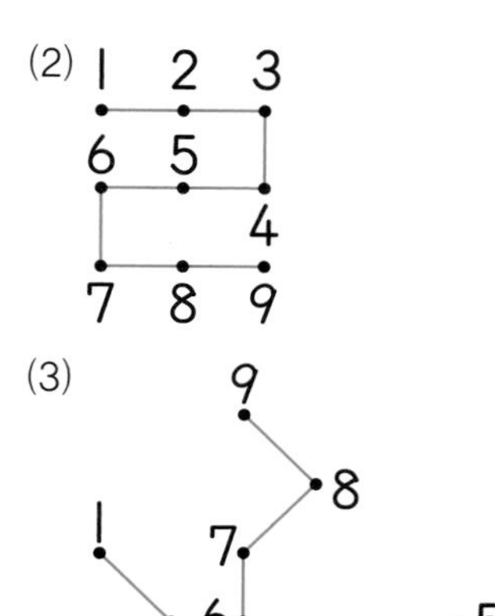

(2)

(3)

개념 7

05 (1) 2 (2) 4

06 (1) 5 (2) 4 (3) 9 (4) 8

개념 8

07 0 0 0

08

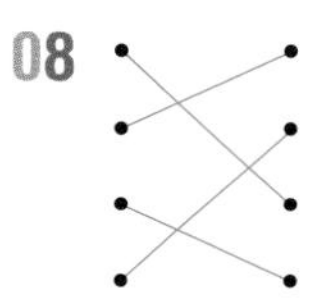

09 0, 2

10 2, 1, 0

개념 9

11 예

적습니다에 ○표, 6, 작습니다에 ○표 / 많습니다에 ○표, 6, 큽니다에 ○표

12 예

/ 작습니다에 ○표, 큽니다에 ○표

13

/ 큽니다에 ○표

14 0 1 2 3 4 5 6 7 8 9

15 4에 △표

16 (1) 8에 ○표, 2에 △표 (2) 5에 △표, 9에 ○표

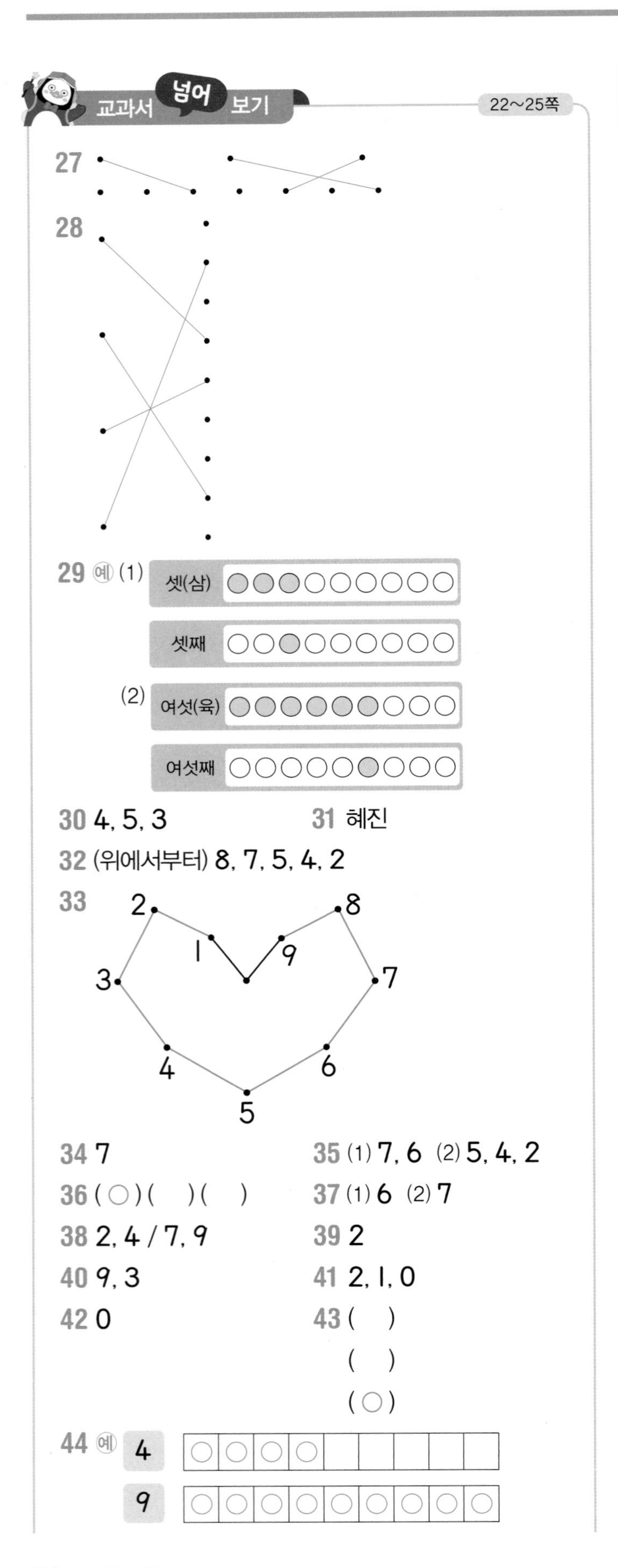

교과서 넘어 보기 22~25쪽

27

28

29 예 (1) 셋(삼) / 셋째

(2) 여섯(육) / 여섯째

30 4, 5, 3

31 혜진

32 (위에서부터) 8, 7, 5, 4, 2

33

34 7

35 (1) 7, 6 (2) 5, 4, 2

36 (○)( )( )

37 (1) 6 (2) 7

38 2, 4 / 7, 9

39 2

40 9, 3

41 2, 1, 0

42 0

43 ( ) ( ) (○)

44 예 4 / 9

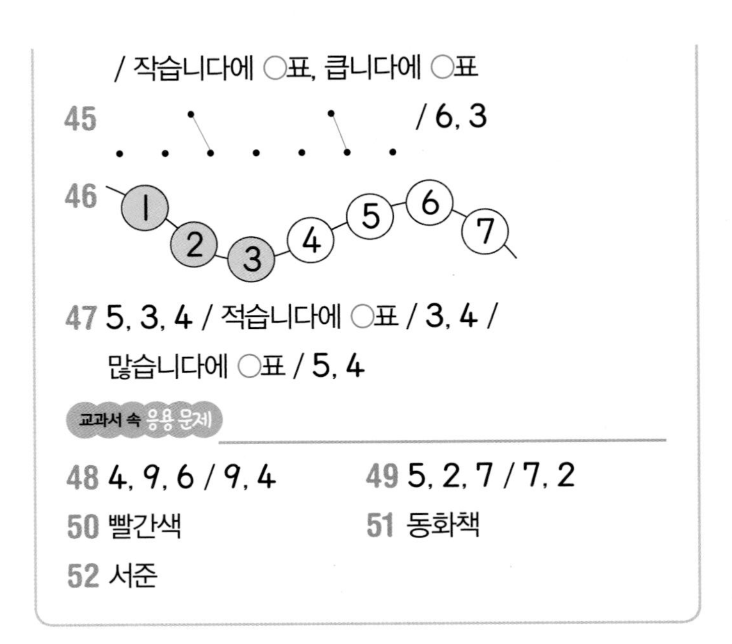

/ 작습니다에 ○표, 큽니다에 ○표

45 / 6, 3

46

47 5, 3, 4 / 적습니다에 ○표 / 3, 4 / 많습니다에 ○표 / 5, 4

교과서 속 응용 문제

48 4, 9, 6 / 9, 4

49 5, 2, 7 / 7, 2

50 빨간색

51 동화책

52 서준

27 왼쪽에서 순서대로 첫째, 둘째, 셋째, 넷째, 다섯째, 여섯째, 일곱째입니다.

28

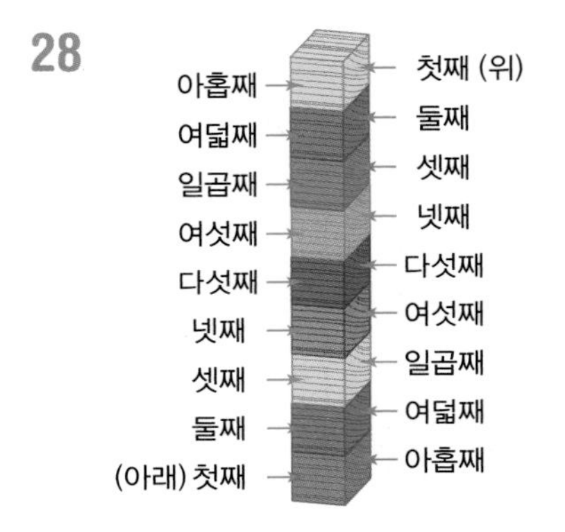

29 (1) 셋(삼)은 개수를 나타내므로 ○를 3개 색칠하고, 셋째는 순서를 나타내므로 셋째에 있는 ○를 1개만 색칠합니다.

(2) 여섯(육)은 개수를 나타내므로 ○를 6개 색칠하고, 여섯째는 순서를 나타내므로 여섯째에 있는 ○를 1개만 색칠합니다.

30 딸기는 왼쪽에서 첫째에 있으므로 1입니다.
키위는 왼쪽에서 넷째에 있으므로 4입니다.
귤은 왼쪽에서 다섯째에 있으므로 5입니다.
사과는 왼쪽에서 셋째에 있으므로 3입니다.
포도는 왼쪽에서 둘째에 있으므로 2입니다.

31 노란색 서랍은 아래에서 둘째, 위에서 넷째에 있습니다. 따라서 바르게 말한 사람은 혜진입니다.

32 수를 순서대로 쓰면 아래에서부터 1, 2, 3, 4, 5, 6, 7, 8, 9입니다.

33 1부터 9까지 순서대로 점을 잇습니다.

34 

수현이의 사물함의 번호는 7입니다.

35 (1) 8부터 순서를 거꾸로 하여 수를 쓰면 8, 7, 6, 5, 4입니다.
(2) 6부터 순서를 거꾸로 하여 수를 쓰면 6, 5, 4, 3, 2입니다.

36 수를 순서대로 썼을 때 3 바로 앞에 있는 수는 2이므로 3보다 1만큼 더 작은 수는 2입니다. 따라서 구슬의 수가 2인 것에 ○표 합니다.

37 (1) 5 바로 뒤의 수는 6이므로 5보다 1만큼 더 큰 수는 6입니다.
(2) 8 바로 앞의 수는 7이므로 8보다 1만큼 더 작은 수는 7입니다.

38 수를 순서대로 썼을 때 바로 앞의 수가 1만큼 더 작은 수, 바로 뒤의 수가 1만큼 더 큰 수입니다. 3 바로 앞의 수는 2이고, 바로 뒤의 수는 4입니다. 8 바로 앞의 수는 7이고, 바로 뒤의 수는 9입니다.

39 3보다 1만큼 더 작은 수는 3 바로 앞의 수인 2이고, 1보다 1만큼 더 큰 수는 1 바로 뒤의 수인 2입니다. 따라서 □ 안에 알맞은 수는 2입니다.

40 8보다 1만큼 더 큰 수는 9이므로 맨 위의 수는 9입니다. 4보다 1만큼 더 작은 수는 3이므로 맨 아래의 수는 3입니다.

41 귤의 수는 둘이므로 2입니다.
귤의 수는 하나이므로 1입니다.
아무것도 없으므로 귤의 수는 0입니다.

42 2보다 1만큼 더 작은 수는 2 바로 앞의 수인 1이므로 ◆는 1입니다. 1보다 1만큼 더 작은 수는 1 바로 앞의 수인 0이므로 ♥는 0입니다.

43 5보다 1만큼 더 큰 수는 6입니다.
8보다 1만큼 더 작은 수는 7입니다.
7보다 1만큼 더 큰 수는 8입니다.
따라서 7보다 1만큼 더 큰 수가 가장 큰 수입니다.

44 ○를 4는 네 개, 9는 아홉 개를 그려서 비교하면 9의 ○가 더 많습니다. 따라서 4는 9보다 작고, 9는 4보다 큽니다.

45 6의 바둑돌의 수가 3의 바둑돌의 수보다 더 많으므로 6은 3보다 큽니다.

46 수의 순서에서 4보다 작은 수는 4보다 앞에 있는 수이므로 4보다 작은 수는 1, 2, 3입니다.

47
- 택시의 수는 다섯이므로 5, 버스의 수는 셋이므로 3, 자전거의 수는 넷이므로 4입니다.
- 버스는 자전거보다 적습니다. ➡ 3은 4보다 작습니다.
- 택시는 자전거보다 많습니다. ➡ 5는 4보다 큽니다.

48 수박의 수는 4, 참외의 수는 9, 멜론의 수는 6입니다. 수를 순서대로 쓰면 4, 6, 9이므로 가장 큰 수는 9이고 가장 작은 수는 4입니다.

49 컵의 수는 5, 접시의 수는 2, 포크의 수는 7입니다. 수를 순서대로 쓰면 2, 5, 7이므로 가장 큰 수는 7이고, 가장 작은 수는 2입니다.

50 수의 순서에서 3은 5의 앞에 있으므로 3은 5보다 작습니다. 따라서 더 적게 가지고 있는 색종이는 빨간색 색종이입니다.

51 수의 순서에서 7은 4의 뒤에 있으므로 7은 4보다 큽니다. 따라서 은서는 동화책을 더 많이 읽었습니다.

52 수를 순서대로 쓰면 5, 8, 9이므로 가장 큰 수는 9입니다. 따라서 서준이가 초콜릿을 가장 많이 먹었습니다.

응용력 높이기

26~29쪽

대표 응용 **1** 3, 4, 6, 7 / 3, 4, 6 / 4

1-1 2장　　**1-2** 8, 7, 5

대표 응용 **2** 셋, 넷 / 4

2-1 3개　　**2-2** 5마리

대표 응용 **3** 4, 2, 7

3-1 6명　　**3-2** 5명

대표 응용 **4** 3, 4, 5, 6, 7 / 5

4-1 2개　　**4-2** 3개

1 수 카드 8, 3, 4, 6, 1, 7을 작은 수부터 순서대로 놓으면 1, 3, 4, 6, 7, 8이 됩니다. 7보다 작은 수는 7의 앞에 있는 수이므로 1, 3, 4, 6입니다. 따라서 7보다 작은 수가 적혀 있는 수 카드는 모두 4장입니다.

1-1 수 카드 9, 4, 1, 5, 6, 3을 작은 수부터 순서대로 놓으면 1, 3, 4, 5, 6, 9가 됩니다. 5보다 큰 수는 5의 뒤에 있는 수이므로 6, 9입니다. 따라서 5보다 큰 수가 적혀 있는 수 카드는 모두 2장입니다.

1-2 수 카드 8, 4, 5, 3, 1, 7, 2를 작은 수부터 순서대로 놓으면 1, 2, 3, 4, 5, 7, 8이 됩니다. 4보다 큰 수는 4의 뒤에 있는 수이므로 5, 7, 8입니다. 따라서 큰 수부터 순서대로 쓰면 8, 7, 5입니다.

2 7 — ♡♡♡♡♡♡♡

7이 되도록 ♡를 그리고 그린 ♡의 수를 세어 봅니다. 그린 ♡의 수는 하나, 둘, 셋, 넷이므로 더 그려야 하는 ♡의 수는 4개입니다.

2-1 5 — △△△△△

5가 되도록 △를 그리고 그린 △의 수를 세어 봅니다. 그린 △의 수는 하나, 둘, 셋이므로 더 그려야 하는 △의 수는 3개입니다.

2-2

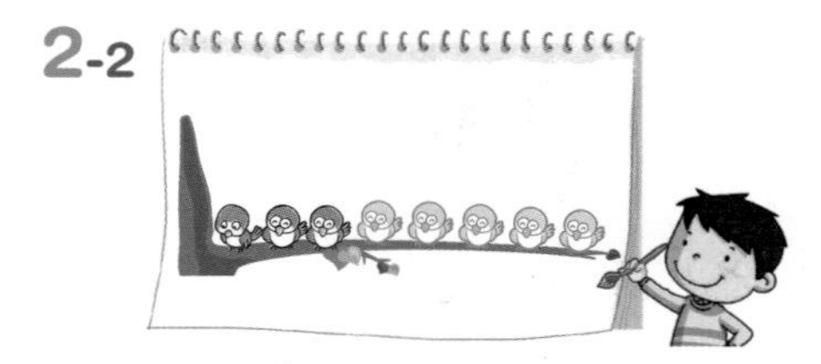

새의 수가 8마리가 되도록 새를 그리고 그린 새의 수를 세어 봅니다. 그린 새의 수는 하나, 둘, 셋, 넷, 다섯이므로 더 그려야 하는 새의 수는 5마리입니다.

3

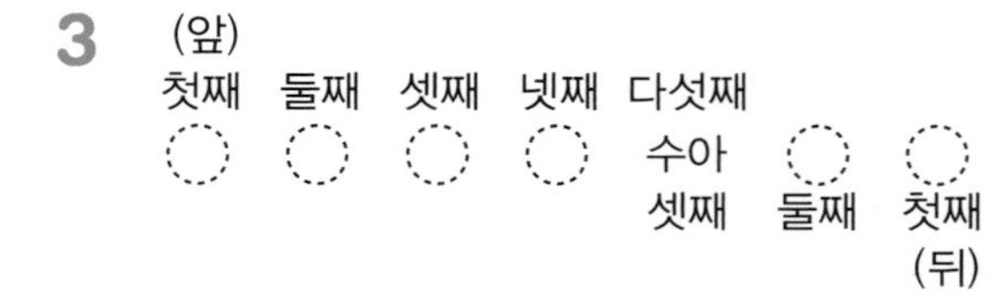

수아 앞에 4명, 수아 뒤에 2명이 서 있습니다. 따라서 줄을 서 있는 사람은 모두 7명입니다.

3-1

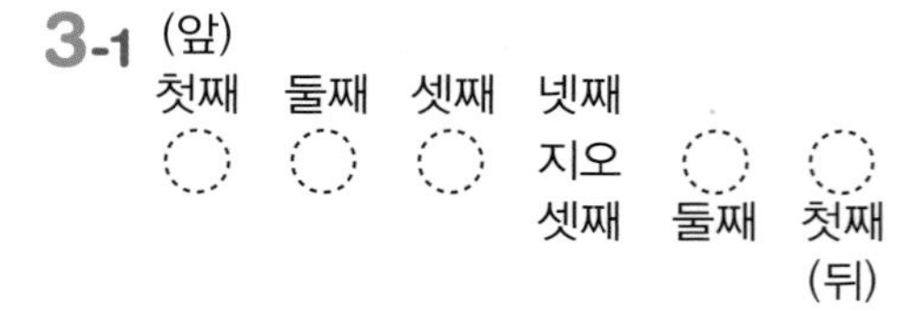

지오 앞에 3명, 지오 뒤에 2명이 서 있습니다. 따라서 줄을 서 있는 사람은 모두 6명입니다.

3-2 (앞)
첫째
성빈 일곱째 / 여섯째 / 다섯째 / 넷째 / 셋째 / 효주 둘째 / 첫째 (뒤)

성빈이가 앞에서 첫째, 뒤에서 일곱째로 달리고 있으므로 성빈이 뒤에 6명이 있습니다. 효주 뒤에 1명이 있으므로 효주 앞에서 달리고 있는 사람은 모두 5명입니다.

4 2부터 8까지의 수를 순서대로 쓰면 2, 3, 4, 5, 6, 7, 8입니다. 2보다 큰 수는 2보다 뒤에 있는 수이므로 3, 4, 5, 6, 7, 8이고, 8보다 작은 수는 8보다 앞에 있는 수이므로 2, 3, 4, 5, 6, 7입니다. 따라서 2보다 크고 8보다 작은 수는 3, 4, 5, 6, 7로 모두 5개입니다.

4-1 3부터 6까지의 수를 순서대로 쓰면 3, 4, 5, 6입니다. 3보다 큰 수는 3보다 뒤에 있는 수이므로 4, 5, 6이고 6보다 작은 수는 6보다 앞에 있는 수이므로 3, 4, 5입니다. 따라서 3보다 크고 6보다 작은 수는 4, 5로 모두 2개입니다.

4-2 1부터 8까지의 수를 순서대로 쓰면 1, 2, 3, 4, 5, 6, 7, 8입니다. 1보다 큰 수는 1보다 뒤에 있는 수이므로 2, 3, 4, 5, 6, 7, 8이고 8보다 작은 수는 8보다 앞에 있는 수이므로 1, 2, 3, 4, 5, 6, 7입니다. 따라서 1보다 크고 8보다 작은 수는 2, 3, 4, 5, 6, 7입니다. 3보다 1만큼 더 큰 수는 4이므로 2, 3, 4, 5, 6, 7 중에서 4보다 큰 수는 4 뒤에 있는 수인 5, 6, 7입니다. 조건을 만족하는 수는 5, 6, 7로 모두 3개입니다.

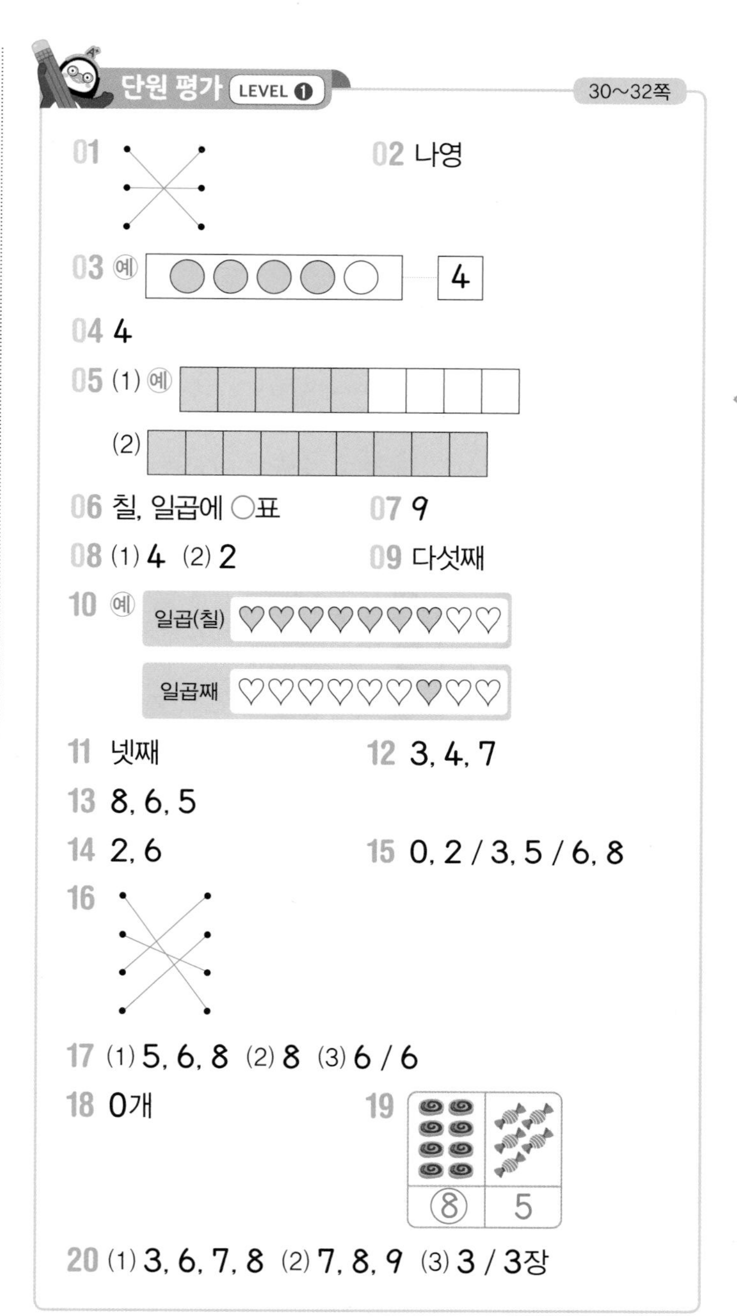
단원 평가 LEVEL 1 30~32쪽

01
02 나영
03 예 4
04 4
05 (1) 예 (2)
06 칠, 일곱에 ○표
07 9
08 (1) 4 (2) 2
09 다섯째
10 예 일곱(칠) / 일곱째
11 넷째
12 3, 4, 7
13 8, 6, 5
14 2, 6
15 0, 2 / 3, 5 / 6, 8
16
17 (1) 5, 6, 8 (2) 8 (3) 6 / 6
18 0개
19 ⑧ 5
20 (1) 3, 6, 7, 8 (2) 7, 8, 9 (3) 3 / 3장

01 과자의 수는 넷이므로 4입니다.
초콜릿의 수는 셋이므로 3입니다.
사탕의 수는 다섯이므로 5입니다.

02 연필 이 자루는 두 자루로 읽어야 하므로 잘못 말한 사람은 나영입니다.

03 비행기의 수는 4대이므로 ○ 4개를 색칠하고 4라고 씁니다.

04 사탕의 수를 세어 보면 하나, 둘, 셋, 넷이므로 사탕은 4개입니다.

05 (1) 5는 다섯이므로 다섯 칸을 색칠합니다.
(2) 9는 아홉이므로 아홉 칸을 색칠합니다.

06 야구 방망이의 수는 일곱이므로 7이라고 씁니다. 7은 일곱 또는 칠이라고 읽습니다.

07 수를 세어 보면 바둑돌의 수는 아홉, 도토리의 수는 아홉, 펴진 손가락의 수는 아홉이므로 공통으로 나타내는 수는 9입니다.

08 (1) 자전거의 수는 넷이므로 4입니다.
(2) 걷는 사람의 수는 둘이므로 2입니다.

09

찬호	성연	영주	유빈	재현	상민
여섯째	다섯째	넷째	셋째	둘째	첫째

따라서 성연이는 오른쪽에서 다섯째에 서 있습니다.

10 일곱(칠)은 개수를 나타내므로 ♡를 7개 색칠하고, 일곱째는 순서를 나타내므로 일곱째에 있는 ♡ 1개만 색칠합니다.

11 (왼쪽) 첫째 둘째 셋째 넷째 다섯째

넷째 셋째 둘째 첫째 (오른쪽)

왼쪽에서 다섯째에 있는 크레파스는 주황색입니다. 주황색 크레파스는 오른쪽에서 넷째에 있습니다.

12 2부터 여섯 개의 수를 순서대로 쓰면 2, 3, 4, 5, 6, 7입니다.

13 9부터 순서를 거꾸로 하여 다섯 개의 수를 쓰면 9, 8, 7, 6, 5입니다.

14

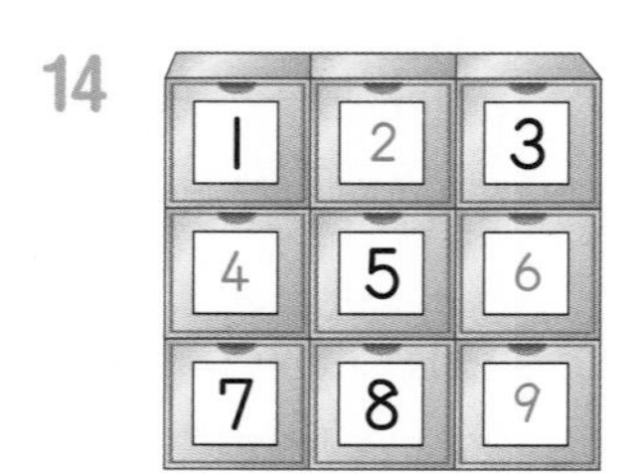

수를 순서대로 쓰면 1, 2, 3, 4, 5, 6, 7, 8, 9입니다. 하윤이의 사물함 번호는 2이고, 민혁이의 사물함 번호는 6입니다.

15 수를 순서대로 쓰면 0, 1, 2, 3, 4, 5, 6, 7, 8, 9입니다. 어떤 수의 바로 앞의 수가 1만큼 더 작은 수, 바로 뒤의 수가 1만큼 더 큰 수입니다.

16 바둑돌의 수는 일곱이므로 칠과 잇습니다.
귤의 수는 넷이므로 넷과 잇습니다.
손가락의 수는 다섯이므로 5와 잇습니다.
연필의 수는 여덟이므로 8과 잇습니다.

17 (1) 작은 수부터 순서대로 쓰면 3, 5, 6, 8입니다.
(2) 가장 뒤에 있는 수가 가장 큰 수이므로 가장 큰 수는 8입니다.
(3) 두 번째로 큰 수는 8 앞에 있는 6입니다.

18 접시에 놓인 배 5개를 남김없이 모두 먹었으므로 접시 위에는 아무것도 남지 않았습니다. 따라서 남은 배는 0개입니다.

19 과자의 수는 여덟이므로 8이고, 사탕의 수는 다섯이므로 5입니다. 수의 순서에서 8은 5보다 뒤에 있으므로 8은 5보다 큽니다.

20 (1) 수 카드의 수를 작은 수부터 순서대로 쓰면 2, 3, 6, 7, 8, 9입니다.
(2) 6보다 큰 수는 6보다 뒤에 있는 수이므로 7, 8, 9입니다.
(3) 따라서 6보다 큰 수가 적혀 있는 수 카드는 모두 3장입니다.

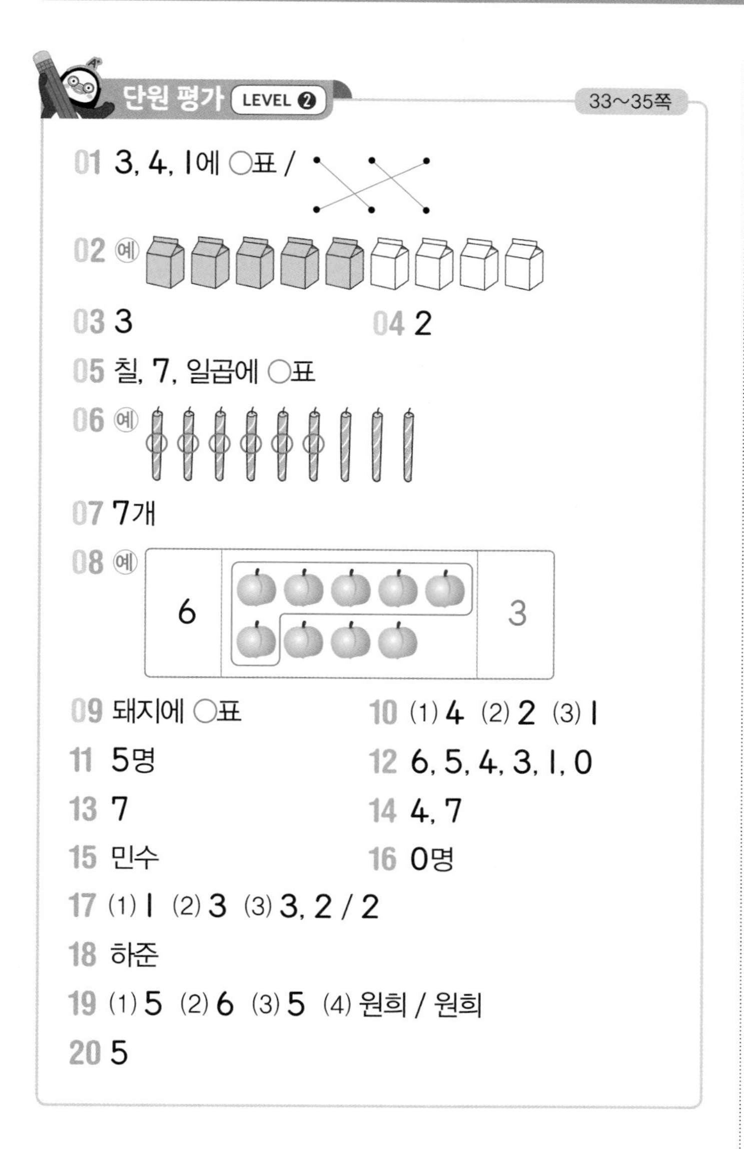

단원 평가 LEVEL ❷ 33~35쪽

01 3, 4, 1에 ○표 /

02 예

03 3

04 2

05 칠, 7, 일곱에 ○표

06 예

07 7개

08 예

09 돼지에 ○표

10 (1) 4 (2) 2 (3) 1

11 5명

12 6, 5, 4, 3, 1, 0

13 7

14 4, 7

15 민수

16 0명

17 (1) 1 (2) 3 (3) 3, 2 / 2

18 하준

19 (1) 5 (2) 6 (3) 5 (4) 원희 / 원희

20 5

01 사과의 수는 셋이므로 3에 ○표 합니다. 3은 셋 또는 삼이라고 읽습니다.
나비의 수는 넷이므로 4에 ○표 합니다. 4는 넷 또는 사라고 읽습니다.
양파의 수는 하나이므로 1에 ○표 합니다. 1은 하나 또는 일이라고 읽습니다.

02 우유 5개에 색칠합니다.

03 풍선의 수는 셋이므로 3이라고 씁니다.

04 먹은 사과의 수는 둘이므로 2라고 씁니다.

05 민지가 그린 ☆의 수는 일곱이므로 일곱과 관련이 있는 것은 칠, 7, 일곱입니다.

06 준희는 동생보다 한 살이 많으므로 6살입니다. 따라서 초 6개에 ○표 합니다.

07 사과와 배의 수는 모두 일곱이므로 과일은 모두 7개입니다.

08 왼쪽의 수는 6이므로 복숭아를 여섯까지 세어 묶습니다. 따라서 묶지 않은 복숭아의 수는 셋이므로 3이라고 씁니다.

09

	말	돼지	고양이	개	닭	오리	
(앞)	여섯째	다섯째	넷째	셋째	둘째	첫째	(뒤)

뒤에서 다섯째로 달리고 있는 동물은 돼지입니다.

10

11 (앞)
첫째 둘째 셋째
지우
셋째 둘째 첫째
(뒤)

따라서 지우 앞에 2명, 뒤에 2명이 서 있으므로 줄을 서 있는 사람은 모두 5명입니다.

12 8부터 수의 순서를 거꾸로 하여 쓰면 8, 7, 6, 5, 4, 3, 2, 1, 0입니다.

13 주어진 수를 큰 수부터 순서대로 쓰면 8, 7, 6, 4, 3, 1이므로 두 번째로 쓰는 수는 7입니다.

14 첫째로 누를 수: 3보다 1만큼 더 큰 수는 수의 순서에서 3 바로 뒤의 수이므로 4입니다.
넷째로 누를 수: 8보다 1만큼 더 작은 수는 수의 순서에서 8 바로 앞의 수이므로 7입니다.

15 수의 순서에서 4는 7보다 앞에 있으므로 4는 7보다 작습니다. 따라서 수의 크기를 잘못 비교한 사람은 민수입니다.

16 내린 승객을 모두 세어 보면 아홉이므로 승객은 아무도 없습니다. 따라서 버스에 타고 있는 승객은 0명입니다.

17 어떤 수는 4보다 1만큼 더 작은 수이므로 3입니다. 따라서 3보다 1만큼 더 작은 수는 2입니다.

18 수의 순서에서 5는 4의 뒤에 있으므로 5는 4보다 큽니다. 따라서 배를 더 많이 접은 사람은 하준입니다.

19 4보다 1만큼 더 큰 수는 5, 7보다 1만큼 더 작은 수는 6, 6보다 1만큼 더 작은 수는 5입니다. 따라서 다른 수를 말하고 있는 사람은 원희입니다.

20 2부터 6까지의 수 중에서 2보다 큰 수는 3, 4, 5, 6이고, 6보다 작은 수는 2, 3, 4, 5이므로 2보다 크고 6보다 작은 수는 3, 4, 5입니다. 이 중 3보다 1만큼 더 큰 수인 4보다 큰 수는 5입니다.

2단원 여러 가지 모양

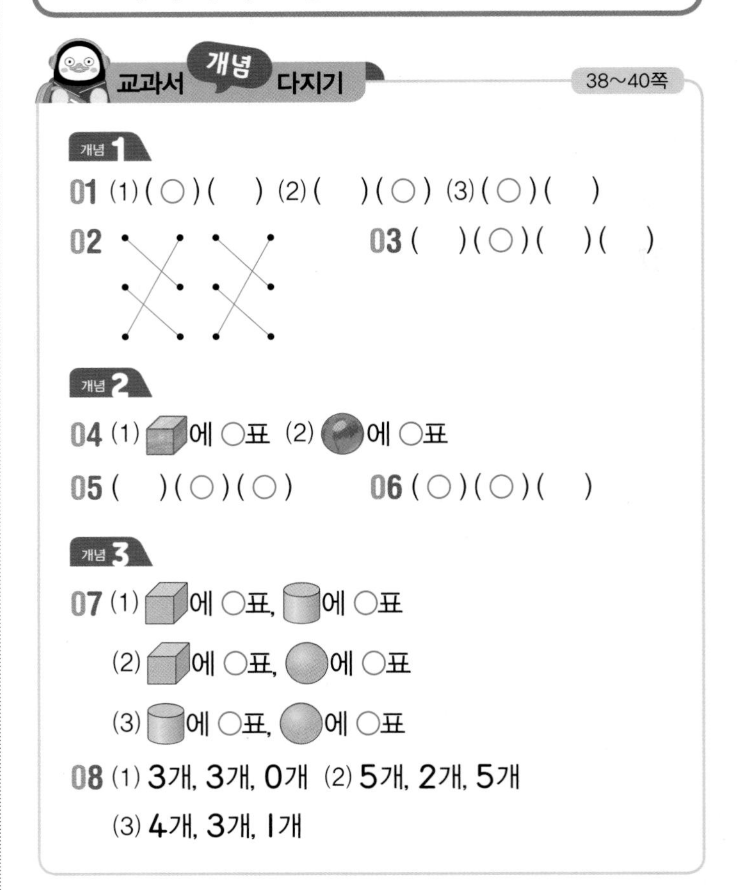

교과서 개념 다지기 38~40쪽

개념 1

01 (1) (○) ( ) (2) ( ) (○) (3) (○) ( )

02

03 ( ) (○) ( ) ( )

개념 2

04 (1) [cube]에 ○표 (2) [sphere]에 ○표

05 ( ) (○) (○)

06 (○) (○) ( )

개념 3

07 (1) [cube]에 ○표, [cylinder]에 ○표

(2) [cube]에 ○표, [sphere]에 ○표

(3) [cylinder]에 ○표, [sphere]에 ○표

08 (1) 3개, 3개, 0개 (2) 5개, 2개, 5개

(3) 4개, 3개, 1개

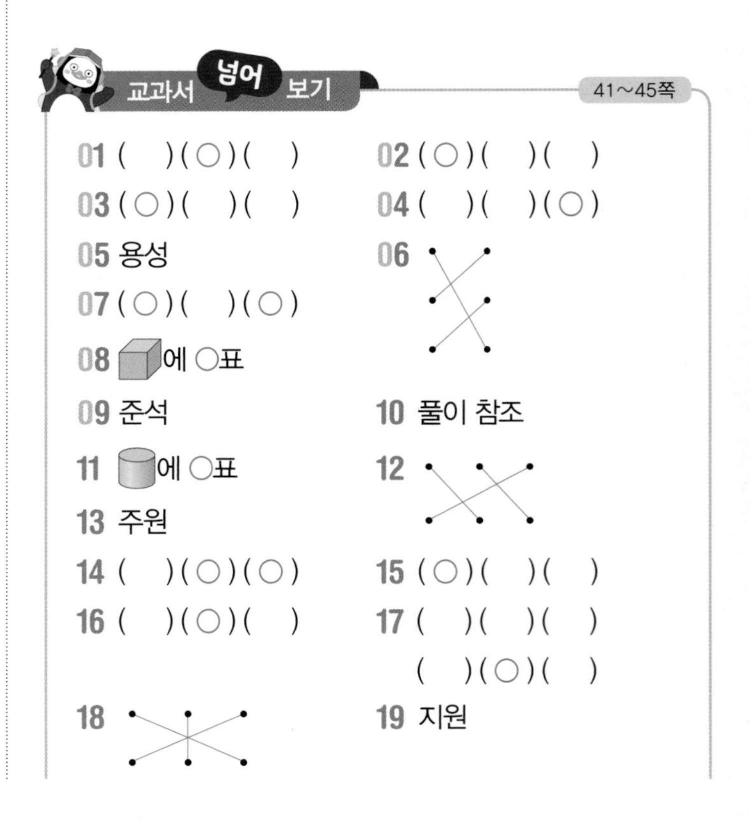

교과서 넘어 보기 41~45쪽

01 ( ) (○) ( )

02 (○) ( ) ( )

03 (○) ( ) ( )

04 ( ) ( ) (○)

05 용성

06

07 (○) ( ) (○)

08 [cube]에 ○표

09 준석

10 풀이 참조

11 [cylinder]에 ○표

12

13 주원

14 ( ) (○) (○)

15 (○) ( ) ( )

16 ( ) (○) ( )

17 ( ) ( ) ( )
( ) (○) ( )

18

19 지원

20 에 ○표, 에 ○표
21 ( )(○)
22 나
23 에 ○표
24 3개, 4개, 2개
25
26 풀이 참조

교과서 속 응용 문제

27 풀이 참조
28 병원
29
30 유진

01 모양은 세탁기입니다.

02 모양은 건전지입니다.

03 모양은 지구입니다.

04 축구공과 같은 모양은 구슬입니다.

05 라준이가 모은 풀, 저금통은 모양이지만 서랍장은 모양입니다. 용성이가 모은 축구공, 농구공, 구슬은 모두 모양입니다. 따라서 같은 모양끼리 모은 사람은 용성입니다.

06 휴지, 서랍장은 모양이고 탬버린, 연필꽂이는 모양, 배구공과 풍선은 모양입니다.

07 연필꽂이, 작은북은 모양으로 풀과 같은 모양입니다.

08 지우개, 주사위, 상자는 모양입니다.

09 정민이는 모양과 모양을 모았고, 준석이는 모양을 모았습니다.

10

모양은 과자 상자와 휴지 상자, 우유갑입니다.

모양은 보온병입니다.

모양은 멜론입니다.

11 평평한 부분과 둥근 부분이 있는 모양은 모양입니다.

12 은 둥글고 평평한 부분이 보이므로 모양입니다. 은 전체가 둥글므로 모양입니다. 은 뾰족한 부분이 보이므로 모양입니다.

13 모양은 뾰족한 부분이 없고 전체가 둥글어서 쌓을 수 없으며 잘 굴러갑니다. 따라서 바르게 설명한 사람은 주원입니다.

14 평평한 부분이 있어 잘 쌓을 수 있는 것은 피자 상자입니다. 세우면 쌓을 수 있는 것은 화장품 통입니다. 따라서 쌓을 수 있는 것은 피자 상자와 화장품 통입니다.

15 지우개는 둥근 부분이 없어서 잘 굴러가지 않습니다.

16 평평한 부분이 있어 쌓을 수 있고 둥근 부분이 있어서 잘 굴러가는 물건은 모양으로 페인트 통입니다.

17 쌓기 어려운 물건은 잘 굴러가는 농구공입니다.

18 모양은 굴러가지 않고 잘 쌓을 수 있습니다. 모양은 눕히면 굴러가고 평평한 부분이 있어서 쌓을 수도 있습니다. 모양은 쌓을 수 없습니다.

19 축구공이 모양이면 굴러가지 않아 축구를 할 수 없으므로 바르게 말한 사람은 지원입니다.

20 사용한 모양은 ■ 모양과 ▮ 모양입니다.

21 왼쪽은 ■, ● 모양을 사용하여 만든 모양이고 오른쪽은 ▮, ● 모양을 사용하였습니다.

22 가는 ■, ▮을 사용하여 만든 것이고 나는 ■, ▮, ●을 모두 사용한 모양입니다.

23 ■ 모양 4개, ▮ 모양 0개, ● 모양 3개를 사용하였으므로 가장 많이 사용한 모양은 ■ 모양입니다.

24 ■ 모양 3개, ▮ 모양 4개, ● 모양 2개를 사용하였습니다.

25 ■ 모양 2개, ▮ 모양 1개, ● 모양 4개를 사용한 것을 연결합니다.

26

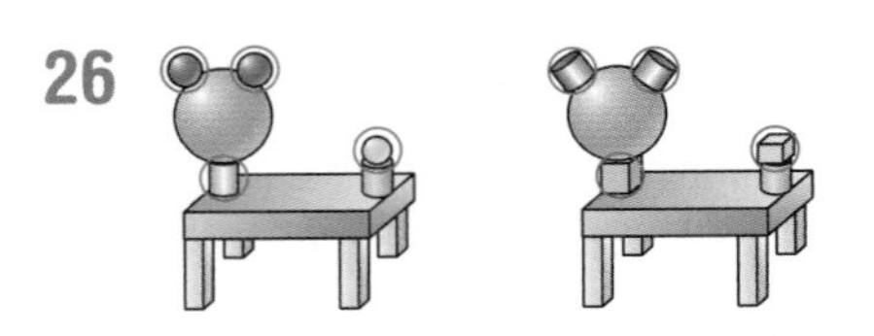

27

블록은 ■ 모양으로 냉장고, 사전, 주사위가 같은 모양입니다.

28

출발

학교

■ 모양인 냉장고, 주사위, 세탁기, 책을 따라가면 병원에 도착합니다.

29 ■, ▮, ● 모양의 개수와 만든 모양을 비교합니다.

30 ■ 모양 4개, ▮ 모양 3개, ● 모양 3개를 사용하여 만든 사람은 유진입니다.

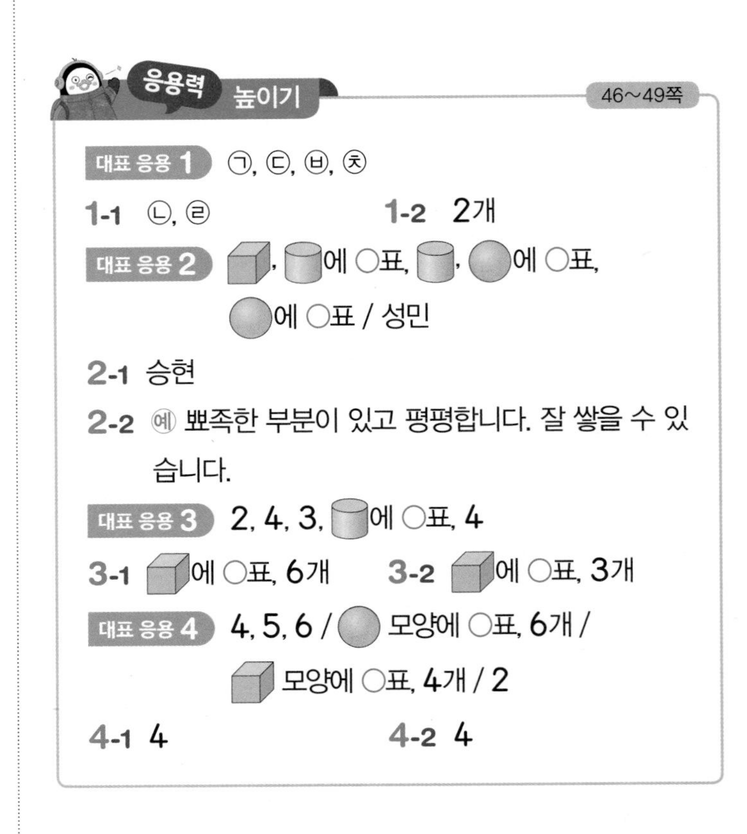

응용력 높이기

46~49쪽

대표 응용 1 ㉠, ㉢, ㉥, ㉧

1-1 ㉡, ㉣ 1-2 2개

대표 응용 2 ■, ▮에 ○표, ▮, ●에 ○표, ●에 ○표 / 성민

2-1 승현

2-2 예 뾰족한 부분이 있고 평평합니다. 잘 쌓을 수 있습니다.

대표 응용 3 2, 4, 3, ▮에 ○표, 4

3-1 ■에 ○표, 6개 3-2 ■에 ○표, 3개

대표 응용 4 4, 5, 6 / ● 모양에 ○표, 6개 / ■ 모양에 ○표, 4개 / 2

4-1 4 4-2 4

1 ■ 모양은 뾰족하고 평평한 부분이 있으므로 ㉠, ㉢, ㉥, ㉧입니다.

1-1 ▮ 모양은 평평한 부분이 있어서 쌓을 수 있고 눕혔을 때 굴릴 수 있는 모양으로 ㉡, ㉣입니다.

1-2 ● 모양은 ㉢, ㉤으로 모두 2개입니다.

2 ● 모양은 잘 굴러가고 ■ 모양과 ▮ 모양이 높이 쌓을 수 있으므로 바르게 설명한 사람은 성민입니다.

2-1 모은 물건의 모양은 ▮ 모양으로 뾰족하지 않고

눕히면 굴러가며 평평한 부분이 있어서 쌓을 수 있습니다. 따라서 바르게 말한 사람은 승현입니다.

2-2 모은 물건의 모양은 모양으로 뾰족하고 평평한 부분이 있어서 잘 쌓을 수 있으며 잘 굴러가지 않는 특징이 있습니다.

3 사용한 모양은 2개, 모양은 4개, 모양은 3개입니다. 따라서 가장 많이 사용한 모양은 모양으로 4개입니다.

3-1 사용한 모양은 6개, 모양은 4개, 모양은 5개입니다. 따라서 가장 많이 사용한 모양은 모양으로 6개입니다.

3-2 사용한 모양은 3개, 모양은 4개, 모양은 5개입니다. 따라서 가장 적게 사용한 모양은 모양으로 3개입니다.

4 사용한 모양은 4개, 모양은 5개, 모양은 6개입니다. 가장 많이 사용한 모양은 모양으로 6개이고, 가장 적게 사용한 모양은 모양으로 4개이므로 차를 구하면 $6-4=2$입니다.

4-1 사용한 모양은 4개, 모양은 2개, 모양은 6개입니다. 가장 많이 사용한 모양은 모양으로 6개이고, 가장 적게 사용한 모양은 모양으로 2개이므로 차를 구하면 $6-2=4$입니다.

4-2 사용한 모양은 3개, 모양은 7개, 모양은 1개입니다. 가장 많이 사용한 모양은 모양으로 7개이고, 두 번째로 많이 사용한 모양은 모양으로 3개이므로 차를 구하면 $7-3=4$입니다.

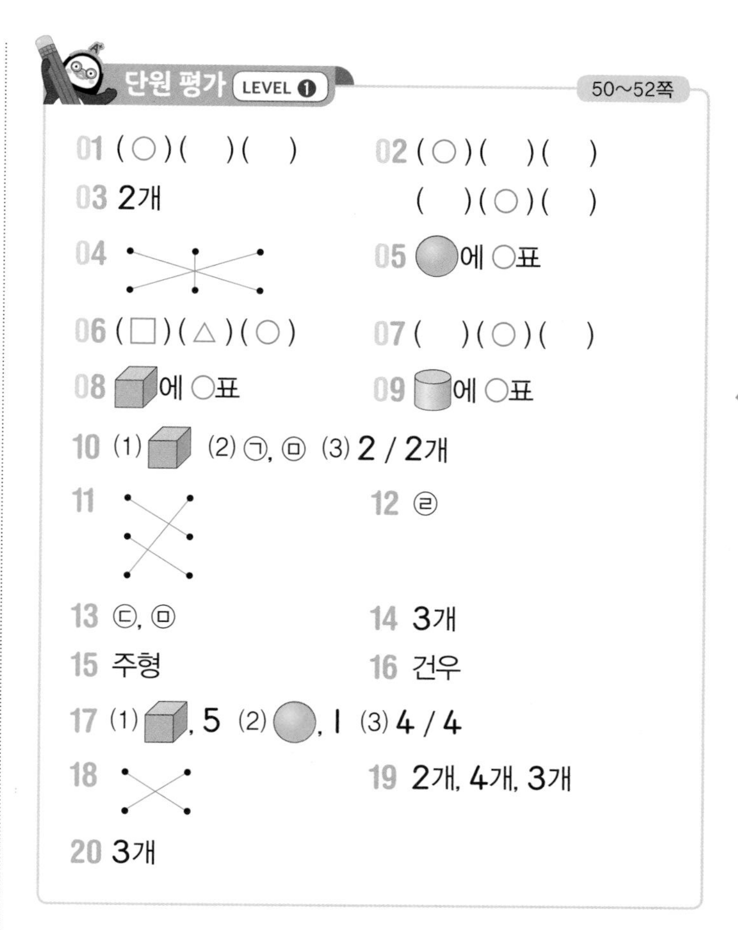

단원 평가 LEVEL 1

50~52쪽

01 (○)( )( )
02 (○)( )( ) ( )(○)( )
03 2개
04 (선 잇기)
05 에 ○표
06 (□)(△)(○)
07 ( )(○)( )
08 에 ○표
09 에 ○표
10 (1) (2) ㉠, ㉤ (3) 2 / 2개
11 (선 잇기)
12 ㉣
13 ㉢, ㉤
14 3개
15 주형
16 건우
17 (1) , 5 (2) , 1 (3) 4 / 4
18 (선 잇기)
19 2개, 4개, 3개
20 3개

01 모양은 작은북입니다.

02 모양은 서류 가방, 서랍장입니다.

03 모양은 구슬과 수박으로 모두 2개입니다.

04 축구공과 비치볼, 작은북과 양초, 동화책과 서랍장이 서로 같은 모양입니다.

05 공 모양을 모아 놓은 것으로 모양입니다.

06 전자레인지는 모양, 두루마리 휴지는 모양, 배구공은 모양입니다.

07 금고와 피자 상자는 모양이고, 작은북은 모양입니다. 따라서 모양이 다른 하나는 작은북입니다.

08 평평한 부분과 뾰족한 부분이 있는 것은 모양입니다.

BOOK 1 본책

09 둥글면서 평평한 부분이 있으므로 모양입니다.

10 쌓을 수 있으며 잘 굴러가지 않는 모양은 모양으로 세탁기와 상자로 모두 2개입니다.

11 뾰족한 부분이 있는 물건은 상자이고 둥글면서 평평한 부분이 있는 물건은 물통이며 전체가 둥근 물건은 풍선입니다.

12 평평하고 뾰족한 부분이 있는 물건은 모양이므로 ㉣ 상자입니다.

13 어느 방향으로도 잘 굴러가는 것은 모양이므로 ㉢ 배구공, ㉤ 야구공입니다.

14 한쪽 방향으로만 잘 굴러가는 물건은 모양이므로 ㉠ 저금통, ㉡ 풀, ㉥ 음료수 캔으로 모두 3개입니다.

15 모양 3개, 모양 4개, 모양 2개를 사용한 사람은 주형입니다.

16 여러 방향으로 잘 굴러가는 모양은 모양으로 건우는 3개, 주형이는 2개를 사용하였으므로 건우가 더 많이 사용하였습니다.

17 모양 5개, 모양 2개, 모양 1개를 사용하였습니다. 가장 많이 사용한 모양은 모양으로 5개를 사용하였고 가장 적게 사용한 모양은 모양으로 1개를 사용하였습니다. 두 수의 차는 4입니다.

18 사용한 모양, 모양, 모양의 개수와 만들어진 모양을 비교합니다.

19 모양 2개, 모양 4개, 모양 3개를 사용하였습니다.

20 잘 굴러가지 않는 모양은 모양으로 3개 사용하였습니다.

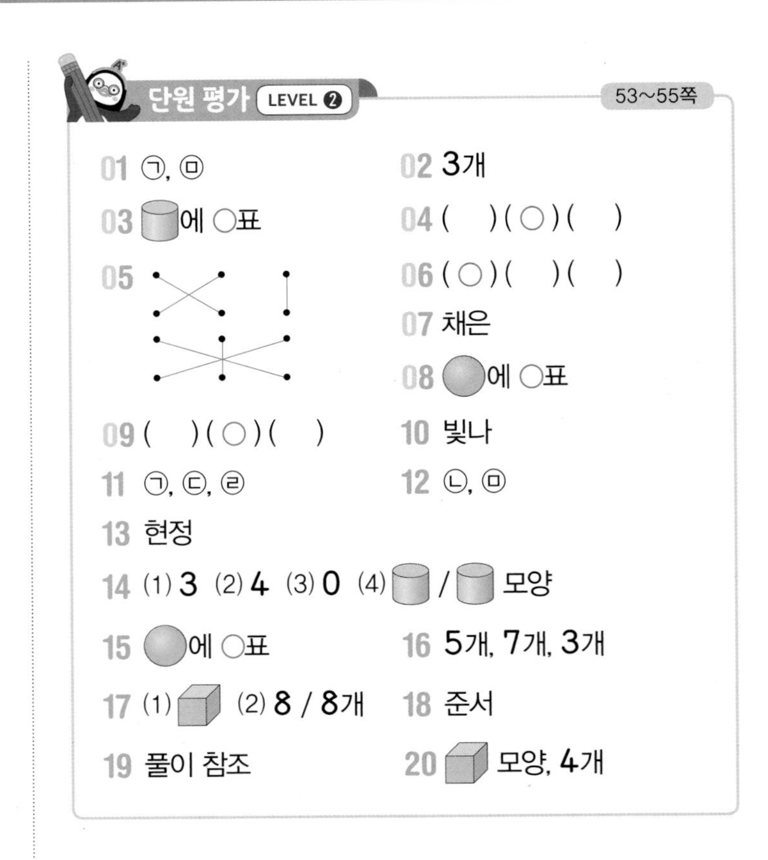
단원 평가 LEVEL ❷ 53~55쪽

01 ㉠, ㉤
02 3개
03 에 ○표
04 ( )(○)( )
05
06 (○)( )( )
07 채은
08 에 ○표
09 ( )(○)( )
10 빛나
11 ㉠, ㉢, ㉣
12 ㉡, ㉤
13 현정
14 (1) 3 (2) 4 (3) 0 (4) / 모양
15 에 ○표
16 5개, 7개, 3개
17 (1) (2) 8 / 8개
18 준서
19 풀이 참조
20 모양, 4개

01 모양의 물건은 ㉠ 상자, ㉤ 전자레인지입니다.

02 모양의 물건은 ㉡, ㉣, ㉥으로 모두 3개입니다.

03 모양 2개, 모양 3개, 모양 1개로 가장 많은 모양은 모양입니다.

04 롤케이크는 모양으로 풀과 같은 모양입니다.

05 축구공과 비치볼은 모양, 국어사전과 토스터기는 모양, 과자통과 물통은 모양입니다.

06 냉장고와 서랍장은 모양이고 연필꽂이는 모양입니다.

07 지수는 모양을 모았고 채은이는 서로 다른 모양을 모았습니다.

08 전체가 모두 둥근 모양은 모양입니다.

09 뾰족한 일부분을 가진 물건은 상자입니다.

10 원기둥 모양은 평평한 부분으로는 쌓을 수 있지만 눕혀서는 굴러가서 쌓을 수 없습니다. 따라서 바르게 말한 사람은 빛나입니다.

11 쌓을 수 있는 모양은 상자 모양과 원기둥 모양으로 ㉠, ㉢, ㉣입니다.

12 모든 방향으로 잘 굴러가는 모양은 공 모양으로 ㉡, ㉤입니다.

13 공 모양을 쌓지 못하는 이유는 전체가 둥글기 때문으로 바르게 말한 사람은 현정입니다.

14 상자 모양 3개, 원기둥 모양 4개, 공 모양 0개를 사용하였습니다. 가장 많이 사용한 모양은 원기둥 모양입니다.

15 상자 모양 3개, 원기둥 모양 1개를 사용하였고 공 모양은 사용하지 않았습니다.

16 상자 모양 5개, 원기둥 모양 7개, 공 모양 3개를 사용하였습니다.

17 뾰족한 부분이 있는 모양은 상자 모양으로 8개 사용하였습니다.

18 상자 모양을 4개, 원기둥 모양을 1개, 공 모양을 2개 사용하여 만든 사람은 준서입니다.

19

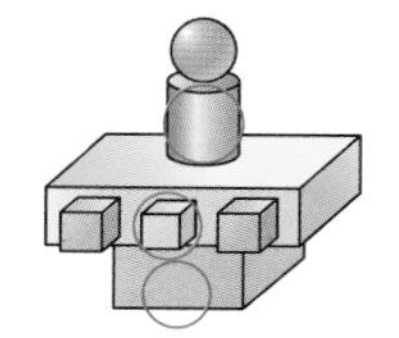

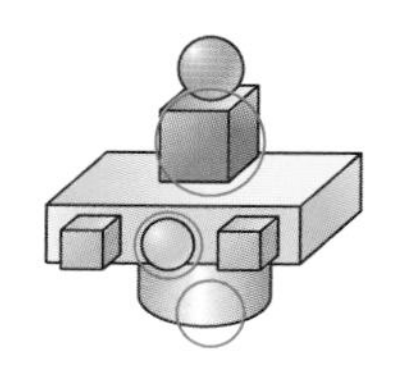

20 모양을 만드는 데 상자 모양을 4개, 원기둥 모양을 3개, 공 모양을 2개 사용했습니다.

따라서 상자, 원기둥, 공 중 가장 많이 사용한 모양은 상자 모양이고 4개 사용했습니다.

3단원 덧셈과 뺄셈

교과서 개념 다지기 — 58~63쪽

개념 1

01 (1) 5 (2) 3
02 (1) 4, 1 (2) 1, 2
03 (1) 7 (2) 3, 4
04 (1) 4 (2) 1, 3
05 (1) 4, 5, 9 (2) 4, 4, 8
06 (1) 7, 5, 2 (2) 6, 1, 5

개념 2

07 (1) 3 (2) 3
08 (1) 3, 5 / 4 / ㉠ 2, 3 (2) 4, 9 / 1 / ㉠ 2, 7
09 (위에서부터) 6 / 5 / 4 / 3 / 2 / 7, 1
10 (1) 4 (2) 5
11 (1) 4 (2) ㉠ 1, 2

개념 3

12 (1) 3, 5 (2) 2, 3
13 2, 3, 5
14 (1) 3, 5, 8 (2) 2, 4, 6
15 6, 2, 4
16 (1) 4, 2, 2 (2) 5, 1, 4

교과서 넘어 보기 — 64~67쪽

01 (1) 3, 1, 4 (2) 6, 2, 4
02 6, 2, 8
03 4, 7
04 ㉠ 9, 4, 5
05 ㉠ 4, 4 / ㉠ 3, 5
06 ㉠ 2, 6 / ㉠ 3, 5
07 풀이 참조
08 (위에서부터) 5, 4, 3, 2 / 5, 1
09 (1) 8 (2) 3
10 1, 3
11 8 / 7 / ㉠ 3, 6
12 풀이 참조
13 풀이 참조
14 태연
15 (왼쪽에서부터) 4, 2, 2, 4
16 (1) 6, 3, 9 (2) 4, 5, 9
17 (1) 6, 3, 3 (2) 4, 5, 1
18 ㉠ 놀이 기구에 앉아 있는 어린이는 5명이고 놀이 기구를 타려는 어린이는 3명이므로 어린이는 모두 8명입니다.

19 예 흰색 토끼가 7마리 있고 갈색 토끼가 2마리 있으므로 흰색 토끼가 갈색 토끼보다 5마리 더 많습니다.

교과서 속 응용 문제

20 2개 21 3개 22 7개

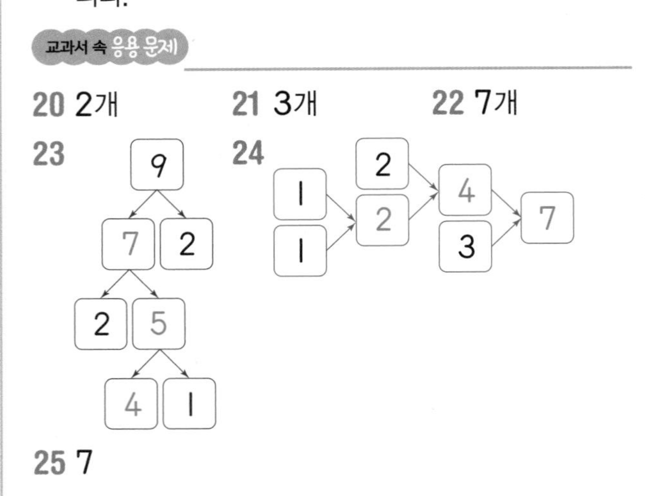

25 7

01 (1) 사과 3개와 사과 1개를 모으기 하면 사과 4개가 됩니다. ➡ 3과 1을 모으기 하면 4가 됩니다.
(2) 야구공 6개를 2개와 4개로 가르기 하였습니다. ➡ 6은 2와 4로 가르기 할 수 있습니다.

02 빨간색 모형 6개와 노란색 모형 2개를 모으기 하면 8개가 됩니다. ➡ 6과 2를 모으기 하면 8입니다.

03 접시 위에 빵 3개와 상자 안에 빵 4개를 모으기 하면 빵 7개가 됩니다. ➡ 3과 4를 모으기 하면 7이 됩니다.

04 오렌지 주스와 포도 주스로 나누어 오렌지 주스 4개와 포도 주스 5개로 가르기 할 수 있습니다.
➡ 9는 4와 5로 가르기 할 수 있습니다.

05 가르기를 하는 여러 가지 방법 중 두발자전거와 세발자전거로 나누어 가르기 하면 4와 4로 가르기 할 수 있습니다. 파란색과 노란색 또는 노란색과 파란색으로 나누어 가르기 하면 3과 5 또는 5와 3으로 가르기 할 수 있습니다.

06 8을 가르기 하는 여러 가지 방법 중 (접시)보다 (접시)에 더 많게 가르기 하는 경우를 찾으면

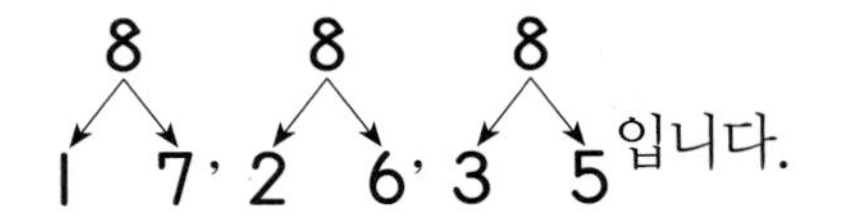

입니다.

07 예

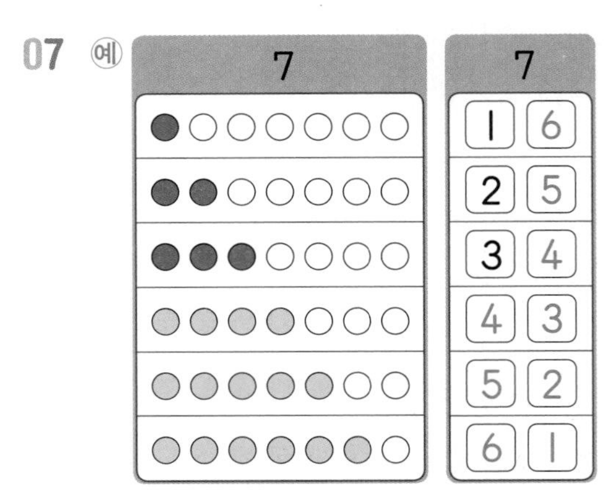

○를 색칠한 것과 색칠하지 않은 것의 개수를 세어 7을 가르기 합니다. ○를 규칙에 따라 4개, 5개, 6개 색칠하면서 가르기 해 봅니다.

08 6을 가르기 하는 여러 가지 방법을 생각해 봅니다.

09 (1) 1과 7을 모으기 하면 8이 됩니다.
(2) 8은 5와 3으로 가르기 할 수 있습니다.

10 1과 3을 모으기 하면 4가 됩니다.

11 9는 1과 8, 2와 7, 3과 6, 4와 5, 5와 4, 6과 3, 7과 2, 8과 1로 가르기 할 수 있습니다.

12 예

1	6	5
2	3	2
6	4	2

모으기를 하여 7이 되는 두 수를 찾습니다.

13 예

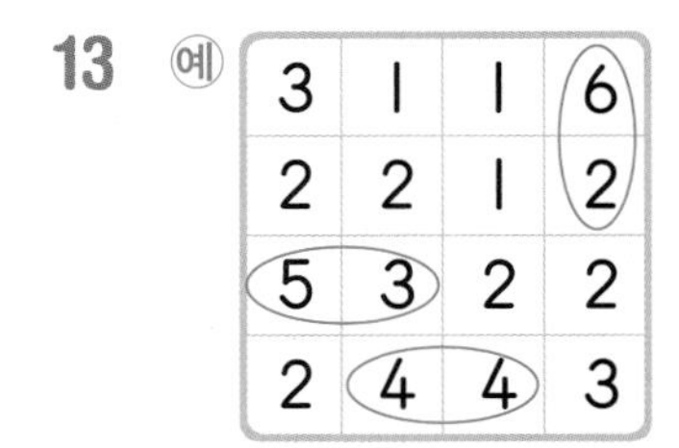

모으기를 하여 8이 되는 두 수를 찾습니다.

14 정원: 1과 4를 모으기 하면 5가 됩니다.
민우: 5와 3을 모으기 하면 8이 됩니다.

태연: 2와 4를 모으기 하면 7이 아니라 6이 됩니다.
따라서 모으기를 잘못한 친구는 태연입니다.

15 5는 1과 4, 2와 3, 3과 2, 4와 1로 가르기 할 수 있습니다.

16 (1) 아이스크림 가게 앞에 있는 남자 아이와 여자 아이는 6명이고 남자 어른과 여자 어른은 3명이므로 줄을 선 사람은 모두 9명입니다.
➡ 6과 3을 모으기 하면 9가 됩니다.
(2) 아이스크림 가게 앞에 있는 남자는 4명, 여자는 5명이므로 줄을 선 사람은 모두 9명입니다.
➡ 4와 5를 모으기 하면 9가 됩니다.

17 (1) 아이스크림 가게 앞에 있는 아이는 6명, 어른은 3명이므로 아이가 어른보다 3명 더 많습니다.
➡ 6은 3과 3으로 가르기 할 수 있습니다.
(2) 아이스크림 가게 앞에 있는 남자는 4명, 여자는 5명이므로 여자가 남자보다 1명 더 많습니다.
➡ 5는 4와 1로 가르기 할 수 있습니다.

18 놀이 기구에 앉아 있는 어린이 5명과 놀이 기구를 타려는 어린이 3명은 모두 몇 명인지 이야기를 만듭니다.

19 흰색 토끼 7마리가 갈색 토끼 2마리보다 몇 마리 더 많은지 이야기를 만듭니다.

20 4는 1과 3, 2와 2, 3과 1로 가르기 할 수 있습니다. 형과 똑같이 나누어 먹으려면 2와 2로 가르기 해야 하므로 준현이는 과자를 2개 먹을 수 있습니다.

21 8은 5와 3으로 가르기 할 수 있으므로 쿠폰을 3개 더 모으면 연필 한 자루로 바꿀 수 있습니다.

22 3과 4를 모으기 하면 7이 됩니다. 따라서 현호와 민주가 가진 장난감 자동차는 모두 7개입니다.

23 9는 7과 2로 가르기 할 수 있습니다.
7은 2와 5로 가르기 할 수 있습니다.
5는 4와 1로 가르기 할 수 있습니다.

24 1과 1을 모으기 하면 2가 됩니다.
2와 2를 모으기 하면 4가 됩니다.
4와 3을 모으기 하면 7이 됩니다.

25 6과 3을 모으기 하면 9가 됩니다.
9는 7과 2로 가르기 할 수 있습니다.
따라서 ㉠에 알맞은 수는 7입니다.

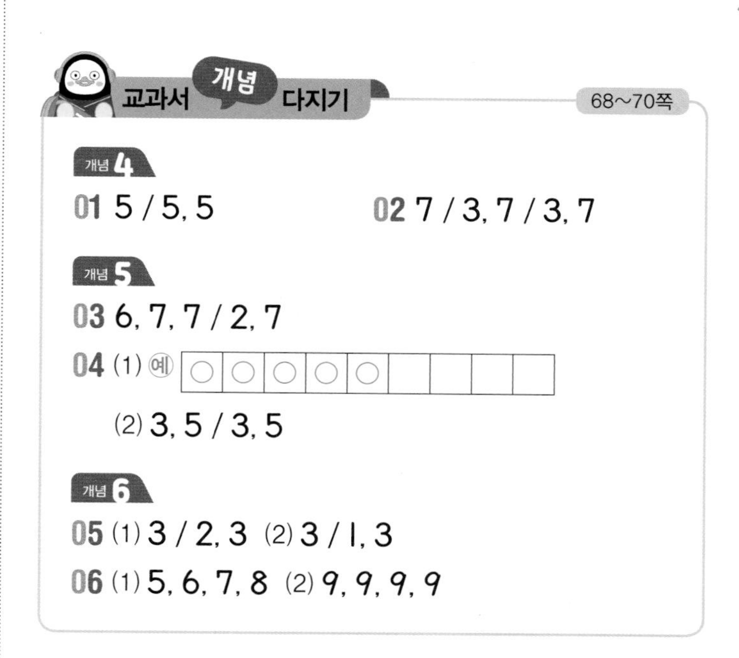

교과서 개념 다지기 68~70쪽

개념 4

01 5 / 5, 5 　 02 7 / 3, 7 / 3, 7

개념 5

03 6, 7, 7 / 2, 7

04 (1) 예

○	○	○	○	○				

(2) 3, 5 / 3, 5

개념 6

05 (1) 3 / 2, 3 (2) 3 / 1, 3

06 (1) 5, 6, 7, 8 (2) 9, 9, 9, 9

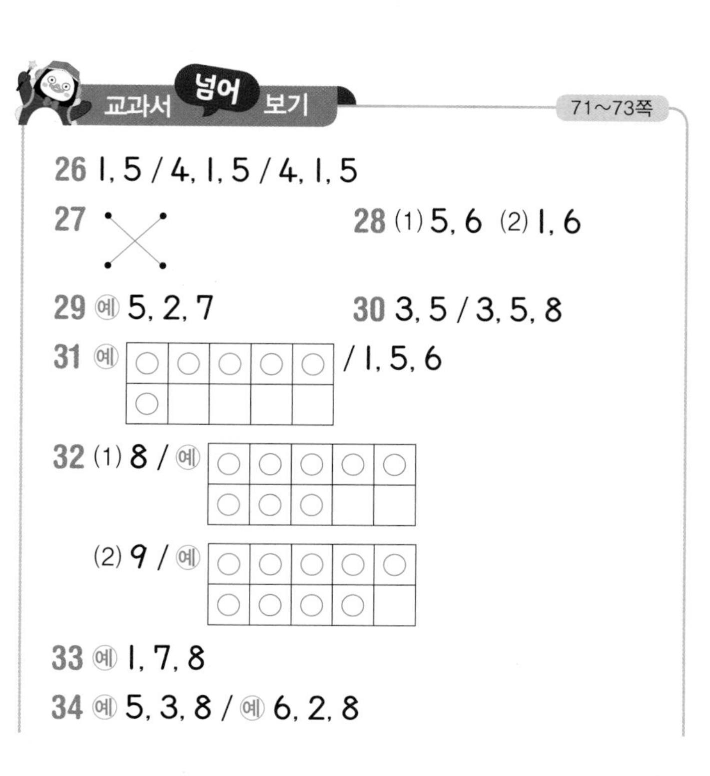

교과서 넘어 보기 71~73쪽

26 1, 5 / 4, 1, 5 / 4, 1, 5

27 (선 잇기)

28 (1) 5, 6 (2) 1, 6

29 예 5, 2, 7

30 3, 5 / 3, 5, 8

31 예

○	○	○	○	○
○				

/ 1, 5, 6

32 (1) 8 / 예

○	○	○	○	○
○	○	○		

(2) 9 / 예

○	○	○	○	○
○	○	○	○	

33 예 1, 7, 8

34 예 5, 3, 8 / 예 6, 2, 8

35 6 / 3, 3, 6
36 (1) 8 / 1, 7, 8 (2) 8 / 7, 1, 8
37 9 / 9 / 예 1, 8, 9
38 (1) 2 (2) 3 (3) 4 (4) 5
39 ⑤ 40 ㉡ 41 아름

교과서 속 응용 문제

42 예 3, 2, 5 43 7명 44 9

26 운동화가 4짝, 슬리퍼가 1짝이므로 덧셈식으로 쓰면 $4+1=5$입니다. 덧셈식은 '4 더하기 1은 5와 같습니다.'와 '4와 1의 합은 5입니다.'로 읽을 수 있습니다.

27 판다와 코알라는 모두 5마리이므로 $2+3=5$입니다.
토끼가 4마리 있는데 3마리가 다가와 7마리가 되었으므로 $4+3=7$입니다.

28 도미노의 눈의 수를 합해서 세어 봅니다.
수의 순서를 바꾸어 더해도 합은 같습니다.

29 나무 위에 참새가 5마리 있고 2마리가 날아왔으므로 모두 7마리입니다.

30 (상자) 모양: 선물 상자, 주사위, 필통 ➡ 3개
(공) 모양: 농구공, 야구공, 축구공, 구슬, 탁구공 ➡ 5개
따라서 (상자) 모양과 (공) 모양은 모두 8개이므로 덧셈식은 $3+5=8$입니다.

31 칠판 지우개가 1개, 분필이 5개이므로 ○를 1개 그리고 이어서 5개를 더 그리면 6개가 됩니다.
➡ $1+5=6$

32 (1) ○를 2개 그리고 이어서 6개를 더 그리면 8개가 됩니다. ➡ $2+6=8$
(2) ○를 6개 그리고 이어서 3개를 더 그리면 9개가 됩니다. ➡ $6+3=9$

33 합이 8이 되는 덧셈식은 $1+7=8$, $2+6=8$, $3+5=8$, $4+4=8$, $5+3=8$, $6+2=8$, $7+1=8$이 있습니다.

34 인형을 들고 있는 아이 5명과 풍선을 들고 있는 아이 3명을 합하면 모두 8명입니다.
➡ $5+3=8$
여자 아이 6명과 남자 아이 2명을 합하면 모두 8명입니다. ➡ $6+2=8$

35 3과 3을 모으기 하면 6이므로 $3+3=6$입니다.

36 1과 7을 모으기 하면 8이므로 $1+7=8$입니다.
수의 순서를 바꾸어 7과 1을 모으기 해도 8이므로 $7+1=8$입니다.

37 $5+4=9$, $3+6=9$이므로 두 수의 합이 9인 덧셈식을 만듭니다.
➡ $1+8=9$, $2+7=9$, $4+5=9$, $6+3=9$, $7+2=9$, $8+1=9$

38 (1) $3+\boxed{2}=5$ (2) $3+\boxed{3}=6$
(3) $3+\boxed{4}=7$ (4) $3+\boxed{5}=8$
더하는 수가 1씩 커지면 합도 1씩 커집니다.

39 ① $3+4=\boxed{7}$ ② $2+5=\boxed{7}$
③ $1+6=\boxed{7}$ ④ $4+3=\boxed{7}$
⑤ $5+3=\boxed{8}$
따라서 □ 안에 들어갈 수가 나머지와 다른 하나는 ⑤입니다.

40 ㉠ $2+\boxed{4}=6$ ㉡ $2+\boxed{3}=5$
따라서 □ 안에 들어갈 수가 3인 것은 ㉡입니다.

41 선우의 수 카드의 합: 2+6=8
상민이의 수 카드의 합: 4+4=8
아름이의 수 카드의 합: 5+4=9
따라서 두 수의 합이 선우와 다른 친구의 이름은 아름이입니다.

42 태권도 금메달이 3개, 양궁 금메달이 2개이므로 모두 3+2=5(개)입니다.

43 버스에 승객 2명이 있고 5명이 더 탔으므로 버스에 있는 승객은 모두 2+5=7(명)입니다.

44 3보다 6만큼 더 큰 수는 3 더하기 6과 같으므로 3+6=9입니다.

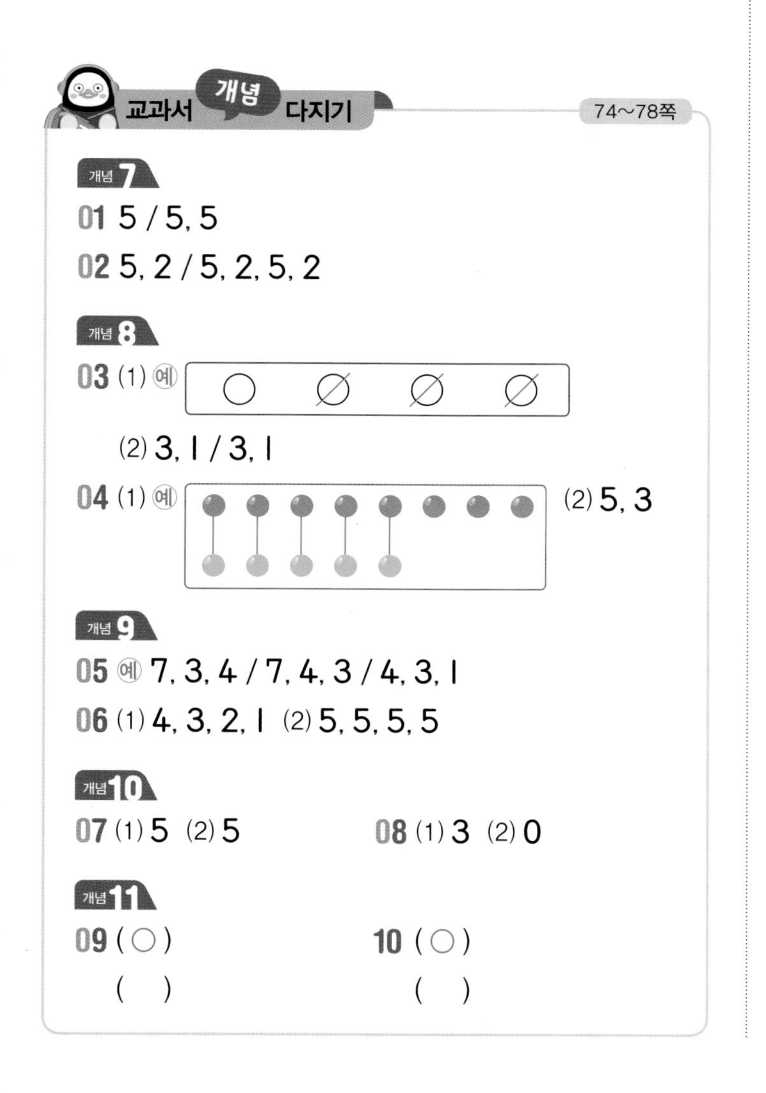

교과서 개념 다지기 74~78쪽

개념 7
01 5 / 5, 5
02 5, 2 / 5, 2, 5, 2

개념 8
03 (1) 예
(2) 3, 1 / 3, 1
04 (1) 예 (2) 5, 3

개념 9
05 예 7, 3, 4 / 7, 4, 3 / 4, 3, 1
06 (1) 4, 3, 2, 1 (2) 5, 5, 5, 5

개념 10
07 (1) 5 (2) 5
08 (1) 3 (2) 0

개념 11
09 (○)
( )
10 (○)
( )

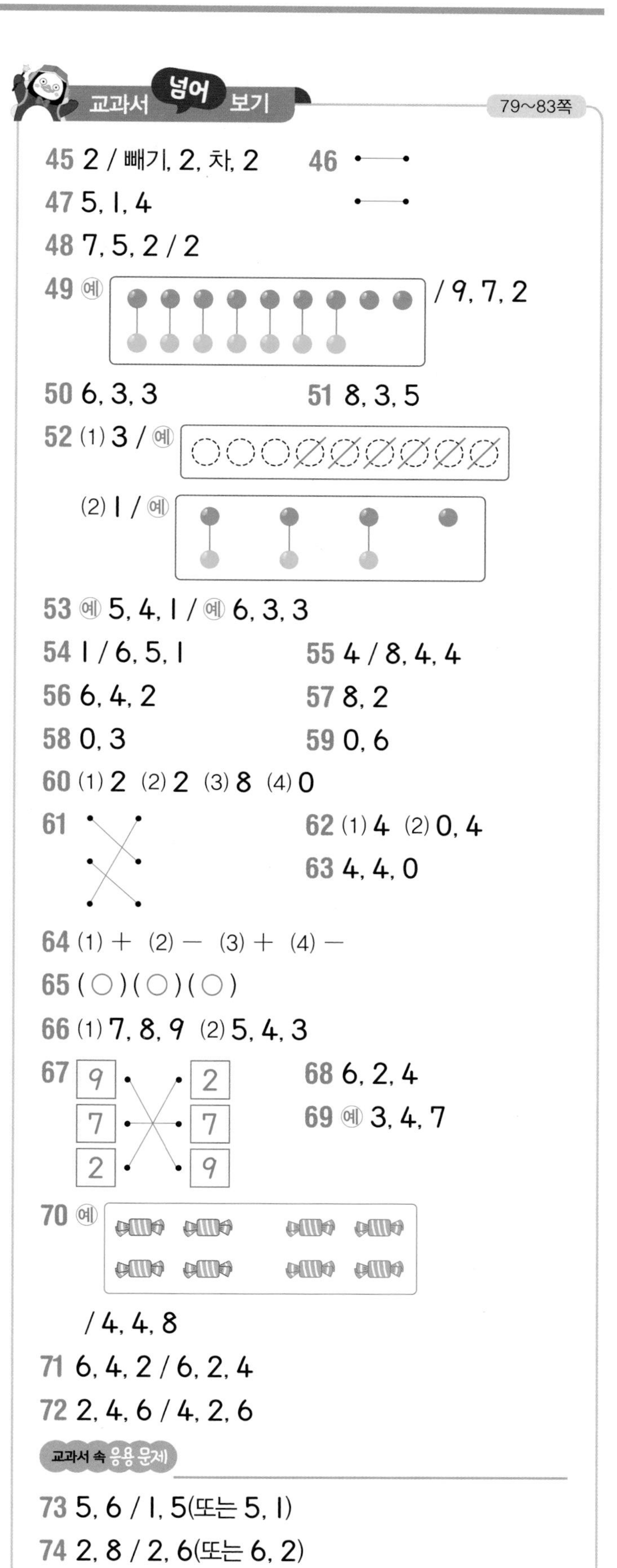

교과서 넘어 보기 79~83쪽

45 2 / 빼기, 2, 차, 2
46
47 5, 1, 4
48 7, 5, 2 / 2
49 예 / 9, 7, 2
50 6, 3, 3
51 8, 3, 5
52 (1) 3 / 예
(2) 1 / 예
53 예 5, 4, 1 / 예 6, 3, 3
54 1 / 6, 5, 1
55 4 / 8, 4, 4
56 6, 4, 2
57 8, 2
58 0, 3
59 0, 6
60 (1) 2 (2) 2 (3) 8 (4) 0
61
62 (1) 4 (2) 0, 4
63 4, 4, 0
64 (1) + (2) − (3) + (4) −
65 (○) (○) (○)
66 (1) 7, 8, 9 (2) 5, 4, 3
67

68 6, 2, 4
69 예 3, 4, 7
70 예
/ 4, 4, 8
71 6, 4, 2 / 6, 2, 4
72 2, 4, 6 / 4, 2, 6

교과서 속 응용 문제

73 5, 6 / 1, 5(또는 5, 1)
74 2, 8 / 2, 6(또는 6, 2)

BOOK 1 본책

75 1, 2, 3(또는 2, 1, 3) / 3, 2, 1(또는 3, 1, 2)
76 3개
77 8개
78 8

45 오렌지 주스가 6병, 빨대가 4개이므로 오렌지 주스가 빨대보다 2개 더 많습니다.

46 연못 안에 있던 오리 6마리 중에서 1마리가 나가고 5마리가 남았으므로 $6-1=5$입니다.
당근과 토끼를 하나씩 짝 지으면 당근이 3개 남으므로 $5-2=3$입니다.

47 종이비행기 5개 중 1개가 땅에 떨어지고 4개가 날고 있으므로 $5-1=4$입니다.

48 □ 모양이 7개, □ 모양이 5개이므로 □ 모양은 □ 모양보다 2개 더 많습니다. 뺄셈식으로 나타내면 $7-5=2$입니다.

49 ●와 ●를 하나씩 연결해 보면 ●가 2개 남으므로 $9-7=2$입니다.

50 6보다 3만큼 더 작은 수는 $6-3=3$입니다.

51 ●와 ●를 하나씩 연결해 보면 ●가 5개 남으므로 $8-3=5$입니다.

52 (1) ○ 9개 중 6개를 /로 지우면 남은 ○는 3개이므로 $9-6=3$입니다.
(2) ●와 ●를 하나씩 연결해 보면 ●가 1개 남습니다. ➡ $4-3=1$

53 빨간색은 5개, 파란색은 4개이므로 빨간색이 파란색보다 1개가 더 많습니다. ➡ $5-4=1$
□는 6개, △는 3개이므로 □가 △보다 3개 더 많습니다. ➡ $6-3=3$

54 6명의 학생 중 5명이 손을 들고 있으므로 손을 안 들고 있는 학생은 1명입니다. ➡ $6-5=1$

55 8은 4와 4로 가르기 할 수 있으므로 $8-4=4$입니다.

56 $9-7=2$이므로 차가 2인 뺄셈식을 만들어야 합니다. $8-6=2$, $6-4=2$, $4-2=2$입니다.

57 차례대로 계산을 하면 $9-1=8$이고, $8-6=2$입니다.

58 왼쪽 접시에는 마카롱이 3개 있고 오른쪽 접시에는 아무것도 없으므로 $3+0=3$입니다.

59 꽃 6송이가 있었는데 6송이가 그대로 남아 있으므로 $6-0=6$입니다.

60 (1) 어떤 수에 0을 더하면 어떤 수입니다.
(2) 0에 어떤 수를 더하면 어떤 수입니다.
(3) 어떤 수에서 0을 빼면 어떤 수입니다.
(4) 어떤 수에서 어떤 수를 빼면 0입니다.

61 $9-0=9$, $0+6=6$, $1-1=0$
$7-7=0$, $0+9=9$, $6-0=6$

62 (1) 왼쪽 칸에 아무것도 없고, 오른쪽 칸에 점이 4개 있습니다. ➡ $0+4=4$
(2) 왼쪽 칸에 점이 4개 있고, 오른쪽 칸에 아무것도 없습니다. ➡ $4+0=4$

63 접시 위에 파이가 4개 있었는데 4명이 하나씩 먹었으므로 접시 위에 남은 파이는 없습니다.
➡ $4-4=0$

64 (1), (3)의 계산한 결과가 '='의 왼쪽에 있는 두 수보다 커졌으므로 덧셈식입니다.
(2), (4)의 계산한 결과가 가장 왼쪽에 있는 수보다 작아졌으므로 뺄셈식입니다.

65 • 첫 번째 그림은 $1+3=4$를 표현했습니다.
• 두 번째 그림은 $6-2=4$를 표현했습니다.
• 세 번째 그림은 $5-1=4$를 표현했습니다.

66 (1) 더하는 수가 1씩 커지면 합도 1씩 커집니다.

(2) 빼는 수가 1씩 커지면 차는 1씩 작아집니다.

67 $3+6=9$, $9-0=9$로 계산한 결과가 같습니다. $5+2=7$, $8-1=7$로 계산한 결과가 같습니다. $1+1=2$, $5-3=2$로 계산한 결과가 같습니다.

68 접시 위에 귤이 6개 있었는데 2개를 먹었으므로 남은 귤은 4개입니다. ➡ $6-2=4$

69 구슬이 상자 속에 3개, 상자 밖에 4개 있으므로 구슬의 수를 더하면 $3+4=7$ 또는 $4+3=7$입니다.

70 사탕 4개가 있고 사탕 4개를 더 그렸으므로 사탕의 수를 더하면 $4+4=8$입니다.

71 가장 큰 수에서 다른 수를 빼서 뺄셈식을 2개 씁니다. ➡ $6-4=2$, $6-2=4$

72 작은 수 2개를 더하여 가장 큰 수를 만드는 덧셈식을 2개 씁니다. ➡ $2+4=6$, $4+2=6$

73 세 수를 모두 이용하여 만들 수 있는 덧셈식은 $1+5=6$, $5+1=6$이고, 뺄셈식은 $6-1=5$, $6-5=1$입니다.

74 세 수를 모두 이용하여 만들 수 있는 덧셈식은 $2+6=8$, $6+2=8$이고, 뺄셈식은 $8-2=6$, $8-6=2$입니다.

75 세 수를 모두 이용하여 만들 수 있는 덧셈식은 $1+2=3$, $2+1=3$이고, 뺄셈식은 $3-1=2$, $3-2=1$입니다.

76 강아지 간식을 3마리의 강아지에게 1개씩 나누어 주었으므로 나누어 준 강아지 간식은 모두 3개입니다. 따라서 남은 강아지 간식은 $6-3=3$(개)입니다.

77 5명이 풍선을 1개씩 가지고 있으므로 친구들이 가지고 있는 풍선은 5개입니다. 따라서 주희와 친구들이 가지고 있는 풍선은 모두 $3+5=8$(개)입니다.

78 (미나가 쓴 수)$=5-3=2$
(현욱이가 쓴 수)$=5+1=6$
미나가 쓴 수와 현욱이가 쓴 수의 합은 $2+6=8$입니다.

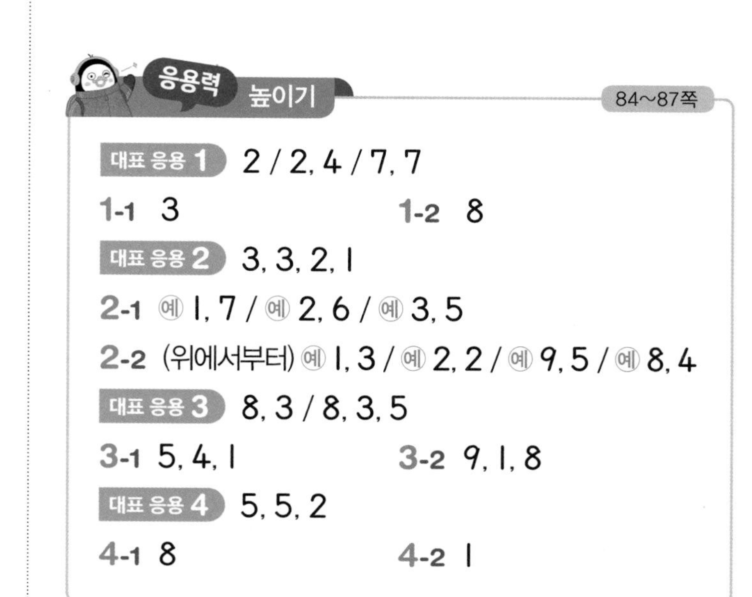

응용력 높이기

84~87쪽

대표 응용 1 2 / 2, 4 / 7, 7

1-1 3　　1-2 8

대표 응용 2 3, 3, 2, 1

2-1 예 1, 7 / 예 2, 6 / 예 3, 5

2-2 (위에서부터) 예 1, 3 / 예 2, 2 / 예 9, 5 / 예 8, 4

대표 응용 3 8, 3 / 8, 3, 5

3-1 5, 4, 1　　3-2 9, 1, 8

대표 응용 4 5, 5, 2

4-1 8　　4-2 1

1-1 3과 ㉠을 모으기 하면 7이므로 $3+4=7$에서 ㉠은 4입니다. ㉡은 ㉠보다 3만큼 더 작은 수이므로 $4-3=1$입니다. 2와 1로 가르기 할 수 있는 수는 3이므로 ㉢은 3입니다.

1-2 2와 ㉠을 모으기 하면 5이므로 $2+3=5$에서 ㉠은 3입니다. ㉠에서 ㉡을 빼면 0이므로 ㉡은 ㉠과 같은 수인 3입니다. ㉢은 ㉡보다 2만큼 더 큰 수이므로 $3+2=5$입니다. 3과 5로 가르기 할 수 있는 수는 8이므로 ㉣은 8입니다.

2-1 1과 7을 모으기 하면 8이 됩니다. ➡ $1+7=8$
1씩 커지는 수에 1씩 작아지는 수를 더하면 합이 같습니다.
$1+7=8$, $2+6=8$, $3+5=8$, $4+4=8$, $5+3=8$, $6+2=8$, $7+1=8$

2-2 합이 4인 덧셈식: $1+3=4$, $2+2=4$, $3+1=4$

차가 4인 뺄셈식: 9－5＝4, 8－4＝4,
7－3＝4, 6－2＝4,
5－1＝4

3-1 두 수의 차가 가장 작으려면 수의 순서에서 가장 가까운 수끼리 빼면 됩니다.
8, 5, 4, 1 중에서 가장 가까이에 있는 두 수는 5와 4이므로 뺄셈식은 5－4＝1입니다.

3-2 두 수의 차가 가장 크려면 가장 큰 수에서 가장 작은 수를 빼면 됩니다. 가장 큰 수는 9이고 가장 작은 수는 0이므로 9－0＝9가 되어서 수 카드 9를 두 번 써야 합니다. 0 다음으로 작은 수는 1이므로 수 카드를 한 번씩만 사용하여 두 수의 차가 가장 큰 뺄셈식을 만들면 9－1＝8입니다.

4-1 (어떤 수)－2＝4에서 6－2＝4이므로 어떤 수는 6입니다. 따라서 바르게 계산하면 6에 2를 더하여 6＋2＝8입니다.

4-2 2와 2를 모으기 하면 4이므로 ㉠은 4입니다.
(어떤 수)＋4＝9이므로 5＋4＝9에서 어떤 수는 5입니다. 따라서 바르게 계산하면 5에서 4를 빼어서 5－4＝1입니다.

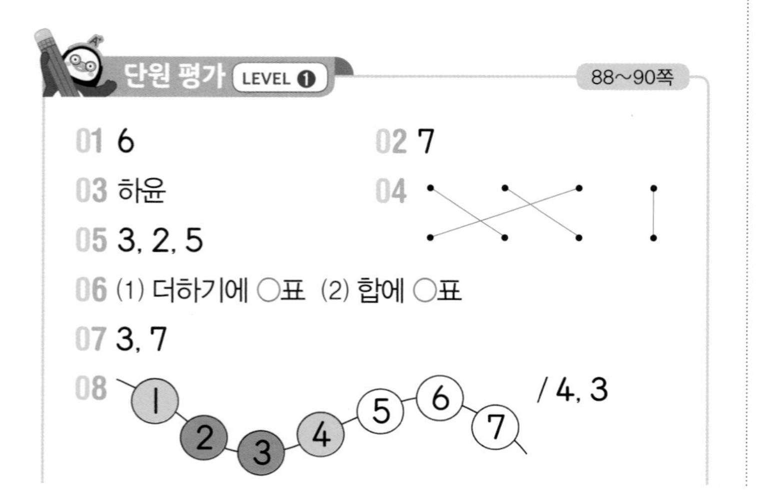

단원 평가 LEVEL ❶ 88~90쪽

01 6 **02** 7
03 하윤 **04**
05 3, 2, 5
06 (1) 더하기에 ○표 (2) 합에 ○표
07 3, 7
08 / 4, 3

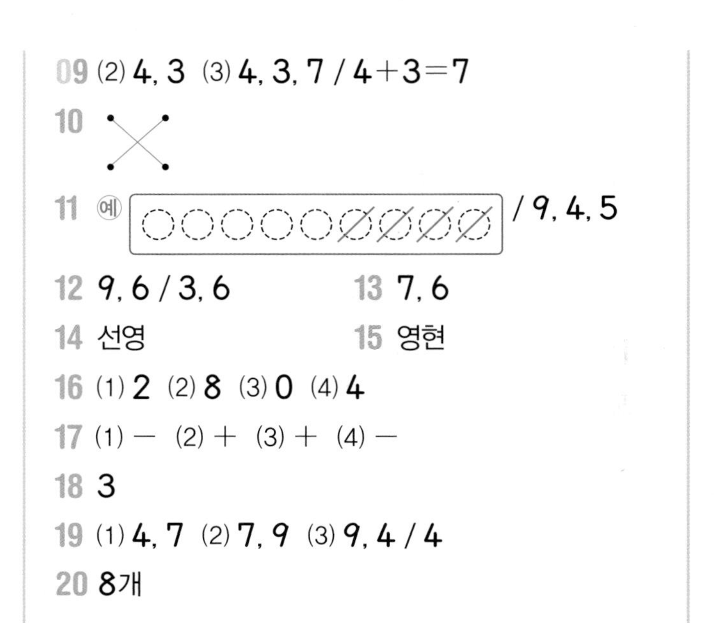

09 (2) 4, 3 (3) 4, 3, 7 / 4＋3＝7
10
11 예 / 9, 4, 5
12 9, 6 / 3, 6 **13** 7, 6
14 선영 **15** 영현
16 (1) 2 (2) 8 (3) 0 (4) 4
17 (1) － (2) ＋ (3) ＋ (4) －
18 3
19 (1) 4, 7 (2) 7, 9 (3) 9, 4 / 4
20 8개

01 물고기 2마리와 4마리를 모으기 하면 6마리가 됩니다. ➡ 2와 4를 모으기 하면 6입니다.

02 9는 2와 7로 가르기 할 수 있습니다.

03 진우: 수 카드의 수를 모으기 하면 1＋8＝9입니다.
여름: 수 카드의 수를 모으기 하면 2＋7＝9입니다.
희정: 수 카드의 수를 모으기 하면 6＋3＝9입니다.
하윤: 수 카드의 수를 모으기 하면 3＋5＝8입니다.
따라서 하윤이의 수 카드의 수를 모으기 한 수가 진우의 수 카드의 수를 모으기 한 수와 다릅니다.

04 9는 1과 8, 7과 2, 3과 6, 4와 5로 가르기 할 수 있습니다.

05 펭귄이 얼음 위에 3마리 있고, 물속에 2마리 있으므로 펭귄은 모두 3＋2＝5(마리)입니다.

06 2＋5＝7을 '2 더하기 5는 7과 같습니다.'와 '2와 5의 합은 7입니다.'로 읽을 수 있습니다.

07 도미노 눈의 수는 4와 3이므로 덧셈식을 쓰면 4＋3＝7입니다.

08 합이 5가 되려면 1과 4, 2와 3을 모으기 하면 됩니다.

09 두 수의 합이 가장 크려면 가장 큰 수와 두 번째로 큰 수를 더하면 됩니다. 1, 2, 3, 4 중에서 가장 큰 수는 4이고, 두 번째로 큰 수는 3입니다. 따라서 두 수의 합이 가장 큰 덧셈식을 만들면 $4+3=7$입니다.

10 숟가락은 6개, 포크는 5개이므로 숟가락이 포크보다 1개 더 많습니다. ➡ $6-5=1$
기린 5마리 중에서 2마리가 떠나서 3마리가 남았습니다. ➡ $5-2=3$

11 사과 9개 중 4개를 먹었으므로 ○ 9개 중 4개를 /로 지우면 ○ 5개가 남습니다. 따라서 남은 사과는 5개입니다. ➡ $9-4=5$

12 뺄셈식이 9－□＝□이므로 가르기 한 수가 9이고, 9는 3과 6으로 가르기 할 수 있습니다.
➡ $9-3=6$

13 의자가 7개 있는데 학생 6명이 앉아서 남은 의자가 1개입니다. ➡ $7-6=1$

14 선영: $4-2=2$, $6-4=2$, $8-6=2$
준수: $6-1=5$, $9-5=4$, $8-3=5$
따라서 차가 같은 뺄셈식끼리 모은 사람은 선영입니다.

15 영현이가 표현한 도미노의 눈의 수는 3과 3이므로 덧셈식으로 나타내면 $3+3=6$입니다.

16 (1) 어떤 수에 0을 더하면 어떤 수입니다.
(2) 0에 어떤 수를 더하면 어떤 수입니다.
(3) 어떤 수에서 어떤 수를 빼면 0입니다.
(4) 어떤 수에서 0을 빼면 어떤 수입니다.

17 (1), (4)의 계산한 결과가 가장 왼쪽에 있는 수보다 작아졌으므로 뺄셈식입니다.
(2), (3)의 계산한 결과가 '＝'의 왼쪽에 있는 두 수보다 커졌으므로 덧셈식입니다.

18 3과 4를 모으기 하면 7이므로 ㉠에 알맞은 수는 4이고 2와 1로 가르기 할 수 있는 수는 3이므로 ㉡에 알맞은 수는 3입니다. 따라서 ㉠과 ㉡에 알맞은 수 중에서 더 작은 수는 3입니다.

19 선욱이가 쓴 수는 3보다 4만큼 더 큰 수이므로 $3+4=7$입니다.
현진이가 쓴 수는 선욱이가 쓴 수인 7과 2의 합이므로 $7+2=9$입니다.
민선이가 쓴 수는 현진이가 쓴 수인 9에서 5를 뺀 수이므로 $9-5=4$입니다.

20 동생이 가진 공룡 인형의 수는 현지가 가진 공룡 인형의 수보다 2개 더 많으므로 $3+2=5$(개)입니다. 따라서 현지와 동생이 가지고 있는 공룡 인형은 모두 $3+5=8$(개)입니다.

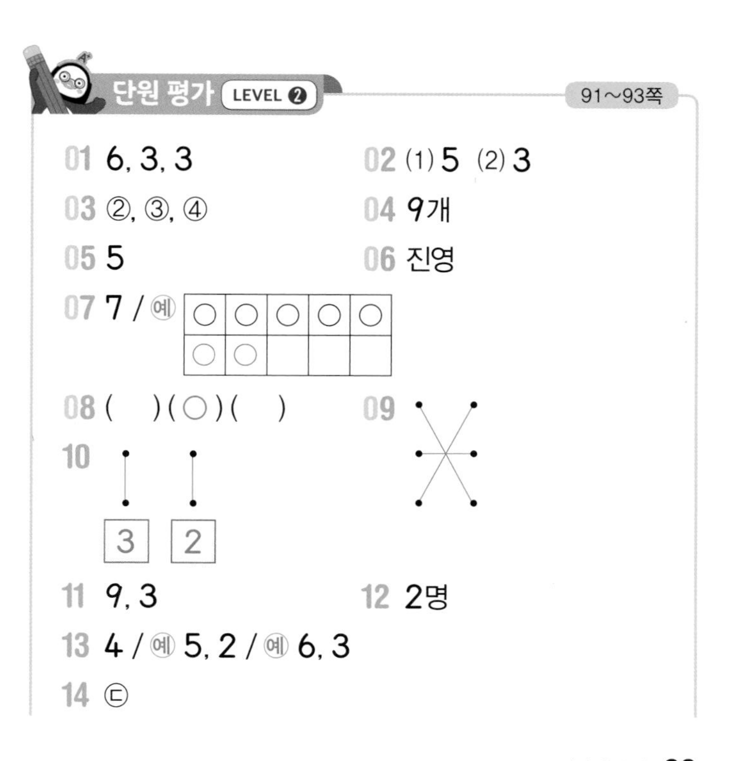

단원 평가 LEVEL ❷
91~93쪽
01 6, 3, 3
02 (1) 5 (2) 3
03 ②, ③, ④
04 9개
05 5
06 진영
07 7 / 예
08 ( )(○)( )
09
10
3
2
11 9, 3
12 2명
13 4 / 예 5, 2 / 예 6, 3
14 ㉢

15 (1) 1, 1 (2) 1 (3) 1, 5 / 5

16 •—• •—•

17 ( )( )(○)

18 ㉢, ㉠, ㉡

19 (1) 1, 7 (2) 1, 7, 1, 8 / 8

20 3, 6, 9 / 6, 3, 9 / 9, 3, 6 / 9, 6, 3

01 연필 6자루를 3자루와 3자루로 가르기 하였습니다. ➡ 6은 3과 3으로 가르기 할 수 있습니다.

02 (1) 4와 1을 모으기 하면 5입니다.
(2) 5를 3과 2로 가르기 할 수 있습니다.

03 5는 1과 4, 2와 3, 3과 2, 4와 1로 가르기 할 수 있습니다.

04 형과 동생이 받은 과자는 모두 $5+4=9$(개)이므로 성준이가 가지고 있던 과자는 9개입니다.

05

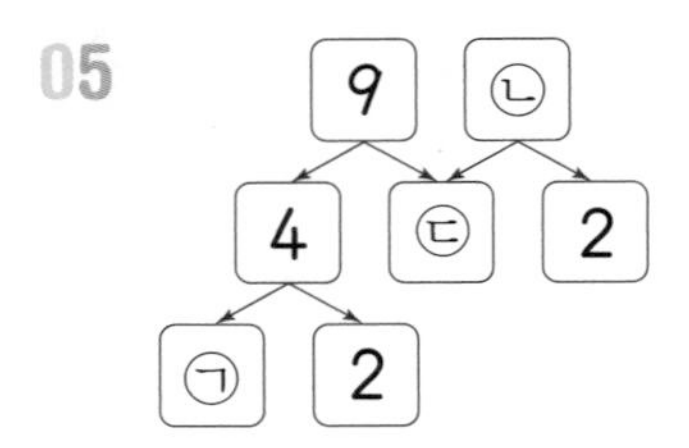

4는 2와 2로 가르기 할 수 있으므로 ㉠에 알맞은 수는 2입니다.
9는 4와 5로 가르기를 할 수 있으므로 ㉢에 알맞은 수는 5입니다.
5와 2로 가르기 할 수 있는 수는 7이므로 ㉡에 알맞은 수는 7입니다.
따라서 ㉠과 ㉡의 차는 $7-2=5$입니다.

06 진영: 과자 수는 4, 음료수 수는 3이므로 두 수의 차는 $4-3=1$입니다.

07

○	○	○	○	○
○	○			

○가 5개 있는데 ○를 2개 더 그리면 ○가 7개가 됩니다. ➡ $5+2=7$

08 장미 3송이와 튤립 4송이를 합하면 모두 7송이입니다. ➡ $3+4=7$ 또는 $4+3=7$
빨간색 꽃 5송이와 노란색 꽃 2송이를 합하면 모두 7송이입니다. ➡ $5+2=7$ 또는 $2+5=7$

10 • 사과 6개 중에서 3개를 먹고 남은 사과는 3개입니다. ➡ $6-3=3$
• 주황색 색종이와 초록색 색종이를 하나씩 짝 지으면 주황색 색종이는 2장 남습니다.
➡ $5-3=2$

11 1과 8의 합은 9이고, 9와 6의 차는 3입니다.

12 첫 번째 정류장에서 3명이 내렸으므로 남은 승객은 $9-3=6$(명)입니다.
두 번째 정류장에서 4명이 내렸으므로 남은 승객은 $6-4=2$(명)입니다.

13 1에서 9까지의 수를 사용한 두 수의 차가 3인 뺄셈식은 $4-1=3$, $5-2=3$, $6-3=3$, $7-4=3$, $8-5=3$, $9-6=3$입니다.

14 ㉠ $0+\boxed{4}=4$ ㉡ $\boxed{0}+7=7$
㉢ $\boxed{6}-6=0$ ㉣ $3-0=\boxed{3}$
따라서 □ 안에 들어갈 수 있는 수 중 가장 큰 수는 6이므로 ㉢입니다.

15 8−(어떤 수)=7에서 $8-1=7$이므로 어떤 수는 1입니다. 어떤 수와 4의 합은 1과 4의 합이므로 $1+4=5$입니다.

16 4□3=7과 8□1=9는 계산한 결과가 '='의 왼쪽에 있는 두 수보다 커졌으므로 덧셈식입니다.
4□3=1과 8□1=7은 계산한 결과가 가장 왼쪽에 있는 수보다 작아졌으므로 뺄셈식입니다.

17 $4+1=5$입니다. $8-2=6$, $7-3=4$, $9-4=5$이므로 $4+1$과 $9-4$의 계산한 결과가 같습니다.

18 $4-2=2$이므로 ㉠은 2입니다.
$1+2=3$이므로 ㉡은 3입니다.
$9-8=1$이므로 ㉢은 1입니다.
계산 결과가 작은 것부터 순서대로 기호를 쓰면 ㉢, ㉠, ㉡입니다.

19 (어떤 수)$-1=6$에서 $7-1=6$이므로 어떤 수는 7입니다. 바르게 계산하면 (어떤 수)$+1$을 구해야 하므로 $7+1=8$입니다.

20 가장 큰 수가 9이므로 두 수의 합이 9인 덧셈식을 만듭니다.
➡ $3+6=9$, $6+3=9$
가장 큰 수인 9에서 다른 수를 빼는 뺄셈식을 만듭니다.
➡ $9-3=6$, $9-6=3$

4단원 비교하기

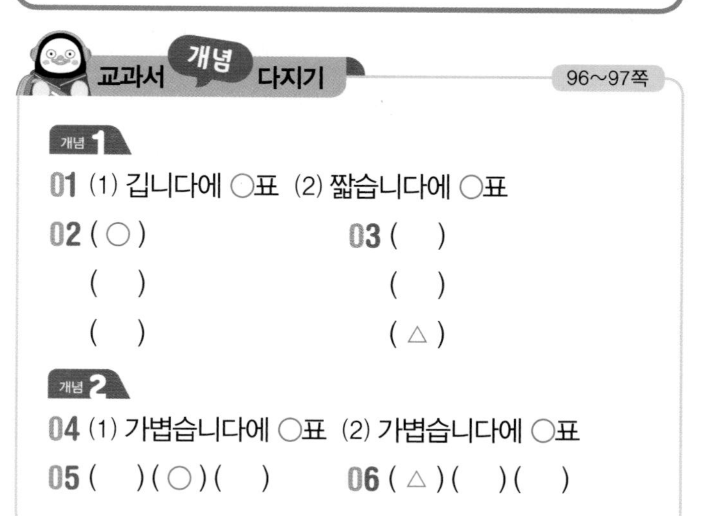

교과서 개념 다지기 96~97쪽

개념 1

01 (1) 깁니다에 ○표 (2) 짧습니다에 ○표

02 (○) ( ) ( )

03 ( ) ( ) (△)

개념 2

04 (1) 가볍습니다에 ○표 (2) 가볍습니다에 ○표

05 ( )(○)( )

06 (△)( )( )

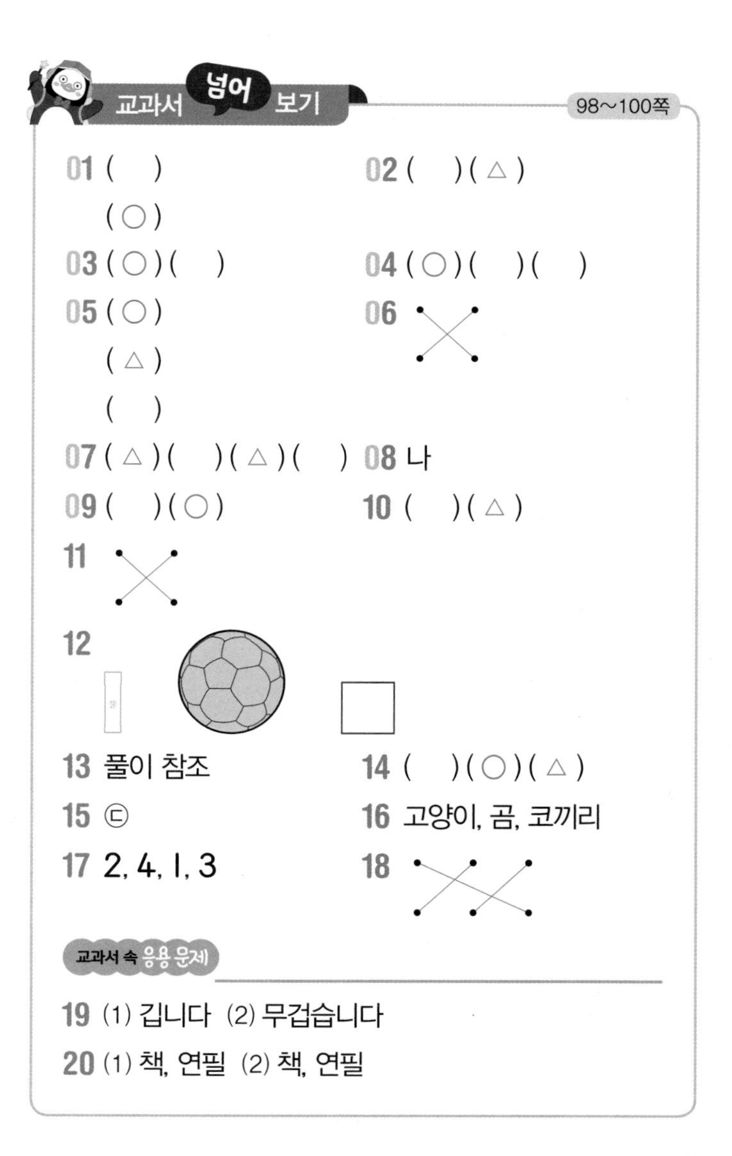

교과서 넘어 보기 98~100쪽

01 ( ) (○)

02 ( )(△)

03 (○)( )

04 (○)( )( )

05 (○) (△) ( )

06

07 (△)( )(△)( )

08 나

09 ( )(○)

10 ( )(△)

11

12

13 풀이 참조

14 ( )(○)(△)

15 ㉢

16 고양이, 곰, 코끼리

17 2, 4, 1, 3

18

교과서 속 응용 문제

19 (1) 깁니다 (2) 무겁습니다

20 (1) 책, 연필 (2) 책, 연필

BOOK 1 본책

01 왼쪽 시작점이 맞춰졌으므로 오른쪽 끝이 긴 바지가 치마보다 더 깁니다.

02 아래 시작점이 맞춰졌으므로 위쪽 끝이 더 짧은 빨강 사탕이 더 짧습니다.

03 아래 시작점이 맞춰졌으므로 위쪽 끝이 더 높은 건물이 나무보다 더 높습니다.

04 아래 시작점이 맞춰졌으므로 위쪽 끝이 더 긴 첫 번째 신발이 가장 깁니다.

05 왼쪽 시작점이 맞춰졌으므로 오른쪽 끝이 가장 긴 붓이 가장 길고 팔레트의 길이가 가장 짧습니다.

06 선의 길이가 긴 것과 짧은 것을 연결합니다.

07 크레파스보다 더 짧은 것은 지우개와 머리핀입니다.

08 시작점과 끝점이 같으므로 많이 구부러진 나가 가보다 더 깁니다.

09 책상이 의자보다 더 무겁습니다.

10 색종이가 돌멩이보다 더 가볍습니다.

11 시소에서 내려간 쪽의 사람이 더 무겁고 올라간 쪽의 사람은 더 가볍습니다.

12 풀, 축구공, 색종이 중 가장 무거운 것은 축구공이므로 축구공에 색칠합니다.

13 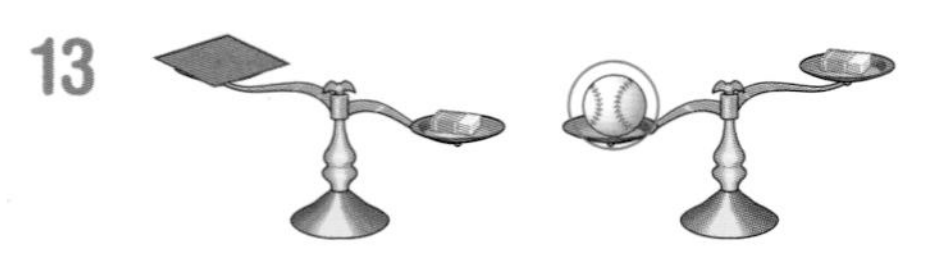

색종이와 지우개 중 지우개가 더 무겁고, 야구공과 지우개 중 야구공이 더 무거우므로 가장 무거운 것은 야구공입니다.

14 가장 무거운 물건은 에어컨이고 가장 가벼운 물건은 부채입니다.

15 쌓기나무가 3개 올려져 있는 쪽이 내려갔으므로 반대쪽보다 더 무겁습니다. 따라서 □ 안에 올려질 쌓기나무는 0개, 1개, 2개 중 하나이므로 적절하지 않은 것은 쌓기나무가 4개인 ㉢입니다.

16 곰이 코끼리보다 가볍고, 고양이가 곰보다 가벼우므로 고양이, 곰, 코끼리 순서로 가볍습니다.

17 길이가 짧은 고드름부터 순서대로 1, 2, 3, 4를 씁니다.

18 상자에 앉은 동물이 무거울수록 상자가 많이 찌그러집니다. 가장 많이 찌그러진 상자와 가장 무거운 사자를 연결하고 가장 적게 찌그러진 상자와 가장 가벼운 다람쥐를 연결합니다.

19 (1) 파란색 테이프가 빨간색 테이프보다 더 길므로 '더 길다'를 사용하여 이야기를 만듭니다.
(2) 여행용 가방이 책가방보다 드는데 힘이 더 많이 들므로 '더 무겁다'를 사용하여 이야기를 만듭니다.

20 책을 매단 고무줄이 연필을 매단 고무줄보다 더 많이 늘어났으므로 책이 연필보다 더 무겁습니다.

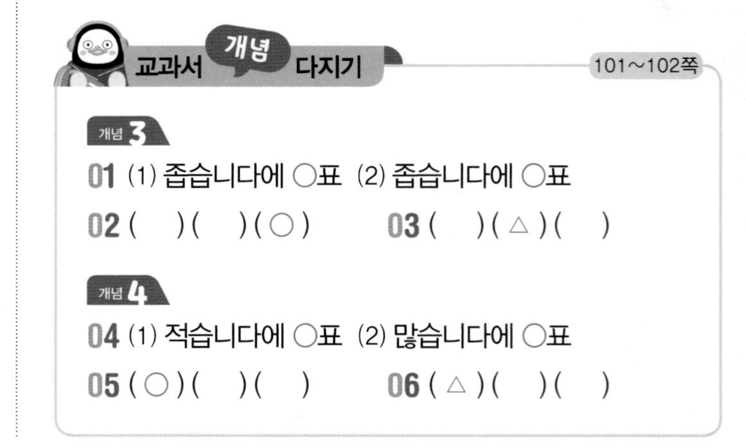

교과서 개념 다지기
101~102쪽
개념 3
01 (1) 좁습니다에 ○표 (2) 좁습니다에 ○표
02 ( )( )(○)
03 ( )(△)( )
개념 4
04 (1) 적습니다에 ○표 (2) 많습니다에 ○표
05 (○)( )( )
06 (△)( )( )

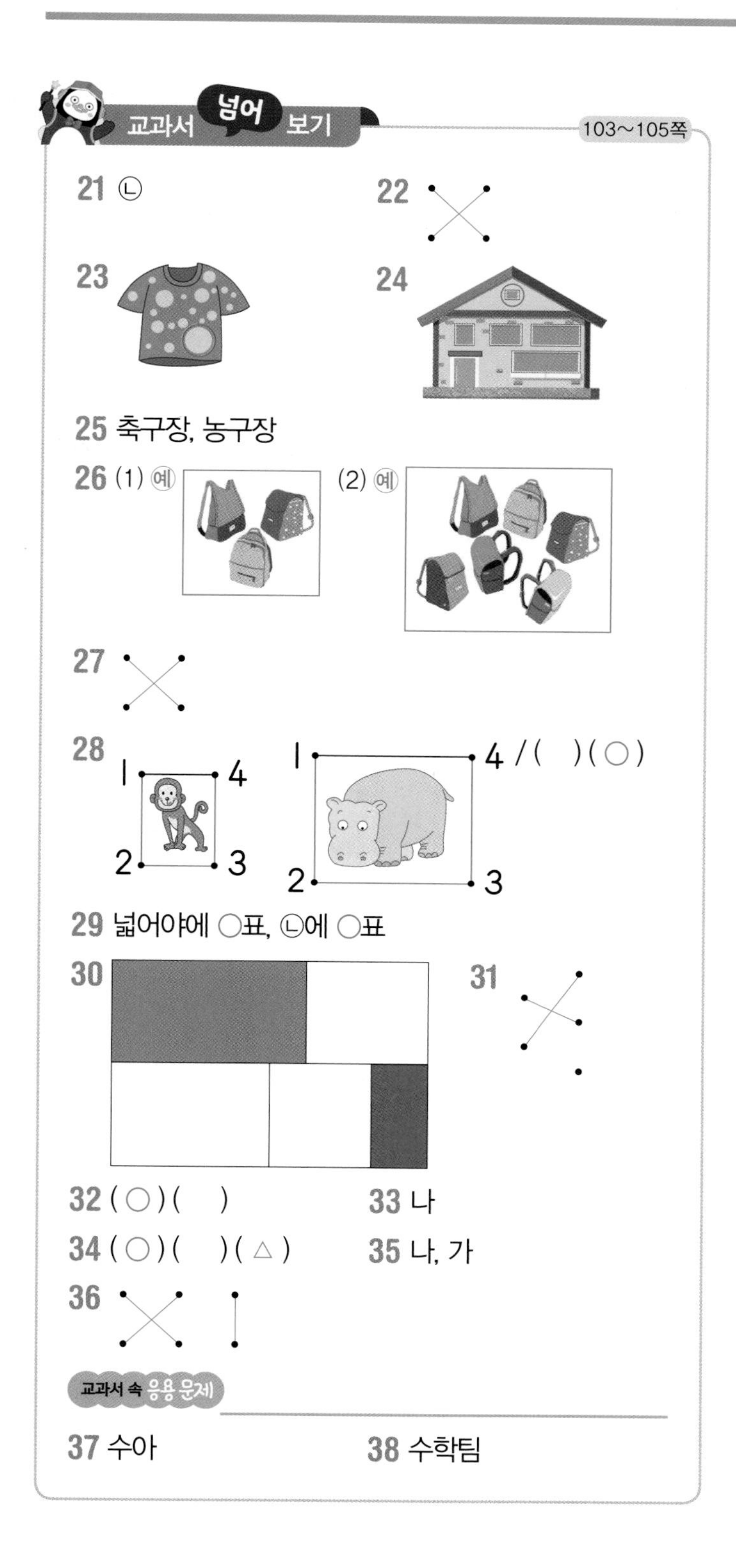

21 ㉡처럼 한쪽 끝을 맞추어 서로 겹쳐보면 어느 것이 더 넓고 좁은지 확인할 수 있습니다.

22 겹쳤을 때 남는 부분이 있는 파란색 책이 빨간색 책보다 더 넓습니다.

23 가장 큰 동그란 무늬에 ○표 합니다.

24 가장 좁은 창문에 ○표 합니다.

25 축구장은 농구장보다 더 넓습니다.

26 가방이 모두 들어가도록 돗자리를 그립니다.

27 물의 높이가 낮을수록 담긴 물의 양이 더 적습니다.

28 1, 2, 3, 4를 순서대로 연결하여 넓이를 비교하면 하마 쪽이 더 넓습니다.

29 선물을 포장하려면 선물보다 포장지가 더 넓어야 하므로 ㉡입니다.

30 가장 넓은 곳에 파란색, 가장 좁은 곳에 빨간색을 칠합니다.

31 가장 많이 담을 수 있는 컵은 바닥 면이 넓고 높이가 높은 큰 컵이고 가장 적게 담을 수 있는 컵은 바닥면이 좁고 높이가 낮은 컵입니다.

32 두 수도꼭지를 동시에 열었을 때 더 빨리 가득 채울 수 있는 것은 담을 수 있는 물의 양이 더 적은 양동이입니다.

33 가는 담을 수 있는 물의 양이 더 많고 나는 더 적기 때문에 같은 양의 물을 부었을 때 물이 넘치는 물통은 나입니다.

34 같은 그릇의 경우 담긴 음료수의 높이가 높을수록 음료수의 양이 더 많습니다.

35 물을 더 많이 담을 수 있는 물통은 나이므로 지현이는 나를 가져가고, 적게 들어가더라도 가져가기 편한 물통은 가이므로 영건이는 가를 가져갈 것입니다.

36 같은 그릇의 경우 담긴 양이 가장 많은 것은 높이가 가장 높은 것이고 담긴 양이 가장 적은 것은 높이가 가장 낮은 것입니다.

37 담긴 물의 높이가 같은 경우 컵이 클수록 물의 양이 더 많으므로 바르게 말한 사람은 수아입니다.

38 음료수의 높이가 같은 경우 그릇의 크기가 클수록 담긴 음료수의 양이 더 많은 것이므로 수학팀이 놀이팀보다 더 많은 음료수를 날랐습니다.

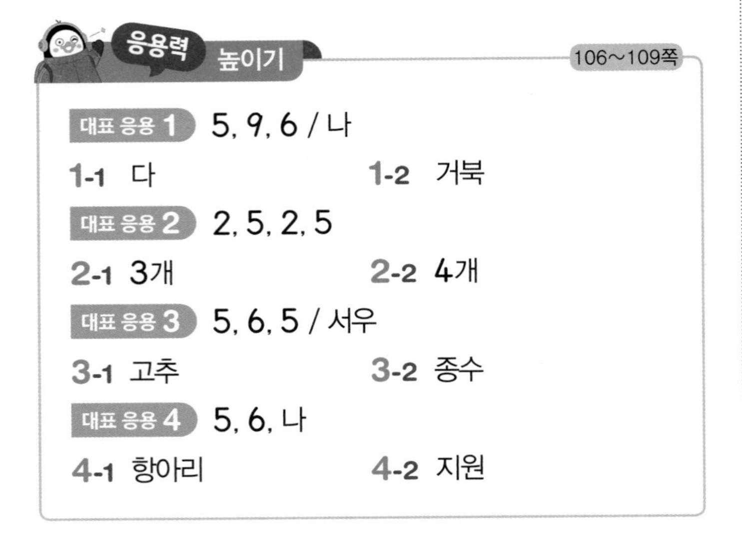

응용력 높이기 106~109쪽

대표 응용 1 5, 9, 6 / 나

1-1 다 1-2 거북

대표 응용 2 2, 5, 2, 5

2-1 3개 2-2 4개

대표 응용 3 5, 6, 5 / 서우

3-1 고추 3-2 종수

대표 응용 4 5, 6, 나

4-1 항아리 4-2 지원

1 가는 5칸, 나는 9칸, 다는 6칸만큼의 거리를 이동하였습니다. $9>6>5$이므로 가장 많이 이동한 로봇 청소기는 나입니다.

1-1 거북이 가는 7칸, 나는 8칸, 다는 9칸만큼의 거리를 이동하였습니다. $9>8>7$이므로 가장 많이 이동한 거북은 다입니다.

1-2 토끼와 거북이 간 길을 펴서 시작점을 맞추어 비교하면 거북이 더 짧은 거리를 이동했습니다.

2 가위 1개와 풀 2개의 무게가 같고 지우개 5개와 풀 2개의 무게가 같습니다. 따라서 가위 1개와 지우개 5개의 무게가 같습니다.

2-1 풀 1개와 지우개 2개의 무게가 같고 크레파스 3개와 지우개 2개의 무게가 같습니다. 따라서 풀 1개와 크레파스 3개의 무게가 같습니다.

2-2 지우개 1개는 연필 2자루의 무게와 같고 연필 1자루의 무게는 집게 2개의 무게와 같습니다. 따라서 연필 2자루는 집게 4개의 무게와 같으므로 지우개 1개는 집게 4개의 무게와 같습니다.

3 진우는 5칸, 서우는 6칸, 예찬이는 5칸의 땅을 땄습니다. 따라서 가장 넓은 땅을 딴 사람은 서우입니다.

3-1 토마토는 6칸, 상추는 2칸, 고추는 7칸만큼 심었습니다. 따라서 가장 넓은 밭에 심은 채소는 고추입니다.

3-2 종수는 1조각, 영수는 2조각, 엄마는 2조각, 아빠는 4조각을 먹었습니다. 따라서 가장 적게 먹은 사람은 종수입니다.

4 가 물통은 5번, 나 물통은 6번 물을 퍼냈으므로 물이 더 많이 담겼던 것은 나 물통입니다.

4-1 항아리는 10번, 양동이는 13번 물을 퍼냈으므로 물이 더 적게 담겼던 것은 항아리입니다.

4-2 냄비보다 주전자가 더 작으므로 담을 수 있는 물의 양도 더 적습니다. 냄비에 컵 3개만큼의 물이 들어간다면 주전자에는 그것보다 더 적게 들어갈 것이므로 바르게 추측한 사람은 지원이입니다.

단원 평가 LEVEL 1 110~112쪽

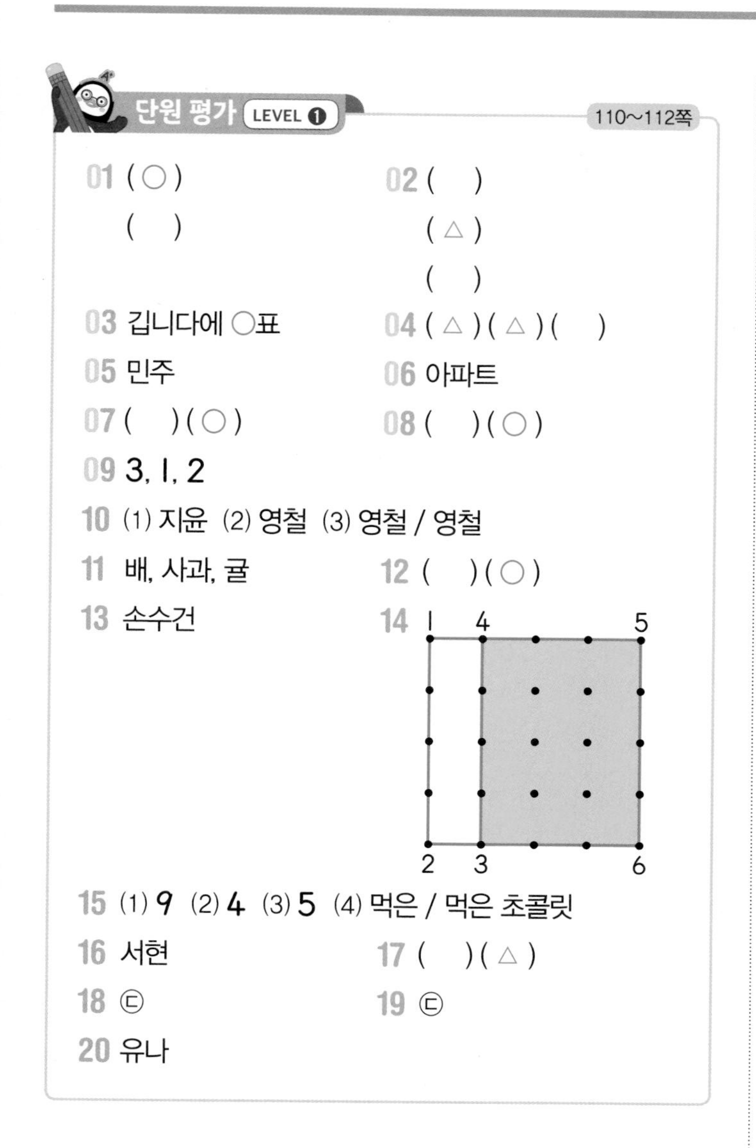

01 (○) ( )　02 ( ) (△) ( )
03 깁니다에 ○표　04 (△)(△)( )
05 민주　06 아파트
07 ( )(○)　08 ( )(○)
09 3, 1, 2
10 (1) 지윤 (2) 영철 (3) 영철 / 영철
11 배, 사과, 귤　12 ( )(○)
13 손수건　14 1 4 5 2 3 6
15 (1) 9 (2) 4 (3) 5 (4) 먹은 / 먹은 초콜릿
16 서현　17 ( )(△)
18 ⓒ　19 ⓒ
20 유나

01 왼쪽 시작점이 맞춰져 있으므로 오른쪽 끝이 더 긴 파란색 시계가 더 깁니다.

02 오른쪽 시작점이 맞춰져 있으므로 왼쪽 끝이 가장 짧은 머리빗이 가장 짧습니다.

03 앞의 색 테이프가 뒤의 색 테이프보다 더 깁니다.

04 아래 시작점이 맞춰져 있으므로 위의 끝이 연필보다 아래에 있는 크레파스, 클립이 연필보다 더 짧습니다.

05 공이 날아간 점선의 길이를 비교해 보면 민주가 공을 가장 멀리 던졌습니다.

06 아래 시작점이 맞춰져 있으므로 위의 끝이 가장 높은 아파트가 가장 높습니다.

07 배 쪽이 내려가 있으므로 배가 감보다 더 무겁습니다.

08 솜보다 모래가 더 무겁습니다. 저울이 오른쪽으로 기울어져 있으므로 오른쪽 병에 모래가 들어 있습니다.

09 소, 고양이, 병아리 순서로 무겁습니다.

10 지윤이 쪽이 내려가 있으므로 지윤이가 세진이보다 더 무겁고, 영철이 쪽이 내려가 있으므로 영철이가 지윤이보다 무겁습니다. 따라서 가장 무거운 사람은 영철입니다.

11 배 쪽이 내려가 있으므로 배가 사과보다 무겁고, 사과 쪽이 내려가 있으므로 사과가 귤보다 무겁습니다. 따라서 배, 사과, 귤의 순서로 무겁습니다.

12 피자를 겹쳤을 때 왼쪽 피자가 오른쪽 피자 안으로 포개지므로 오른쪽 피자가 더 넓습니다.

13 방석, 손수건, 액자를 겹쳐 보면 손수건은 방석, 액자 안으로 들어가므로 가장 좁습니다.

14 1부터 6까지의 수를 순서대로 이으면 1−2−3−4로 이루어진 모양보다 4−3−6−5로 이루어진 모양이 더 넓습니다.

15 처음 초콜릿은 9조각이고, 남은 초콜릿은 4조각이므로 먹은 초콜릿은 5조각입니다. 따라서 먹은 초콜릿이 남은 초콜릿보다 넓습니다.

16 찬규는 연두색 땅을 차지했고 서현이는 노란색 땅을 차지했습니다. 노란색 땅이 연두색 땅보다 더 넓으므로 더 넓은 땅을 차지한 사람은 서현입니다.

17 담을 수 있는 양이 더 적은 것은 크기가 더 작은 그릇입니다.

18 물의 높이가 같은 경우 그릇이 클수록 담긴 물의 양이 더 많습니다.

19 같은 그릇의 경우 주스의 높이가 낮을수록 담긴 양이 더 적습니다.

20 같은 컵의 경우 물의 높이가 높을수록 담긴 물의 양이 더 많습니다. 따라서 유나가 더 많은 물을 따랐습니다.

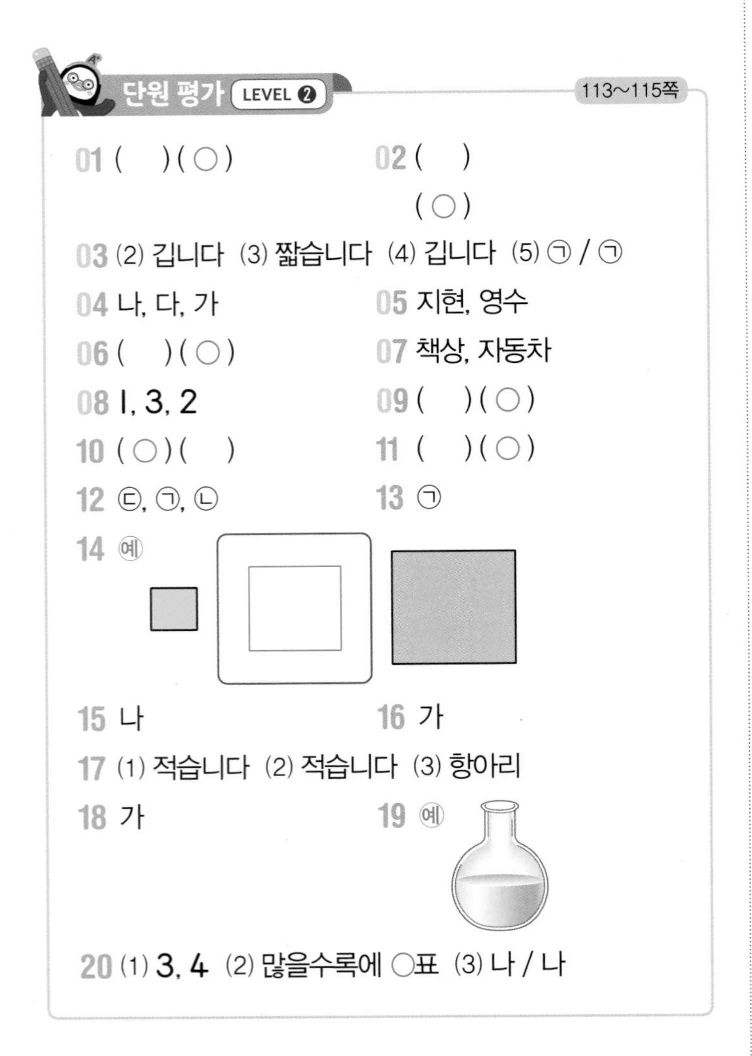

단원 평가 LEVEL ❷ 113~115쪽

01 (　)(○)　　02 (　) (○)

03 (2) 깁니다 (3) 짧습니다 (4) 깁니다 (5) ㉠ / ㉠

04 나, 다, 가　　05 지현, 영수

06 (　)(○)　　07 책상, 자동차

08 1, 3, 2　　09 (　)(○)

10 (○)(　)　　11 (　)(○)

12 ㉢, ㉠, ㉡　　13 ㉠

14 예

15 나　　16 가

17 (1) 적습니다 (2) 적습니다 (3) 항아리

18 가　　19 예

20 (1) 3, 4 (2) 많을수록에 ○표 (3) 나 / 나

01 바지 위쪽이 맞춰져 있으므로 아래쪽 끝이 긴 바지가 더 깁니다.

02 왼쪽이 맞춰져 있으므로 오른쪽 끝이 짧은 물감이 칫솔보다 더 짧습니다.

03 구부러진 줄넘기를 펴서 길이를 비교하면 ㉠은 ㉡보다 길고, ㉡은 ㉢보다 짧으며 ㉠이 ㉢보다 길므로 가장 긴 것은 ㉠입니다.

04 아래가 맞춰져 있으므로 위쪽이 높은 것이 더 높습니다. 높은 것부터 순서대로 쓰면 나, 다, 가입니다.

05 엄마의 바지가 딸의 바지보다 더 길고, 엄마의 셔츠 팔 길이가 딸의 셔츠 팔 길이보다 더 깁니다.
엄마가 든 양동이가 딸이 든 양동이보다 더 크므로 물을 더 많이 담을 수 있습니다.
따라서 바르게 말한 사람은 지현과 영수입니다.

06 피아노와 트라이앵글 중 트라이앵글이 더 가볍습니다.

07 의자보다 더 무거운 물건은 책상과 자동차입니다.

08 멜론, 참외, 딸기를 양손에 들어 무게를 비교해 보면 가장 무거운 것은 멜론이고 다음은 참외, 딸기 순서입니다.

09 종이와 유리 중 유리가 더 무겁습니다. 같은 수의 컵이 담겨져 있으므로 유리컵이 담겨진 상자가 종이컵이 담겨진 상자보다 더 무겁습니다.

10 스케치북과 수첩을 맞대어 비교해 보면 스케치북이 더 넓습니다.

11 사전을 올려놓은 쪽이 지우개를 올려놓은 쪽보다 종이가 더 많이 눌렸으므로 사전이 지우개보다 더 무겁습니다.

12 단추를 서로 겹쳤을 때 남는 부분이 많은 것이 더 넓습니다. 따라서 넓은 것부터 순서대로 쓰면 ㉢, ㉠, ㉡입니다.

13 ㉡은 ㉢을 2개 이어 붙이면 만들 수 있고 ㉠은 ㉢을 4개 이어 붙여서 만들 수 있습니다. 따라서 가장 넓은 것은 ㉠입니다.

14 노란 부분을 포함하고 파란 부분에 포함될 수 있는

크기의 네모 모양을 그립니다.

15 더 많은 우유를 담을 수 있는 우유 상자는 높이가 더 높은 나입니다.

16 물의 높이가 같은 경우 크기가 더 작은 그릇이 물을 더 적게 담을 수 있습니다.

17 담을 수 있는 양이 적은 것부터 순서대로 쓰면 종이컵, 양동이, 항아리입니다. 따라서 가장 많이 담을 수 있는 것은 항아리입니다.

18 물이 가득 담긴 것을 똑같은 컵으로 퍼냈을 때 가는 9번, 나는 8번 퍼냈으므로 가에 더 많은 물을 담을 수 있습니다.

19 나 그릇이 가 그릇보다 담을 수 있는 양이 더 많으므로 가 그릇에 가득 찼을 때의 물의 높이보다 낮게 그립니다.

20 똑같은 컵으로 가에는 3컵, 나에는 4컵을 부었으므로 부은 횟수가 많은 나에 더 많은 물이 담겼습니다.

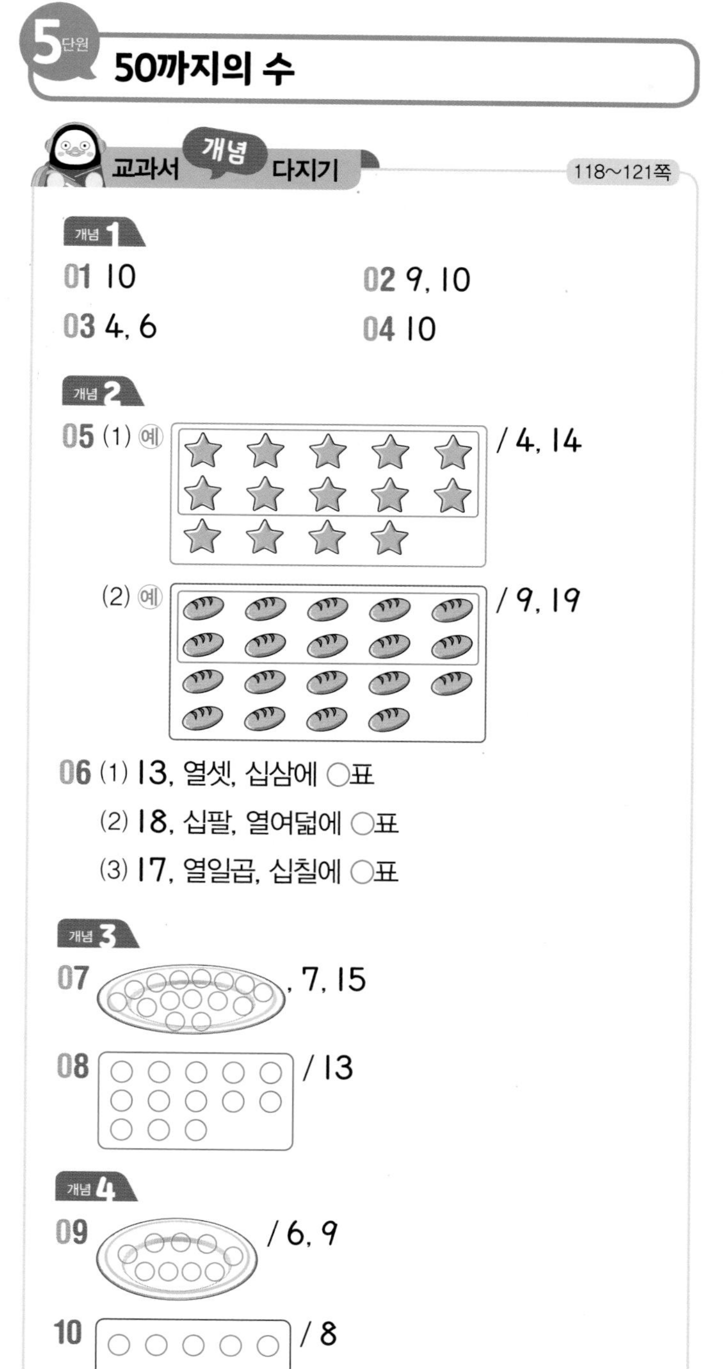

5단원
50까지의 수
교과서 개념 다지기
118~121쪽
개념 1
01 10
02 9, 10
03 4, 6
04 10
개념 2
05 (1) 예
/ 4, 14
(2) 예
/ 9, 19
06 (1) 13, 열셋, 십삼에 ○표
(2) 18, 십팔, 열여덟에 ○표
(3) 17, 열일곱, 십칠에 ○표
개념 3
07
, 7, 15
08
/ 13
개념 4
09
/ 6, 9
10
/ 8

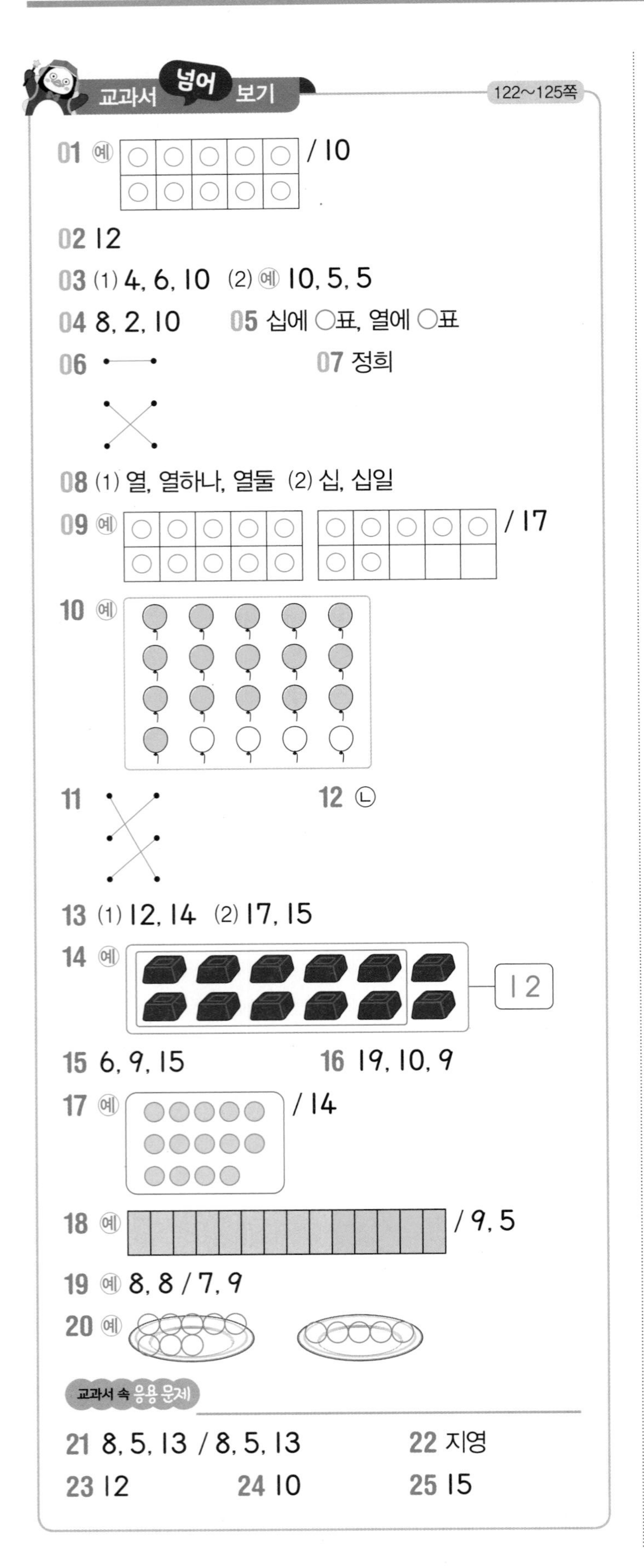

교과서 넘어 보기 122~125쪽

01 예 / 10

02 12

03 (1) 4, 6, 10 (2) 예 10, 5, 5

04 8, 2, 10 05 십에 ○표, 열에 ○표

06 07 정희

08 (1) 열, 열하나, 열둘 (2) 십, 십일

09 예 / 17

10 예

11 12 ㉡

13 (1) 12, 14 (2) 17, 15

14 예 12

15 6, 9, 15 16 19, 10, 9

17 예 / 14

18 예 / 9, 5

19 예 8, 8 / 7, 9

20 예

교과서 속 응용 문제

21 8, 5, 13 / 8, 5, 13 22 지영

23 12 24 10 25 15

01 딸기의 수만큼을 ○로 그리고 수를 세어 보면 10개입니다.

02 고추의 수를 세면 12개입니다.

03 (1) 사탕 4개와 6개를 모으면 10이 됩니다.
(2) 10개의 크레파스를 주황색 5개와 초록색 5개로 가르기 할 수 있습니다.

04 초록색 완두콩 8개와 노란색 완두콩 2개를 모으면 10개입니다.

05 버스 번호는 십 번이라고 읽고 원숭이 수는 열 마리라고 읽습니다.

06 피망은 11개, 오이는 19개, 가지는 15개입니다.

07 참외가 15개이므로 10개씩 묶음 1개와 낱개 5개이고 십오 또는 열다섯이라고 읽습니다.
따라서 바르게 말한 사람은 정희입니다.

08 분홍색 무궁화의 수를 이어서 세면 열, 열하나, 열둘이고 흰색 무궁화의 수를 이어서 세면 십, 십일입니다.

09 오이의 수 17개를 ○로 그리고 17이라고 씁니다.

10 16개의 풍선을 색칠합니다.

11 • 10개씩 묶음 1개와 낱개 1개는 11이므로 열하나라고 읽습니다.
• 10개씩 묶음 1개와 낱개 5개는 15이므로 십오라고 읽습니다.
• 10개씩 묶음 1개와 낱개 3개는 13이므로 열셋이라고 읽습니다.

12 14는 (열넷, 십사), 18은 (열여덟, 십팔), 16은 (열여섯, 십육), 17은 (열일곱, 십칠)의 두 가지 방법으로 읽을 수 있습니다.

13 (1) 11과 13 사이의 수는 12이고, 13보다 1만큼 더 큰 수는 14입니다.

(2) 18과 16 사이의 수는 17이고, 16과 14 사이의 수는 15입니다.

14 10개씩 묶으면 묶음 1개와 낱개 2개이므로 12입니다.

15 나비 6마리와 벌 9마리를 모으면 15마리입니다.

16 19를 10과 9로 가르기 할 수 있습니다.

17 5와 9를 모으면 14입니다.

18 14를 1과 13, 2와 12, 3과 11, 4와 10, 5와 9, 6과 8, 7과 7로 가르기 할 수 있습니다.

19 16을 15와 1, 14와 2, 13과 3, 12와 4, 11과 5, 10과 6, 9와 7, 8과 8로 가르기 할 수 있습니다.

20 내가 동생보다 더 많이 가지도록 구슬을 나누려면 나 12개와 동생 1개, 나 11개와 동생 2개, 나 10개와 동생 3개, 나 9개와 동생 4개, 나 8개와 동생 5개, 나 7개와 동생 6개로 나눌 수 있습니다.

21 빨갛게 익은 토마토 8개와 덜 익은 토마토 5개를 모으기 하면 모두 13개입니다.

22 10을 7과 3으로 가르기 한 것을 바르게 설명한 사람은 과자 10개를 7개와 3개로 가르기 하였다고 설명한 지영입니다.

23 펼친 손가락의 수를 모두 모으면 5, 5, 2이므로 12입니다.

24 펼친 손가락의 수를 모두 모으면 5, 5, 0이므로 10입니다.

25 펼친 손가락의 수를 모두 모으면 5, 5, 0, 5이므로 15입니다.

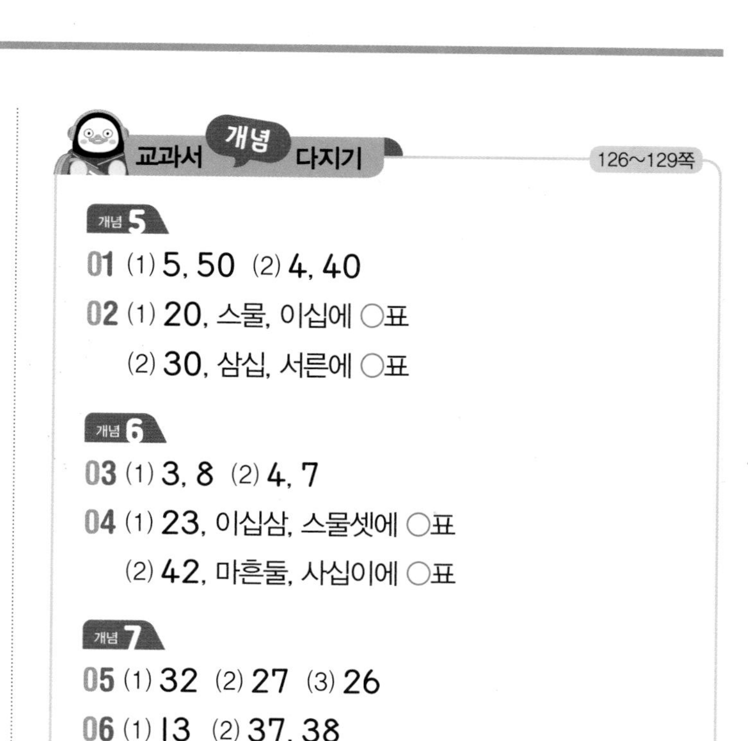

교과서 개념 다지기

126~129쪽

개념 5

01 (1) 5, 50 (2) 4, 40

02 (1) 20, 스물, 이십에 ○표

(2) 30, 삼십, 서른에 ○표

개념 6

03 (1) 3, 8 (2) 4, 7

04 (1) 23, 이십삼, 스물셋에 ○표

(2) 42, 마흔둘, 사십이에 ○표

개념 7

05 (1) 32 (2) 27 (3) 26

06 (1) 13 (2) 37, 38

07

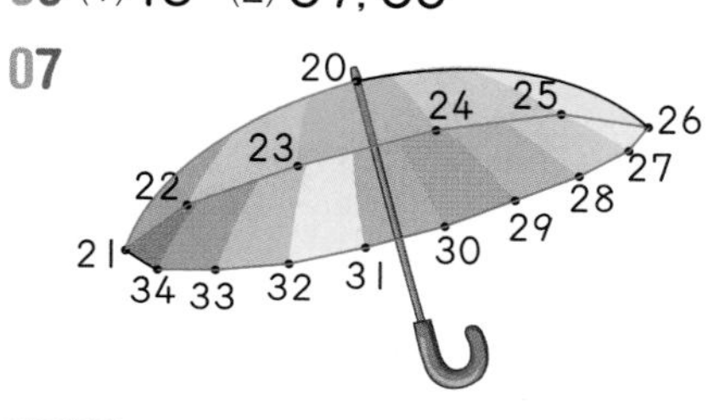

개념 8

08 (1) 작습니다, 큽니다에 ○표

(2) 큽니다, 작습니다에 ○표

09 36, 33 / 33, 36

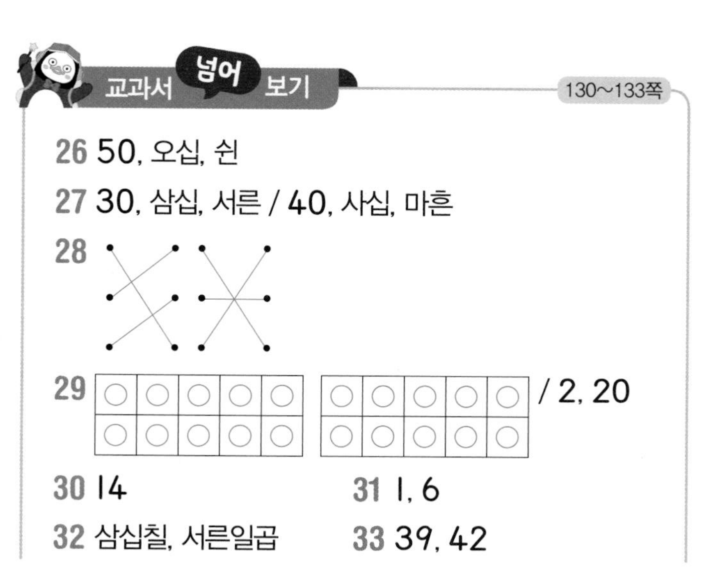

교과서 넘어 보기

130~133쪽

26 50, 오십, 쉰

27 30, 삼십, 서른 / 40, 사십, 마흔

28

29 / 2, 20

30 14

31 1, 6

32 삼십칠, 서른일곱

33 39, 42

34
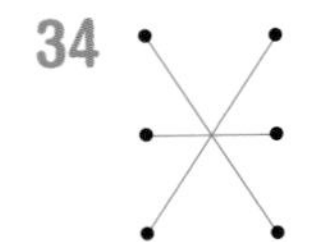

35 3, 6, 36, 삼십육, 서른여섯

36 35개

37 9, 4, 27

38 17, 18, 20, 22

39 44, 46, 48

40 45, 46, 47, 48, 49

41
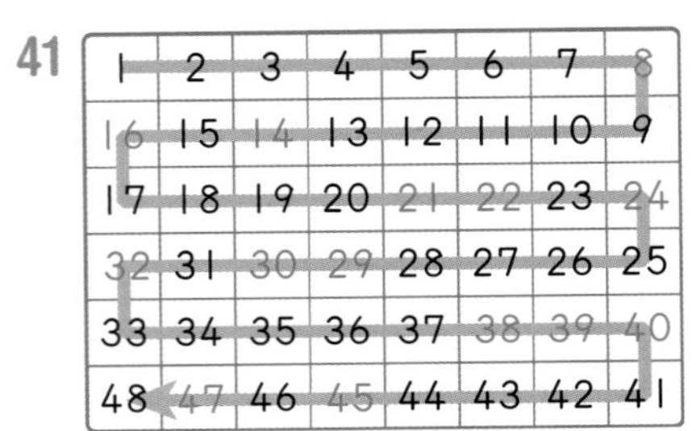

42 풀이 참조

43 (1) 48에 ○표 (2) 31에 ○표

44 (1) 27에 △표 (2) 40에 △표

45
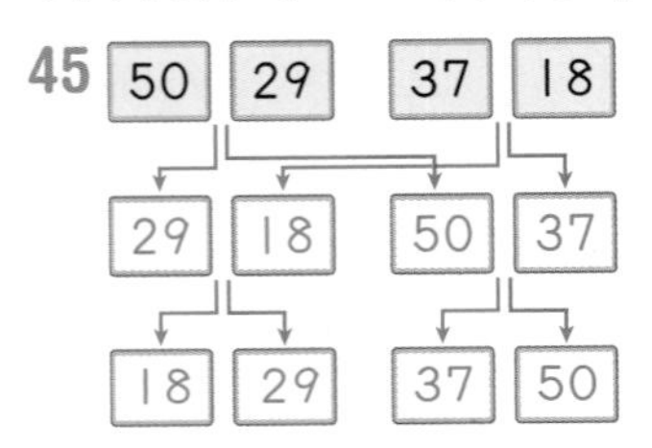

교과서 속 응용 문제

46 46

47 28, 29

48 43, 44, 45

49 윤아

50 희민

51 진우, 민지, 효진

26 색종이가 10개씩 5묶음 있으므로 50이라 쓰고 오십, 쉰이라고 읽습니다.

27 30은 삼십, 서른이라 읽고, 40은 사십, 마흔이라고 읽습니다.

28 10개씩 묶음 3개는 30이므로 서른이라 읽고, 10개씩 묶음 4개는 40이므로 마흔이라 읽으며 10개씩 묶음 2개는 20이므로 스물이라고 읽습니다.

29 모자의 수만큼 ○를 그리면 10개씩 묶음 2개로 20입니다.

30 음료수의 수를 세면 14입니다.

31 딸기잼의 수를 세면 16입니다. 10개씩 묶음 1개와 낱개 6개입니다.

32 체리는 37개로 삼십칠 또는 서른일곱이라고 읽습니다.

33 10개씩 묶음 3개와 낱개 9개는 39, 10개씩 묶음 4개와 낱개 2개는 42입니다.

34 10개씩 묶음 3개와 낱개 4개는 34, 10개씩 묶음 2개와 낱개 6개는 26, 10개씩 묶음 4개와 낱개 2개는 42입니다.

35 쿠키의 수를 세면 10개씩 묶음 3개와 낱개 6개로 36개이고 삼십육 또는 서른여섯이라고 읽습니다.

36 블록의 수를 모두 세면 35개입니다.

37 19는 10개씩 묶음 1개와 낱개 9이고 45는 10개씩 묶음 4개와 낱개 5개, 10개씩 묶음 2개와 낱개 7개는 27입니다.

38 16과 19 사이의 수는 17, 18이고,
19와 21 사이의 수는 20이며
21보다 1만큼 더 큰 수는 22입니다.

39 45보다 1만큼 더 작은 수는 44이고, 45와 47 사이의 수는 46이며 47과 49 사이의 수는 48입니다.

40 10개씩 묶음의 수는 모두 4이므로 낱개의 수가 작은 수부터 쓰면 45, 46, 47, 48, 49입니다.

41 7과 9 사이의 수는 8이고, 13과 15 사이의 수는 14이며 15와 17 사이의 수는 16입니다. 20과 23 사이의 수는 21, 22이고 23과 25 사이의 수는 24입니다. 28과 31 사이의 수는 29, 30이고 31과 33 사이의 수는 32입니다. 37과 41 사이의 수는 38, 39, 40이고 44와 46 사이의 수는 45, 46과 48 사이의 수는 47입니다.

42 수가 배열된 규칙에 따라 빈칸을 채우면 23번 자리를 찾을 수 있습니다.

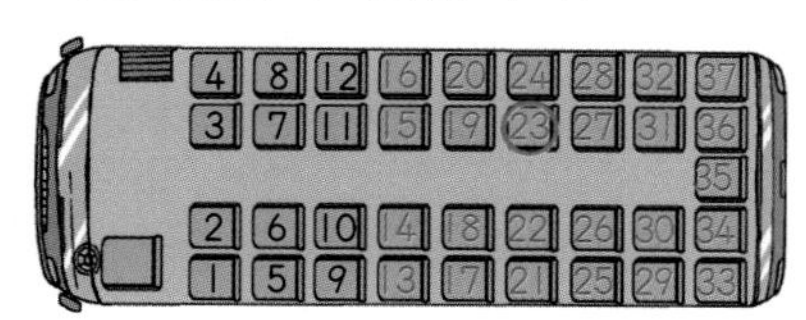

43 (1) 48과 42는 10개씩 묶음의 수가 같으므로 낱개의 수가 큰 48이 더 큰 수입니다.
(2) 25와 31은 10개씩 묶음의 수가 큰 31이 더 큰 수입니다.

44 (1) 37, 27, 47 중 10개씩 묶음의 수가 가장 작은 27이 가장 작은 수입니다.
(2) 45, 48, 40은 10개씩 묶음의 수가 같으므로 낱개의 수가 가장 작은 40이 가장 작은 수입니다.

45 수의 크기를 비교하여 더 작은 수는 파란색 선을 따라가고 더 큰 수는 빨간색 선을 따라 수를 씁니다.

46 45보다 1만큼 더 크고 47보다 1만큼 더 작은 수는 46입니다.

47 27 다음으로 이어질 두 수는 28, 29입니다.

48 39 다음으로 이어질 세 수는 40, 41, 42이고 42 다음으로 이어질 세 수는 43, 44, 45입니다. 따라서 현철이가 말할 수는 43, 44, 45입니다.

49 34, 39, 37을 비교하면 10개씩 묶음의 수가 같으므로 낱개의 수가 가장 작은 34가 가장 작은 수입니다. 따라서 동화책을 가장 적게 읽은 사람은 윤아입니다.

50 32, 18, 45를 비교하면 10개씩 묶음의 수가 다르므로 10개씩 묶음의 수가 가장 큰 45가 가장 큰 수입니다. 따라서 구슬을 가장 많이 가지고 있는 사람은 희민입니다.

51 36, 42, 38을 비교하면 10개씩 묶음의 수가 큰 42가 가장 큽니다. 36과 38은 10개씩 묶음의 수가 같으므로 낱개의 수가 큰 수부터 쓰면 38, 36입니다. 따라서 색종이를 많이 가지고 있는 사람부터 순서대로 쓰면 진우, 민지, 효진입니다.

응용력 높이기 134~137쪽

대표 응용 1

○	○	○	○	○
○	○	○	○	○

○	○	○	○	○
○	○	○	○	○

○	○	○	○	○
○	○	○	○	○

○	○	○		

/ 1, 3 / 3 / 3, 33

1-1

○	○	○	○	○
○	○	○	○	○

○	○	○	○	○
○	○	○	○	○

○	○	○	○	○
○	○	○	○	○

○	○			

/ 32

1-2 47, 사십칠, 마흔일곱

대표 응용 2 2, 5, 25 / 4, 3 / 43, 43, 키위

2-1 30, 27 / 가지

2-2 13, 18, 적습니다에 ○표

대표 응용 3 7, 5, 75

3-1 32 **3-2** 12

대표 응용 4 41, 42, 43, 44 / 44

4-1 33 **4-2** 25

1 10개씩 묶음 2개와 낱개 13개만큼을 ○로 그리면 10개씩 묶음 3개와 낱개 3개가 되어 33입니다.

1-1 10개씩 묶음 1개와 낱개 22개만큼을 ○로 그리면 10개씩 묶음 3개와 낱개 2개가 되어 32입니다.

1-2 10개씩 묶음 3개와 낱개 17개는 47입니다. 사십칠, 마흔일곱이라고 읽습니다.

2 참외는 10개씩 묶음 2개와 낱개 5개로 25개입니다. 키위는 10개씩 묶음 4개와 낱개 3개로 43입니다. 25보다 43이 더 크므로 키위가 더 많습니다.

2-1 가지는 30개이고 감자는 27개로 가지가 더 많습니다.

2-2 요구르트병은 13개이고 물병은 18개로 요구르트병이 물병보다 적습니다.

3 몇십몇에서 10개씩 묶음의 수가 클수록 큰 수이므로 $7>5>2$에서 10개씩 묶음의 수는 7, 낱개의 수는 5로 합니다. 따라서 만들 수 있는 가장 큰 몇십몇은 75입니다.

3-1 몇십몇에서 10개씩 묶음의 수가 클수록 큰 수이므로 $3>2>1$에서 10개씩 묶음의 수는 3, 낱개의 수는 2로 합니다. 따라서 만들 수 있는 가장 큰 몇십몇은 32입니다.

3-2 몇십몇에서 10개씩 묶음의 수가 작을수록 작은 수이므로 $1<2<3<4$에서 10개씩 묶음의 수는 1, 낱개의 수는 2로 합니다. 따라서 가장 작은 수는 12입니다.

4 38보다 크고 45보다 작은 수인 39, 40, 41, 42, 43, 44 중에서 10개씩 묶음의 수와 낱개의 수가 같은 수는 44입니다.

4-1 30보다 크고 40보다 작은 수인 31, …, 39 중에서 10개씩 묶음의 수와 낱개의 수가 같은 수는 33입니다.

4-2 20과 26 사이의 수는 21, 22, 23, 24, 25이고 이 중 낱개의 수가 10개씩 묶음의 수보다 큰 수는 23, 24, 25입니다. 따라서 23, 24, 25 중에서 가장 큰 수는 25입니다.

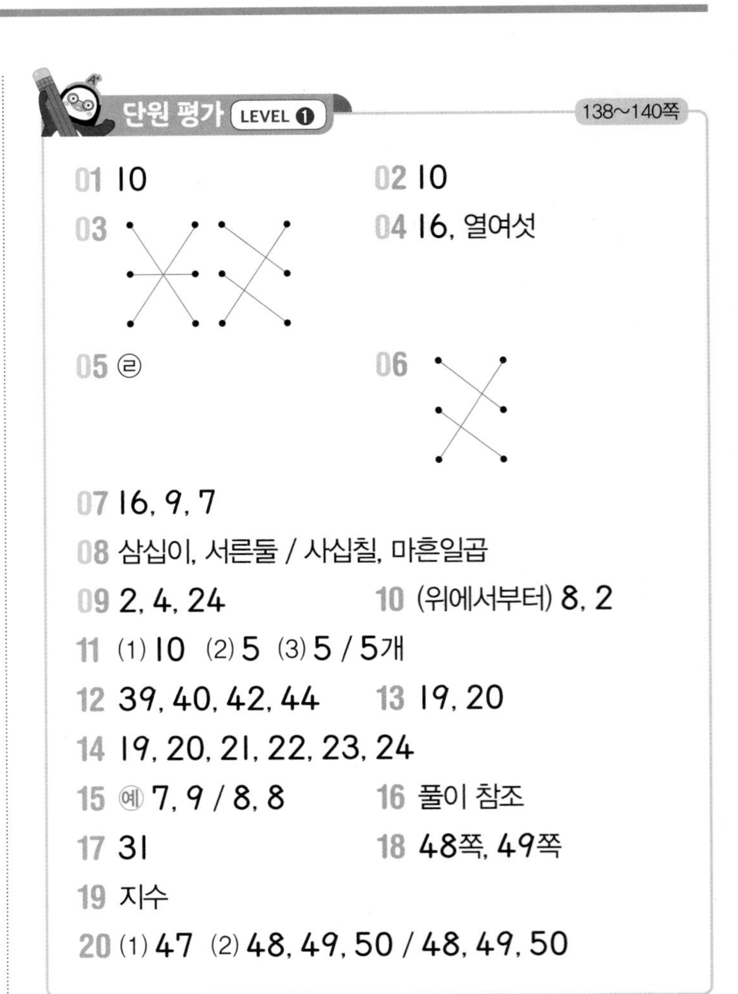

단원 평가 LEVEL ❶ 138~140쪽

01 10
02 10
03
04 16, 열여섯
05 ㉣
06
07 16, 9, 7
08 삼십이, 서른둘 / 사십칠, 마흔일곱
09 2, 4, 24
10 (위에서부터) 8, 2
11 (1) 10 (2) 5 (3) 5 / 5개
12 39, 40, 42, 44
13 19, 20
14 19, 20, 21, 22, 23, 24
15 ㉵ 7, 9 / 8, 8
16 풀이 참조
17 31
18 48쪽, 49쪽
19 지수
20 (1) 47 (2) 48, 49, 50 / 48, 49, 50

01 9보다 1만큼 더 큰 수는 10입니다.

02 8과 2를 모으면 10입니다.

03 50은 오십, 쉰이라고 읽고, 40은 사십, 마흔이라고 읽으며 30은 삼십, 서른이라고 읽습니다.

04 10개씩 묶음 1개와 낱개 6개는 16이라 쓰고, 십육, 열여섯이라고 읽습니다.

05 ㉠, ㉡, ㉢은 모두 50을 나타냅니다.
㉣은 40을 나타냅니다.

06 9와 4, 7과 6, 5와 8을 모으면 각각 13이 됩니다.

07 16은 9와 7로 가를 수 있습니다.

08 32는 삼십이, 서른둘, 47은 사십칠, 마흔일곱이라고 읽습니다.

09 10개씩 묶음 2개와 낱개 4개는 24입니다.

10 18은 10개씩 묶음 1개와 낱개 8개이고, 27은 10개씩 묶음 2개와 낱개 7개입니다.

11 모양 1개를 만드는 데 10개 필요하므로 50개의 쌓기나무가 있으면 모양 5개를 만들 수 있습니다.

12 38과 41 사이에는 39, 40이 있고, 41과 43 사이에는 42가 있습니다. 43 다음 수는 44입니다.

13 18 다음에 이어질 2개의 수는 19, 20입니다

14 작은 수부터 순서대로 쓰면 19, 20, 21, 22, 23, 24입니다.

15 16은 1과 15, 2와 14, 3과 13, 4와 12, 5와 11, 6과 10, 7과 9, 8과 8로 가를 수 있습니다.

16

19	20	21	●
16	17	18	◁▷
13	14	15	▷◁
10	11	12	
7	8	9	
4	5	6	
1	2	3	

1부터 순서대로 수를 씁니다.

17 25보다 크고 32보다 작은 수는 26, 27, 28, 29, 30, 31이고 10개씩 묶음 3개보다 더 큰 수는 31입니다.

18 46쪽과 47쪽에서 한 장을 넘기면 47 다음에 이어질 두 수이므로 48쪽, 49쪽이 보입니다.

19 34와 42의 크기를 비교하면 10개씩 묶음의 수가 더 큰 42가 더 큽니다. 따라서 책을 더 많이 읽은 사람은 지수입니다.

20 10개씩 묶음 4개와 낱개 7개인 수는 47이고 보기의 수 중 47보다 큰 수는 48, 49, 50입니다.

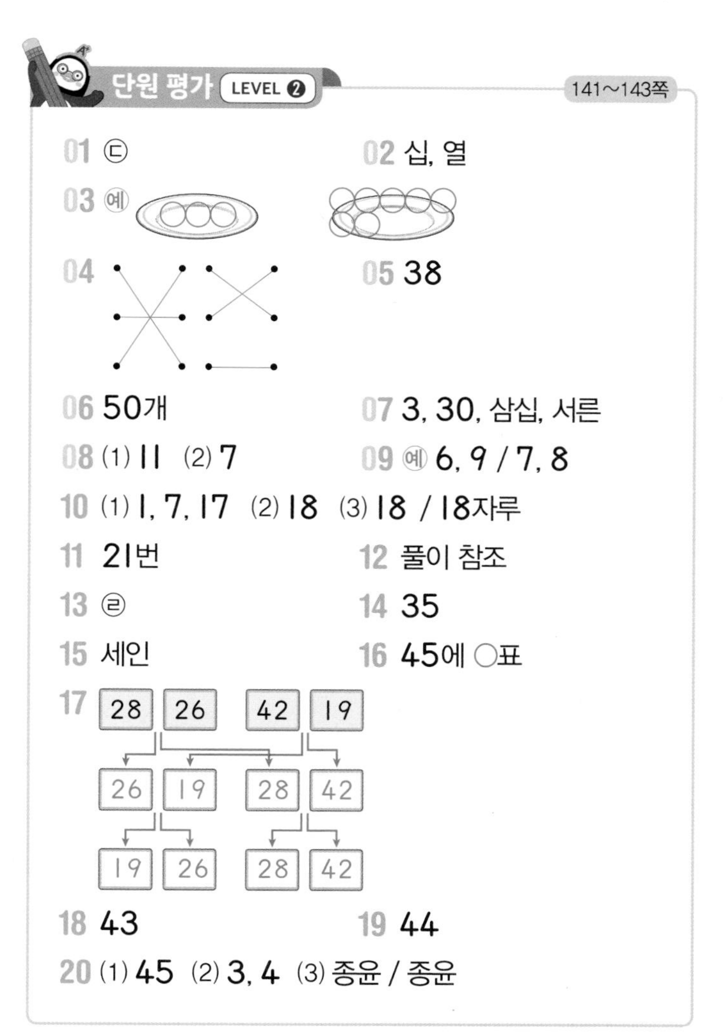

단원 평가 LEVEL 2

141~143쪽

01 ㉢
02 십, 열
03 예
04
05 38
06 50개
07 3, 30, 삼십, 서른
08 (1) 11 (2) 7
09 예 6, 9 / 7, 8
10 (1) 1, 7, 17 (2) 18 (3) 18 / 18자루
11 21번
12 풀이 참조
13 ㉣
14 35
15 세인
16 45에 ○표
17 28 26 42 19 → 26 19 28 42 → 19 26 28 42
18 43
19 44
20 (1) 45 (2) 3, 4 (3) 종윤 / 종윤

01 10개씩 묶음 1개, 8과 2를 모으기 한 수는 모두 10이지만 9보다 1만큼 더 작은 수는 8이므로 나타내는 수가 다른 것은 ㉢입니다.

02 날짜의 10일은 십 일이라고 읽고 나이를 읽을 때는 열 살로 읽습니다.

03 10개를 나눌 때 내가 동생보다 적게 가지려면 나 1개와 동생 9개, 나 2개와 동생 8개, 나 3개와 동생 7개, 나 4개와 동생 6개로 나눌 수 있습니다.

04
- 42는 사십이 또는 마흔둘이라고 읽습니다.
- 33은 삼십삼 또는 서른셋이라고 읽습니다.
- 29는 이십구 또는 스물아홉이라고 읽습니다.

05 ●는 10개씩 묶음 3개와 낱개 8개이므로 38개

입니다.

06 10개씩 묶음 5개의 달걀은 모두 50개입니다.

07 10개씩 묶음 3개는 30이라 쓰고, 삼십, 서른이라고 읽습니다.

08 (1) 7과 4를 모으기 하면 11입니다.
(2) 13은 7과 6으로 가르기 할 수 있습니다.

09 15는 1과 14, 2와 13, 3과 12, 4와 11, 5와 10, 6과 9, 7과 8로 가를 수 있습니다.

10 은수가 가지고 있는 연필은 10자루씩 묶음 1개, 낱개 7자루로 17자루입니다. 진호는 17자루보다 1자루 더 많이 가지고 있으므로 18자루 가지고 있습니다.

11 작은 번호부터 순서대로 줄을 섰으므로 20번 다음 번호는 21번입니다.

12 30부터 순서대로 수를 씁니다.

13 ㉠ 29: 이십구, 스물아홉, ㉡ 37: 삼십칠, 서른일곱, ㉢ 48: 사십팔, 마흔여덟, ㉣ 50: 오십, 쉰이라고 읽습니다. 수를 잘못 읽은 것은 ㉣입니다.

14 33과 38 사이의 수는 34, 35, 36, 37이고 ★에 해당하는 수는 35입니다.

15

세인				
	10점	1점	10점	10점

다희				
	1점	10점	1점	10점

세인이의 점수는 31점이고 다희의 점수는 22점입니다. 10개씩 묶음의 수를 비교하면 31이 22보다 더 크므로 세인이의 점수가 더 큽니다.

16 10개씩 묶음 3개와 낱개 5개인 수는 35이고 35보다 큰 수는 45입니다.

17 수의 크기를 비교하여 더 작은 수는 파란색 선을 따라가고 더 큰 수는 빨간색 선을 따라 수를 씁니다.

18 몇십몇에서 10개씩 묶음의 수가 클수록 큰 수이므로 4>3>1에서 10개씩 묶음의 수는 4, 낱개의 수는 3으로 합니다. 만들 수 있는 가장 큰 수는 43입니다.

19 10개씩 묶음 4개보다 크고 쉰보다 작은 수는 40보다 크고 50보다 작은 수입니다. 이 중 10개씩 묶음의 수와 낱개의 수가 같은 수는 44입니다.

20 선율이는 37권을 가지고 있고 종윤이는 45권을 가지고 있습니다. 10권씩 묶음의 수가 큰 수가 더 크므로 45가 37보다 더 큽니다. 따라서 선율이보다 종윤이가 동화책을 더 많이 가지고 있습니다.

1단원 9까지의 수

1단원 기본 문제 복습 4~5쪽

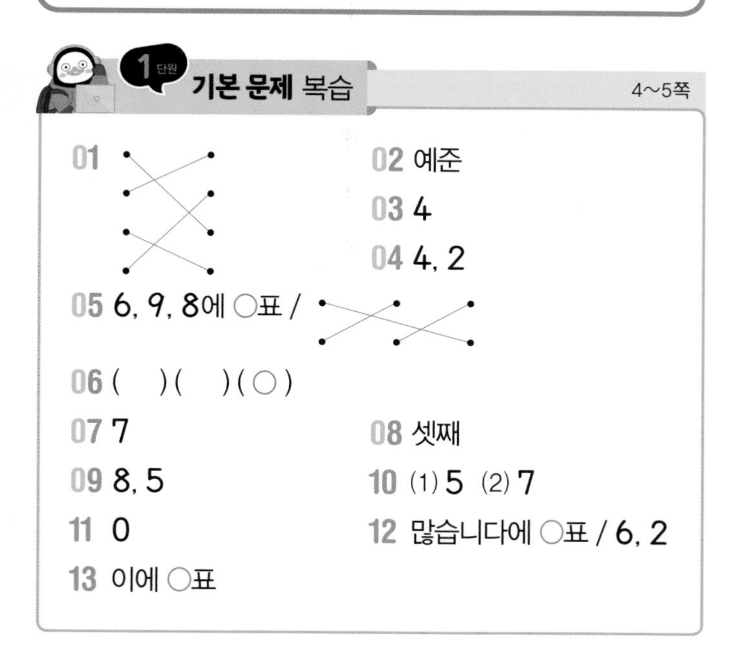

01
02 예준
03 4
04 4, 2
05 6, 9, 8에 ○표 /
06 ( )( )(○)
07 7
08 셋째
09 8, 5
10 (1) 5 (2) 7
11 0
12 많습니다에 ○표 / 6, 2
13 이에 ○표

01 나비의 수는 셋이므로 3입니다.
하나는 1이라고 씁니다.
바둑돌의 수는 넷이므로 4입니다.
꽃의 수는 다섯이므로 5입니다.

02 거북의 수는 둘이므로 지효가 잘못 말했습니다.
따라서 바르게 말한 사람은 예준입니다.

03 회색 강아지의 수는 넷이므로 4입니다.

04 버스의 수가 넷이므로 4입니다.
택시의 수가 둘이므로 2입니다.

05 공깃돌의 수는 여섯이므로 6에 ○표 합니다. 6은 여섯 또는 육이라고 읽습니다.
딸기의 수는 아홉이므로 9에 ○표 합니다. 9는 아홉 또는 구라고 읽습니다.
쿠키의 수는 여덟이므로 8에 ○표 합니다. 8은 여덟 또는 팔이라고 읽습니다.

06 밤의 수는 여덟이므로 8입니다.
사탕의 수는 일곱이므로 7입니다.
야구공의 수는 아홉이므로 9입니다.

07 바지를 입은 사람의 수를 세어 보면 일곱이므로 7입니다.

08

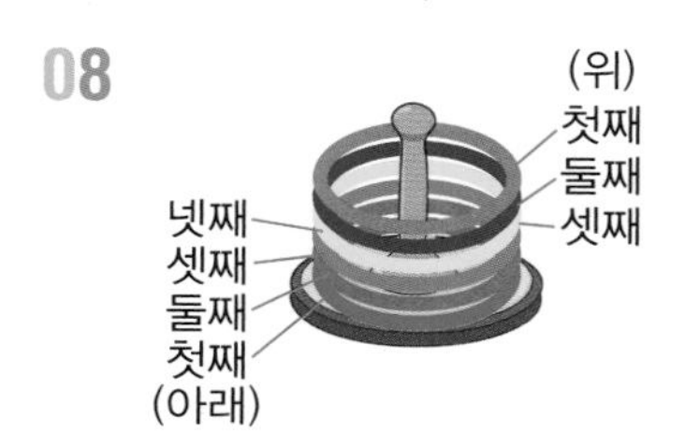

아래에서 넷째에 있는 고리는 노란색입니다.
노란색 고리는 위에서 셋째에 있습니다.

09 순서를 거꾸로 하여 수를 순서대로 쓰면 9, 8, 7, 6, 5이므로 가는 8, 나는 5입니다.

10 곰인형의 수는 여섯이므로 6입니다. 6보다 1만큼 더 작은 수는 6 바로 앞의 수인 5이고, 6보다 1만큼 더 큰 수는 6 바로 뒤의 수인 7입니다.

11 빵을 동생이 모두 먹었으므로 남은 빵은 없습니다.
따라서 남은 빵의 수는 0입니다.

12 안전모는 여섯이므로 6입니다. 자전거는 둘이므로 2입니다. 수를 순서대로 썼을 때 6은 2보다 뒤에 있는 수이므로 6은 2보다 큽니다.

13 다섯은 5, 팔은 8, 일곱은 7, 이는 2이므로 수를 쓰면 5, 8, 7, 4, 9, 2입니다. 작은 수부터 순서대로 쓰면 2, 4, 5, 7, 8, 9이므로 가장 작은 수는 2입니다.

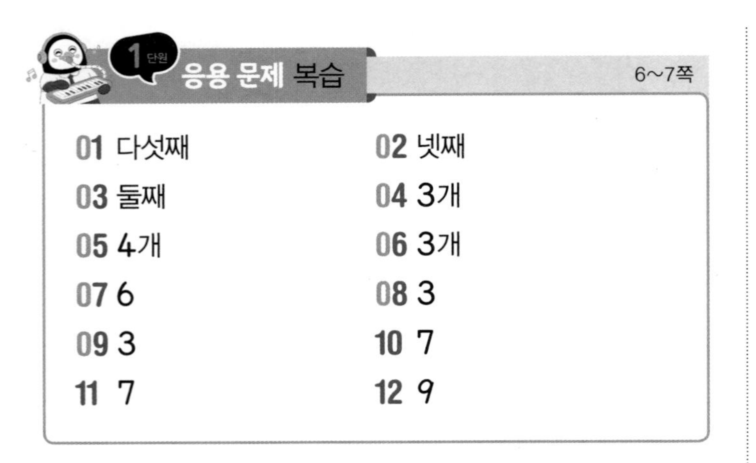

1단원 응용 문제 복습 6~7쪽

01 다섯째	02 넷째
03 둘째	04 3개
05 4개	06 3개
07 6	08 3
09 3	10 7
11 7	12 9

01 수 카드의 수를 순서대로 쓰면 1, 2, 3. 5, 7, 8입니다. 가장 큰 수는 맨 뒤의 수인 8입니다.

3	5	1	7	8	2
첫째	둘째	셋째	넷째	다섯째	

따라서 8은 왼쪽에서 다섯째에 있습니다.

02 수 카드의 수를 순서대로 쓰면 2, 3, 4, 5, 8, 9입니다. 가장 큰 수는 맨 뒤의 수인 9입니다.

4	3	9	5	2	8
		넷째	셋째	둘째	첫째

따라서 9는 오른쪽에서 넷째에 있습니다.

03 수 카드의 수를 순서대로 쓰면 1, 2, 3, 5, 7, 8, 9입니다. 가장 작은 수는 맨 앞의 수인 1입니다.

5	7	3	2	9	1	8
					둘째	첫째

따라서 1은 오른쪽에서 둘째에 있습니다.

04 왼쪽의 수는 다섯입니다. ♡의 수를 다섯까지 세어 색칠합니다.

♥♥♥♥♥♡♡♡

색칠하지 않은 ♡의 수는 하나, 둘, 셋이므로 ♡를 3개 지워야 합니다.

05 왼쪽의 수는 둘입니다. △의 수를 둘까지 세어 색칠합니다.

▲▲△△△△

색칠하지 않은 △의 수는 하나, 둘, 셋, 넷이므로 △를 4개 지워야 합니다.

06 별 그림 여섯 개에 색칠을 합니다.

★★★★★★☆☆☆

색칠하지 않은 별 그림의 수는 하나, 둘, 셋이므로 별 그림 3개를 지워야 합니다.

07 3부터 9까지의 수를 순서대로 씁니다.

3	4	5	6	7	8	9
첫째	둘째	셋째	넷째			

따라서 왼쪽에서 넷째에 써야 할 수는 6입니다.

08 0부터 7까지의 수를 순서대로 씁니다.

0	1	2	3	4	5	6	7
			다섯째	넷째	셋째	둘째	첫째

따라서 오른쪽에서 다섯째에 써야 할 수는 3입니다.

09 0부터 9까지의 수를 순서를 거꾸로 하여 씁니다.

9	8	7	6	5	4	3	2	1	0
첫째	둘째	셋째	넷째	다섯째	여섯째	일곱째			

따라서 왼쪽에서 일곱째에 써야 할 수는 3입니다.

10
- ☆은 5보다 1만큼 더 큰 수이므로 5 바로 뒤의 수인 6입니다.
- ◉는 6보다 1만큼 더 큰 수이므로 6 바로 뒤의 수인 7입니다.

11
- △는 9보다 1만큼 더 작은 수이므로 9 바로 앞의 수인 8입니다.
- ◆은 8보다 1만큼 더 작은 수이므로 8 바로 앞의 수인 7입니다.

12
- ●는 6보다 1만큼 더 큰 수이므로 6 바로 뒤의 수인 7입니다.
- ■는 7보다 1만큼 더 큰 수이므로 7 바로 뒤의 수인 8입니다.

• ★는 8보다 1만큼 더 큰 수이므로 8 바로 뒤의 수인 9입니다.

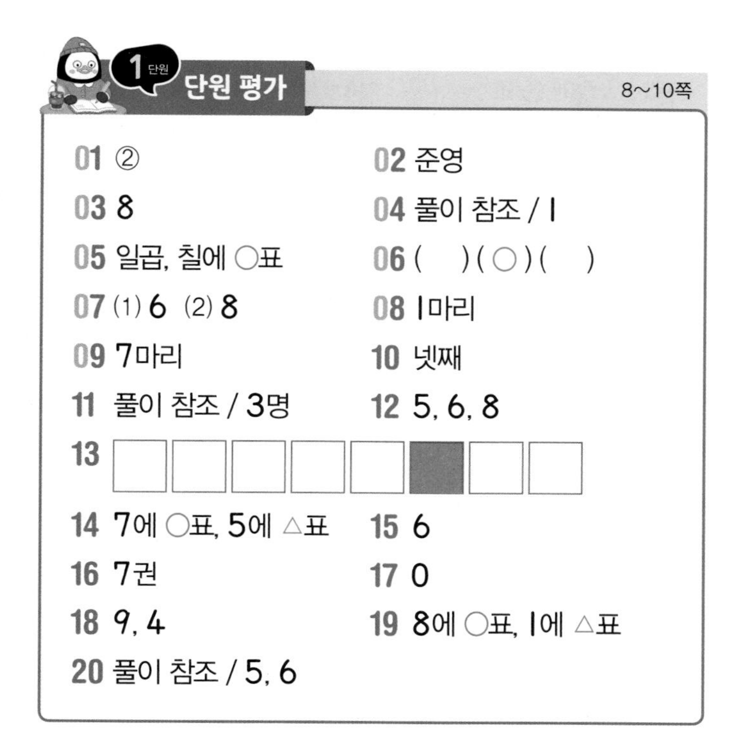

1단원 **단원 평가** 8~10쪽

01 ②	02 준영
03 8	04 풀이 참조 / 1
05 일곱, 칠에 ○표	06 ( ) (○) ( )
07 (1) 6 (2) 8	08 1마리
09 7마리	10 넷째
11 풀이 참조 / 3명	12 5, 6, 8
13 □□□□□■□□	
14 7에 ○표, 5에 △표	15 6
16 7권	17 0
18 9, 4	19 8에 ○표, 1에 △표
20 풀이 참조 / 5, 6	

01 — 3, 셋(삼)

02 지우개 삼 개는 세 개로 읽어야 하므로 잘못 말한 사람은 준영입니다.

03 색종이의 수를 세어 보면 여덟이므로 8이라고 씁니다.

04 주어진 수가 4이므로 사탕을 4개씩 묶습니다.

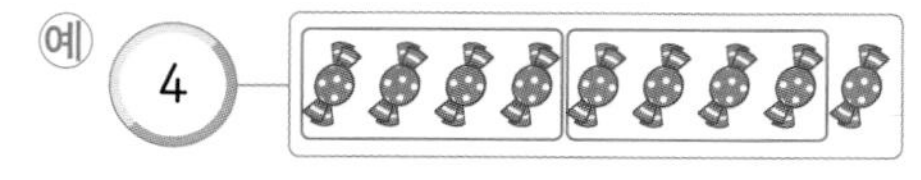

묶이지 않은 사탕은 하나이므로 1이라고 씁니다.

05 연필의 수는 일곱이므로 7입니다. 7은 일곱 또는 칠이라고 읽습니다.

06 물감의 수는 여섯이므로 6입니다.
크레파스의 수는 일곱이므로 7입니다.
지우개의 수는 여덟이므로 8입니다.

07 (1) 고양이의 수는 여섯이므로 6입니다.
(2) 토끼의 수는 여덟이므로 8입니다.

08 왼쪽의 수는 다섯입니다. 나비의 수를 다섯까지 세어 색칠합니다.

5

색칠하지 않은 나비의 수는 하나이므로 나비를 1마리 지워야 합니다.

09 동물을 모두 세어 보면 일곱이므로 동물은 모두 7마리입니다.

10 수 카드의 수를 순서대로 쓰면 1, 2, 4, 5, 6입니다. 가장 큰 수는 맨 뒤의 수인 6입니다.

따라서 6은 오른쪽에서 넷째에 있습니다.

11 예 왼쪽에서 셋째는 태형이고 일곱째는 민서입니다. 왼쪽에서 셋째와 일곱째 사이에 있는 친구는 넷째, 다섯째, 여섯째인 예린, 재원, 준하입니다. … 50 %
따라서 왼쪽에서 셋째와 일곱째 사이에 있는 친구는 모두 3명입니다. … 50 %

12 4부터 수를 순서대로 쓰면 4, 5, 6, 7, 8입니다.

13 9부터 2까지의 수를 순서를 거꾸로 하여 씁니다.

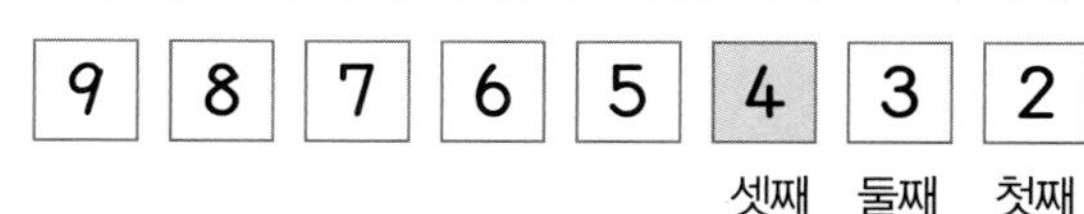

따라서 4를 써야 할 칸은 오른쪽에서 셋째 칸입니다.

14 수의 순서에서 6보다 1만큼 더 큰 수는 6 바로 뒤의 수인 7이고, 6보다 1만큼 더 작은 수는 6 바로 앞의 수인 5입니다.

BOOK 2 복습책

15 빵의 수는 다섯이므로 5입니다. 5보다 1만큼 더 큰 수는 5 바로 뒤의 수인 6입니다.

16 수의 순서에서 5보다 1만큼 더 큰 수는 6이므로 서영이는 위인전을 6권 가지고 있습니다.
6보다 1만큼 더 큰 수는 7이므로 순혁이는 위인전을 7권 가지고 있습니다.

17 남은 쿠키는 없으므로 예림이가 가진 쿠키는 0개입니다.

18 왼쪽 바둑돌의 수는 아홉이므로 9입니다.
오른쪽 바둑돌의 수는 넷이므로 4입니다.
수의 순서에서 9는 4보다 뒤에 있으므로 9는 4보다 큽니다.

19 주어진 수를 수의 순서대로 쓰면 1, 4, 5, 7, 8이므로 맨 뒤의 수인 8이 가장 큰 수이고 맨 앞의 수인 1이 가장 작은 수입니다.

20 예 6보다 1만큼 더 큰 수는 6 바로 뒤의 수인 7입니다. 1부터 7까지의 수를 순서대로 쓰면 1, 2, 3, 4, 5, 6, 7이므로 1보다 크고 7보다 작은 수는 2, 3, 4, 5, 6입니다. … 60 %
따라서 2, 3, 4, 5, 6 중에서 4보다 큰 수는 4보다 뒤에 있는 수인 5, 6입니다. … 40 %

2단원 여러 가지 모양

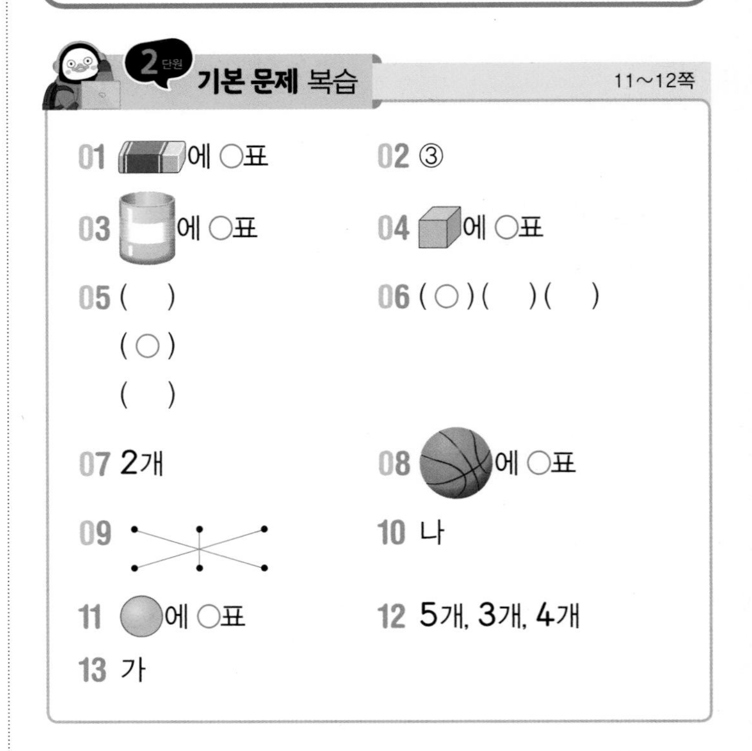

2단원 기본 문제 복습 11~12쪽

01 에 ○표　02 ③
03 에 ○표　04 에 ○표
05 ( ) (○) ( )　06 (○)( )( )
07 2개　08 에 ○표
09　10 나
11 에 ○표　12 5개, 3개, 4개
13 가

01 모양은 지우개입니다.

02 모양은 화장품 통입니다.

03 컵은 모양이고 볼링공과 고무공은 모양입니다.

04 모양의 공책을 쌓으면 모양이 됩니다.

05 • 선물 상자, 우유갑은 모양이고, 큰북은 모양입니다.
• 음료수 캔, 탬버린, 작은북은 모양입니다.
• 수박과 멜론은 모양이고, 롤케이크는 모양입니다.

06 평평한 부분이 없는 모양은 볼링공입니다.

07 평평하고 뾰족한 부분이 있는 물건은 모양이므로 잘못 올려놓은 물건은 구슬과 풀로 모두 2개입니다.

08 여러 방향으로 잘 굴러가는 물건은 농구공입니다.

09 모양은 뾰족하고 평평한 부분이 있고 모양은 평평한 부분과 둥근 부분이 있으며 모양은 잘 굴러가고 쌓을 수 없습니다.

10 가는 , , 모양 중 을 사용하지 않았고, 나는 세 가지 모양을 모두 사용하였습니다.

11 모양을 만드는 데 모양 2개, 모양 2개, 모양 1개를 사용하였습니다. 따라서 가장 적게 사용한 모양은 모양입니다.

12 모양을 만드는 데 모양 5개, 모양 3개, 모양 4개를 사용하였습니다.

13 여러 방향으로 잘 굴러가는 모양은 모양입니다. 모양을 가는 3개, 나는 1개를 사용하여 만들었습니다. 따라서 가에 모양을 더 많이 사용하였습니다.

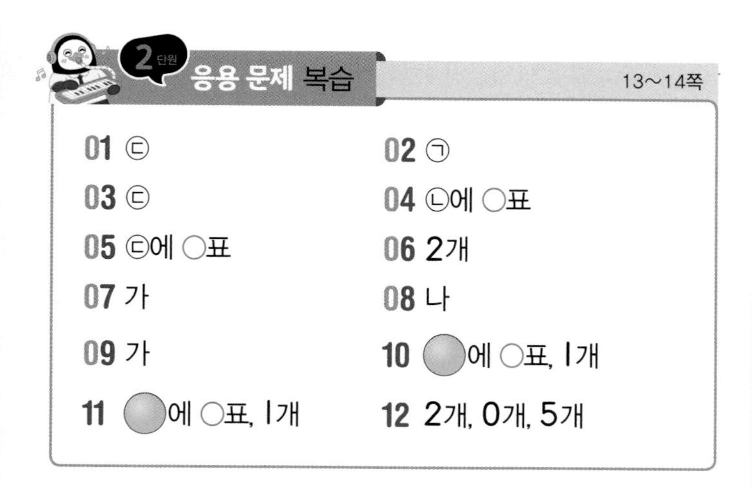

2 단원 응용 문제 복습 13~14쪽

01 ㉢
02 ㉠
03 ㉢
04 ㉡에 ○표
05 ㉢에 ○표
06 2개
07 가
08 나
09 가
10 에 ○표, 1개
11 에 ○표, 1개
12 2개, 0개, 5개

01 작은북은 평평한 부분도 있고 둥근 부분도 있습니다.

02 볼링공은 어느 방향으로도 잘 굴러갑니다.

03 상자는 뾰족한 부분과 평평한 부분이 모두 있습니다.

04 모양과 모양이 반복되는 규칙이므로 빈칸에 들어갈 모양은 모양입니다. 따라서 빈칸에 들어갈 모양과 같은 모양은 모양인 ㉡ 탬버린입니다.

05 모양과 모양이 반복되는 규칙이므로 빈칸에 들어갈 모양은 모양으로 ㉢ 수박입니다.

06 모양과 모양이 반복되는 규칙이므로 빈칸에 들어갈 모양은 모양입니다. 따라서 모양은 서류 가방과 택배 상자로 모두 2개입니다.

07 가를 만드는 데 모양 2개, 모양 2개, 모양 2개가 필요합니다. 나를 만드는 데 모양 3개, 모양 2개, 모양 2개가 필요합니다. 따라서 보기 의 모양을 모두 사용하여 만든 것은 가입니다.

08 가를 만드는 데 모양 4개, 모양 2개, 모양 0개가 필요합니다. 나를 만드는 데 모양 3개, 모양 2개, 모양 0개가 필요합니다. 따라서 보기 의 모양을 모두 사용하여 만든 것은 나입니다.

09 가를 만드는 데 모양 3개, 모양 4개, 모양 0개가 필요합니다. 나를 만드는 데 모양 4개, 모양 4개, 모양 0개가 필요합니다. 따라서 보기 의 모양을 모두 사용하여 만든 것은 가입니다.

10 주어진 모양을 만드는 데 모양 4개, 모양

6개가 필요합니다. 은서가 모양 4개, 모양 7개를 가지고 있으므로 남는 모양은 모양 1개입니다.

11 모양을 만드는 데 모양 2개, 모양 5개, 모양 4개가 필요합니다. 유하는 모양 2개, 모양 5개, 모양 5개를 가지고 있으므로 남는 모양은 모양 1개입니다.

12 모양을 만드는 데 모양 3개, 모양 5개, 모양 0개가 필요합니다. 지수는 모양 5개, 모양 5개, 모양 5개를 가지고 있으므로 남는 모양은 모양 2개, 모양 0개, 모양 5개입니다.

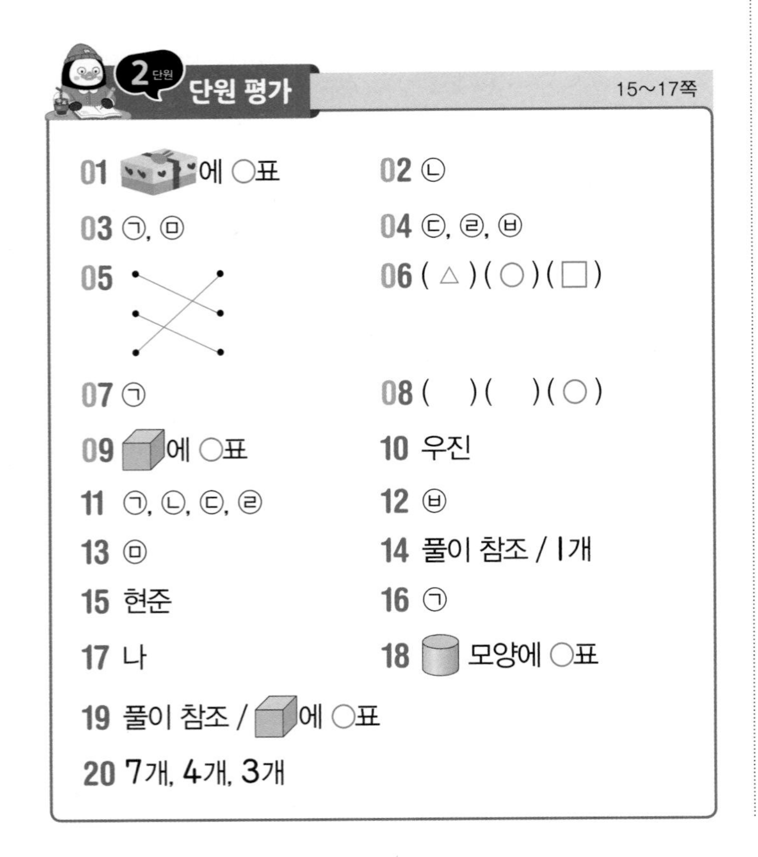

2단원 단원 평가

15~17쪽

01 에 ○표 **02** ㉡
03 ㉠, ㉤ **04** ㉢, ㉣, ㉥
05 (선 잇기) **06** (△)(○)(□)
07 ㉠ **08** ( )( )(○)
09 에 ○표 **10** 우진
11 ㉠, ㉡, ㉢, ㉣ **12** ㉥
13 ㉤ **14** 풀이 참조 / 1개
15 현준 **16** ㉠
17 나 **18** 모양에 ○표
19 풀이 참조 / 에 ○표
20 7개, 4개, 3개

01 모양과 같은 모양은 선물 상자입니다.

02 모양은 ㉡ 필통입니다.

03 모양은 ㉠ 보온병과 ㉤ 컵입니다.

04 모양은 ㉢ 멜론, ㉣ 볼링공, ㉥ 축구공입니다.

05 물통과 음료수 캔은 모양으로 같고, 비치볼과 토마토는 모양으로 같으며 서랍장과 체중계는 모양으로 같습니다.

06 음료수 캔은 모양이고, 테니스공은 모양이며 냉장고는 모양입니다.

07 ㉠ 우유팩은 모양으로 나머지와 다른 모양입니다.

08 비밀 상자 속으로 보이는 모양이 둥글기 때문에 모양입니다.

09 비밀 상자 속에 있는 물건은 둥근 부분이 없으므로 모양입니다.

10 주어진 물건은 모양으로 눕히면 굴러가고 쌓을 수도 있습니다. 따라서 바르게 설명한 사람은 우진입니다.

11 잘 굴러가지 않고 쌓을 수 있는 물건은 모양의 물건으로 ㉠ 국어사전, ㉡ 나무토막, ㉢ 필통, ㉣ 주사위입니다.

12 어느 방향으로도 잘 굴러가서 쌓을 수 없는 물건은 모양으로 ㉥ 야구공입니다.

13 둥근 부분과 평평한 부분을 모두 가지고 있는 물건은 모양으로 ㉤ 건전지입니다.

14 예 냉장고는 모양으로 약 상자가 같은 모양입니다. … 50 %
따라서 냉장고와 같은 모양은 1개입니다. … 50 %

15 뾰족하고 평평한 부분이 있어서 쌓을 수 있는 모양은 모양으로 현준이는 3개, 민하는 2개를 사용하였습니다. 따라서 모양을 더 많이 사용한 사람은 현준입니다.

16 모양을 만드는 데 모양 3개, 모양 0개, 모양 4개를 사용하였습니다. 따라서 바르게 설명한 것은 ㉠입니다.

17 보기의 모양은 모양 6개, 모양 3개, 모양 4개로 보기의 모양을 모두 사용하여 만든 것은 나입니다.

18 모양을 만드는 데 모양 4개, 모양 5개, 모양 1개를 사용했습니다. 따라서 가장 많이 사용한 모양은 모양입니다.

19 예 가를 만드는 데 모양 3개, 모양 2개, 나를 만드는 데 모양 3개, 모양 2개를 사용하였습니다. … 50 %
따라서 공통으로 사용한 모양은 모양입니다.
… 50 %

20 모양을 만드는 데 모양 7개, 모양 4개, 모양 3개를 사용했습니다.

3단원 덧셈과 뺄셈

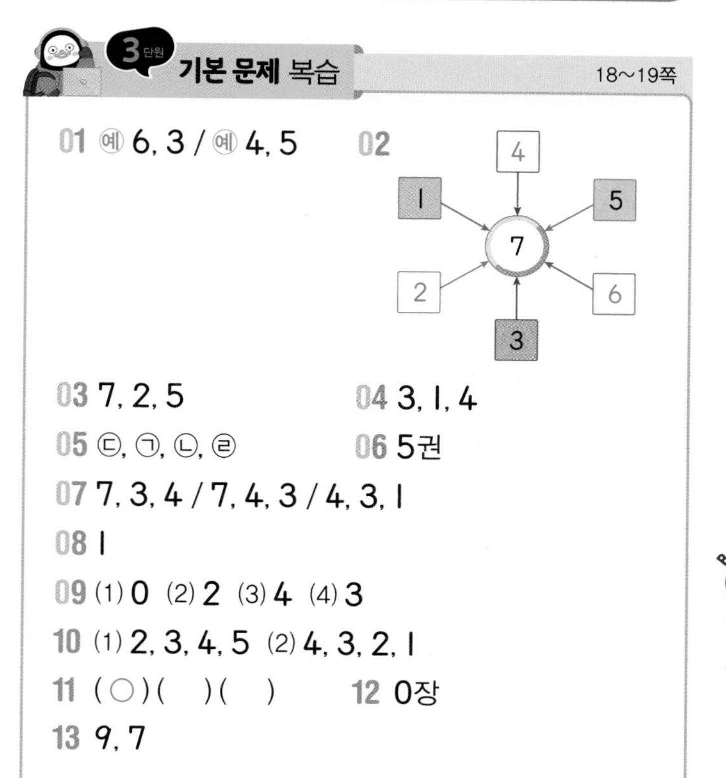

3단원 기본 문제 복습 18~19쪽

01 예 6, 3 / 예 4, 5
02

03 7, 2, 5
04 3, 1, 4
05 ㉢, ㉠, ㉡, ㉣
06 5권
07 7, 3, 4 / 7, 4, 3 / 4, 3, 1
08 1
09 (1) 0 (2) 2 (3) 4 (4) 3
10 (1) 2, 3, 4, 5 (2) 4, 3, 2, 1
11 (○)( )( )
12 0장
13 9, 7

01 노란색 택시와 노란색 버스는 모두 6대이고, 빨간색 택시와 빨간색 버스는 모두 3대이므로 9를 6과 3 또는 3과 6으로 가르기 할 수 있습니다.
택시가 4대, 버스가 5대이므로 9를 4와 5 또는 5와 4로 가르기 할 수 있습니다.

02 7은 1과 6, 2와 5, 3과 4, 4와 3, 5와 2, 6과 1로 가르기 할 수 있습니다.

03 토끼는 7마리, 닭이 2마리 있으므로 토끼가 닭보다 5마리 더 많습니다.
➡ $7-2=5$

04 '3 더하기 1은 4와 같습니다.'는 $3+1=4$로 나타낼 수 있습니다.

05 ㉠ $4+4=8$ ㉡ $2+5=7$
㉢ $6+3=9$ ㉣ $1+4=5$
따라서 점의 수의 합이 큰 것부터 순서대로 기호를

쓰면 ㉢, ㉠, ㉡, ㉣입니다.

06 현희가 가진 공책은 3권이고, 상문이가 가진 공책은 2권이므로 모두 5권의 공책이 있습니다.
➡ $3+2=5$

07 • 달걀이 7개 있었는데 4개가 깨졌으므로 남은 달걀은 3개입니다. ➡ $7-4=3$
• 달걀이 7개 있었는데 3개가 남았으므로 깨진 달걀은 4개입니다. ➡ $7-3=4$
• 남은 달걀이 3개, 깨진 달걀이 4개이므로 깨진 달걀이 남은 달걀보다 1개 더 많습니다.
➡ $4-3=1$

08 2와 2를 모으기 하면 4이므로 ㉠은 4입니다. 4와 3을 모으기 하면 7이므로 ㉡은 7입니다. 7은 1과 6으로 가르기 할 수 있으므로 ㉢은 6입니다. 따라서 ㉡과 ㉢에 알맞은 수의 차는 $7-6=1$입니다.

09 (1) 어떤 수에 0을 더하면 어떤 수입니다.
➡ $5+0=5$
(2) 0에 어떤 수를 더하면 어떤 수입니다.
➡ $0+2=2$
(3) 어떤 수에서 0을 빼면 어떤 수입니다.
➡ $4-0=4$
(4) 어떤 수에서 어떤 수를 빼면 0입니다.
➡ $3-3=0$

10 (1) 더하는 수가 1씩 커지면 합도 1씩 커집니다.
(2) 빼는 수가 1씩 커지면 차는 1씩 작아집니다.

11 2□5=7은 계산한 결과가 '='의 왼쪽에 있는 두 수보다 커졌으므로 덧셈식입니다.
4□1=3과 9□3=6은 계산한 결과가 가장 왼쪽에 있는 수보다 작아졌으므로 뺄셈식입니다.

12 색종이 8장을 가지고 있다가 동생에게 8장을 주었으므로 남은 색종이는 없습니다.
➡ $8-8=0$

13 가장 큰 수는 8, 가장 작은 수는 1입니다.
➡ 합: $8+1=9$
차: $8-1=7$

3단원 응용 문제 복습

20~21쪽

01 5	02 9
03 8	04 ㉠, ㉡, ㉢
05 ㉢, ㉡, ㉠	06 1
07 2점	08 8장
09 6개	10 6
11 6	12 8

01 2와 3을 모으기 하면 ㉠은 5입니다. 8은 4와 4로 가르기 할 수 있으므로 ㉡은 4입니다. ㉠과 ㉡에 알맞은 수 중에서 더 큰 수는 5입니다.

02 2와 4를 모으기 하면 ㉠은 6입니다. 9는 3과 6으로 가르기 할 수 있으므로 ㉡은 3입니다. ㉠과 ㉡에 알맞은 수를 모으기 하면 9입니다.

03 1과 5를 모으기 하면 ㉠은 6입니다. 6은 2와 4로 가르기 할 수 있으므로 ㉡은 2입니다. ㉠과 ㉡에 알맞은 수를 모으기 하면 8이므로 ㉢은 8입니다.

04 ㉠ $1+7=8$ ㉡ $4+3=7$ ㉢ $2+4=6$
따라서 합이 큰 것부터 순서대로 쓰면 ㉠, ㉡, ㉢입니다.

05 ㉠ $9-6=3$ ㉡ $8-3=5$ ㉢ $7-1=6$
따라서 차가 큰 것부터 순서대로 쓰면 ㉢, ㉡, ㉠입니다.

06 ㉠ $3+4=7$ ㉡ $7-3=4$
㉢ $9-1=8$ ㉣ $2+4=6$
따라서 계산한 결과가 가장 큰 것과 두 번째로 큰 것의 차는 $8-7=1$입니다.

07 유희의 점수는 3점과 4점이므로 $3+4=7$(점)입니다.
민서의 점수는 2점과 3점이므로 $2+3=5$(점)입니다.
따라서 유희와 민서가 얻은 점수의 차는 $7-5=2$(점)입니다.

08 석현이는 딱지 5장을 가지고 있었는데 형에게 1장을 얻었으므로 $5+1=6$(장)이 되었습니다.
성윤이는 딱지 9장을 가지고 있었는데 동생에게 7장을 주었으므로 $9-7=2$(장)이 되었습니다.
석현이와 성윤이가 가지고 있는 딱지는 모두 $6+2=8$(장)입니다.

09 연우가 가진 동전의 개수는 $7-5=2$(개)이고, 동생이 가진 동전의 개수는 $3+5=8$(개)입니다.
따라서 동생은 연우보다 동전을 $8-2=6$(개) 더 가지게 됩니다.

10 ●가 2일 때 ●+●=$2+2=4$이므로 ▲는 4입니다.
▲+●=$4+2=6$이므로 ◆는 6입니다.

11 ●가 3일 때 ●−●=$3-3=0$이므로 ▲는 0입니다.
▲+●+●=$0+3+3=6$이므로 ◆는 6입니다.

12 ●가 1일 때 ●+●=$1+1=2$이므로 ▲는 2입니다.
▲+▲=$2+2=4$이므로 ■는 4입니다.
■+■=$4+4=8$이므로 ◆는 8입니다.

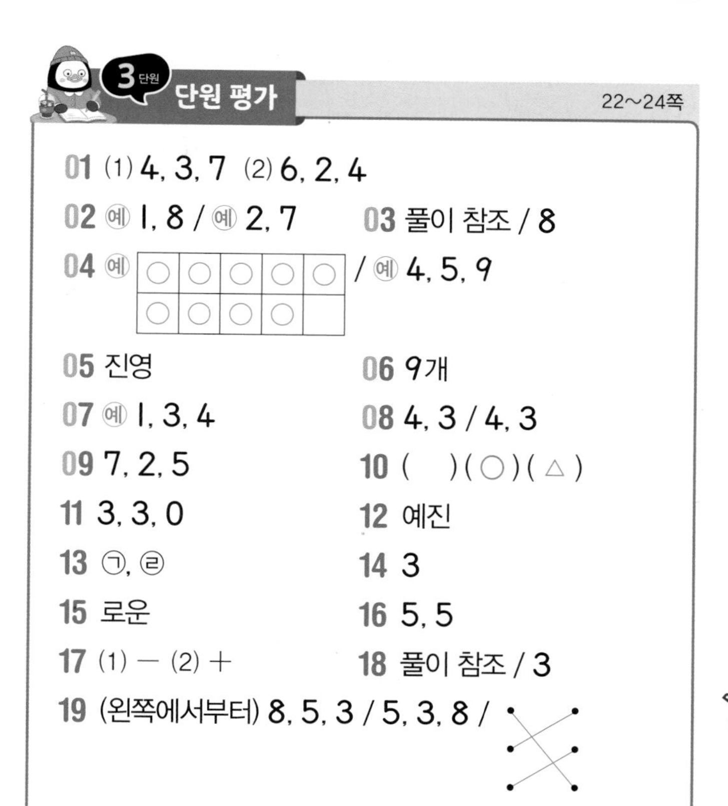
3단원 **단원 평가** 22~24쪽

01 (1) 4, 3, 7 (2) 6, 2, 4
02 ㊎ 1, 8 / ㊎ 2, 7
03 풀이 참조 / 8
04 ㊎ ○○○○○ / ○○○○ / ㊎ 4, 5, 9
05 진영
06 9개
07 ㊎ 1, 3, 4
08 4, 3 / 4, 3
09 7, 2, 5
10 ( )(○)(△)
11 3, 3, 0
12 예진
13 ㉠, ㉣
14 3
15 로운
16 5, 5
17 (1) − (2) +
18 풀이 참조 / 3
19 (왼쪽에서부터) 8, 5, 3 / 5, 3, 8 /
20 3개

01 (1) 모자 4개와 3개를 모으기 하면 7개가 됩니다.
➡ 4와 3을 모으기 하면 7이 됩니다.
(2) 모자 6개를 2개와 4개로 가르기 했습니다.
➡ 6은 2와 4로 가르기 할 수 있습니다.

02 9를 가르기 하는 여러 가지 방법 중에서 왼쪽 수보다 오른쪽 수가 더 크도록 가르기 하는 경우는 1과 8, 2와 7, 3과 6, 4와 5입니다.

03 ㊎ 어떤 수와 2를 모으기 하면 5이므로 어떤 수는 3입니다. ··· 50 %
따라서 어떤 수 3과 5를 모으기 하면 8이 됩니다. ··· 50 %

04 다람쥐가 4마리, 토끼가 5마리이므로 모두 9마리입니다. 덧셈식으로 나타내면 $4+5=9$ 또는 $5+4=9$입니다.

05 진영이의 덧셈식을 바르게 계산하면 $1+6=7$입니다. 따라서 잘못 만든 사람은 진영입니다.

06 귤 4개, 사과 5개이므로 장바구니에 담은 과일은 모두 $4+5=9$(개)입니다.

07 합이 가장 작은 덧셈식을 만들려면 가장 작은 수와 두 번째로 작은 수를 더하면 됩니다. 가장 작은 수는 1이고, 두 번째로 작은 수는 3이므로 합이 가장 작은 덧셈식은 $1+3=4$ 또는 $3+1=4$입니다.

08 나비가 7마리, 잠자리가 4마리이므로 나비가 잠자리보다 3마리 더 많습니다.
➡ $7-4=3$
$7-4=3$을 '7 빼기 4는 3과 같습니다.' 또는 '7과 4의 차는 3입니다.'로 읽을 수 있습니다.

09 음료수 7개 중에서 2개를 마셨으므로 남은 음료수는 5개입니다. ➡ $7-2=5$

10 $4-1=3$, $8-3=5$, $9-9=0$이므로 차가 가장 큰 것은 $8-3$, 가장 작은 것은 $9-9$입니다.

11 ● 모양은 3개, ■ 모양은 3개이므로 ● 모양과 ■ 모양의 수의 차는 $3-3=0$입니다.

12 갈색 의자가 3개, 회색 의자가 4개이므로 갈색 의자와 회색 의자의 수를 합하면 $3+4=7$(개)입니다. 따라서 잘못 이야기한 사람은 예진입니다.

13 $4+2=6$
㉠ $2+4=6$ ㉡ $1+6=7$
㉢ $9-4=5$ ㉣ $8-2=6$
따라서 $4+2$와 계산 결과가 같은 것은 ㉠과 ㉣입니다.

14 (어떤 수)$+2=7$이므로 어떤 수는 5입니다.
따라서 바르게 계산하면 $5-2=3$입니다.

15 로운이는 쿠키 4개 중 2개를 덜어 내는 그림을 표현했으므로 차가 $4-2=2$가 되는 뺄셈을 나타냅니다.

16 $9-7=2$이므로 차가 2가 되는 뺄셈식을 만듭니다.
➡ $7-\boxed{5}=2$, $\boxed{5}-3=2$

17 (1) $7\square6=1$은 '$=$'의 오른쪽에 있는 수가 가장 왼쪽에 있는 수보다 작아졌으므로 뺄셈식입니다. ➡ $7-6=1$
(2) $1\square2=3$은 '$=$'의 오른쪽에 있는 수가 '$=$'의 왼쪽에 있는 두 수보다 커졌으므로 덧셈식입니다. ➡ $1+2=3$

18 예 ◆이 1일 때 ◆$+$◆$=1+1=2$이므로 ▲는 2입니다. … 50 %
▲$+$◆$=2+1=3$이므로 ●는 3입니다. … 50 %

19 $7+1=8$, $9-1=8$로 계산한 결과가 같습니다.
$2+3=5$, $7-2=5$로 계산한 결과가 같습니다.
$1+2=3$, $6-3=3$으로 계산한 결과가 같습니다.

20 영수가 지우개 4개를 가지고 있었는데 민재에게 지우개 2개를 받았으므로 가지고 있는 지우개는 $4+2=6$(개)입니다.
현주에게 지우개 3개를 주었으므로 가지고 있는 지우개는 $6-3=3$(개)입니다.

4단원 비교하기

4단원 기본 문제 복습 25~26쪽

01 (　)(　)(○)
02 (　)
(○)
(　)
03 재호
04 (○)
(△)
(　)
05 (　)(△)
06 강아지, 다람쥐, 햄스터
07 (○)(　)(△)
08
09 상추
10 가
11 (○)(　)
12 미진
13 (　)(○)(△)

01 길이를 바르게 비교한 것은 시작점을 같게 맞추고 끝점의 길이를 비교하는 것입니다.

02 오른쪽을 시작점으로 맞추었으므로 왼쪽의 끝이 가장 짧은 두 번째 나무토막이 가장 짧습니다.

03 위쪽을 시작점으로 맞추었으므로 아래쪽으로 더 긴 재호가 키가 더 큽니다.

04 왼쪽을 시작점으로 맞추었으므로 오른쪽 끝점이 가장 긴 우산이 가장 길고, 오른쪽 끝점이 가장 짧은 머리핀이 가장 짧습니다.

05 자전거가 버스보다 더 가볍습니다.

06 시소에서 내려간 동물이 더 무거운 동물이므로 강아지가 다람쥐보다 더 무겁고 다람쥐가 햄스터보다 더 무겁습니다. 따라서 무거운 동물부터 순서대로 쓰면 강아지, 다람쥐, 햄스터입니다.

07 가장 무거운 것은 호박이고, 가장 가벼운 것은 방울토마토입니다.

08 겹쳐보았을 때 남는 부분이 가장 많은 것에 색칠합니다.

09 가지는 7칸만큼 심었고, 상추는 8칸만큼 심었으므로 상추를 심은 부분이 가지를 심은 부분보다 더 넓습니다.

10 책을 포장할 수 있는 포장지는 책보다 더 넓어야 하므로 알맞은 것은 가입니다.

11 같은 그릇의 경우 물이 더 많이 담긴 것은 물의 높이가 높은 것입니다.

12 담을 수 있는 양이 가장 적은 컵은 컵의 높이가 가장 낮은 미진이의 컵입니다.

13 물의 높이가 같은 경우 그릇이 클수록 물이 더 많이 담깁니다.

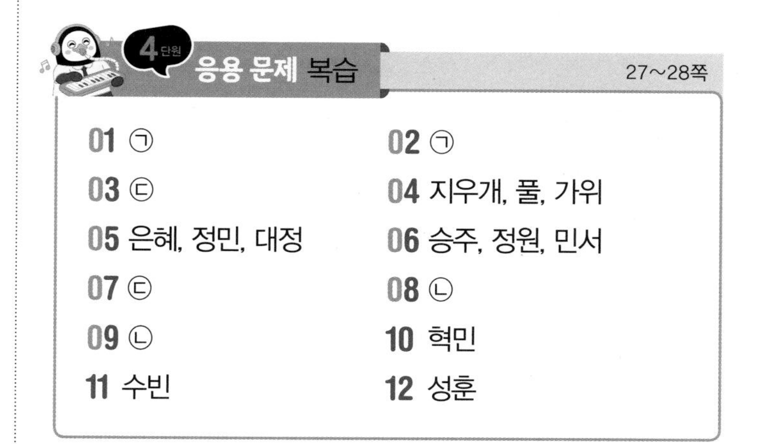

4단원 응용 문제 복습 27~28쪽

01 ㉠
02 ㉠
03 ㉢
04 지우개, 풀, 가위
05 은혜, 정민, 대정
06 승주, 정원, 민서
07 ㉢
08 ㉡
09 ㉡
10 혁민
11 수빈
12 성훈

01 두 길의 시작과 끝이 같으므로 많이 구부러질수록 더 깁니다.

02 두 길의 시작과 끝이 같으므로 곧을수록 더 짧습니다.

03 세 길의 시작과 끝이 같으므로 가장 많이 구부러진 ㉢이 가장 긴 길입니다.

04 양팔 저울로 가위와 풀의 무게를 비교한 결과 풀이 올라갔으므로 풀이 가위보다 더 가볍고, 풀과 지우개의 무게를 비교한 결과 지우개가 올라갔으므로 지우개가 풀보다 더 가볍습니다. 따라서 가벼운 것부터 순서대로 쓰면 지우개, 풀, 가위입니다.

05 대정이와 정민이가 탄 시소에서 정민이가 탄 쪽이 올라갔으므로 정민이가 대정이보다 더 가볍고, 정민이와 은혜가 탄 시소에서 은혜가 탄 쪽이 올라갔으므로 은혜가 정민이보다 더 가볍습니다. 따라서 가벼운 사람부터 순서대로 쓰면 은혜, 정민, 대정입니다.

06 승주는 민서보다 더 가볍고, 정원이도 민서보다 더 가벼우므로 민서가 가장 무겁습니다. 정원이와 승주 중에서 정원이가 더 무겁고 승주가 더 가벼우므로 가벼운 사람부터 순서대로 쓰면 승주, 정원, 민서입니다.

07 겹쳐 보았을 때 남는 부분이 많은 동전이 더 넓습니다. 따라서 가장 넓은 것은 ㉠이고, 둘째로 넓은 것은 ㉢, 셋째로 넓은 것은 ㉡입니다.

08 겹쳐 보았을 때 남는 부분이 많을수록 더 넓습니다. 가장 넓은 것은 ㉠이고, 둘째로 넓은 것은 ㉡, 셋째로 넓은 것은 ㉢입니다.

09 ○의 수가 많을수록 넓습니다. 가장 넓은 것은 ○가 5개인 ㉢, 둘째로 넓은 것은 ○의 수가 3개인 ㉡, 가장 좁은 것은 ○의 수가 2개인 ㉠입니다.

10 남은 물의 양이 적을수록 물을 더 많이 마신 것입니다. 윤서와 혁민이 중 남은 물의 양이 더 적은 혁민이가 물을 더 많이 마셨습니다.

11 남은 물의 양이 많을수록 물을 더 적게 마신 것입니다. 준수와 수빈이 중 남은 물의 양이 더 많은 수빈이가 물을 더 적게 마셨습니다.

12 남은 물의 양이 적을수록 물을 더 많이 마신 것입니다. 남은 물의 양이 적은 사람부터 순서대로 쓰면 성훈, 우주, 윤재입니다. 따라서 마신 물의 양이 가장 많은 사람은 성훈입니다.

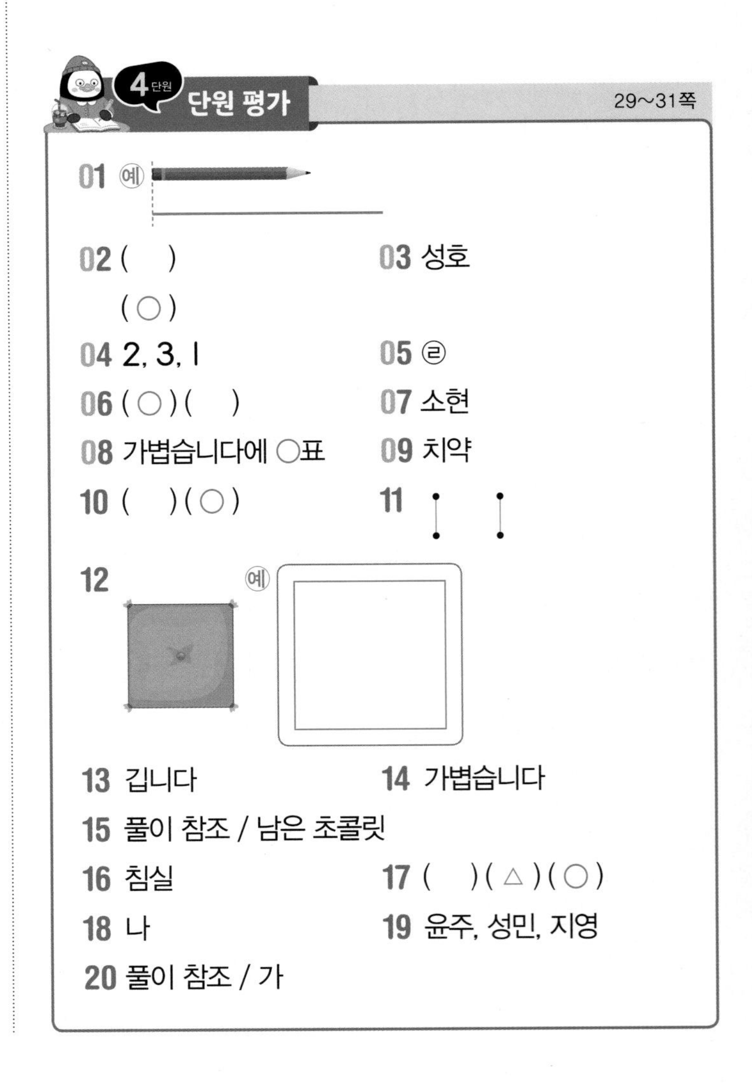
4단원 단원 평가 29~31쪽

01 예
02 ( ) (○)
03 성호
04 2, 3, 1
05 ㉣
06 (○)( )
07 소현
08 가볍습니다에 ○표
09 치약
10 ( )(○)
11
12 예
13 깁니다
14 가볍습니다
15 풀이 참조 / 남은 초콜릿
16 침실
17 ( )(△)(○)
18 나
19 윤주, 성민, 지영
20 풀이 참조 / 가

01 연필의 왼쪽 시작점을 맞추고 연필심의 끝보다 더 길게 선을 그립니다.

02 왼쪽 시작점이 맞춰져 있으므로 오른쪽 끝이 더 짧은 티스푼이 숟가락보다 더 짧습니다.

03 왼쪽 시작점이 맞춰져 있으므로 오른쪽 끝이 가장 긴 성호가 가장 멀리 뛰었습니다.

04 바닥을 시작점으로 하여 머리끝이 가장 위에 있는 사람이 키가 가장 큰 사람입니다.

05 막대에 줄을 감은 횟수가 많을수록 폈을 때 더 긴 줄이 됩니다.

06 사자는 강아지보다 더 무겁습니다.

07 시소에서 올라간 쪽에 있는 사람이 더 가볍습니다. 따라서 소현이가 유빈이보다 더 가볍습니다.

08 컵은 의자보다 더 가볍고, 의자는 컵보다 더 무겁습니다.

09 늘어난 고무줄의 길이가 길수록 매단 물건의 무게가 더 무겁습니다. 치약을 매단 고무줄의 길이가 가장 많이 늘어났으므로 가장 무거운 것은 치약입니다.

10 같은 개수의 병이 담긴 상자이므로 유리병 1개와 플라스틱병 1개의 무게를 비교하면 됩니다. 플라스틱병이 유리병보다 더 가벼우므로 플라스틱병이 담긴 상자가 더 가볍습니다.

11 텔레비전과 달력을 겹쳤을 때 남는 부분이 있는 것은 텔레비전이므로 텔레비전이 더 넓습니다.

12 방석을 겹쳤을 때 남는 부분이 생기도록 방석보다 더 크게 그립니다.

13 우산과 칫솔의 길이를 비교하면 우산이 칫솔보다 더 깁니다.

14 필통과 가방의 무게를 비교하면 필통이 가방보다 더 가볍습니다.

15 예 먹은 초콜릿은 7칸이고, 남은 초콜릿은 9칸입니다. … 50 %
따라서 남은 초콜릿이 더 넓습니다. … 50 %

16 부엌, 화장실, 침실의 넓이를 비교하여 넓은 곳부터 순서대로 쓰면 침실, 부엌, 화장실입니다.

17 물의 높이가 같은 경우 그릇이 클수록 물이 더 많이 담긴 것입니다.

18 왼쪽 냄비에 가득 담긴 물을 큰 냄비에 부을 때는 넘치지 않지만 더 작은 냄비에 부을 때는 넘치게 됩니다. 따라서 물이 넘치는 냄비는 담을 수 있는 물의 양이 더 적은 나 냄비입니다.

19 남은 코코아의 양이 적을수록 더 많이 마신 것입니다. 따라서 코코아를 많이 마신 사람부터 순서대로 쓰면 윤주, 성민, 지영입니다.

20 예 물을 담은 컵의 수가 많을수록 물이 더 많이 담긴 병입니다. 가 병은 4컵만큼, 나 병은 3컵만큼의 물이 담겨 있었습니다. … 50 %
따라서 물이 더 많이 담겼던 것은 가입니다.
… 50 %

5단원 50까지의 수

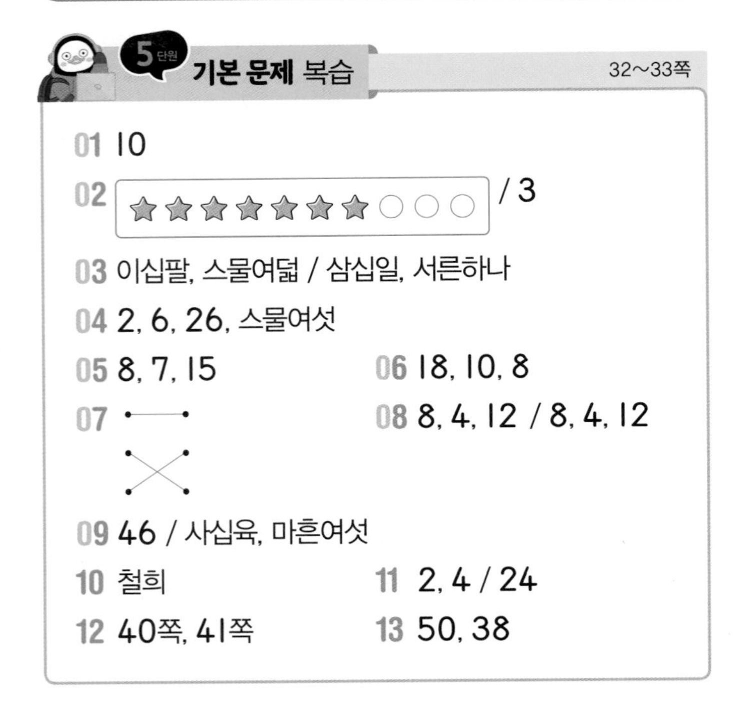

5단원 기본 문제 복습 32~33쪽

01 10

02 ★★★★★★★○○○ / 3

03 이십팔, 스물여덟 / 삼십일, 서른하나

04 2, 6, 26, 스물여섯

05 8, 7, 15

06 18, 10, 8

07

08 8, 4, 12 / 8, 4, 12

09 46 / 사십육, 마흔여섯

10 철희

11 2, 4 / 24

12 40쪽, 41쪽

13 50, 38

01 풍선의 수를 세면 10개입니다.

02 10이 되려면 7에 3을 더 모으면 됩니다.

03 28은 이십팔 또는 스물여덟, 31은 삼십일 또는 서른하나라고 읽습니다.

04 10개씩 묶음 2개와 낱개 6개는 26이므로 이십육 또는 스물여섯이라고 읽습니다.

05 지우개는 8개이고 색연필은 7자루이므로 8과 7을 모으면 15입니다.

06 18은 10과 8로 가르기 할 수 있습니다.

07 모으기를 해서 11이 되는 수는 9와 2, 7과 4, 5와 6입니다.

08 익은 귤 8개와 덜 익은 귤 4개를 모으면 12개입니다.

09 43과 48 사이의 수는 44, 45, 46, 47이고 ★에 알맞은 수는 46입니다. 46은 사십육 또는 마흔여섯이라고 읽습니다.

10 열일곱과 스물다섯을 수로 쓰면 각각 17과 25이므로 10개씩 묶음의 수가 더 큰 25가 17보다 더 큽니다. 따라서 철희의 나이가 더 많습니다.

11 달걀은 10개씩 묶음 2개와 낱개 4개가 있으므로 24개입니다.

12 38쪽과 39쪽 다음 장은 40쪽과 41쪽입니다.

13 10개씩 묶음 3개와 낱개 2개인 수는 32이므로 32보다 큰 수는 50, 38입니다.

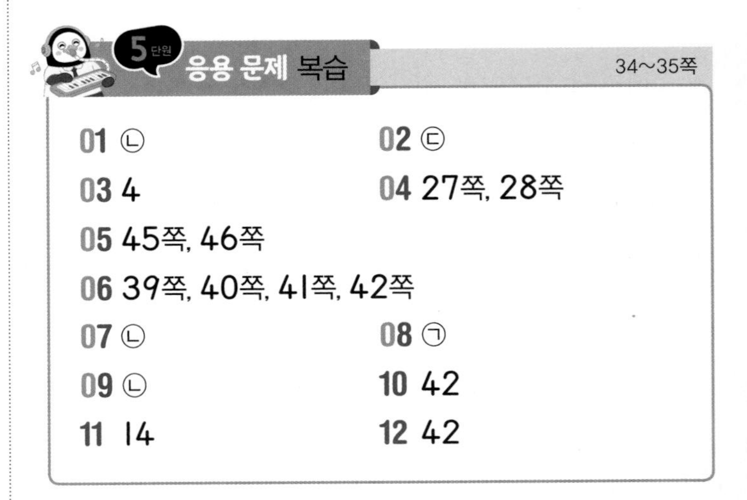

5단원 응용 문제 복습 34~35쪽

01 ㉡

02 ㉢

03 4

04 27쪽, 28쪽

05 45쪽, 46쪽

06 39쪽, 40쪽, 41쪽, 42쪽

07 ㉡

08 ㉠

09 ㉡

10 42

11 14

12 42

01 12는 6과 6을, 14는 5와 9를, 13은 8과 5를 모으기 한 수입니다. 따라서 ㉠은 6, ㉡은 9, ㉢은 5이므로 가장 큰 수는 ㉡입니다.

02 14는 9와 5로, 11은 4와 7로, 15는 6과 9로 가르기 할 수 있습니다. 따라서 ㉠은 9, ㉡은 7, ㉢은 6이므로 가장 작은 수는 ㉢입니다.

03 13은 7과 6을 모으기 해야 하고, 18은 9와 9로 가르기 할 수 있으며 12는 5와 7을 모으기 해야 합니다. 따라서 ㉠은 7, ㉡은 9, ㉢은 5에서 가장 큰 수는 9이고 가장 작은 수는 5이므로 두 수의 차는 $9-5=4$입니다.

04 26과 29 사이에는 27, 28이 있습니다. 따라서 찢어진 쪽은 27쪽과 28쪽입니다.

05 44와 47 사이에는 45, 46이 있습니다. 따라서 찢어진 쪽은 45쪽과 46쪽입니다.

06 38과 43 사이에는 39, 40, 41, 42가 있습니다. 따라서 찢어진 쪽은 39쪽, 40쪽, 41쪽, 42쪽입니다.

07 낱개 12개는 10개씩 묶음 1개와 낱개 2개와 같으므로 ㉠은 10개씩 묶음 3개와 낱개 2개인 수로 32입니다. ㉡은 36보다 1만큼 더 작은 수이므로 35입니다. 따라서 ㉡이 ㉠보다 더 큽니다.

08 낱개 11개는 10개씩 묶음 1개와 낱개 1개와 같으므로 ㉠은 10개씩 묶음 4개와 낱개 1개인 수로 41입니다. ㉡은 44보다 1만큼 더 큰 수이므로 45입니다. 따라서 ㉠이 ㉡보다 더 작습니다.

09 낱개 14개는 10개씩 묶음 1개와 낱개 4개와 같으므로 ㉠은 10개씩 묶음 2개와 낱개 4개인 수로 24입니다. ㉡은 29보다 1만큼 더 작은 수로 28입니다. ㉢은 27입니다. 따라서 가장 큰 수는 ㉡입니다.

10 수 카드 3장 중 2장을 사용하여 만든 가장 큰 수는 10개씩 묶음의 수를 가장 큰 수인 4로 하고 낱개의 수는 다음으로 큰 수인 3을 사용하여 만든 43입니다. 두 번째로 큰 수는 10개씩 묶음의 수를 4로 하고 낱개의 수는 3보다 작은 2를 사용하여 만든 42입니다.

11 수 카드 3장 중 2장을 사용하여 만든 가장 작은 수는 10개씩 묶음의 수를 가장 작은 수인 1로 하고 낱개의 수는 다음으로 작은 수인 2를 사용하여 만든 12입니다. 두 번째로 작은 수는 10개씩 묶음의 수를 1로 하고 낱개의 수는 2보다 큰 4를 사용하여 만든 14입니다.

12 수 카드 4장 중 2장을 사용하여 만드는 가장 큰 수는 10개씩 묶음의 수를 가장 큰 수인 4로 하고 낱개의 수는 다음으로 큰 수인 3을 사용하여 만든 43입니다. 두 번째 큰 수는 10개씩 묶음의 수는 4로 하고 낱개의 수는 3보다 작은 2를 사용하여 만든 42입니다.

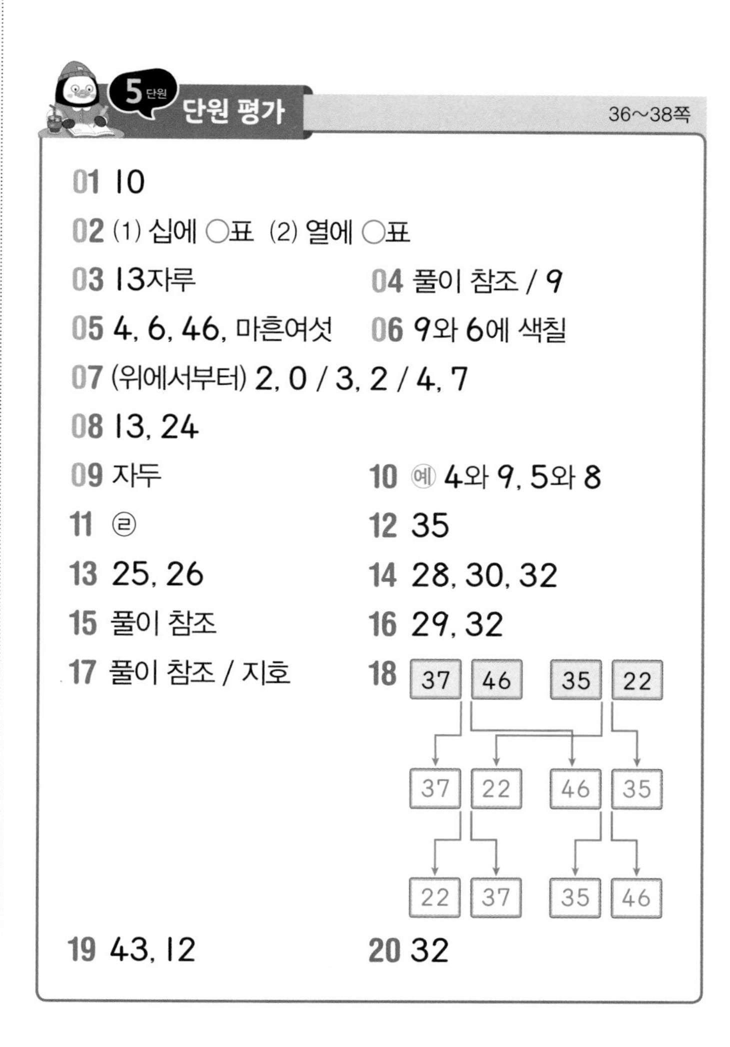
5단원 **단원 평가** 36~38쪽

01 10
02 (1) 십에 ○표 (2) 열에 ○표
03 13자루
04 풀이 참조 / 9
05 4, 6, 46, 마흔여섯
06 9와 6에 색칠
07 (위에서부터) 2, 0 / 3, 2 / 4, 7
08 13, 24
09 자두
10 예 4와 9, 5와 8
11 ㉣
12 35
13 25, 26
14 28, 30, 32
15 풀이 참조
16 29, 32
17 풀이 참조 / 지호
18 37 46 35 22 → 37 22 46 35 → 22 37 35 46
19 43, 12
20 32

01 9보다 1만큼 더 큰 수는 10입니다.

02 층수는 십 층이라 읽고, 포도 송이의 수를 셀 때는 열 송이라고 읽습니다.

03 8과 5를 모으기 하면 13입니다.

04 ㉮ 4와 6을 모으기 하면 10이 되고, 10을 5와 5로 가르기 할 수 있습니다. … 50 %
따라서 ㉠은 4, ㉡은 5이므로 두 수의 합은 9입니다. … 50 %

05 10개씩 묶음 4개와 낱개 6개는 46이므로 사십육 또는 마흔여섯이라고 읽습니다.

06 9와 6을 모으기 하면 15가 되므로 9와 6에 색칠합니다.

07 20은 10개씩 묶음 2개와 낱개 0개, 32는 10개씩 묶음 3개와 낱개 2개, 47은 10개씩 묶음 4개와 낱개 7인 수입니다.

08 포도의 수는 10개씩 묶음 1개와 낱개 3개이므로 13이고, 자두의 수는 10개씩 묶음 2개와 낱개 4개로 24입니다.

09 10개씩 묶음의 수가 클수록 더 큰 수이므로 24가 13보다 더 큽니다. 따라서 자두가 포도보다 더 많습니다.

10 13을 1과 12, 2와 11, 3과 10, 4와 9, 5와 8, 6과 7로 가르기 할 수 있습니다.

11 ㉠, ㉡, ㉢은 28을 나타냅니다.
㉣은 30을 나타냅니다.

12 빈칸에 알맞은 수는 34와 36 사이의 수이므로 35입니다.

13 24보다 크고 27보다 작은 수는 25, 26입니다.

14 29보다 1만큼 더 작은 수는 28이고 29와 31 사이의 수는 30이며 31과 33 사이의 수는 32입니다.

15 수가 배열된 규칙에 따라 수를 쓰고 39번 자리를 찾습니다.

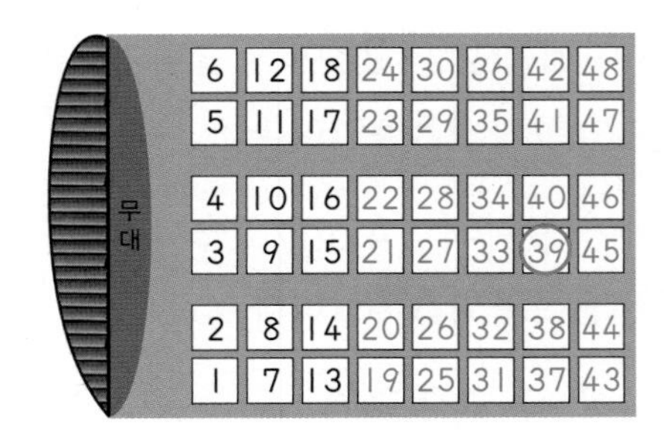

16 10개씩 묶음 2개와 낱개 9인 수 29와 10개씩 묶음 3개와 낱개 2개인 수 32를 비교하면 10개씩 묶음의 수가 더 작은 29가 32보다 작습니다.

17 ㉮ 지호는 10점을 3번, 1점을 2번 받았으므로 32점이고, 다정이는 10점을 2번, 1점을 3번 받았으므로 23점입니다. … 50 %
따라서 지호의 점수가 다정이의 점수보다 더 높습니다. … 50 %

18 수의 크기를 비교하여 더 작은 수는 파란색 선을 따라가고 더 큰 수는 빨간색 선을 따라 수를 씁니다.

19 가장 큰 수는 10개씩 묶음의 수를 가장 큰 수인 4로 하고 낱개의 수는 다음으로 큰 수인 3을 사용하여 만든 43입니다. 가장 작은 수는 10개씩 묶음의 수를 가장 작은 수인 1로 하고 낱개의 수는 다음으로 작은 수인 2를 사용해서 만든 12입니다.

20 31보다 크고 10개씩 묶음이 3개인 수는 32, 33, 34, 35, 36, 37, 38, 39입니다. 이 중 낱개의 수가 10개씩 묶음의 수보다 작은 수는 32입니다.

EBS

EBS와 함께하는 자기주도 학습 초등·중학 교재 로드맵

예비 초등 | 1학년 | 2학년 | 3학년 | 4학년 | 5학년 | 6학년

전과목 기본서/평가

- BEST 만점왕 국어/수학/사회/과학 — 교과서 중심 초등 기본서
- 만점왕 통합본 학기별(8책) HOT — 바쁜 초등학생을 위한 국어·사회·과학 압축본
- 만점왕 단원평가 학기별(8책) — 한 권으로 학교 단원평가 대비
- 기초학력 진단평가 초2~중2 — 초2부터 중2까지 기초학력 진단평가 대비

국어

- 독해: 4주 완성 독해력 1~6단계 — 학년별 교과 연계 단기 독해 학습
- 문학
- 문법
- 어휘: 어휘가 독해다! 초등 국어 어휘 1~2단계 — 1, 2학년 교과서 필수 낱말 + 읽기 학습
- 어휘: 어휘가 독해다! 초등 국어 어휘 기본 — 3, 4학년 교과서 필수 낱말 + 읽기 학습
- 어휘: 어휘가 독해다! 초등 국어 어휘 실력 — 5, 6학년 교과서 필수 낱말 + 읽기 학습
- 한자: 참 쉬운 급수 한자 8급/7급 II/7급 — 한자능력검정시험 대비 급수별 학습
- 한자: 어휘가 독해다! 초등 한자 어휘 1~4단계 — 하루 1개 한자 학습을 통한 어휘 + 독해 학습
- 쓰기: 참 쉬운 글쓰기 1-따라 쓰는 글쓰기 — 맞춤법·받아쓰기로 시작하는 기초 글쓰기 연습
- 쓰기: 참 쉬운 글쓰기 2-문법에 맞는 글쓰기/3-목적에 맞는 글쓰기 — 초등학생에게 꼭 필요한 기초 글쓰기 연습
- 문해력: 어휘/쓰기/ERI독해/배경지식/디지털독해가 문해력이다 — 평생을 살아가는 힘, 문해력을 키우는 학기별·단계별 종합 학습
- 문해력: 문해력 등급 평가 초1~중1 — 내 문해력 수준을 확인하는 등급 평가

영어

EBS ELT 시리즈 | 권장 학년 : 유아 ~ 중1

- EBS Big Cat — Collins BIG CAT — 다양한 스토리를 통한 영어 리딩 실력 향상
- EBS Big Cat — Shinoy and the Chaos Crew — 흥미롭고 몰입감 있는 스토리를 통한 풍부한 영어 독서
- EBS easy learning — easy learning — 저연령 학습자를 위한 기초 영어 프로그램

- 독해: EBS랑 홈스쿨 초등 영독해 Level 1~3 — 다양한 부가 자료가 있는 단계별 영독해 학습
- 독해: EBS 기초 영독해 — 중학 영어 내신 만점을 위한 첫 영독해
- 문법: EBS랑 홈스쿨 초등 영문법 1~2 — 다양한 부가 자료가 있는 단계별 영문법 학습
- 문법: EBS 기초 영문법 1~2 HOT — 중학 영어 내신 만점을 위한 첫 영문법
- 어휘: EBS랑 홈스쿨 초등 필수 영단어 Level 1~2 — 다양한 부가 자료가 있는 단계별 영단어 테마 연상 종합 학습
- 쓰기
- 듣기: 초등 영어듣기평가 완벽대비 학기별(8책) — 듣기 + 받아쓰기 + 말하기 All in One 학습서

수학

- 연산: 만점왕 연산 Pre 1~2단계, 1~12단계 — 과학적 연산 방법을 통한 계산력 훈련
- 개념
- 응용: 만점왕 수학 플러스 학기별(12책) — 교과서 중심 기본 + 응용 문제
- 심화: 만점왕 수학 고난도 학기별(6책) — 상위권 학생을 위한 초등 고난도 문제집
- 특화: 초등 수해력 영역별 P단계, 1~6단계(14책) — 다음 학년 수학이 쉬워지는 영역별 초등 수학 특화 학습서

사회

- 사회/역사: 초등학생을 위한 多담은 한국사 연표 — 연표로 흐름을 잡는 한국사 학습
- 사회/역사: 매일 쉬운 스토리 한국사 1~2 / 스토리 한국사 1~2 — 하루 한 주제를 이야기로 배우는 한국사/ 고학년 사회 학습 입문서

과학

- 과학

기타

- 창체: 창의체험 탐구생활 1~12권 — 창의력을 키우는 창의체험활동·탐구
- AI: 쉽게 배우는 초등 AI 1(1~2학년) — 초등 교과와 융합한 초등 1~2학년 인공지능 입문서
- AI: 쉽게 배우는 초등 AI 2(3~4학년) — 초등 교과와 융합한 초등 3~4학년 인공지능 입문서
- AI: 쉽게 배우는 초등 AI 3(5~6학년) — 초등 교과와 융합한 초등 5~6학년 인공지능 입문서